Bücher smARt lesen

Mit der App smARt Haufe wird Ihr Fachbuch interaktiv!

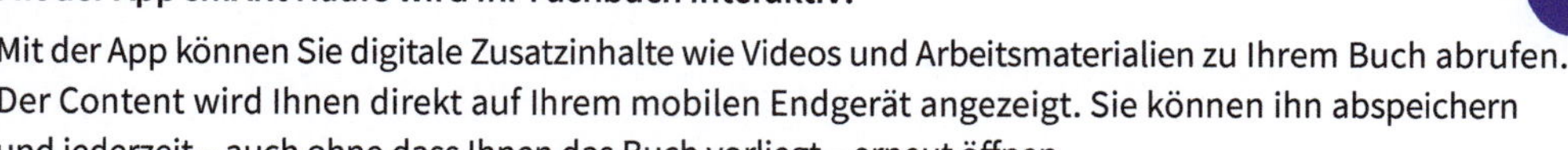

Mit der App können Sie digitale Zusatzinhalte wie Videos und Arbeitsmaterialien zu Ihrem Buch abrufen. Der Content wird Ihnen direkt auf Ihrem mobilen Endgerät angezeigt. Sie können ihn abspeichern und jederzeit – auch ohne dass Ihnen das Buch vorliegt – erneut öffnen.

So einfach geht's:

1. **App herunterladen**
   Laden Sie die kostenlose App „smARt Haufe" im App-Store (iOS oder Android) auf Ihr Smartphone oder Tablet.

2. **Produkt auswählen**
   Wählen Sie über die Produktauswahl das Ihnen vorliegende Buch aus.

3. **Seiten im Buch scannen**
   Starten Sie die „Scannen"-Funktion und scannen Sie anschließend die gewünschte Abbildung mit der App. Alle Bilder mit Zusatzcontent sind mit diesem Icon gekennzeichnet.

4. **Digitalen Content nutzen, teilen und speichern**
   Der hinterlegte Content wird Ihnen nun angezeigt. Sie haben zudem die Möglichkeit, den Content zu teilen oder als Favorit zu speichern.

Testen Sie die App gleich hier an diesem Bild oder auf dem Buchcover.

Die digitalen Zusatzinhalte können Sie auch unter **https://mybook.haufe.de** mit folgendem Buchcode abrufen: TFM-9952

Mehr erfahren auf: **www.haufe.de/smart**

Agiles Lernen

Nele Graf/Denise Gramß/Frank Edelkraut

Agiles Lernen

Neue Rollen, Kompetenzen und Methoden
im Unternehmenskontext

3. Auflage

Haufe Group
Freiburg · München · Stuttgart

Bibliografische Information der Deutschen Nationalbibliothek

Die Deutsche Nationalbibliothek verzeichnet diese Publikation in der Deutschen Nationalbibliografie; detaillierte bibliografische Daten sind im Internet über http://dnb.dnb.de/ abrufbar.

Print: ISBN 978-3-648-15854-8 Bestell-Nr. 10213-0003
ePub: ISBN 978-3-648-15856-2 Bestell-Nr. 10213-0102
ePDF: ISBN 978-3-648-15857-9 Bestell-Nr. 10213-0152

Nele Graf/Denise Gramß/Frank Edelkraut
Agiles Lernen
3. Auflage, September 2022

www.haufe.de
info@haufe.de

Bildnachweis (Cover): © Magnia, shutterstock

Produktmanagement: Dr. Bernhard Landkammer
Lektorat: Peter Böke, Berlin

Inhaltsverzeichnis

Geleitwort von Prof. Dr. Michael Heister

Eine Ausbildung oder ein Studium reicht fürs ganze Berufsleben – von dieser Vorstellung müssen sich Arbeitnehmerinnen und Arbeitnehmer angesichts des rasanten technischen Fortschritts endgültig verabschieden. Stattdessen gewinnt berufliche Weiterbildung zunehmend an Bedeutung. Aber sind die Beschäftigten und die Unternehmen hierauf schon eingestellt? Wie ist das derzeitigen Lernverhalten von Mitarbeitenden und wie sollte sich die Personalentwicklung darauf einstellen?

Unter der Prämisse der Zukunft des Agilen Lernens haben sich Prof. Dr. Nele Graf und Dipl.-Psych. Denise Gramß mittels einer Befragung von über 10.000 Beschäftigten zu deren Lernkompetenzen und dem daraus folgenden Handlungsbedarf in den Betrieben genähert. Die Ergebnisse sind spannend zu lesen und fließen in dieses Buch ein. Zudem stellen sie sowohl Mitarbeitende, Führungskräfte und Verantwortliche in der Personalentwicklung als auch Politikerinnen und Politiker vor einige nicht ganz einfache Aufgaben, um Personalentwicklung zukunftsorientiert gestalten zu können.

Geschieht an dieser Stelle in den Unternehmen schon genug, um die Beschäftigten an Agiles Lernen heranzuführen? Werden die Mitarbeitenden bei diesem Wandel hinreichend unterstützt?

Agiles Lernen und damit vorausgesetzt die Lernkompetenzen der Mitarbeitenden werden in den nächsten Jahren für die Produktivität von Unternehmen einen immer größeren Stellenwert gewinnen. Wollen diese Unternehmen also auch in der Zukunft bestehen, sind sie gut beraten, sich diesen Fragen zu stellen.

Prof. Dr. Michael Heister

Abteilungsleiter für Berufliches Lehren und Lernen, Programme und Modellversuche am Bundesinstitut für Berufsbildung, Bonn

Vorwort

»Agiles Lernen« – Mindestens eines der beiden Worte im Buchtitel hat Sie angesprochen, sonst würden Sie diese Einleitung jetzt nicht lesen.

Wenn es das Wort »**agil**« war, das Ihre Aufmerksamkeit erregt hat, gehören Sie zu der wachsenden Zahl an Personen, die verstanden haben, dass die vielfältigen, immer schneller auftretenden Veränderungen in der Wirtschaft ein steigendes Maß an Agilität von ihren Akteuren verlangen. Dann ist Ihnen auch klar, dass Lernen zu den zentralen Erfolgsfaktoren der agilen Welt gehört.

Wenn Ihr Fokus auf dem »**Lernen**« liegt, haben auch Sie sehr wahrscheinlich in den letzten Jahren vielfältige Veränderungen in der Arbeitswelt wahrgenommen. Neue Methoden und Instrumente des Lernens sind dabei nur die Spitze des Eisbergs. Mit wachsender Wucht setzen sich neue Denkweisen zum Lernen durch und verändern die Rollen von Mitarbeitenden und Führungskräften ebenso wie die von Trainern und Personalentwicklern. Selbstgesteuertes Lernen und immer individuellere Angebote sind nur zwei Trends, die auch das Lernen selbst immer agiler werden lassen.

Dabei ist der Begriff »**Agiles Lernen**«, den wir in diesem Buch groß schreiben, doppeldeutig: Zum einen muss das Lernen im Sinne der klassischen Personalentwicklung dynamischer und performance-orientierter werden, zum anderen muss »**agiles Arbeiten**« gelernt werden – also neue Arbeitsweisen, Denkmuster etc.

Ob Sie nun über die Agilität des Lernens oder Lernen für agiles Arbeiten zu diesem Buch gekommen sind, wir wollen beide Aspekte beleuchten. Letztlich gehören sie ja auch zusammen. Wir haben hierin unsere Erfahrungen in agilem Arbeiten, moderner Personalentwicklung und der Lernforschung zusammengeführt, weil wir überzeugt sind, dass Lernen zu **dem** Erfolgsfaktor für Unternehmen und Mitarbeiter in der VUCA-Welt wird. Dafür muss allerdings die gesamte Logik der Personalentwicklung in Unternehmen neu gedacht werden.

Um die Dimension dieser Veränderung aufzuzeigen, werden wir in den beiden ersten Kapiteln erläutern, was agiles Arbeiten bedeutet, welche Konsequenzen sich daraus für das Thema Lernen ergeben, und darstellen, wie unser Verständnis davon aussieht, was Agiles Lernen eigentlich ist. Das führt uns zunächst von der Realität in den meisten Unternehmen weg, und manches in dieser Darstellung wird auch in Zukunft nicht für alle Unternehmen und Personen relevant sein. Wir glauben jedoch, dass ein umfassendes Verständnis Agilen Lernens die Voraussetzung dafür ist, das mögliche Extrem einer rein agil arbeitenden Organisation und Belegschaft zu kennen. Erst mit dieser

Kenntnis ist es möglich, den eigenen Status und die für den eigenen Kontext sinnvollen Schritte zu erkennen.

Die ersten beiden Kapitel werden vielleicht manche Leserinnen und Leser in eine Welt führen, in der sie noch nicht zu Hause sind. Wir würden uns freuen, wenn Sie sich trotzdem darauf einlassen und dem gewählten Aufbau folgen wollen. So erhalten Sie ein vollständiges Bild dessen, was Agiles Lernen wirklich bedeutet. Das wiederum versetzt Sie später in die Lage, sich zu entscheiden, was Sie wann und wie tun wollen.

Der weitere Aufbau des Buches ist dann deutlich konkreter und praxisnäher. Wir gehen vom aktuellen Status des Lernens in der Mehrheit der Organisationen aus und diskutieren Lernen in der real existierenden Wirtschaft. Wir stellen Ihnen Studien, Ideen, Modelle und Vorgehensweisen vor, die es Ihnen erlauben, das Lernen in Ihrer heutigen Organisation zu analysieren, fördern und zukunftsfähig zu gestalten. Insbesondere gehen wir dabei auch auf die Veränderungen der Verantwortlichkeiten zwischen Mitarbeitendem, Führungskraft und Personalentwicklung ein und thematisieren die Bedeutung verschiedener Formate und Ansätze. Dadurch können Prozesse ausgelöst werden, die es Ihrer Organisation erlauben, den Schritt in eine agilere Organisation zu beschreiten. Für diejenigen, die genau diesen Schritt jetzt schon gehen wollen, vielleicht in einzelnen Pilotprojekten, haben wir im Anhang umfangreiche Informationen bereitgestellt. Lassen Sie sich also von uns mitnehmen auf eine Reise in die agile Zukunft des Lernens. Wir wünschen Ihnen viel Spaß!

Prof. Dr. Nele Graf, Denise Gramß und Dr. Frank Edelkraut

Braunschweig, 2017

P.S.: Wir haben bewusst die wissenschaftliche Diskussion zu Definitionen von Grundbegriffen wie Lernen etc. außen vor gelassen, um den Fokus nicht zu verlieren. Wer daran Interesse hat, dem seien die Lehrbücher aus der Erwachsenenbildung und pädagogischen Psychologie empfohlen.

Vorwort zur zweiten Auflage

Wir danken allen Leserinnen und Lesern, die die erste Auflage gelesen und gekauft haben!

Die Resonanz war überwältigend und zeigt, dass die Neuaufstellung der Personalentwicklung und das Lernen im betrieblichen Kontext einen Umbruch erfahren (werden).

Ob es sich lohnt, die zweite Auflage zu kaufen – auch wenn man bereits die erste gelesen hat? Wir meinen **Ja**!

Auch wir gehen mit der Zeit und haben das Buch mit Augmented-Reality-Content angereichert. Sie finden zahlreiche Tipps und Checklisten, die Sie direkt nutzen können, sowie Erklärvideos, die Praxisbeispiele zeigen oder inhaltlich ins Detail gehen.

Zudem haben wir neue Erkenntnisse, Leserfeedback und aktuelle Diskussionen in diese Auflage einfließen lassen. Das sind u. a.:

- **Der Versuch von Definitionen und Abgrenzungen:** Was ist eigentlich der Unterschied zwischen Agilem Lernen, New Learning und Lernen 4.0?
- **Der Personalentwickler:** Es ist eine fünfte Rolle dazugekommen – der Learning Designer.
- **Neue Formate:** Lean Coffee, Barcamp, kollegiale Fallberatung etc. sind nun auch dabei.
- **Lernkultur und Rahmenbedingungen:** Auf Wunsch vieler Leserinnen und Leser haben wir das Thema intensiver beleuchtet und geben Tipps zur Auseinandersetzung mit dem Thema und dessen Gestaltung.

Wir freuen uns, Ihnen hier die überarbeitete zweite Auflage präsentieren zu können, und wünschen Ihnen viel Spaß, Mut und Leidenschaft zum Experimentieren!

Prof. Dr. Nele Graf, Denise Gramß und Dr. Frank Edelkraut

Braunschweig, 2019

Vorwort zur dritten Auflage

Als wir in 2018/19 begannen, die zweite Auflage von »Agiles Lernen« vorzubereiten, war an eine dritte Auflage noch gar nicht zu denken. Ebenfalls war nicht zu ahnen, was wir alle in den Jahren 2020 und 2021 erleben würden. Die Corona-Pandemie hat die Wirtschaft und auch die Art, wie Personalentwicklung und Lernen gesehen werden, massiv verändert. Auf einmal gingen Dinge wie das flächendeckende Homeoffice, neue Kollaborationstools und virtuelle Trainings, die zuvor nur schwer vorstellbar waren.

Auch für uns als Lernexpertinnen und -experten änderte sich nahezu alles. Zu Beginn des Lockdowns wurden bei uns innerhalb von drei Tagen viele Aufträge storniert. Dem stand eine massive Nachfrage nach neuen Themen, Formaten und Formen der Zusammenarbeit gegenüber. Also waren neue Angebote zu konzeptionieren und in Experimenten und Feedbackschleifen mit den Klienten weiterzuentwickeln. Beispielsweise haben wir unsere Qualifizierung von Mentoren auf ein Online-Format umgestellt oder die Weiterbildung zum agilen Lerncoach gleich parallel virtuell und in Präsenz geplant. Wir haben sehr schnell sehr viel gelernt und plastisch vor Augen geführt bekommen, wie agiles Arbeiten und Agiles Lernen funktionieren.

Damit ergab sich quasi eine Blaupause für die nächsten Jahre und Herausforderungen, denn die agile Vorgehensweise, kombiniert mit schnellen und intensiven Lernzyklen, ist offensichtlich sehr robust und kann völlig unabhängig vom Inhalt auf nahezu alle neuen Themen angewandt werden. Damit sehen zumindest wir recht entspannt auf die neuen Megathemen, egal ob sie New Work, Dekarbonisierung oder weiterhin Digitalisierung heißen.

Heute ist aber auch klar: So wie die zweite Auflage von Agiles Lernen gestaltet war, konnte das Buch nicht bleiben. Die radikalen Entwicklungen in der Pandemie haben einen massiven Erfahrungssprung bei den potenziellen Leserinnen und Lesern bewirkt, die Bedeutung der Personalentwicklung für den Unternehmenserfolg aufgezeigt und ganz neue Ansatzpunkte geliefert. Zudem haben sich die Erkenntnisse zum Agilen Lernen massiv weiterentwickelt – erste Promotionen sind in Bearbeitung und auch international steigt die Aufmerksamkeit für das Thema. Inhaltlich passt jetzt nicht mehr alles und wir haben uns entschieden, die dritte Auflage zu realisieren und dabei einige Kapitel komplett neu zu gestalten.

Wir hoffen sehr, dass Sie mit dieser neuen Auflage ein Werk vorfinden, dass Ihnen hilft, Ihre persönliche Lernreise ebenso erfolgreich zu gestalten, wie die (Neu)Gestaltung der Personalentwicklung in Ihrer Organisation. Lassen Sie uns möglichst viel Schwung, den Corona für das (Agile) Lernen erzeugt hat, in die Zukunft mitnehmen. Denn eines ist sicher: Lernen wird noch wichtiger und vielfältiger!

An dieser Stelle möchten wir noch den vielen leidenschaftlichen Lernenthusiasten und insbesondere der Community »unserer« agilen Lerncoaches danken, die mit uns experimentieren, reflektieren und diskutieren, um das Lernen ein bisschen besser zu machen.

Viel Erfolg für Ihre agile Lernreise!

Nele Graf & Frank Edelkraut

Braunschweig, Juni 2022

Teil 1: Neugestaltung des Lernens

1 Leben ist Veränderung, Wirtschaft auch

»Kind, was bist Du groß geworden!« Wer hat diesen Ausruf von Oma nicht noch im Ohr? Und, hat es genervt oder waren Sie stolz über die Entwicklung? Wie auch immer, die Szene zeigt Aspekte, die in jeder persönlichen Veränderung und sogar in der Wirtschaft immer wieder auftauchen:

- **Innen- vs. Außensicht:** Prozesse, hier das Wachstum, werden anders wahrgenommen, wenn man selbst betroffen ist und die gesamte Entwicklung quasi von Innen erlebt. Bei punktueller Betrachtung von außen erscheinen Sprünge deutlich größer.
- **Wert einer Veränderung:** Der eigene Standpunkt hat großen Einfluss auf die Bewertung eines Veränderungsprozesses. Zwischen »Sie werden so schnell erwachsen« und »Wann darf ich endlich ...« besteht ein großer Unterschied.
- **Geschwindigkeit der Veränderung:** Manche Aspekte einer Veränderung lassen sich nur sehr eingeschränkt beschleunigen (»Wächst nicht schneller, wenn man dran zieht«), andere dagegen sind steuerbar (»Das Sport-Camp hat die Leistung erkennbar erhöht«).

Egal, wie wir Veränderungen wahrnehmen, jede ist ein Lernprozess. Neues Wissen entsteht, neue Fertigkeiten sind zu erlernen und die nötigen Kompetenzen müssen sich entwickeln. Wie wir Lernen gestalten und wie lange Lernen dauert, hat einen zentralen Einfluss auf jede anstehende Veränderung. Daher lohnt es sich, dem Lernen hohe Aufmerksamkeit zu widmen und zu versuchen, es möglichst professionell zu gestalten. Je besser unsere Lernkompetenzen als Individuum und als Organisation ausgeprägt sind, desto besser sind wir auf die vielfältigen Veränderungen, denen wir uns gegenübersehen, vorbereitet.

Wenn wir über die Personalentwicklung und Lernen in Unternehmen sprechen, empfiehlt es sich, zuerst die Metaebene einzunehmen und die Veränderung aber auch den Lernbedarf und Lernkontext umfassend zu betrachten. Welche Rolle wird Lernen in und für unsere Organisation in den nächsten Jahren spielen? Mit dieser Frage aus der strategischen Personalentwicklung wollen wir starten und schauen zuerst, mit welchen Veränderungen eigentlich zu rechnen ist. Einen ersten Hinweis gibt uns der Spiegel der Wirtschaft, der Aktienmarkt.

1.1 Die Welt, in der wir leben (werden) – Die Metaperspektive

6 – 3 – 5 – 9 – 2. Nicht unbedingt regelmäßig, aber definitiv im Abstand weniger Jahre werden die Wirtschaft und die Aktienmärkte durch krisenhafte Ereignisse erschüttert. Egal, ob Kriege, Firmenzusammenbrüche oder eine Pandemie, die Wirtschaft sieht sich

innerhalb kürzester Zeit massiven Risiken und Veränderungen gegenüber, mit denen sie umgehen muss. Seit dem Zusammenbruch der Tulpenpreise im Februar 1637 (vgl. Infokasten »Die Tulpenkrise«) sind unzählige Krisen an Börsen zu verzeichnen gewesen und man kann getrost annehmen, dass dies auch in Zukunft der Fall sein wird.

Was sich in den letzten Jahrzehnten verändert hat, ist die Geschwindigkeit, mit der sich Krisen manifestieren. In der globalen, digitalisierten Wirtschaft treten sie immer überraschender und weniger vorhersehbar auf, die Ausschläge auf der Kurstafel werden größer und die Komplexität des Wirtschaftens wächst in der Folge deutlich an.

!

Die Tulpenkrise

Schnelle Veränderungen, radikale Umbrüche und die Notwendigkeit, Neues zu lernen, sind kein Alleinstellungsmerkmal moderner Wirtschaft. Bereits zu Beginn der Börsengeschichte waren die gleichen Mechanismen und Entwicklungen zu beobachten. Ein schönes Beispiel sind die Ereignisse zu Beginn des Jahres 1637. Die Niederlande erleben ihr Goldenes Zeitalter, große Meister wie Rubens, Hals oder Vermeer schaffen zeitlose Meisterwerke und für einen Sack Pfeffer kann man in Amsterdam ein repräsentatives Stadthaus kaufen. Der globalisierte Handel macht die VOC zum erfolgreichsten Unternehmen der Weltgeschichte und technische Fortschritte sind gerade im Schiffbau und in der Wasserwirtschaft an der Tagesordnung.
In dieser Zeit macht eine Blume aus Zentralasien Karriere und schreibt Wirtschaftsgeschichte: Die Tulpe. Tulpenzwiebeln werden innerhalb kürzester Zeit zum beliebten Spekulationsobjekt. Tausende von Menschen investieren in Tulpen und erfinden ganz nebenbei den Terminhandel. Zuletzt werden 10.000 Gulden für eine Zwiebel der Semper Augustus verlangt. Im Februar 1637 passiert, was passieren musste, die Spekulationsblase platzt, und wer jetzt noch auf Optionsscheinen saß, hat alles verloren. So auch Peter Paul Rubens, der in der Folge sein Haus verkaufen muss.
So weit, so lange her. Warum sollte uns die Tulpenkrise in Zusammenhang mit Agilem Lernen und der agilen Wirtschaft 400 Jahre später interessieren? Die Geschichte um die Tulpenkrise ist deswegen spannend, weil sich nichts, aber auch gar nichts geändert hat. Technik, Märkte und Spekulationsobjekte haben sich verändert, aber die Mechanismen menschlichen Denkens und Verhaltens bleiben identisch. Wer die Tulpenkrise und die heutigen Spekulationsblasen tiefer analysiert, erkennt, dass Menschen sehr vorhersehbar agieren und sich manche Prozesse immer wiederholen. Das mag böse klingen, gibt uns aber zwei Hinweise, die wir für unsere Personalarbeit nutzen können:

1. Es wird wieder passieren. Wir können uns aber auf die kommende Spekulationsblase vorbereiten.
2. Die Art, wie Menschen denken und handeln, ist der einzig entscheidende Faktor für viele Entwicklungen; Technik usw. spielt eine untergeordnete Rolle.

Bildung und Lernen kann uns helfen, die Organisation auf die nächste Krise vorzubereiten. Egal, ob Pandemie, Spekulationsblase oder politische Krise, ein Stamm an gut ausgebildeten und erfahrenen Mitarbeitenden hilft, schnell und kompetent zu reagieren und der Organisation Handlungsspielraum zu verschaffen. Bei der Vorbereitung auf die nächste Krise und dem

Aufbau einer Kriseninterventionsmannschaft kann der Blick auf die Tulpenkrise oder die VOC übrigens helfen, denn durch die zeitliche Distanz und die scheinbare Andersartigkeit werden die relevanten Faktoren für eine Krisenvorbereitung klarer ersichtlich und man tappt nicht in die Falle, aktuellen Trends hinterherzulaufen.

Der Langzeitverlauf des DAX zeigt auch die gute Nachricht. Die Wirtschaft erholte sich von allen Einbrüchen und ging am Ende gestärkt aus jeder Krise hervor. Der DAX steigt im langjährigen Mittel stetig an. Daran sind mindestens zwei Faktoren beteiligt:

- **Besser machen:** Krisen lösen eine Restrukturierung und Optimierungswelle aus, die deutliche Optimierungen nach sich zieht und schlecht aufgestellte Marktteilnehmer verschwinden lässt.
- **Neues schaffen:** Innovationen, neue Geschäftsmodelle und ganze Märkte werden permanent weiterentwickelt und sorgen für zusätzliche Wertschöpfung, die sich im Kursverlauf niederschlägt.

Abb. 1: Langzeitverlauf des DAX (Quelle: https://www.finanzen.net/index/dax/seit1959, Abruf am 15.01.2022)

Auslöser für Verluste im DAX

16. Oktober 1989: -14,3 % – Finanzierungsschwierigkeiten bei United Airlines lösen eine Kettenreaktion aus

6. August 1990: -5,7 % – Irakische Truppen marschieren in Kuwait ein

19. August 1991: -10,4 % – Versuchter Putsch gegen Michail Gorbatschow

28. Oktober 1997: -8,7 % – Finanz-, Währungs- und Wirtschaftskrise in Asien

21. August 1998: -6,3 % – Finanzkrise in Russland

1. Oktober 1998: -7,6 % – Dem US-Hedgefonds LTCM droht Zahlungsunfähigkeit

11. September 2001: -9,2 % – Terroranschläge in den USA

5. August und 3. September 2002: -6,0 % und -6,2 % – Angst vor der Rezession in den USA
24. März. 2003: -6,5 % – Beginn des Irak-Krieges
21. Januar 2008: -7,7 % – Erneute Ängste vor einer Rezession in den USA
6. Oktober 2008: -7,6 % – Pleite von Lehman Brothers
6. November 2008: -7,3 % – Die Finanzkrise wird zur Wirtschaftskrise
9. März 2020: -8,2 % – Der Dax bricht Corona-bedingt ein
24. Februar 2022: -4 % – Russland überfällt die Ukraine (innerhalb der ersten Woche -14 %)

Der DAX bildet nur einen kleinen Teil der Gesamtwirtschaft ab und schaut man auf diese, zeigen die letzten Jahrzehnte sogar eine noch viel deutlichere Entwicklung. Gerade die Digitalisierung hat zu massiven, teilweise exponentiellen Veränderungen in vielen Branchen geführt. Heute wird die Liste der wertvollsten Unternehmen durch IT und Internetkonzerne angeführt, während es vor 20 Jahren noch die Energiebranche war, die hier dominierte. Man muss kein Prophet sein, um anzunehmen, dass die Digitalisierung auch für die nächsten Jahre relevant bleibt und zu weiteren massiven Veränderungen führen wird.

Weitere Veränderungen werden wahrscheinlich auch dazu führen, dass die Komplexität des Wirtschaftens weiter steigt. Jede Veränderung in der Wirtschaft ist bei genauer Betrachtung ein Konglomerat aus verschiedenen Veränderungselementen, die sich oft uneinheitlich schnell entwickeln. Der Human Capital Trend 2017 von Deloitte hat dies sehr schön am Beispiel der unterschiedlichen Veränderungsgeschwindigkeiten in der Digitalisierung diskutiert.

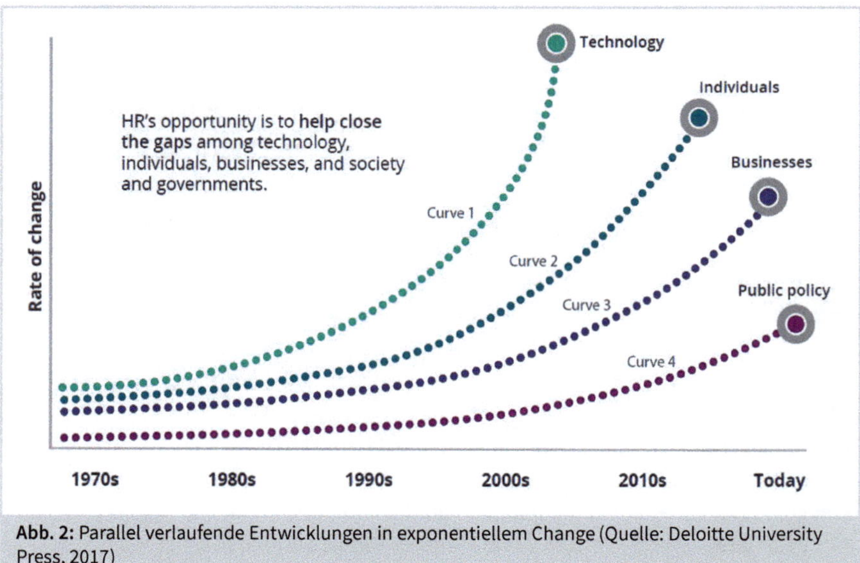

Abb. 2: Parallel verlaufende Entwicklungen in exponentiellem Change (Quelle: Deloitte University Press, 2017)

Während sich die Technologie sehr schnell, oft exponentiell verändert, erschließen sich die Nutzer das Angebot etwas langsamer und nutzen auch nicht alle Angebote.

Die Unternehmen wiederum benötigen länger für die Einführung neuer Technologien, was nicht verwundert, da Investitionen, Sicherheitsthemen, Schulungsbedarfe, die Dauer der entsprechenden Qualifizierungen usw. zum Tragen kommen. Die Politik und der Gesetzgeber wiederum sind noch langsamer, denn sie müssen die gesellschaftliche Ebene, d. h. noch höhere Komplexität, abbilden und dies erfordert viel Zeit.

Wie sich die Komplexität auf gesellschaftlicher Ebene darstellt, lässt sich sehr schön an der Frage, wie sich Technologie auf Bildung auswirkt, aufzeigen. Die OECD hat in ihrem Lernkompass 2030 (Abb. 3) zusammengefasst, was passiert, wenn technologische Entwicklung und Bildung nicht parallel verlaufen. Hinkt die Bildung hinter der technischen Entwicklung hinterher, werden viele Menschen mit der Entwicklung nicht Schritt halten und negative Konsequenzen, wie etwa den Verlust des Arbeitsplatzes, erleben. Ist der Bildungsstand dagegen höher, als es für die aktuelle Technologie nötig wäre, entsteht eine Phase der Prosperität, da die Menschen die Technik und die Art zu arbeiten weiterentwickeln können und weiteres Wachstum entsteht. Damit ist bereits ein Dilemma beschrieben, das sich in den letzten Jahren immer weiter verschärft hat. Denn eine zwingende Frage ist, wie sich die Bildung verändern muss, wenn die technische Entwicklung immer schneller voranschreitet. Wie kann die Bildung die Geschwindigkeit der Veränderung abbilden? Wie kann der entstehende Lernaufwand realisiert werden? Solche Fragen werden uns in den kommenden Jahren in der Gesellschaft aber auch in jedem einzelnen Unternehmen intensiv beschäftigen.

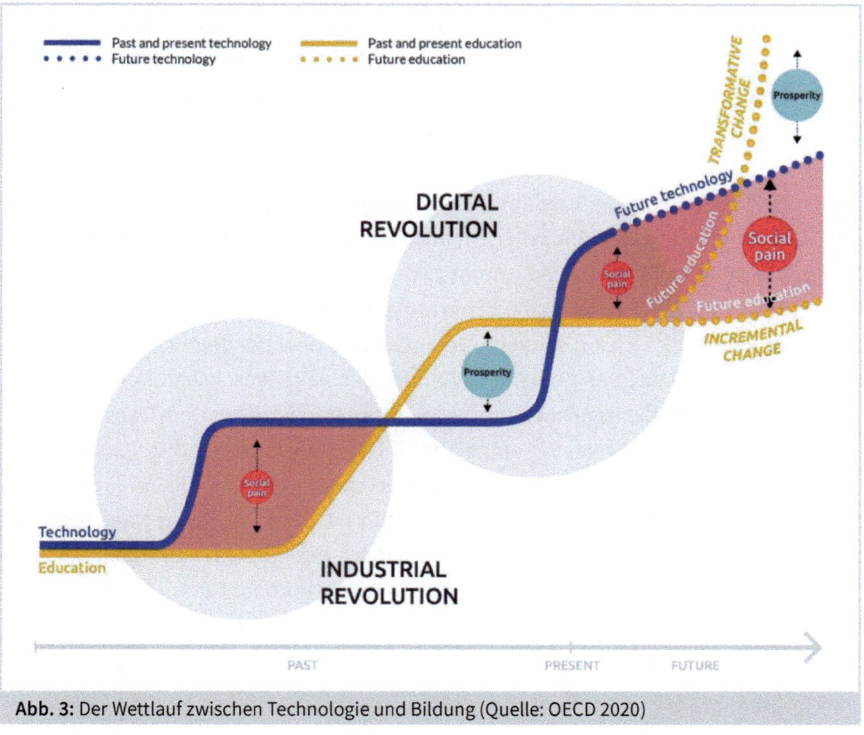

Abb. 3: Der Wettlauf zwischen Technologie und Bildung (Quelle: OECD 2020)

Dass diese Fragen unbedingt beantwortet werden müssen, zeigt auch die Veränderung der Aufgabentypen oder, anders ausgedrückt, die Veränderung im Charakter der Arbeit. Was müssen Mitarbeitende in verschiedenen Tätigkeiten können, um in der sich verändernden Arbeitswelt mitzuhalten und einen wertvollen Beitrag zu leisten?

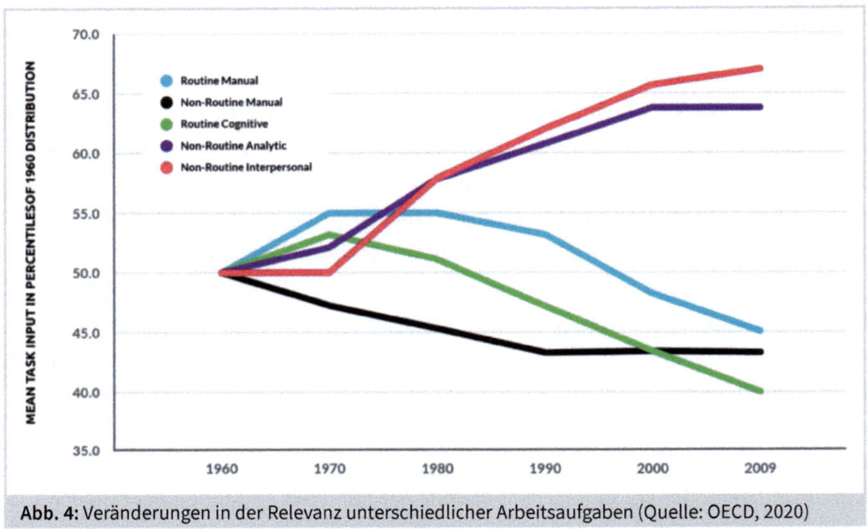

Abb. 4: Veränderungen in der Relevanz unterschiedlicher Arbeitsaufgaben (Quelle: OECD, 2020)

Der starke Anstieg der Bedeutung IT-relevanter Berufe und der Bedeutungsrückgang mechanischer Arbeit bzw. von Routinearbeit steht für die digitale Schere und das Risiko einer größer werdenden gesellschaftlichen Spaltung. Damit steigt die Relevanz von Bildung und Lernen noch einmal an und es lohnt sich, etwas detaillierter auf die besonders begehrten und besonders gefährdeten Tätigkeiten zu schauen.

Wie groß der Bedarf an Weiterbildung (Upskilling) und dem Erwerb neuer Kompetenzen (Reskilling) ist, hat das World Economic Forum in seinem Report »The Future of Jobs« (WEF 2020) berechnet. Man kommt zu dem Schluss, dass sich ungefähr 40 % der Berufstätigen signifikant neu qualifizieren müssen. Wo Qualifizierungsbedarf besteht, zeigen die Rollen, die sich am stärksten verändern werden. Der deutlichste Bedarfsanstieg ergibt sich wenig überraschend im Bereich der weiter voranschreitenden Digitalisierung, aber auch die Bereiche Automatisierung, Management und Transformation werden als zunehmend relevant eingestuft. Die Verliererseite ist dagegen vollständig durch (manuelle) Routinearbeiten gekennzeichnet. Hier wird die (digitale) Automatisierung zu einem Wegfall der Tätigkeiten führen. Somit ergibt sich aus Sicht der Unternehmen ein massiv ansteigender Lernbedarf, der entweder zu höherwertigen Tätigkeiten führt oder auf ganz neue Einsatzbereiche vorbereitet. Im Prinzip ist dies eine Entwicklung, die bereits vor Jahrzehnten eingesetzt hat, man denke beispielsweise an die Veränderungen im Maschinenbau, wo die reine Mechanik immer mehr um digitale Anteile ergänzt wurde.

Increasing demand		Decreasing demand	
1	Data Analysts and Scientists	1	Data Entry Clerks
2	AI and Machine Learning Specialists	2	Administrative and Executive Secretaries
3	Big Data Specialists	3	Accounting, Bookkeeping and Payroll Clerks
4	Digital Marketing and Strategy Specialists	4	Accountants and Auditors
5	Process Automation Specialists	5	Assembly and Factory Workers
6	Business Development Professionals	6	Business Services and Administration Managers
7	Digital Transformation Specialists	7	Client Information and Customer Service Workers
8	Information Security Analysts	8	General and Operations Managers
9	Software and Applications Developers	9	Mechanics and Machinery Repairers
10	Internet of Things Specialists	10	Material-Recording and Stock-Keeping Clerks
11	Project Managers	11	Financial Analysts
12	Business Services and Administration Managers	12	Postal Service Clerks
13	Database and Network Professionals	13	Sales Rep., Wholesale and Manuf., Tech. and Sci.Products
14	Robotics Engineers	14	Relationship Managers
15	Strategic Advisors	15	Bank Tellers and Related Clerks
16	Management and Organization Analysts	16	Door-To-Door Sales, News and Street Vendors
17	FinTech Engineers	17	Electronics and Telecoms Installers and Repairers
18	Mechanics and Machinery Repairers	18	Human Resources Specialists
19	Organizational Development Specialists	19	Training and Development Specialists
20	Risk Management Specialists	20	Construction Laborers

Abb. 5: Die jeweils 20 Rollen mit steigendem oder abnehmendem Bedarf, über alle Branchen betrachtet (Quelle: WEF, 2020)

Neben den Rollen lohnt auch die Betrachtung der Kompetenzen und Fähigkeiten, die für eine erfolgreiche Tätigkeit in den genannten Rollen benötigt werden. Auch hier gibt der Report Auskunft (Abb. 6) und listet ganz oben analytisches Denken und Innovation, aktives Lernen und Lernstrategien und Lösung komplexer Probleme auf. Nach der bisherigen Diskussion dürfte diese Liste nicht wirklich überraschen. Die angeführten Kompetenzen zeigen vor allem, dass die Wirtschaft immer komplexer wird und die »Kopfarbeit« (Knowledge Work) als besonders erfolgskritisch angesehen wird. Auch dies spricht für einen deutlich zunehmenden Lernbedarf, nicht nur wegen des Nachholbedarfes vieler Menschen, sondern auch wegen einer weiteren Verschiebung der profitablen Tätigkeiten in die Bereiche kreativer und steuernder Aufgaben und der Dienstleistung.

1	Analytical thinking and innovation	9	Resilience, stress tolerance and flexibility
2	Active learning and learning strategies	10	Reasoning, problem-solving and ideation
3	Complex problem-solving	11	Emotional intelligence
4	Critical thinking and analysis	12	Troubleshooting and user experience
5	Creativity, originality and initiative	13	Service orientation
6	Leadership and social influence	14	Systems analysis and evaluation
7	Technology use, monitoring and control	15	Persuasion and negotiation
8	Technology design and programming		

Abb. 6: Die 15 wichtigsten Skills für 2025 (Quelle: WEF, 2020)

Wenn die gerade diskutierten Entwicklungen zu einem zunehmenden Lernbedarf führen, stellt sich automatisch die Frage, wo wir als Individuen, Organisationen und als Gemeinschaft stehen. Schaue wir zunächst darauf, wie Lernen in der Gesellschaft verankert ist. Dieser Frage hat sich die Initiative D21 gewidmet und in der Studie »Digital Skills Gap« (D21, 2021) veröffentlicht. In Abbildung 7 sind die wesentlichen Erkenntnisse und daraus abgeleitete Handlungsempfehlungen wiedergegeben.

Abb. 7: Die wichtigsten Ergebnisse zur Digitalkompetenz in Deutschland (Quelle: Initiative D21, 2021)

Die D21-Studie erfasste zwar nur die digitalen Skills der deutschen Bevölkerung, kann aber auch darüber hinaus als Indikator für den Kontext dienen, in dem sich deutsche Unternehmen und Organisationen bewegen. Sie sind schließlich ein Abbild der umgebenden Gesellschaft und die Studienergebnisse können im ersten Schritt auch auf die Belegschaften übertragen werden. Vor allem die bereits angesprochene Spaltung der Gesellschaft in gut für Wandel und die Zukunft gerüstete Mitarbeitende und diejenigen, die den Anschluss zu verpassen drohen, ist ein Aspekt, der in der Personalentwicklung beachtet werden sollte. Die Studie zeigt dabei vor allem, dass es gar nicht so sehr um die Inhalte geht als um die Fähigkeiten, mit verfügbaren Instrumenten und Angeboten adäquat umzugehen. Anders formuliert, es geht nicht um die Vermittlung von Wissen, sondern um die Befähigung zum eigenständigen Lernen.

Die Erhebung zeigt im Wesentlichen, dass die große Mehrheit der Deutschen bereits in der digitalen Welt angekommen ist und Geräte und Webangebote umfassend nutzt. Die Studie zeigt aber auch, dass gerade im Bereich der Metakompetenzen, etwa dem Verständnis von Zusammenhängen oder Risiken, aber auch beim Lernen deutliche Defizite bestehen.

Die zunehmende Bedeutung von Metakompetenzen wird auch in anderen Studien klar und in Kapitel 5.3 werden wir darauf vertiefend eingehen. Für die Personalentwicklung in den Unternehmen ergibt sich hieraus eine Herausforderung, denn welche

Kompetenzen sind relevant und auf welchem Niveau sind sie im Unternehmen überhaupt schon vorhanden? Derartige Fragen sind gar nicht so leicht zu beantworten, denn bisher lag der Fokus eher auf Fach- und Methodenkompetenzen. Metakompetenzen unterlagen deutlich seltener einer gezielten Entwicklung.

Beim (Neu-)Start in eine strukturierte Kompetenzentwicklung kann es sinnvoll sein, sich einen ersten Überblick zum Status der Kompetenzen in der Organisation zu verschaffen. Aber wo anfangen? Es gibt eine Reihe von Kompetenzanalysen am Markt, die allerdings oft auf Digitalkompetenzen fokussieren oder ein sehr großes Kompetenzspektrum abdecken, was mit einigem Aufwand und Kosten verbunden ist. Eine kompakte und fokussierte Analyse mit wenigen aber relevanten Kompetenzen (vgl. Abb. 8) führt dagegen schnell und kostengünstig zu einem ersten Überblick, der dann deutlich fundiertere Entscheidungen hinsichtlich weiterer Maßnahmen erlaubt. Eine detailliertere Darstellung der Valcom® Future Skills-Analyse finden Sie, wenn Sie die folgende Abbildung mit Ihrer Haufe-smARt-App scannen.

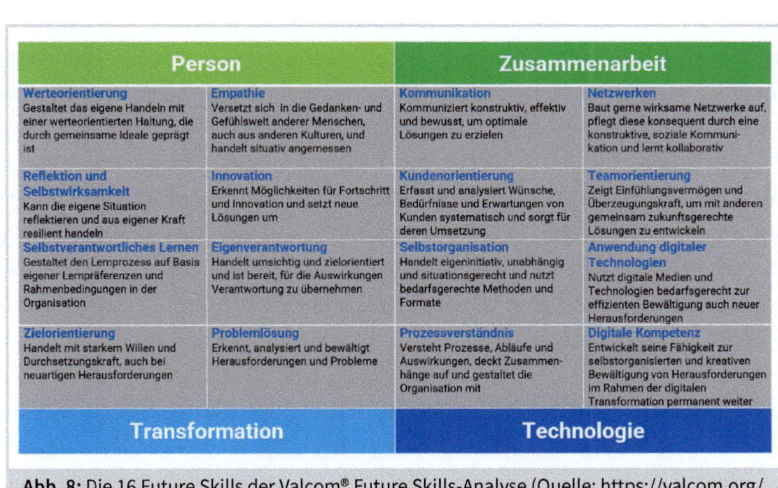

Person		Zusammenarbeit	
Werteorientierung Gestaltet das eigene Handeln mit einer werteorientierten Haltung, die durch gemeinsame Ideale geprägt ist	**Empathie** Versetzt sich in die Gedanken- und Gefühlswelt anderer Menschen, auch aus anderen Kulturen, und handelt situativ angemessen	**Kommunikation** Kommuniziert konstruktiv, effektiv und bewusst, um optimale Lösungen zu erzielen	**Netzwerken** Baut gerne wirksame Netzwerke auf, pflegt diese konsequent durch eine konstruktive, soziale Kommunikation und lernt kollaborativ
Reflektion und Selbstwirksamkeit Kann die eigene Situation reflektieren und aus eigener Kraft resilient handeln	**Innovation** Erkennt Möglichkeiten für Fortschritt und Innovation und setzt neue Lösungen um	**Kundenorientierung** Erfasst und analysiert Wünsche, Bedürfnisse und Erwartungen von Kunden systematisch und sorgt für deren Umsetzung	**Teamorientierung** Zeigt Einfühlungsvermögen und Überzeugungskraft, um mit anderen gemeinsam zukunftsgerechte Lösungen zu entwickeln
Selbstverantwortliches Lernen Gestaltet den Lernprozess auf Basis eigener Lernpräferenzen und Rahmenbedingungen in der Organisation	**Eigenverantwortung** Handelt umsichtig und zielorientiert und ist bereit, für die Auswirkungen Verantwortung zu übernehmen	**Selbstorganisation** Handelt eigeninitiativ, unabhängig und situationsgerecht und nutzt bedarfsgerechte Methoden und Formate	**Anwendung digitaler Technologien** Nutzt digitale Medien und Technologien bedarfsgerecht zur effizienten Bewältigung auch neuer Herausforderungen
Zielorientierung Handelt mit starkem Willen und Durchsetzungskraft, auch bei neuartigen Herausforderungen	**Problemlösung** Erkennt, analysiert und bewältigt Herausforderungen und Probleme	**Prozessverständnis** Versteht Prozesse, Abläufe und Auswirkungen, deckt Zusammenhänge auf und gestaltet die Organisation mit	**Digitale Kompetenz** Entwickelt seine Fähigkeit zur selbstorganisierten und kreativen Bewältigung von Herausforderungen im Rahmen der digitalen Transformation permanent weiter
Transformation		Technologie	

Abb. 8: Die 16 Future Skills der Valcom® Future Skills-Analyse (Quelle: https://valcom.org/future-skills-entwickeln/)

Wenn wir die bisher diskutierten Erkenntnisse zusammenfassen, können wir folgende Annahmen für die zukünftige Personalentwicklung in den Unternehmen treffen:

- Wirtschaft und Gesellschaft ist sowohl ein permanenter als auch immer wieder disruptiver Veränderungsprozess, dessen Komplexität permanent ansteigt. → Lernen wird wichtiger und muss schneller erfolgen.
- Veränderungen müssen immer öfter gestartet werden, bevor das finale Ergebnis überhaupt formulierbar ist. → Metakompetenzen und der Umgang mit Ambiguität spielen zukünftig eine größere Rolle.

- Arbeit verändert sich, hin zu Rollen, in denen mehr und anspruchsvollere Kompetenzen gefordert sind. → Lernen wird anspruchsvoller, zeitintensiver und situativer.
- Der Spagat zwischen den Menschen, die anstehende Veränderungen mitgehen können, und denen, die möglicherweise abgehängt werden, wird größer. → Lernen ist individuell zu gestalten.

Lernen ist die Kernkompetenz für eine erfolgreiche Zukunft.

1.2 Transformation des Lernens – Die Unternehmensperspektive

Der Blick in die Zukunft wirft für diejenigen, die sich mit Lernen in Organisationen befassen, sofort die Frage auf, wie gut Organisation, Teams und Individuen für kontinuierliches und wertschöpfendes Lernen in einer sich schnell verändernden Welt aufgestellt sind.

Betrachten wir exemplarisch eines der vielen Beispiele für Veränderungen, denen sich Unternehmen aktuell gegenübersehen. Die Klimakrise ist wissenschaftlich unbestritten und die Zeit, angemessen zu reagieren, ist extrem knapp. Privatpersonen leisten zunehmend individuelle Beiträge, können aber bestenfalls einen Teil zur Lösung des Problems beitragen. Die Politik wiederum scheut sich erkennbar, die nötigen Rahmenbedingungen zu schaffen. Die Wirtschaft steckt in der Klemme zwischen zunehmend umweltbewussten Kunden und Geschäftspartnern und unklaren Rahmenbedingungen aus der Politik. Was also tun? Unstrittig dürfte sein, dass auch die Unternehmen einen wesentlichen Beitrag zum Klimaschutz leisten und sich alle Unternehmer früher oder später dem Thema stellen müssen.

Wie können in dieser Gemengelage sinnvolle Entscheidungen getroffen, Maßnahmen eingeleitet und gelernt werden? Die Herausforderung ist, wie bei den anderen großen Veränderungsthemen auch, zu einem möglichst frühen Zeitpunkt handlungsfähig zu werden und dabei eine Balance zwischen den oft widersprüchlichen Aspekten hinzubekommen. Wer früh agiert, hat mehr Optionen und länger Zeit, sinnvolle Maßnahmen zu ergreifen. Der richtige Zeitpunkt spielt also eine zentrale Rolle: Wer erfolgreich sein und bleiben will, muss schnell sein. Genau hier kommt die Fähigkeit zu lernen, genauer gesagt, die Fähigkeit zu Analyse, Optionsentwicklung und Entscheidungsumsetzung zum Tragen.

Je schneller ein Unternehmen lernt, umso früher kann es agieren.

Im Fall der Klimarettung ist der Zug bereits ins Rollen gekommen, denn einige relevante Unternehmen haben sich für Maßnahmen zur Erreichung von Klimaneutralität entschieden und sind in die Umsetzung gestartet. Somit erhöht sich der Handlungsdruck für die anderen Unternehmen, während sich gleichzeitig die Anzahl der Handlungsoptionen reduziert. Wichtige Partner, zum Beispiel für den Aufbau einer eigenen erneuerbaren Energieversorgung, gehen anderweitige Partnerschaften ein, genau wie die Anzahl verfügbarer Spezialisten geringer wird. Wer jetzt noch nicht begonnen hat, wird zunehmende Schwierigkeiten hinsichtlich verfügbarer Optionen haben. Der Handlungsdruck … Aber das hatten wir schon. Klar wird an diesem Beispiel, dass die Geschwindigkeit des Lernens bzw. die Berücksichtigung der Dauer von Lernprozessen zukünftig eine größere Rolle in der Personalentwicklung spielt.

Kommen wir noch einmal auf die Ausgangsfrage dieses Kapitels zurück. Sind die Unternehmen hinsichtlich des Lernens gut aufgestellt? Ist das Lernen so organisiert, dass es schnell, anspruchsvoll und wirksam erfolgen kann? Ist die Personalentwicklung auf das vorbereitet, was Deloitte (Abb. 2) und die OECD (Abb. 3) aufzeigen? Schauen wir noch einmal auf den Teil der OECD-Grafik, der die heutige Situation darstellt (Abb. 9). Heute und in Zukunft stehen Unternehmen vor der Aufgabe, die sehr unterschiedlichen Geschwindigkeiten von inkrementellen und transformationalen Veränderungen abzubilden, wobei der Anteil transformativer Veränderungen wächst. Dies bedeutet ja, dass der Qualifizierungsstand in der Belegschaft so hochgehalten werden muss, dass Marktveränderungen mitgegangen und idealerweise sogar gestaltet werden können.

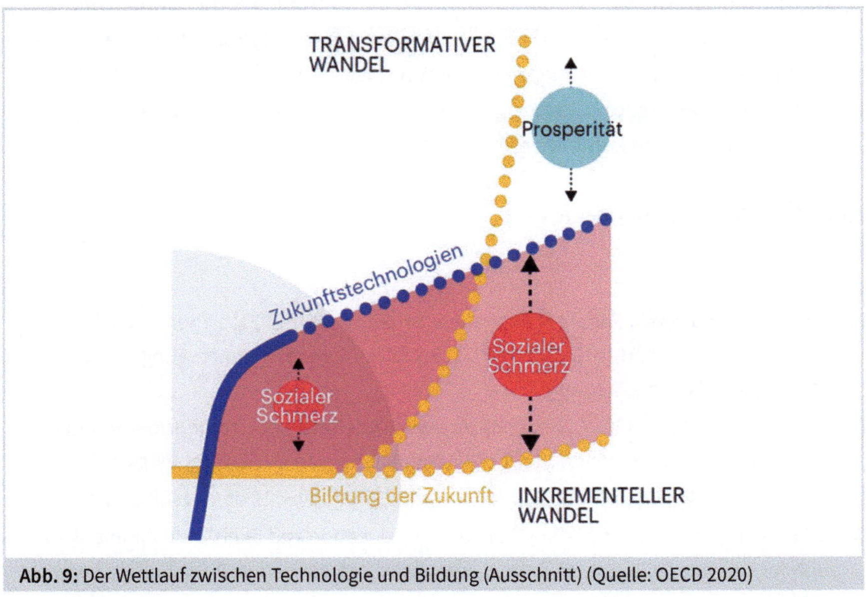

Abb. 9: Der Wettlauf zwischen Technologie und Bildung (Ausschnitt) (Quelle: OECD 2020)

Hinsichtlich der strategischen Personalentwicklung ergeben sich mehrere Konsequenzen, die einen echten Paradigmenwechsel bedeuten:

1. **Paradigmenwechsel 1:** Die Time to Skill, d.h. die Dauer des Lernprozesses vom Erkennen des Lernbedarfs bis zum Einsatz der erworbenen Kompetenzen, muss möglichst kurz sein.
2. **Paradigmenwechsel 2:** Der Fokus von Qualifizierungen verschiebt sich von der Vermittlung von definierten Themen hin zur Entwicklung von Metakompetenzen, etwa der Lernkompetenz.
3. **Paradigmenwechsel 3:** Statt der Anforderungen von Positionen/Stellen werden die individuellen Kompetenzen und Entwicklungspfade der einzelnen Mitarbeitenden in den Mittelpunkt gestellt.

Wenn wir diese Paradigmenwechsel als sinnvoll annehmen, ergeben sich sofort vielfältige Konsequenzen und Herausforderungen für die Personalfunktion. Wir müssen die Personalentwicklung verändern, aber ebenso die strategische Personalplanung, das Talent-Management, Karrieremodelle und so weiter. Mit der steigenden Bedeutung des Lernens für die Transformationsfähigkeit der Unternehmen kommen mehr Arbeit, mehr Widersprüche und eine viel größere Verantwortung auf die Personalfunktion zu. Wenn die Relevanz menschlicher Kompetenz für die Bewältigung komplexer Themen steigt, steigt auch die Bedeutung der Funktion, die für die Mitarbeitenden die besten Rahmenbedingungen gestalten kann.

Jetzt ist der richtige Zeitpunkt für die Transformation der Personalarbeit und entwicklung, und intelligent gesteuert sind die dargestellten Aufgaben und Widersprüche auch gut zu meistern. Hierzu können wir auf die Erfahrungen und Rahmenwerke des agilen Arbeitens zurückgreifen, die für ähnlich komplexe Aufgabenstellungen in anderen Fachbereichen bereits erfolgreich eingesetzt werden. Im folgenden Kapitel wollen wir diskutieren, wie agiles Arbeiten und Agiles Lernen zusammenhängen und wie wir beide Bereiche sinnvoll kombinieren können.

Think Big – Start Small – Scale Fast

Literatur

BCG (2021): The Future of People Management Priorities, Juni 2021, siehe: https://web-assets.bcg.com/16/b1/c25cb9e2471c81c355c9dccb8d4f/bcg-creating-people-advantage-2021-jun-2021.pdf

Deloitte University Press (2017), siehe: https://www2.deloitte.com/content/dam/Deloitte/global/Documents/HumanCapital/hc-2017-global-human-capital-trends-gx.pdf

Initiative D21 (2021): Digital Skills Gap, siehe: https://initiatived21.de/d21skillsgap/

OECD Lernkompass 2030 – ECD-Projekt Future of Education and Skills 2030 Rahmenkonzept des Lernens (2020), siehe: https://www.oecd.org/education/2030-project/contact/OECD_Lernkompass_2030.pdf

WEF (World Economic Forum) (2020): The Future of Jobs Report 2020, siehe: https://www.weforum.org/reports/the-future-of-jobs-report-2020

Videotipps

Die Tulpenkrise: https://www.youtube.com/watch?v=sZTTg7-hono

Die VOC: https://www.youtube.com/watch?v=wEj6oP6fUXU&t=1147s

Kunst im Goldenen Zeitalter: https://www.youtube.com/watch?v=MZLUkS3lH9c

2 Agil Arbeiten, agil Lernen

Die bisherige Diskussion zeigt, dass man kein Prophet sein muss, um vorherzusagen, dass alle Organisationen mehr oder weniger stark von schnellen Veränderungen betroffen sind und allein die Frage nach den nötigen Qualifizierungen zügiges Handeln erfordert. Lernen ist eine Schlüsselkompetenz auf individueller und organisatorischer Ebene!

Für Unternehmen und deren Mitarbeitende sind somit umfassendere Ansätze nötig, um schnell genug die jeweils relevanten Kompetenzen zu erwerben und Lernsysteme zu etablieren, die auf die digitale bzw. die agile Welt vorbereiten, als wir bisher betreiben.

Daher werden wir in diesem Kapitel einen umfassenderen Blick auf das Lernen in der agilen VUCA-Welt wagen und versuchen, daraus zukunftsfähige Lernstrategien abzuleiten.

2.1 Lernen – Eine Schlüsselkompetenz in der agilen Wirtschaft

Im vorherigen Kapitel haben wir gesehen, dass Unternehmen aktuell eine große Zahl technologischer, sozialer und anderer Veränderungen erleben, die häufig in unterschiedlichen Formen miteinander verbunden und voneinander abhängig sind. Somit hängt zukünftiger Erfolg immer mehr davon ab, Komplexität, Widersprüchlichkeit etc. professionell und flexibel handhaben zu können.

Die Herausforderungen für die Unternehmen sind im Personalmanagement dabei besonders vielfältig:

- Globalisierung des Arbeitsmarktes
- alternde Belegschaften bei einem Rückgang der Zahlen von Berufseinsteigern
- Mangel an qualifizierten Fachkräften
- veränderte Erwartungshaltung der Mitarbeitenden
- neue Formen der Unternehmens- und Arbeitsorganisation, wie z. B. die Nutzung agiler Methoden oder hybrider Arbeitsmodelle
- ...

Im Personalmanagement resultiert hieraus eine immer geringere Verfügbarkeit qualifizierter Arbeitskräfte. Die Situation wird durch die beschriebenen Veränderungen bei Technologien und Geschäftsmodellen weiter verschärft, da relevante Qualifizierungen erst noch erworben werden müssen.

In der Konsequenz gehört das kontinuierliche Lernen von Mitarbeitenden, Führungskräften und der Organisation zu den zentralen Aufgaben moderner Personalentwicklung.

Der Status der Weiterbildung in Firmen (vgl. auch Abb. 10) zeigt einen immer weiter steigenden Handlungsbedarf, da sich sowohl die Art als auch der Umfang der zu erwerbenden Kompetenzen stetig erhöht (World Economic Forum, 2020). In einer Studie von Oxford Economics wurden bereits 2014 die wesentlichen Treiber und Widersprüche beschrieben:

- Der Bedarf an Technologie-Know-how wird steigen, doch nur wenige Mitarbeitende glauben, dass sie hier vertiefte Kenntnisse erwerben können. Mehr als die Hälfte von ihnen erwartet, dass sie in drei Jahren auch Fachexperte im Bereich Datenanalysen ist, doch weniger als ein Drittel glaubt, dass sie bei Cloud und mobilen Lösungen ausreichende Kompetenz erwerben wird.
- 53 % der deutschen Führungskräfte geben an, dass ihr Unternehmen in großem Umfang zusätzliche Schulungsprogramme zum Aufbau neuer Qualifikationen anbietet. Doch nur 48 % der Mitarbeitenden meinen, dass ihr Unternehmen die richtigen Wege und Werkzeuge bereitstellt, die sie für eine Weiterentwicklung und die Steigerung ihrer Leistung brauchen.
- 39 % der Mitarbeitenden geben an, dass ihr Unternehmen Fortbildungs- und Schulungsmaßnahmen zur Förderung der Karriereentwicklung unterstützt.
- Nur 6 % der Mitarbeitenden geben an, den Großteil ihrer beruflichen Weiterentwicklung durch formale Ausbildung erzielt zu haben.
- Nur 59 % der Führungskräfte sagen, in ihrem Unternehmen herrsche eine Kultur der kontinuierlichen Weiterbildung.

Abb. 10: Qualifizierungsbedarf nach Anteil der Berufstätigen und deren Kompetenzen (Quelle: WEF 2020)

An den Zahlen hat sich auch im Jahr 2022 wahrscheinlich wenig geändert und die bisherigen Überlegungen in dem Buch zeigen, dass Lernen eine zentrale Rolle in der Weiterentwicklung von Personen und Organisationen spielt – allerdings scheinen die meisten Personen und Unternehmen noch nicht wirklich darauf vorbereitet zu sein (Abb. 10). In einer groß angelegten, globalen Befragung von Personalleitern hat die Boston Consulting Group festgestellt, dass die Themen Qualifizierung, Führungskräfteentwicklung und Talent-Management als besonders relevant angesehen werden, die eigenen Fähigkeiten, diese Themen umzusetzen, jedoch sehr kritisch bewertet werden (Abb. 11).

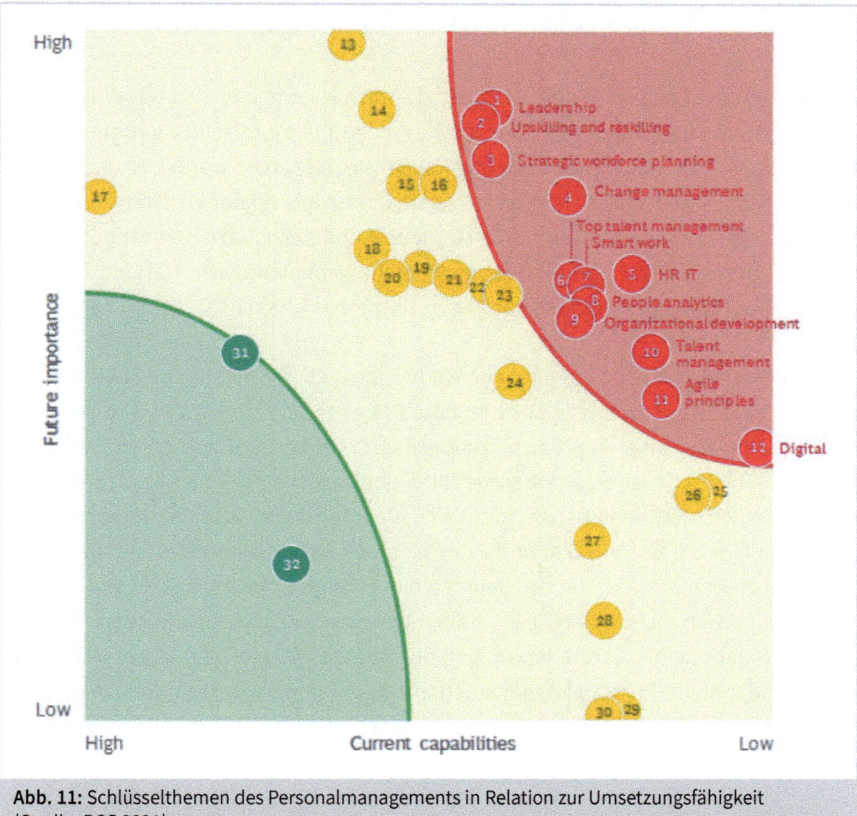

Abb. 11: Schlüsselthemen des Personalmanagements in Relation zur Umsetzungsfähigkeit (Quelle: BCG 2021)

2.2 Agilität und das Agile Manifest

Bis hierher haben wir immer wieder die Begriffe »agil« oder »Agilität« verwendet, und es dürfte offensichtlich geworden sein, dass Agilität in der modernen Wirtschaft eine zunehmende Bedeutung hat. Daher wird es Zeit, den Begriff und die dahinterstehenden Konzepte und Methoden etwas genauer zu betrachten und anschließend zu reflektieren, welche Konsequenzen sich für das Lernen in einer agilen Welt ergeben und was man unter Agilem Lernen verstehen kann.

Was bedeutet »agil« eigentlich? Manche verstehen es im Sinne der Duden-Definition, d. h. als regsam und wendig (www.duden.de), und meinen damit, dass Organisationen sich entsprechend am Markt verhalten. Andere sehen allein die agilen Methoden wie Scrum, während wiederum andere betonen, dass agil vor allem eine Haltung (engl. Mindset) sei.

Die Begriffsverwirrung resultiert zu einem Gutteil daraus, dass das Wort Agilität in den letzten Jahren immer umfassender verstanden wurde. Es wird nicht mehr nur synonym für »agile Methoden« und »agiles Arbeiten« verwendet, das Verständnis der Historie »agiler Methoden« hilft jedoch, die Bedeutung und Tragweite agilen Arbeitens zu verstehen.

Agiles Arbeiten ist eine globale Bewegung, die nach allgemeinem Verständnis im Jahr 2001 mit der Verfassung des »Agilen Manifests« (s. u.) ihren Ursprung hatte. Wie bei allen Bewegungen mag dieser Ursprung kontrovers diskutiert werden, entscheidend ist jedoch, dass sich agiles Arbeiten bis heute in fast alle Regionen, Branchen, Funktionsbereiche ausgebreitet hat. Agile Methoden und agiles Arbeiten sind Stand der Technik, spätestens seit das einflussreiche Management-Magazin Harvard Business Review über »Agile« geschrieben hat (Rigby, Sutherland, Takeuchi 2016).

Was aber ist »agiles Arbeiten« genau? Wenn man sich die Masse der Publikationen und Diskussionen zum Thema ansieht, entsteht eher Verwirrung, denn es gibt rund 40 Methoden, die unter »agil« zusammengefasst werden. Die aktuell am weitesten verbreitete Methode ist Scrum. Gerade für diejenigen, die bisher keine eigene Erfahrung mit agilen Methoden haben, lohnt sich die intensivere Auseinandersetzung mit Scrum, da hier die Grundwerte und Prinzipien des Agilen Manifestes und der agilen Arbeit gut erkennbar sind. Um den Rahmen dieses Kapitels nicht zu sprengen und den Fokus auf Lernen nicht zu verlieren, haben wir eine Diskussion zu agilen Methoden mit dem Schwerpunkt Scrum im Anhang des Buches (Kapitel 11.4 »Agile Methoden, agiles Arbeiten und Personalmanagement«) aufgenommen. Dort finden Sie auch Erläuterungen der Begriffe, die im Zusammenhang mit agilen Methoden immer wieder benutzt werden.

! **Das Agile Manifest**

Das Agile Manifest entstand 2001 während eines Skiurlaubs mehrerer Experten für Software-Entwicklung. Es resultierte im Wesentlichen aus einer tiefsitzenden Unzufriedenheit mit der Art, in der Software entwickelt wurde. In den Jahren zuvor war immer klarer geworden, dass die im sogenannten »Wasserfall-Projektmanagement« definierten Ziele für Entwicklungsprojekte, deren Planung und Abarbeitung der definierten Arbeitspakete nicht mehr in die Zeit passten. Software wurde immer wieder als monolithisches Produkt konzipiert, das für die Kunden nicht mehr tauglich war, wenn es endlich fertig entwickelt war. Es galt, eine dynamischere, kundennähere und vor allem an Veränderungen anpassbare Art der Programmierung zu finden.
Die Überlegungen zur Verbesserung führten zum Agilen Manifest, in dem vier Grundwerte agilen Arbeitens und zwölf Prinzipien diese Anforderungen aufgreifen. In der allgemeinen Diskussion wird meist auf die Werte Bezug genommen, obwohl die Prinzipien mehr Aufschluss darüber geben, wie agiles Arbeiten konkret funktionieren sollte:

Agile Werte

1. Individuen und Interaktionen sind wichtiger als Prozesse und Werkzeuge.
2. Funktionierende Software ist wichtiger als umfassende Dokumentation.

3. Zusammenarbeit mit dem Kunden ist wichtiger als Vertragsverhandlung.
4. Reagieren auf Veränderung ist wichtiger als das Befolgen eines Plans.

»Das heißt, obwohl wir die Werte auf der rechten Seite wichtig finden, schätzen wir die Werte auf der linken Seite höher ein.«

Agile Prinzipien

1. Unsere höchste Priorität ist Kundenzufriedenheit durch frühe und kontinuierliche Lieferung.
2. Änderungswünsche sind willkommen, auch in späten Phasen, denn es geht um die Wettbewerbsfähigkeit des Kunden.
3. Wir liefern regelmäßig, bevorzugt in kurzen Zyklen.
4. Alle Funktionsbereiche arbeiten gemeinsam.
5. Organisiere Teams um motivierte Menschen herum. Gib Teams die Ressourcen und Unterstützung, die sie brauchen, und vertraue ihnen.
6. Die beste Art der Kommunikation ist von Angesicht zu Angesicht.
7. Funktionsfähige Produkte sind die Maßeinheit des Fortschritts.
8. Alle Stakeholder sollten einen kontinuierlichen Arbeitsfluss aufrechterhalten.
9. Kontinuierliches Streben nach technischer Exzellenz und gutem Design verstärkt Agilität.
10. Einfachheit, die Kunst, Dinge nicht zu tun, ist essenziell.
11. Die besten Ergebnisse kommen aus selbstorganisierten Teams.
12. In regelmäßigen Abständen reflektiert das Team Möglichkeiten, noch besser zu werden, und setzt entsprechende Maßnahmen um.«

Quelle: Agiles Manifest, 2001: http://agilemanifesto.org/

Eine vollständige Fassung des Agilen Manifests finden Sie, wenn Sie die folgende Abbildung mit der Haufe smARt-App scannen.

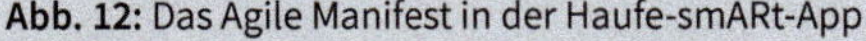

Abb. 12: Das Agile Manifest in der Haufe-smARt-App

2.3 Agiles Arbeiten – ein Erklärungsversuch

In einer agil arbeitenden Organisation fokussieren selbstorganisierte Teams darauf, neuen bzw. gesteigerten Nutzen für den Kunden zu realisieren. Dazu wird iterativ und in ständigem Austausch mit dem Kunden in kurzen Sprints gearbeitet und das permanente Lernen und Suchen nach Verbesserungsmöglichkeiten besitzt einen hohen Stellenwert. Mit der richtigen agilen Organisation basiert die Arbeit auf einem agilen Business-Modell und alle Ressourcen werden dazu eingesetzt, immer smarter zu arbeiten. Es geht darum, einen konstanten Arbeitsfluss zu realisieren und mit weniger Arbeit mehr Wert zu generieren.

Einige werden jetzt sagen, dass alle genannten Punkte doch nicht neu sind und auch die bestehenden Organisationen auf Kundennutzen und permanente Verbesserung ausgerichtet sind. Stimmt, keiner der im agilen Kontext genutzten Faktoren ist zu 100 % neu. Aber werden die genannten Faktoren in »klassisch« arbeitenden Organisationen konsequent genutzt? Meist nicht, und hier liegt ein wesentlicher Vorteil der aktuellen Diskussion um agiles Arbeiten. Die eigenen Prozesse und die »gelebte Realität« kommen auf den Prüfstand, und dabei zeigt sich oft, dass in den Unternehmen viel zu lange nicht über sinnvolle Weiterentwicklungen nachgedacht wurde. Der Schwenk auf agiles Arbeiten erlaubt es den Unternehmen daher ganz nebenbei, viel des aufgebauten Ballasts in Form von Bürokratie, Prozessverschleiß etc. abzuschaffen und durch ein effizienteres System zu ersetzen.

Ein weiterer Faktor, der für eine Ausbreitung agilen Arbeitens spricht, ist die Kombination agiler Methoden mit den Entwicklungen, die allgemein unter dem Stichwort »4.0« zusammengefasst werden. Die meisten dieser Entwicklungen beinhalten eine technologische Komponente (IT-System, Software etc.), die vielfältigeren Möglichkeiten schaffen und eine klare Entwicklung zur Individualisierung (Losgröße 1, 3D-Druck usw.) zum Ziel haben. Die drastisch steigende Anzahl technischer Möglichkeiten erlaubt neue Geschäftsmodelle, den Eintritt neuer Spieler in bestehende Märkte und dies in immer kürzeren Zyklen. Die Komplexität von Wirtschaft steigt in der Folge dramatisch. Hierzu sei das Buch von Salim Ismail et al. »Exponential Organizations« (2014) empfohlen, in dem aufgezeigt wird, wie die Kombination moderner Technologien und Managementmethoden zu völlig neuen, exponentiell skalierbaren Geschäftsmodellen führen kann.

Ismails These lautet: Klassische Organisationen, die als funktionale oder regionale Matrixorganisationen mit Produktgruppen organisiert sind, haben keine Chance, schnell mit Angeboten am Markt zu erscheinen, die den modernen Anforderungen entsprechen. Die Logik solcher Organisationen fördert die Fokussierung auf die Organisation selbst statt auf den Markt. Unter anderem deswegen sourcen Konzerne das

Thema Innovation inzwischen häufig in sogenannte Start-up-Hubs aus, um dort die organisatorischen Zwänge zu minimieren und agiles Arbeiten zu ermöglichen.

Agile Organisationen setzen auf crossfunktional besetzte Teams, die in schnellen Zyklen und mit permanenter Abstimmung mit dem Kunden zu nutzenstiftenden Ergebnissen kommen. Dabei wird bewusst auf das Experimentieren, d. h. das Prinzip von Versuch und Irrtum, gesetzt, um im Entwicklungsprozess schnell den größten Nutzen erzielen zu können.

Gehen wir noch eine Ebene tiefer und schauen uns die oben angesprochenen Kernelemente agilen Arbeitens etwas genauer an.

2.3.1 Selbstorganisierte Teams

Ein Charakteristikum agiler Organisationen ist die konsequente Ausrichtung auf kleine, autonome Teams, die in kurz getakteten Zyklen an relativ kleinen Aufgabenpaketen arbeiten und die Ergebnisse immer wieder mit dem Kunden evaluieren. Wie eine Mannschaft im Sport, eine Einsatzgruppe der Feuerwehr, Polizei oder im Militär oder sonst einem Hochleistungsteam verstehen sich die Teams, vertrauen in die Leistung der anderen Teammitglieder, entwickeln sich gemeinsam weiter und streben nach permanenter Verbesserung. Sie besitzen hierzu alle notwendigen Kompetenzen, den Freiraum, zu üben und zu experimentieren, und die Ermächtigung, eigenverantwortlich handeln zu können. Spätestens hier ist der Unterschied zu den meisten heute existierenden Unternehmen klar: Die sind auf Einhaltung und Konformität von Prozessen und Regeln aufgebaut und entmündigen den einzelnen Mitarbeitenden weitgehend zugunsten einer zentralen Steuerung, klaren Struktur und möglichen Kontrolle.

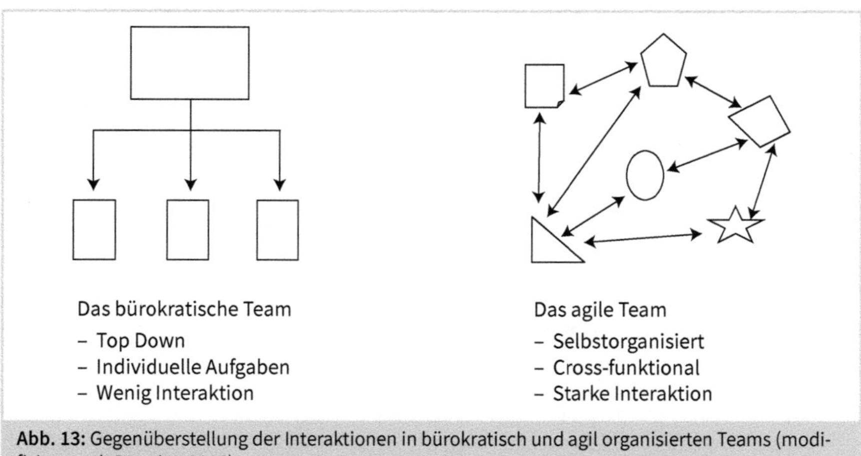

Abb. 13: Gegenüberstellung der Interaktionen in bürokratisch und agil organisierten Teams (modifiziert nach Denning 2016)

Unabhängig von der Organisation von Teams besteht immer die Hoffnung, dass sogenannte Hochleistungsteams entstehen. Unter Hochleistungsteams versteht man allgemein ein Team, dass mit großer Professionalität und hohem Zusammenhalt auch schwierigste Aufgaben bewältigen kann. Während solche Teams in durchorganisierten und regulierten Organisationen eher ein seltener Glücksfall sind oder mit großem Aufwand aufgebaut werden müssen, haben agil arbeitende Organisationen immer öfter die Erfahrung gemacht, dass die Mischung aus Selbstorganisation und diszipliniertem Einhalten der (selbstdefinierten) Regeln für agiles Arbeiten die Bildung von Hochleistungsteams massiv begünstigen. Dabei spielt eine große Rolle, dass Motivation und soziale Interaktion in selbstorganisierten Teams deutlich zunehmen.

2.3.2 Der Kundennutzen

Der zweite Erfolgsfaktor agilen Arbeitens ist der unverstellte Blick auf den Nutzen. Bereits im Agilen Manifest steht der Kundennutzen an erster Stelle, und inzwischen ist der regelmäßige Austausch mit dem Kunden oder zumindest mit dem sogenannten Product Owner etablierter Standard. Da auch in klassisch arbeitenden Unternehmen der Kundennutzen an erster Stelle steht, zumindest als Erkenntnis, dass er die Rechnungen zahlt, stellt sich die Frage, was genau anders geworden ist. Zum einen haben sich die Kunden selbst verändert. Globalisierung, Digitalisierung und weitere Trends haben es diesen ermöglicht, direkt auf individuell passende Angebote zuzugreifen. Die massive Verbreitung von Bewertungsmöglichkeiten und direktem Austausch in Kundenforen zwingt die anbietenden Unternehmen, ihre Leistungsfähigkeit hochzuhalten und genau zu schauen, wie der Kunde zufriedengestellt und sein Problem gelöst werden kann. Das eigene System mit all seinen Limitierungen ist nicht mehr der Maßstab für die Marktfähigkeit. Wenn ein Kunde nicht bekommt, was er benötigt, geht er einfach weiter.

Auf dem Weg zu einer wirklich kundenfokussierten Organisation nutzen viele Unternehmen das Design Thinking. Eigentlich als Methode zur Ideenfindung und Produktentwicklung entwickelt, stellt sie den potenziellen Nutzer und seine Bedürfnisse an den Anfang. Der anschließende Prozess führt sehr häufig zu grundlegend neuen Ergebnissen, und diejenigen, die sich bereits auf Design Thinking eingelassen haben, erkennen schnell, wie sehr sich die eigene Sicht- und Arbeitsweise verändern. Aus diesem Grund wird Design Thinking häufig zu den agilen Methoden gezählt, obwohl dies methodisch nicht ganz korrekt ist.

2.3.3 Netzwerke

Der Fokus agiler Praktiker auf die Bildung von Netzwerken resultiert unter anderem aus dem (scheinbaren) Grundwiderspruch der Organisation in kleinen, agil arbeitenden Teams und der Fähigkeit einer Organisation, große Projekte und Themen zu bewältigen (Skalierung). Um größere Projekte zu bewältigen, müssen viele Teams zusammenarbeiten, deren Koordination spielt somit eine wichtige Rolle. Weiterhin besitzen Gruppen aus mehreren kleinen Teams eine Tendenz, sich in unterschiedliche Richtungen und Geschwindigkeiten zu entwickeln und die Strategie des Unternehmens aus den Augen zu verlieren.

In der Anfangszeit agilen Arbeitens wurde dieser Aspekt entweder ganz vernachlässigt, wodurch die Unternehmen in der Folge massiv an Leistungsfähigkeit einbüßten, oder es wurde versucht, eine zentrale Koordination und Steuerung der Teams zu etablieren. Dieser Rückfall in die bürokratische Konformitätswelt war ebenfalls von wenig Erfolg gekennzeichnet. Heute gehen die meisten Agil-Praktiker davon aus, dass ein Netzwerk aus Teams die beste Möglichkeit ist, die Effektivität von Hochleistungsteams skalierbar zu machen. In einem Netzwerk agiler Teams erfolgt die Steuerung über den Austausch der Teams untereinander und dies auf Basis eines einheitlichen Mindsets (Abb. 14). Eine spannend zu lesende Auseinandersetzung mit dem Thema »agile Netzwerke« findet sich in Stanley McChrystals Buch »Team of Teams« (2015).

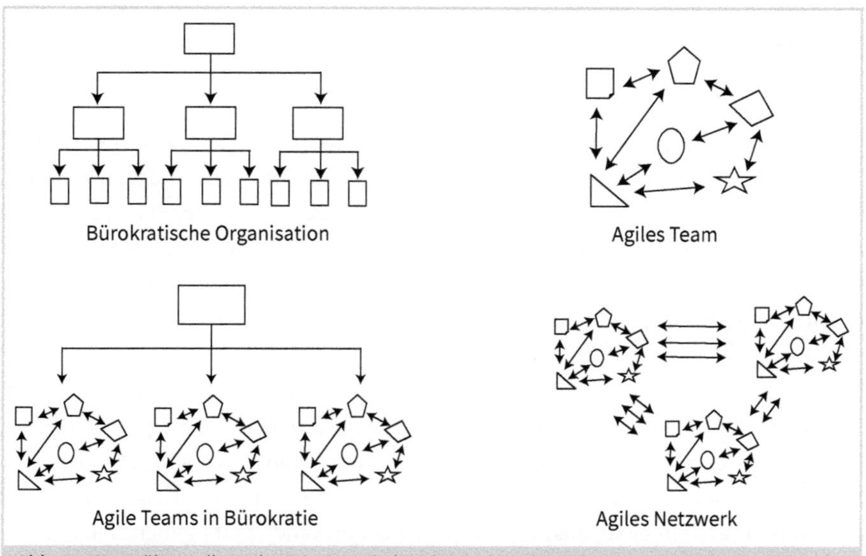

Abb. 14: Gegenüberstellung der Prinzipien in bürokratischen Organisationen, agil organisierten Teams, agilen Teams in bürokratischen Organisationen und agilen Netzwerken (modifiziert nach Denning 2016)

!

Reflexion: Mein Netzwerk

Die moderne Welt ist eine Netzwerkwelt. Die eigene Wirksamkeit und Karriere hängen zunehmend davon ab, wie der Einzelne vernetzt ist. Hierzu ein paar Anreize für eine kurze Selbstreflexion:

- In welchen Netzwerken bin ich präsent?
- Welche Aktivität zeige ich in den Netzwerken?
- Was bekomme ich aus den Netzwerken zurück, wie haben sie mir genützt?
- Welche Netzwerke kann ich zukünftig intensiver nutzen, was muss ich dazu tun?

Wenn Sie Schwierigkeiten haben, die Fragen zu beantworten, weil Sie zum Beispiel bisher relativ wenig auf Netzwerke geachtet haben, dann empfehlen wir, »agil« vorzugehen. Das heißt konkret:

- Definieren Sie für sich einen Nutzen, den ein Netzwerk bringen kann. Beispiel: Ich lerne schnell und einfach das Wichtigste über neue Technologien.
- Suchen Sie ein passendes Netzwerk. Hierbei kann Ihnen die Logik von Netzwerken helfen, indem Sie beispielsweise Kolleginnen oder Kollegen, von denen Sie wissen, dass diese in Netzwerken aktiv sind, um Rat fragen.
- Zeigen Sie in dem von Ihnen ausgesuchten Netz Präsenz (offline: Veranstaltungen besuchen etc., online: Profil anlegen).
- Beginnen Sie, aktiv zu sein und gehen Sie dabei iterativ vor: beobachten, erste indirekte Aktivitäten (Beiträge liken, Kommentare posten usw.), eigene Beiträge einstellen.
- Werten Sie regelmäßig aus, welche Erfahrungen Sie machen und wie Sie die gewünschte Wirkung mit möglichst geringem Aufwand vergrößern können (Retrospektive).
- Erweitern Sie Ihr Netzwerk kontinuierlich.

Viel Erfolg!

Agiles Arbeiten ist auch zwanzig Jahre nach dem Agilen Manifest noch relativ jung, dementsprechend befinden sich selbst die Vorreiter der Bewegung noch in einer Art Experimentierstadium. Agile Methoden selber und die Art, wie Teams effizient agil arbeiten, sind vielfach definiert. Falls Sie bisher keine eigene Erfahrung mit agiler Arbeitsorganisation sammeln konnten, haben wir für Sie in Kapitel 11.3 »Was agiles Arbeiten im Kern bedeutet« die wichtigsten Elemente zusammengefasst.

Die übergeordnete Organisation erweist sich zunehmend als harte Nuss, hier sind noch einige Dinge zu regeln. Wie die Aufbauorganisation einer rein agil arbeitenden Organisation aussehen kann, haben Unternehmen wie Valve (vgl. Abb. 15) oder Spotify (Kniberg und Ivarsson 2012) gezeigt. Valve hat konsequent auf agiles Arbeiten gesetzt und versteht es so, dass es quasi keine Organisation mehr geben soll. Die Mitarbeitenden sind gefordert, sich selbst zu organisieren und sinnvolle Wege für ihren Beitrag zu finden. Als Hilfestellung gibt es das unternehmensinterne Handbuch, in dem einige typische Fragen geklärt sind.

HANDBOOK FOR
NEW EMPLOYEES

A fearless adventure
in knowing what to do
when no one's there
telling you what to do

FIRST EDITION
2012

VALVE
PRESS

Method to working without a boss

step 1. Come up with a bright idea
step 2. Tell a coworker about it
step 3. Work on it together
step 4. Ship it!

Abb. 15: Ausschnitt aus dem Handbuch für neue Mitarbeiter der Firma Valve (Quelle: Valve 2012)

Als viel komplexer stellt sich dagegen die Organisationsfrage für die große Mehrheit der Unternehmen heraus. Sie werden nicht komplett auf agiles Arbeiten umstellen, und die Frage, wie »gemischte« Organisationen aussehen können (organisationale Ambidextrie), in denen teilweise agil und teilweise nach bestehenden Standards gearbeitet wird, ist noch weitgehend offen (Edelkraut und Mosig 2019). Klar ist jedoch, dass diejenigen Unternehmen, die hier besonders schnell zu Lösungen kommen, die größten Vorteile am Markt haben werden.

Vorreiter des agilen Arbeitens haben vehement dafür gekämpft, jede Form von Management und Regulierung des agilen Arbeitens zu verhindern und den Mitarbeitenden in den Teams völlige Freiheit zu lassen. Es hat sich jedoch gezeigt, dass diese völlige Freiheit nicht zu der gewünschten Wirkung führt. Agiles Arbeiten erfordert unter anderem ein hohes Maß an Disziplin und Regeleinhaltung und die Skalierung (s. o.) eine Hierarchie, die sich um die Bereitstellung von notwendigen Ressourcen und die Nutzung des generierten Erfahrungsschatzes (u. a. aus den Retrospektiven) kümmert. In der weiteren Entwicklung agilen Arbeitens werden wir also durchaus erleben, dass an manchen Stellen das Pendel in Richtung traditionelles Arbeiten wieder zurückschwingt.

Für Unternehmen, die sich erst seit Kurzem mit agilem Arbeiten befassen, besteht also die große Herausforderung darin herauszufinden, in welchem Umfang und mit welcher Organisation und welchen Methoden die Vorteile agilen Arbeitens nutzbar werden. Die Unterschiede zwischen der klassischen Organisation und agilen Organisationseinheiten sind fundamental, und es erfordert ein gewisses Durchhaltevermögen, um die notwendigen Annahmen und Vorgehensweisen zu erlernen und zu verfeinern.

Die gute Nachricht ist allerdings, dass die Prinzipien agilen Arbeitens in der Transformation genutzt werden können, ja sogar genutzt werden sollten. Ein kleines Team von innovativen Freiwilligen, die in dem geschützten Umfeld eines Labs mit agilem Arbeiten die ersten Erfahrungen sammeln und diese dann an andere Mitarbeitende und Teams weitergeben, kann eine Vorgehensweise sein, die schnell zu einer (teil-)agilen Organisation führt.

Welche Konsequenzen sich aus der Nutzung agiler Arbeitsformen für das Personalmanagement ergeben, kann hier aus Platzgründen nicht dargestellt werden. Wir empfehlen hierzu das Buch »Schnelleinstieg Agiles Personalmanagement« (Edelkraut, Mosig 2019), in dem alle Themenfelder der Personalarbeit sowie die veränderte Führungslogik in agilen Organisationen fundiert diskutiert werden.

Zusammenfassend ist zu sagen, dass agile Arbeitsorganisationen die Art, wie Einzelne und Teams lernen, massiv verändern. In der Folge sind die Organisation der Personalentwicklung (Kapitel 3), die Rollen im Lernprozess (Kapitel 6 bis 9) sukzessive weiterzuentwickeln und neue Lernformate (Kapitel 4) zu etablieren.

2.4 Abgrenzungen – Agiles Lernen, Lernen 4.0, New Learning …

Bis hierher kam das Wort »agil« schon häufig vor. Bevor wir uns allerdings intensiver mit dem Agilen Lernen beschäftigen, haben wir eine Begriffsklärung eingefügt, da wir in der Praxis sehen, dass »agil«, »4.0«, »New« und andere Begriffe undifferenziert gleichgesetzt werden. Dabei hat jeder Begriff in Kombination mit »Arbeiten« oder »Lernen« einen anderen Ursprung und einen anderen Fokus. Leider bestehen bis heute keine Definitionen, was welcher Begriff aussagen möchte. Deswegen haben sich Prof. Dr. Nele Graf und Prof. Dr. Anja Schmitz an eine erste Definition gewagt. Warum heißt also dieses Buch »Agiles Lernen« und nicht »Lernen 4.0« oder »New Learning«?

Beginnen wir mit dem **Lernen 4.0**:

Lernen 4.0 !

»Lernen 4.0 basiert analog zur Industrie 4.0 auf der digitalen und technologischen Vernetzung und dem Grundgedanken der Effizienzsteigerung. Im Fokus steht die zeitnahe Befähigung zur anforderungsgerechten individuellen Performance. Der Lernende wird dabei durch ein smartes Lernumfeld (z. B. Avatare, Bots, Sensoren …) unterstützt. Kollaboration zwischen Mensch und Maschine, KI-gestützte Assistenzsysteme und Individualisierung (Losgröße 1) prägen das Lernen 4.0.« (Graf und Schmitz 2019)

Setzt man sich mit der Industrie 4.0 (u. a. Internet of Things) auseinander, so ist der Grundgedanke dahinter ein wirtschaftlicher: Dabei soll die intelligente Vernetzung von Maschinen mithilfe von Informations- und Kommunikationstechnologie Effizienz bringen und den Erfolg sichern. Für Industrie 4.0 ist nicht der Computer die zentrale Technologie, sondern das Internet.[1]

Überträgt man diese Gedanken auf das Lernen, so prägen Digitalisierung, Technologisierung und die Vernetzung das Bild des Lernens. Es wird also ein smartes Lernumfeld geschaffen, das zum Ziel hat, den Lernenden möglichst effizient zu unterstützen, so dass dieser seine Performance bringen bzw. steigern kann. Dabei kommt es – analog zum Begriff der Industrie 4.0 – auf die Losgröße 1 an … Also den individuellen Lernenden.

Konkret bedeutet dies, dass künstliche Intelligenz (KI) u. a. in Form von Avataren und Bots durch Daten (Big Data, Sensoren in Smartwatches …) lernt, den individuellen Lernenden gezielt zu unterstützen. Das können Erinnerungen an Lernzeiten und Pau-

1 Weiterführende Information finden Sie u. a. hier: https://www.plattform-i40.de/PI40/Navigation/DE/Industrie40/WasIndustrie40/was-ist-industrie-40.html

sen, Vorschläge für neue Lerninhalte und deren zeitliche Einsteuerung (je nach Pulsschlaghöhe), Unterstützung bei Informationssuche etc. sein – der Kreativität sind da keine Grenzen gesetzt. Ziel ist es, das Lernen des Individuums effizienter zu machen.

Divers wird dabei die Rolle des Menschen gesehen. So sieht die eine Seite den Lernenden als »hilflosen« Coachee, der sich durch Lernprozesse führen lässt, immer mehr Verantwortung abgibt und eine Art Hilflosigkeit erlernt (Wer kann heute noch ohne Navigation Auto fahren?). Die andere Seite skizziert dagegen einen mündigen »Navigator«, der die KI für seine Zwecke zu nutzen weiß.

Beiden gemein ist, dass die hauptsächliche Kollaboration zwischen Mensch und Maschine stattfindet. Dabei wird die Kommunikation mit der »Maschine« für den Menschen immer einfacher – muss man heutzutage noch bei Navigationsgeräten Befehle in bestimmter Art und Weise formulieren, reagieren neuere Systeme schon mit adaptivem Verständnis auf verschieden Wortwahlen und Stimmlagen. Dennoch bleibt Digitalkompetenz (im weiteren Sinne) eine der wichtigsten Grundkompetenzen, da auch Cybersicherheit und andere Aspekte eine Rolle spielen.

Zusammenfassend ist also Lernen 4.0 das abgestimmte Zusammenspiel von Lernenden und IT, um effizientes Lernen zur Performancesicherung zu gewährleisten.

Als nächster Begriff hat sich in der Praxis **New Learning** (seltener auch eingedeutscht unter dem Begriff »Neues Lernen«) etabliert.

!

New Learning

»New Learning basiert auf Frithjof Bergmanns New-Work-Konzept und hat die Selbst- und Potenzialentfaltung des Individuums zum Ziel. New Learning bezeichnet Lernprozesse, die vom Lernenden als sinnhaft erlebt werden und die Teilhabe an der Gemeinschaft ermöglichen. Die Lernprozesse sind geprägt von Selbstbestimmung, Autonomie und dem Streben nach Wirksamkeit. Dabei gilt, dass die Lerner ein hohes Maß an Selbstverantwortung und die Zugehörigkeit zur (Lern-)Gemeinschaft erleben.« (Graf und Schmitz 2019)

Ebenso wie bei dem kapitalismuskritischen New-Work-Ansatz von Bergmann steht beim »New Learning« das Individuum im Zentrum. Es ist ein Konzept, das darauf abzielt, es Menschen zu ermöglichen, einer Arbeit nachzugehen, die sie bewusst auswählen und als sinnstiftend empfinden, die ihren tiefsten Wünschen entspricht, ihnen die Teilhabe an der Gemeinschaft und Sicherheit ermöglicht (Bergmann 2005, 2017).

Erlebte Sinnhaftigkeit des Lernens und die individuelle Selbst- und Potenzialentfaltung stehen im Mittelpunkt des New-Learning-Ansatzes. Nach dem Prinzip der Freiwilligkeit sollte der Lernende selbst bestimmen, was er wie lernt. Supervision und Service Learning können hier zentrale Formate sein. Insbesondere das Service Learning (deutsch: Lernen durch Engagement) – immer mit Blick auf das Gemeinwohl – greift die im New-Work-Ansatz verankerte Teilhabe im sozialen System auf.

Als wichtige Kompetenz ist hier die Selbstkompetenz zu sehen, da der Lernende erkennen muss, was er wie kann, will und zu leisten vermag. Dabei gilt, dass der Lernende ein hohes Maß an Selbstverantwortung erlebt und gleichzeitig an einer (Lern-) Gemeinschaft teilhat.

Kommen wir zur letzten Definition: **Agiles Lernen** stellt dagegen die Anpassungsfähigkeit von Mensch und Organisation in den Mittelpunkt:

Agiles Lernen !

»Agiles Lernen leitet sich vom agilen Arbeiten ab und zielt auf die lebenslange Anpassungs- und Innovationsfähigkeit von Mensch und Organisation. Agile Lernprozesse zeichnen sich durch kurze, klar strukturierte Abläufe bei gleichzeitiger Flexibilisierung und Individualisierung der Inhalte (z. B. WOL, Barcamp) aus. Zielorientierung, Kollaboration, Selbststeuerung, Dynamik und Reflexion prägen diesen Ansatz. Im weiteren Sinne bedarf Agiles Lernen eines passenden Mindsets (Selbstwirksamkeit und Entwicklungsfähigkeit), Skills (z. B. Lernkompetenzen) und eine passende Fehler- und Lernkultur.« (Graf und Schmitz 2019)

Das Wort »agil« wird derzeit inflationär benutzt und häufig fälschlicherweise mit »beweglich« gleichgesetzt. Viele winken bereits ab, sobald sie das Wort hören. Dabei versteckt sich dahinter ein sehr interessanter Ansatz, um den Anforderungen der Zukunft besser gerecht werden zu können. (Genaugenommen versteckt sich dahinter eine ganze Reihe von Ansätzen, von Talcott Parsons bis zu modernen Organisationskonzepten aus der Managementlehre,[2] die bitte an geeigneter Stelle nachzulesen sind).

Zentrale Annahme sowohl des Konzepts des agilen Arbeitens als auch des Agilen Lernens ist, dass sich die Umwelt permanent verändert und eine schnelle Anpassungsfähigkeit erfolgssichernd ist. Agilität soll helfen, crossfunktional besser zusammenzuarbeiten, mehr Transparenz und Kommunikation zu schaffen und sowohl die Produktivität als auch die Motivation der Mitarbeitenden durch mehr Verantwortung zu erhöhen. Dabei sind Ausprobieren, Lernen und Adaptieren der wichtige Lerndreiklang, der in vielen Fällen in Kollaboration mit anderen (Social Learning) stattfindet.

In dieser Kollaboration wird der Lernende zum Prosumenten: Er ist gleichzeitig »Konsument« vom Wissen anderer und »Produzent« von Wissen für andere. Lernformate ebenso wie agile Arbeitsmethoden sind im Ablauf hoch strukturiert (siehe Scrum) und

2 Förster, Kerstin; Wendler, Roy (2012): Theorien und Konzepte zu Agilität in Organisationen. Dresdner Beiträge zur Wirtschaftsinformatik Nr. 63/12. Technische Universität Dresden, Dresden.

inhaltlich sehr flexibel wie zum Beispiel Barcamps (vgl. Kapitel 4 »Agile Lernformate«). Zudem sind die Formate jederzeit zugänglich, so dass zwischen Bedarf und Lernen keine Lücke entsteht wie bei Seminaren.

Da Agiles Lernen auf dem Ziel der schnellen (!) Anpassungsfähigkeit (auf individueller und organisationaler Ebene) beruht, muss der Lernende also sein erster Personalentwickler sein (vgl. Kapitel 7 »Die Rolle der Personalentwicklung«). Lernen ist aufgrund des Verständnisses von »Learning on demand«, der damit verbundenen individuellen Ziel- und Kundenorientierung und der vielfältigen, individualisierbaren Formate hoch selbstgesteuert und erfordert damit hohe Lernkompetenzen von jedem (vgl. Kapitel 6 »Der Mitarbeitende – Lernkompetenzen als Schlüssel zum Erfolg«). Organisational muss das gemeinsame Experimentieren und daraus Lernen durch eine passende Fehler- und Lernkultur und Rahmenbedingungen unterstützt werden (vgl. Kapitel 9.2 »Lernkultur als Grundlage einer lernenden Organisation«).

Zusammenfassend kann man also sagen, dass der Lernende bei allen drei Ansätzen mit seinen Bedürfnissen im Mittelpunkt steht und sich im Rahmen einer (stabilen) Lerngemeinschaft entwickelt.

Wir hoffen, dass diese ersten Definitions- und Erklärungsversuche helfen, die Abgrenzungen zwischen den drei Begriffen deutlich zu machen. Jedes Konzept hat einen anderen Ursprung und Grundgedanken.

Wir haben uns bewusst für das Agile Lernen entschieden, da wir die Anpassungsfähigkeit an sich verändernde Rahmenbedingungen (vgl. Kapitel 1, Transformation, Megatrends etc.) für den Ausgangspunkt halten.

Nun könnten wir die Begriffsklärung noch weiterführen und Abgrenzungen zu Social Learning, Workplace Learning, selbstgesteuertes Lernen etc. vornehmen. Diese basieren jedoch im Gegensatz zu den drei oben genannten nicht auf bestehenden Arbeitskonzepten, sondern haben jeweils einen Schwerpunkt in der Art und Weise des Lernens: Workplace[3] (Wo), Social[4] (mit Wem), selbstgesteuert[5] (Wie). Außerdem bestehen dazu bereits diverse Definitionsversuche.

3 Weiterführende Informationen: https://www.researchgate.net/publication/277206749_Defining_Workplace_Learning

4 Weiterführende Informationen: https://de.wikipedia.org/wiki/Social_Learning

5 Vgl. Kapitel 6.2 »Selbstgesteuertes Lernen«.

2.5 Agiles Lernen

Nach dieser Einführung zum Thema agiles Arbeiten und den Begriffsklärungen möchten wir nun den Fokus auf das Thema »Agiles Lernen« selbst richten. Analog zum agilen Arbeiten hat Agiles Lernen den Kunden (also den Mitarbeitenden) und die Auswirkungen auf das Unternehmen im Fokus. Auch wird Lernen deutlich selbstgesteuerter und viel stärker in sozialen Netzwerken stattfinden.

Doch der Reihe nach. In unseren Diskussionen mit anderen Expertinnen, Experten und Praktikern haben wir zwei unterschiedliche Auffassungen des Begriffs »Agiles Lernen« gefunden. Die eine (»Lernen für Agil«) bezieht sich auf die agile Umgebung und wie Lernen für und in agilen Organisationen stattfinden kann. Die andere (»Agiles Lernen«) bezieht sich auf den Paradigmenwechsel der Personalentwicklung, also die Frage, wie Lernen im betrieblichen Kontext selbst agil werden kann. Auf beide Verständnismöglichkeiten möchten wir im Weiteren eingehen. Die erste Auffassung wird im kommenden Unterkapitel beschrieben; der zweiten Auffassung als Basis dieses Buches ist das gesamte nächste Kapitel gewidmet.

2.5.1 Lernen in und für agile Umgebungen

Was sind die Aspekte der bisherigen Diskussion, die in einer agilen Welt eine besondere Rolle spielen? Versuchen wir einmal, die (nicht vorhersehbare) Lernzukunft vorherzusehen und eine Vision für Lernen in einer agilen Umgebung zu entwickeln.

Zunächst könnte man versuchen, sich einen Überblick darüber zu verschaffen, was alles zum Begriff Lernen gehört, und daraus dann abzuleiten, wie sich Agilität jeweils auswirkt. Dies ist ein wichtiger Ansatz, der durch die Komplexität von Lernen jedoch den Rahmen dieses Buches sprengen würde.

Stattdessen beschränken wir uns auf grundlegende Überlegungen und unterscheiden zunächst drei Ebenen des Lernens im agilen Umfeld:

- **Person/Individuum:** Haltung, Fähigkeiten, Motivation, Kompetenzen usw.
- **Organisation:** Lernkultur, Lernorganisation, Rollen usw.
- **Umfeld:** Sozialstruktur, Institutionen usw.

Bei der Organisation und Weiterentwicklung von Lernen in agilen Unternehmen werden alle drei Ebenen zu berücksichtigen sein. Die zugehörigen Teilaspekte werden sich mal verstärken, mal im Widerspruch zueinanderstehen. So kann die Weiterentwicklung einer Lernorganisation in der Belegschaft entweder auf Zustimmung (»Endlich kann ich mich besser weiterentwickeln!«) oder Ablehnung (»Was soll das denn jetzt? Das haben wir noch nie so gemacht.«) stoßen.

Lernen ist dann besonders erfolgversprechend, wenn die Bedürfnisse des Lernenden (Person), der Organisation, in der er tätig ist, und des Umfeldes, in dem beide stehen, Überschneidungen aufweisen, etwa wenn die Einführung einer neuen Technologie im eigenen Arbeitsbereich das Interesse weckt. Umgekehrt wird Lernen schwer bis gar nicht erfolgen, wenn der Sinn nicht gesehen wird oder die eigenen Fähigkeiten unzureichend sind, sich ein Thema zu erarbeiten.

Sweet Spot

Die Konzeption und Operationalisierung von Lernen im agilen Umfeld sollte stets ein Optimum anstreben, das wir als Sweet Spot des Lernens bezeichnen wollen. Je größer der Sweet Spot ist, desto professioneller und wirksamer wird das Lernen in einer Organisation erfolgen (vgl. Abb. 16).

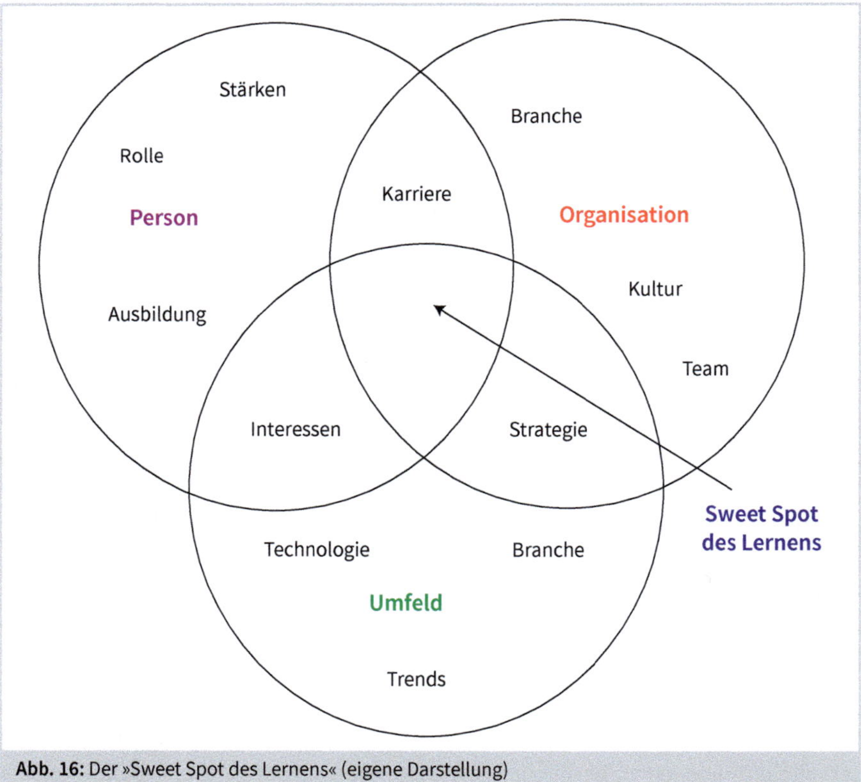

Abb. 16: Der »Sweet Spot des Lernens« (eigene Darstellung)

Denken wir an die Beschreibungen des agilen Arbeitens zurück, wird offensichtlich, dass es keinen vordefinierten Sweet Spot gibt, sondern jede Organisation, ja sogar jeder Einzelne seinen eigenen Sweet Spot definieren muss.

Jede Person und jede Organisation sollte somit für sich selbst herausfinden, welche Werte, Vorgehensweisen und Methoden/Instrumente am besten geeignet sind, die eigenen Ziele zu fördern. Dazu können in der agilen Welt unter anderem gehören:

- flexible, dezentralisierte, ermächtigte Netzwerke innerhalb einer strategisch ausgerichteten Struktur
- Lernen durch umfassende Erfahrung, Szenarien und Rapid Prototyping
- Akzeptanz von Unsicherheit mit Intuition als einem wertvollen Beitrag zur Klarheit
- strategische Sinnstiftung zusätzlich zu operationaler Problemlösung
- Entkopplung von »Gewinnen« und Zwang, zu einer Lösung zu kommen
- Umgang mit Komplexität als fokussiertes, werteorientiertes, konsequentes Handeln

Ein Ansatz aus Sicht der Lernenden/Mitarbeitenden könnte aus der Logik agilen Arbeitens und des agilen Mindsets resultieren. Die wichtigste Frage ist ja, welche Bedarfe und welchen Nutzen der Kunde hat. Hinsichtlich Nutzen und Erfolg der Mitarbeitenden könnte die Leitfrage sein: Welche Fähigkeiten sollte ein Mitarbeitender in der nahen VUCA-Zukunft besitzen? Unser Vorschlag einer Antwort wäre:

- Auf Basis einer soliden Bildung verfolgt er aufmerksam die Entwicklungen und Trends und zeigt strategische Voraussicht.
- Er reflektiert kontinuierlich, wie Entwicklungen und der eigene Kontext zusammenpassen.
- Er ist in der Lage, unterschiedliche (eigene und fremde) Fähigkeiten zusammenzuführen.
- Er sucht die Vernetzung und Kooperation mit anderen, um Probleme kollektiv zu lösen.
- Er erweitert seine Fähigkeit, wertvolle Informationen vom »Informationslärm« zu unterscheiden, und entwickelt effektive Such- und Verarbeitungsstrategien in der Informationsbeschaffung.
- Er schult seine Fähigkeit, sich zu konzentrieren und fokussiert zu arbeiten.

Der ideale Mitarbeitende in der agilen Zukunft zeigt somit einen hohen Antrieb, permanent Neues lernen zu wollen, Bewährtes in Frage zu stellen und mit anderen gemeinsam zu lernen.

2.5.2 Der Weg zum Agilen Lernen – das »Agile Manifest des Lernens«

Bisher haben wir viel über Agilität gesprochen und darüber, welche Bedeutung Lernen in der agilen und komplexen VUCA-Welt besitzt. Nun ist es an der Zeit, die beiden Begriffe zusammenzuführen und ein »Agiles Lernen« zu definieren.

Zur Erinnerung: Agiles Lernen kann auf zwei Arten verstanden werden:

1. Die Vorbereitung auf agile Welten → Qualifizierung für Agil
2. In agilen Welten lernen → Agil entwickeln

Die Unterscheidung erscheint uns wichtig, da die beiden Szenarien unterschiedliche Parameter des Lernens betreffen und somit unterschiedliche Anforderungen an den Lernenden und eventuell beteiligte Organisationen (Unternehmen, Trainingsanbieter etc.) nach sich ziehen. Wie wir in den nächsten Kapiteln sehen werden, sind für ein funktionierendes Lernen in agilen Welten noch einige Voraussetzungen zu erfüllen, die in vielen Unternehmen bisher nicht erfüllt sind. Daher haben wir das Buch im Weiteren so aufgebaut, dass der Schwerpunkt auf dem Agilen Lernen als Voraussetzung für die Qualifizierung für agiles Arbeiten liegt; der Weg von dort zur Qualifizierung für agiles Arbeiten ist dann nicht mehr weit.

In den folgenden Kapiteln werden wir uns also damit beschäftigen, wie Lernen im Rahmen von Personalentwicklung in der Zukunft aussehen wird, welche Formate eine Rolle spielen und wie sich die Rollen der Beteiligten ändern. Am Ende jedes Kapitels werden wir noch einmal speziell auf das Lernen für eine agile Welt eingehen.

Vorab haben wir uns allerdings Gedanken gemacht, wie das Agile Manifest für beide Perspektiven in Bezug auf Lernen aussehen müsste, wobei wir uns ganz dem Geist Stephen Hawkings verschrieben haben, der sagte: »Intelligenz ist die Fähigkeit, sich dem Wandel anzupassen.«

Das »Agile Manifest des Lernens«
In Kapitel 2.2 haben wir das Agile Manifest und seine Bedeutung für die Entwicklung agilen Arbeitens dargestellt. Zum Schluss wollen wir nun versuchen, ein »Agiles Manifest für das Lernen« zu definieren. Dies ist eher als Reflexion und Gedankenexperiment zu verstehen und soll helfen, die Veränderungen, die sich für das Lernen und die Personalentwicklung in den Unternehmen ergeben, aufzuzeigen.

Agile Werte (im Agilen Manifest)
- Individuen und Interaktionen sind wichtiger als Prozesse und Werkzeuge!
- Funktionierende Software ist wichtiger als umfassende Dokumentation!
- Zusammenarbeit mit dem Kunden ist wichtiger als Vertragsverhandlungen!
- Reagieren auf Veränderung ist wichtiger als das Befolgen eines Plans!

Werte für Agiles Lernen
- Individuelle Lernbedarfe und Interaktionen sind wichtiger als Prozesse und Werkzeuge!
- Funktionierende Angebote (im Sinne des Bedarfes) sind wichtiger als Zertifikate und Testergebnisse!
- Begleitung des individuellen Lernprozesses ist wichtiger als festgelegte Methoden und Modelle!
- Reagieren auf Veränderung ist wichtiger als die Abarbeitung von Maßnahmenplänen!

Auch für das Agile Lernen gilt: Obwohl wir die Werte auf der rechten Seite häufig in der Praxis fokussieren, schätzen wir die Werte auf der linken Seite höher ein.

Wie Sie sehen, haben wir den ersten Wert kaum verändert. Wenn es um Menschen geht, empfinden wir die Formulierung im Agilen Manifest sogar als noch passender als in Zusammenhang mit Softwareentwicklung. Auch bei den anderen Werten erscheint eine Übertragung auf Agiles Lernen nicht nur einfach, sondern sogar sinnvoll. Die Übertragung der agilen Werte zeigt, wie sich die Haltung zum Lernen und das konkrete Vorgehen deutlich verändern können, häufig sogar ändern müssen. Die Diskussion in den folgenden Kapiteln wird an vielen Stellen zeigen, dass ein »agileres Denken« der Personalentwicklung angezeigt und erfolgversprechend ist.

In Ihrer Haufe-App finden Sie den Vortrag »Agiles Lernen – Hype oder Evolution der Personalentwicklung«, den Nele Graf am 12.11.2019 auf dem Kongress »Wissenschaft trifft Praxis« gehalten hat. Er wird von dem *eLearning Journal* zur Verfügung gestellt.

Abb. 17: Vortrag in der Haufe-SmARt-App

Noch ein Hinweis: Die Übertragung der Prinzipien im Agilen Manifest auf den Lernbegriff ist eine weitere Reflexion, die gut geeignet ist, die eigene Haltung und den Status der Personalentwicklung in der eigenen Organisation zu reflektieren. Da diese Diskussion jedoch den Rahmen dieses Kapitels sprengen würde, führen wir sie im Anhang (Kapitel 11.2 »Agile Prinzipien werden zu agilen Lernprinzipien«).

Literatur

Boston Consulting Group (BCG, 2021): »The Future of People Management Priorities«, siehe: https://web-assets.bcg.com/16/b1/c25cb9e2471c81c355c9dccb8d4f/bcg-creating-people-advantage-2021-jun-2021.pdf

Denning, S. (2016): Explaining Agile, Forbes.com, siehe: http://www.forbes.com/sites/stevedenning/2016/09/08/explaining-agile/#3abf6a592ef7

Edelkraut, F. und Mosig, H. (2019): Schnelleinstieg Agiles Personalmanagement, Haufe.

Ismail, S.; Malone, M.S.; van Geest, Y.; Diamandis, P.H. (2014): Exponential Organizations: Why new organizations are ten times better, faster, and cheaper than yours (and what to do about it). Exponential Organizations, Singularity University Book.

Kniberg I.; Ivarsson A. (2012): Scaling Agile @ Spotify with Tribes, Squads, Chapters & Guilds http://de.slideshare.net/xiaofengshuwu/scalingagilespotify und https://ucvox.files.wordpress.com/2012/11/113617905-scaling-agile-spotify-11.pdf (Anm.: Bei Slideshare.net finden sich einige weitere Dokumente zu der Art, in der Spotify sich organisiert).

Lombardo, M. M.; & Eichinger, R. W. (2000). High potentials as high learners. Human Resource Management, 39(4), 321–329. https://doi.org/10.1002/1099-050X(200024)39:4<321::AID-HRM4>3.0.CO;2-1

Mitchinson, A., & Morris, R. (2014). Learning About Learning Agility. https://cclinnovation.org/wp-content/uploads/2020/02/learningagility.pdf

McChrystals, S.; Silverman, D.; Collins, T.; Fussell, C. (2015): Team of Teams, Penguin.

Oxford Economics (2014): Workforce 2020. SAP internes Whitepaper. Eine Zusammenfassung finden Sie hier: https://www.sap.com/germany/documents/2014/11/86ead02e-3b7c-0010-82c7-eda71af511fa.html

Randstad (2017): Digitalisierung: Arbeitnehmer zeigen wenig Eigeninitiative bei Weiterbildung, siehe: http://www.iwwb.de/weiterbildung.html?kat=meldungen&num=1556&utm_source=dlvr.it&utm_medium=twitter

Rigby, D.K.; Sutherland, J.; Takeuchi, H. (2016): Embracing Agile. Organizational Development. Harvard Business Review, siehe: https://hbr.org/2016/05/embracing-agile

Senge, P. M. (1990): The Fifth Discipline. The art and practice of the learning organization, London: Random House.

World Economic Forum (2020): These are the top 10 job skills of tomorrow – and how long it takes to learn them, siehe: https://www.weforum.org/agenda/2020/10/top-10-work-skills-of-tomorrow-how-long-it-takes-to-learn-them

3 Agile und klassische Personalentwicklung

Lassen Sie uns vorab einmal über die Definition von Personalentwicklung nachdenken. Im Lehrbuch heißt es dazu:

Personalentwicklung !

»Personalentwicklung sind Maßnahmen zur Vermittlung von Qualifikationen, welche die aktuellen und zukünftigen Leistungen von Führungskräften und Mitarbeitern steigern (Bildung), sowie Maßnahmen, welche die berufliche Entwicklung von Führungskräften und Mitarbeitern unterstützen (Förderung).« (Stock-Homburg 2010, S. 205)

Interessant ist hier das klassische Verständnis der Vermittlung – frei nach dem Motto: Das Unternehmen entwickelt das Personal. Hierbei übernimmt die Personalentwicklung in hohem Maß die Verantwortung für das Lernen im Betrieb und gibt vor, was wann von wem in welcher Art gelernt werden soll, damit die Mitarbeitenden ihre Arbeit gut verrichten. Die Personalentwicklung besitzt in diesem Fall eine Omni-Expertise und angeblich das Know-how, die Anforderungen aller Stellen im Unternehmen gut zu kennen, die Mitarbeitenden einschätzen und daraus geeignete Entwicklungsmaßnahmen ableiten zu können sowie diese umzusetzen.

In diesem Verständnis spielen Instrumente wie standardisierte Kompetenzprofile und Stellenbeschreibungen sowie deren Verwaltung eine zentrale Rolle. Basis für diese Definition ist die Überzeugung, dass die Abteilung Personalentwicklung am besten weiß, was wer wann zu lernen hat und dieses gut zu jederzeit planen kann. Dies ist inzwischen – wie wir wissen – nicht immer möglich. Komplexe und chaotische Situationen zeigen, dass es einen zweiten Weg geben muss.

Viele Unternehmen haben bereits erkannt, wie falsch diese Sichtweise ist, und benennen ihre Abteilungen um in Corporate Learning, Learning & Development oder Ähnliches. Im Deutschen haben wir allerdings bisher kein Äquivalent gefunden (ausgenommen die Übersetzung »betriebliches Lernen«, die den Charme eines Zahnarztbesuches versprüht).

Dennoch zeigen sämtliche Bestrebungen, dem Thema einen neuen Namen zu geben, dass sich das Selbstverständnis der Abteilung und das grundlegende Verständnis von Personalentwicklung in den Unternehmen wandeln. Vom allwissenden Gestalter der Personalentwicklung zum Ermöglicher von Lernprozessen – traditionell und agil.

3.1 Personalentwicklung muss beidhändig werden

Agile Führung, agiles Arbeiten und jetzt auch noch Agiles Lernen? Gerne wird dann schnell geurteilt, dass es alter Wein in neuen Schläuchen ist. Doch in unserem Verständnis ist es nicht ein Modewort, sondern eine logische, neue Ergänzung bestehender Personalentwicklungskonzepte.

Vom agilem Arbeiten zum Agilen Lernen
Agiles Arbeiten existiert nun bereits einige Jahrzehnte und gilt als ernstzunehmende Alternative, Projekte zu gestalten. Durch den höheren Reifegrad und die vielen Erfahrungen können die jeweiligen Vorteile agiler und traditioneller Arbeitsweisen benennen und unterscheiden, wann was sinnvoll ist.

Während sich kein Mensch agile Arbeitsweisen im Cockpit während eines normalen Fluges wünscht, machen sie in der Softwareentwicklung dagegen, wo das Endprodukt häufig am Anfang nicht eindeutig ist und sich die Ansprüche im Laufe der Zeit verändern können, dagegen Sinn.

Was schon in der kurzen Beschreibung deutlich wird, ist die Unklarheit über das Ziel am Anfang der Reise sowie der Weg dorthin. Die beiden bekannten Modelle Cynefin und Stacey charakterisieren genau nach diesen beiden Dimensionen vier Situationen: einfach, kompliziert, komplex und chaotisch.

Je eindeutiger und stabiler Situationen (WAS) sind, und der Weg (WIE) planbar ist, desto eher können wir mit klassischen Planungsinstrumenten und Projektmanagementtechniken arbeiten. Übertragen auf die Personalentwicklung kennen wir die Ziele vorab und können gute Angebote dafür schaffen. Das tägliche Geschäft vieler Personalentwicklerinnen und -entwickler.

Je komplexer oder sogar chaotischer die Situationen sind, desto weniger kommen wir mit klassischem Projektmanagement und klassischen Lernangeboten durch die Personalentwicklung zum Erfolg.

Ohne wirklich in die Glaskugel schauen zu müssen, sind wir uns ziemlich sicher, dass es in der Zukunft mehr komplexe und dynamische Situationen geben wird (Stichworte hierzu sind VUCA, BANI, digitale Transformation …). Und auch mehr chaotische Situationen: Hier seien Corona, die Auswirkungen des russischen Angriffskrieges auf die Weltwirtschaft oder die Entwicklung von kommender künstlicher Intelligenz exemplarisch zu nennen.

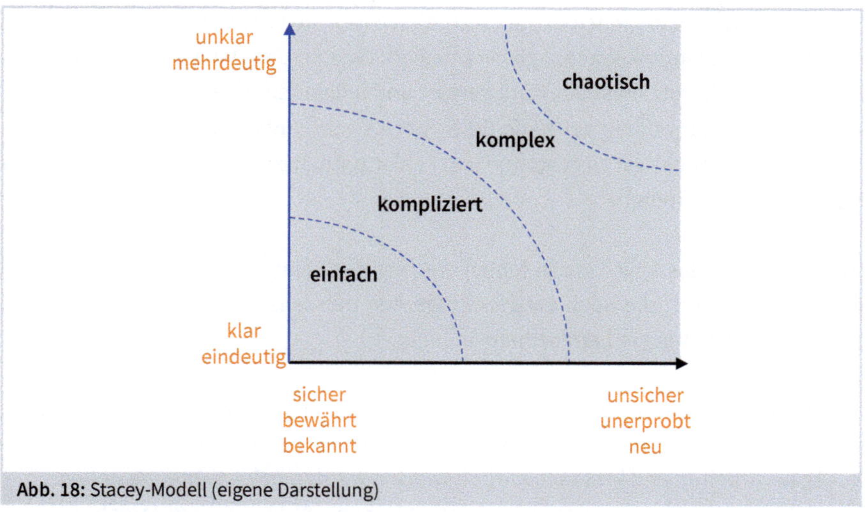

Abb. 18: Stacey-Modell (eigene Darstellung)

Abb. 19: Cynefin-Modell (übersetzt durch Kai Nörtemann, Quelle: https://www.infinit.cx/2014/06/strategie_komplex_cynefin_teil-1/)

Mit Blick auf die Arbeit helfen uns agile Arbeitsweisen, in diesen Situationen trotzdem erfolgreich agieren zu können. Agile Frameworks wie Scrum, Design Thinking etc. haben den Vorteil, trotz massiver Unsicherheit und fehlenden Details schnell starten zu können, anpassungsfähig auf neue Erkenntnisse oder Anforderungen zu reagieren, Arbeitsabläufe effektiver zu gestalten und Fehler zeitnah zu beheben sowie schnell zu Ergebnissen zu kommen.

Übertragen auf das Agile Lernen fehlen uns hier noch einige Jahre an Erfahrung und einige Frameworks, die noch entwickelt werden müssen. Erste Hinweise geben wir später in Kapitel 4 »Agile Lernformate«.

Gehen wir noch einmal einen Schritt zurück und fragen uns, welche Erkenntnisse wir aus dieser sehr skizzenhaften Darstellung von agilem Arbeiten ziehen können:

1. Agiles Arbeiten und klassische Arbeitsweisen werden beide weiter bestehen.
2. Agiles Arbeiten ist in anderen Situationen sinnvoll als klassisches Vorgehen.
3. Agiles Arbeiten ist insbesondere in unklaren Situationen bei unklarem Weg wirksam.

Vom agilen Arbeiten zum Agilen Lernen

Wenn wir die Modelle Stacey und Cynefin auf die Welt der Personalentwicklung übertragen, zeigt sich ein sich wiederholendes Muster in verschiedenen Wissenschaftsdisziplinen: Es scheint eine Verdichtung auf zwei Welten zu geben:

- Die einfache/komplizierte Welt, die uns prinzipiell bekannt ist und in der wir uns »nur« verbessern möchten bzw. müssen. In dieser Welt wollen wir lernen, das Bekannte besser zu machen.
- Die komplexe/chaotische Welt, die uns unbekannt ist und in der wir völlig neue Haltungen, Kompetenzen und Vorgehensweisen erlernen müssen und sich ggf. sogar die Natur von Jobs und Organisationen verändert.

Verschiedene Modelle – eine Logik von zwei Welten		
Veränderungsmanagement	**Change** Change fixes the past	**Transformation** Transformation creates the future
Innovationsmanagement	**Inkrementell** Verbesserung von existierenden Produkten und Leistungen	**Disruptiv** Änderung existierender / Schaffung neuer Märkte
Strategisches Wissensmanagement (March)	**Exploitation** Nutzung bestehenden Wissens durch Verfeinerung	**Exploration** Entwicklung neuen Wissens durch Experimentieren
Organisationstheorie (Cynefin/Stacey)	**Geordnet** einfach/kompliziert	**Ungeordnet** komplex/chaotisch

Verschiedene Modelle – eine Logik von zwei Welten		
Organisationale Systemtheorie (Wohland)	**Blau** vertraute Welt mit kausalen Zusammenhängen	**Rot** dynamische Welt ohne vorhersehbare Kausalitäten
Lernpsychologie (Piaget)	**Assimilation** Wahrgenommenes passt in vorhandenen, kognitiven Schemata	**Akkommodation** Schaffen eines neuen Wahrnehmungsschemas

Tab. 1: Die beiden Welten aus Sicht verschiedener Disziplinen (Quelle: Graf 2021)

Wenn wir diese beiden Welten weiterdenken, dann muss es auch zwei Lernparadigmen geben:

Lernansätze	**Traditionelles Lernen** Lehr-Lerndesigns	**Agiles Lernen** iterative Lerndesigns orientiert an einer Vision

Was charakterisiert Agiles Lernen und was traditionelles Lernen?

Beginnen wir mit dem bekannten klassischen oder traditionellen Lernen, das wir seit Menschengedenken praktizieren: Irgendjemand weiß oder kann etwas (Lehrende) und gibt dies an einen oder mehrere Lernende weiter. Diese zugegeben sehr verkürzte Beschreibung zeigt bereits unsere Grundannahme, die unser Lernen prägt:

- Es fokussiert einen bestimmten Inhalt oder Lernstoff,
- zu dem der Lehrende die Lernziele definiert hat und als Expertin oder Experte das didaktische Vorgehen plant,
- mit einem klaren Hierarchiegefälle (früher mehr als heute) zwischen Meister und Lehrling, Lehrender und Schüler oder Teilnehmende und Trainer,
- das sich u. a. durch Wissensvorsprung, Erfahrung, Verantwortung für die Lernziele (besser wäre heutzutage Lehrziele) und Leistungsbeurteilung manifestiert.

Diese Art des Lernens haben wir in der Schule bereits verinnerlicht und lösen uns selbst mit neuen didaktischen Konzepten wie informelles Lernen und Co. nicht davon, dass irgendwo mehr Expertise herrscht, auf die wir zurückgreifen können.

Im 21. Jahrhundert kann diese Lehrerexpertise nicht mehr nur in 1:1- oder 1:N-Formaten synchron und in Präsenz, sondern auch asynchron und digital durch Video-Kurse, Content-Curation, Hospitation oder eLearnings weitergegeben werden. Aber es bleibt dabei, dass Expertise irgendwo vorhanden sein muss.

Das Lernen in dieser Form hat sich über Jahrtausende zurecht bewährt. So kann ein Lehrender mit fachlicher Expertise schneller einen sinnvollen Fokus eines breiten

Lernfeldes erkennen und die Inhalte sinnvoll zerlegen und so strukturieren, dass ein didaktischer roter Faden entsteht, an dem sich die Lernenden orientieren können. Legt man die »Cognitive Load Theory« von John Sweller und Paul Chandler zugrunde, so können bei diesem Vorgehen alle geistigen Kapazitäten der Lernenden gebündelt werden und für die Lerninhalte genutzt werden. Die Lernenden brauchen kaum Kapazitäten für die Gestaltung des Lernprozesses, wenn es ein geführtes Lernen ist.

(An dieser Stelle könnten wir nun diskutieren, wann im klassischen Lehr-Lernprozess hoch selbstgesteuerte Lernprozesse aus ökonomischer Sicht Sinn machen und wann nicht. Das würde aber den Rahmen sprengen.)

Wie lernen wir aber, wenn es keine Experten gibt – wenn die Situation so neu, komplex oder einzigartig ist, dass wir auf keine Erfahrungen und damit auf keine Lehrenden zurückgreifen können?

Dann brauchen wir eine andere Art des Lernens. Wir müssen uns davon lösen, Orientierung durch bestehende Expertise zu suchen. Agiles Lernen ist ein Lernen, in dem alle Beteiligten Lernende und Lehrende gleichermaßen sind. Jeder hat eine andere Sicht auf die Dinge und je heterogener die fachliche Expertise ist, desto nützlicher ist es: Jeder bringt sich im Sinne von individuellen Werten, Kompetenzen, Erfahrungen, Haltungen, Vorgehenswiesen ein und so entsteht durch Diskurs neue Erkenntnis und neues Wissen/Kompetenz. Vor diesem Hintergrund ist Agiles Lernen also eher eine Situation von N:N als zum Beispiel eine individuelle oder passive Art zu Lernen. Die Lernenden sind in diesem Fall, was wir modern mit Teilgebende oder Prosumenten (Kombination aus Produzent und Konsument) umschreiben. Hier existiert kein Hierarchiegefälle, da jeder sich auf Augenhöhe einbringt und den Fortschritt mitevaluiert.

Zusätzlich ist der Inhalt bei Agilem Lernen unklar, es existiert häufig nur eine Vision oder modern ein »Nordstern«. Wir können also vorab die Lernziele auch nicht als Team konkret festlegen und die Inhalte einfach abarbeiten. Es bedarf also eines Lernens, das diametral zum klassischen Lernen steht: Es muss inhaltsoffen sein und ohne Lehrende auskommen. Es konkretisiert sich erst auf dem Weg, die Lernziele und damit auch die Beurteilungskriterien sind am Anfang nicht im Detail definierbar. Um so inhaltsoffen lernen zu können, ohne sich in einer Orientierungslosigkeit zu verlieren, bietet es sich an, über Prozesse und Methoden Struktur zu geben – analog des agilen Arbeitens. Dazu mehr in Kapitel 4 »Agile Lernformate«.

Ambidextrie des Lernens

Agiles Lernen, wie wir später noch weiter konkretisieren werden, hat analog zum agilen Arbeiten also nicht den Anspruch, klassisches Lernen zu ersetzen. Vielmehr werden beide Lernparadigmen auch in der Zukunft existieren, jedoch für unterschiedliche

Situationen wirksam sein. So werden alle Beteiligten eine »Beidhändigkeit« (Übersetzung des Wortes Ambidextrie) erlernen müssen, um in allen Lernsituationen adäquat agieren zu können. Wie diese aussehen kann, werden wir genauer im zweiten Teil des Buches spezifizieren.

3.2 Spielarten der agilen Personalentwicklung

Die Überlegungen bis hierher bezeichnen, was wir als Agiles Lernen im engeren Sinne verstehen. Betrachtet man allerdings den Markt, so gibt es vier verschiedene Ausrichtungen von agilen Lernformen im momentanen Sprachgebrauch, die sich anhand der Zielgruppen und der Lernziele unterscheiden lassen:[6]

Bezüglich der **Lernziele** ist die vorherrschende Annahme Agilen Lernens, dass diese eher unscharf und ggf. noch nicht präzisierbar sind (also obere Quadranten beim Stacey-Modell). Man orientiert sich eher an einer Vision (»Wir möchten nachhaltiger werden«) als an klar benennbaren Zielen, deren Ergebnisse systematisch zum Beispiel in KPIs erfasst werden können. Hier sprechen wir von Agilem Lernen im engeren Sinne.

Dem gegenüber entstehen vermehrt auch »agilisierte« Lehrformate, die allerdings wie bisher in der Personalentwicklung mit klaren Lernzielvorgaben (z. B. Beherrschung von MS 365) arbeiten, aber den Prozess des Lernens verändern und hier agile Frameworks nutzen. Wir sprechen dabei von Agilem Lernen im weiteren Sinne, da hier noch an traditionellen Lehr-Lernsettings festgehalten werden kann. Übertragen auf die Organisationstheorie nach Gerhard Wohland erarbeiten wir uns Methoden in der »blauen Welt«, die wir dann zu gegebener Zeit in der »roten Welt« (vgl. Tab. 1) nutzen können.

Bezüglich der **Zielgruppe** kann sich Agiles Lernen sowohl auf einzelne Lernende beziehen als auch auf ein Team oder sogar die gesamte Organisation – wobei erst der kollaborative Ansatz den Ursprung von Agilem Lernen aufgreift.

Aus den beiden Kriterien ergeben sich vier verschiedene Lernformen, die bereits in Organisationen unter dem Stichwort »Agiles Lernen« eingesetzt werden, aber bis dato im Sprachgebrauch nicht trennscharf verwendet wurden.

6 Manchen unserer Leserinnen und Lesern wird aufgefallen sein, dass wir in diesem Kapitel sehr zwischen agiler PE und Agilem Lernen springen. Agile PE ist für uns die Sichtweise der Personalentwicklung mit der Frage, welche Angebote, Rollen und Prozesse zukunftsfähig sind und agil werden sollten, während Agiles Lernen die Tätigkeit des Lernens selbst bezeichnet.

Zielgruppe (Subjekt)	Lernziele (Objekt): Lernziele vorgegeben	Lernziele (Objekt): Lernziele gestaltbar
Individuum	Agile Lernbegleitung	Agiles Lerncoaching
Team / Organisation	Agile Lehrformate (z. B. Eduscrum)	Agile Lernformate (z. B. WOL)

Abb. 20: Vier unterschiedliche Formen des Agilen Lernens (Quelle: Graf & Roderus, 2022)

Die agile individuelle Lernbegleitung unterscheidet sich vom agilen Lerncoaching durch die Haltung und die Rolle der unterstützenden Person. Während agile Lernbegleitung eher ein Trainer ist, der mit agilen Prozessen das entdeckende Lernen (siehe oben) des Lernenden zu einem bestimmten Lernziel begleitet und dabei auch zum Beispiel Content kuratiert, ist beim agilen Lerncoaching eher eine coachende Rolle angedacht. Der agile Lerncoach unterstützt Lernende dabei, das Lernen in komplexen und chaotischen Situationen zu erlernen, und fördert hier mit methodischem jedoch nicht inhaltlichem Wissen.

Im Bereich des Teams oder sogar der Organisation kann zwischen der Agilisierung der Lehre (klassisches Lernen mit agilen Elementen) und Agilem Lernen im engeren Sinne unterschieden werden.

Beides wird im nächsten Kapitel detaillierter erläutert.

3.3 Vorbereitung auf agile Personalentwicklung

In Kapitel 2 wurde schon die Abgrenzung zu New Learning und Lernen 4.0 erklärt. Im folgenden Abschnitt möchten wir drei wesentliche und konkrete Lernkonzepte vorstellen und voneinander abgrenzen, die eine sehr gute Vorbereitung auf Agiles Lernen sind – aber nicht mit Agilem Lernen gleichgesetzt werden können.

3.3.1 Abgrenzung zu selbstgesteuertem, entdeckendem und informellem Lernen

Selbstgesteuertes Lernen bezieht sich auf den Freiheitsgrad, den Lernende in Bezug auf die Lernziele, Lernmaterialen, Lernprozess etc. haben. Nach Weinert (1982, S. 102) »kann der Handelnde die wesentlichen Entscheidungen, ob, was, wann, wie und woraufhin er lernt, gravierend und folgenreich beeinflussen«. (Stangl, 2022a). Dabei wird Fremd- vs. Selbststeuerung als Kontinuum angesehen.

Normalweise bezieht sich die Selbststeuerung dabei auf einen Lernprozess im klassischen Kontext, bei dem auf ein breites Angebot von Lehrmaterialien von Expertinnen und Experten wie zum Beispiel eLearnings zugegriffen werden kann. Zudem ist beim selbstgesteuerten Lernen die Komplexität der Lernsituation noch so beherrschbar, dass sie sich individuell handhaben lässt – es handelt sich um die individuelle Selbststeuerung und nicht die Steuerung von zum Beispiel Teamlernprozessen.

Da allerdings Agiles Lernen in Analogie zu Weinert hohe Entscheidungskompetenz bezüglich des Lernens (meistens im Team) braucht, ist Selbststeuerung eine zwingende Voraussetzung und kann bereits gut in klassischen Lernkontexten trainiert werden.

Entdeckendes Lernen ist nach seinem Entwickler Bruner »die selbstlernende (autodidaktische) Erschließung eines Wissensgebietes, wobei der Lehrer nur eine beobachtende und helfende Funktion hat. Entdeckendes Lernen steuert der Lernende somit selbst.« (Stangl, 2022b). Es ist also ursprünglich eine Unterrichtskonzeption, in der dem Lehrer bekannte Gesetzmäßigkeiten durch Lernende selbst erforscht werden. Wissen wird nicht strukturiert und präsentiert, sondern muss vom Lernenden selbst erarbeitet werden, in dem nach Gemeinsamkeiten zwischen dem Neuen und dem Bekannten gesucht wird und Erklärungen übertragen werden bzw. Regeln erweitert werden (Transfer). Dabei soll die Problemlösefähigkeit der Lernenden gefördert werden. Wie explizit erwähnt, handelt es sich um eine Unterrichtsmethode, die allerdings in sämtlichen Situationen anwendbar ist. Und genau wie selbstgesteuertes Lernen bietet sie damit fundamentale Kompetenzen, die die Ambidextrie der Lernenden fördern. Entdeckendes Lernen kann in ähnlicher Form sicherlich für Agiles Lernen methodisch genutzt werden, muss aber andere Lernziele wie Kompetenzen und Einstellungen ausgeweitet werden.

Informelles Lernen bezeichnet die Datenbank von managerseminare.de als »das alltägliche Lernen am Arbeitsplatz, im Familienkreis oder in der Freizeit. Es ist nicht institutionell organisiert und nicht an Orte, Zeiten oder bestimmte Tätigkeiten gebunden.«[7] An diese Definition wollen wir uns im Folgenden halten. Modelle wie 70:20:10 haben nicht umsonst seit einige Jahren Konjunktur.[8] Insbesondere die »70« (Lernen am Arbeitsplatz) und »20« (Lernen von anderen) basieren jedoch selten auf gesteuerten Maßnahmen, sondern auf Eigeninitiative. Der Hauptanteil in diesem Bereich wird deswegen selten von der Personalentwicklung gesteuert und fällt unter den Bereich des informellen Lernens.

Eine klare Linie ist hier wichtig, denn nach dem renommierten US-Lernexperten Elliott Masie zählt informelles Lernen zu den wichtigsten »Learning Trends« der kommenden Jahre. Studien wie die des US-amerikanischen Education Development Center (EDC)

---

7 http://www.managerseminare.de/Datenbanken_Lexikon/Informelles-Lernen,158159
8 https://www.haufe-akademie.de/blog/themen/e-learning/das-702010-modell-lernen-neu-entdecken/

zeigen, dass rund 70 % der Kompetenzerweiterungen im betrieblichen Kontext durch informelles Lernen geschehen. Lediglich die restlichen 30 % sind das Ergebnis klassischer Personalentwicklung. Eine 2017 erschienene Meta-Analyse (Cerasoli et al. 2018) zeigt, dass im Unternehmen gefördertes informelles Lernen sowohl Effektivität auch Zufriedenheit der Mitarbeitenden erhöht. Mitarbeitende, die informell lernen, zeigten bis zu einem Drittel höhere Leistungen als Mitarbeitende ohne informelle Lernaktivitäten. Auch in deutschen Unternehmen spielt das informelle Lernen – vorbei an der PE – eine große Rolle: Das »Berichtssystem Weiterbildung« des Bundesministeriums für Bildung und Forschung (BMBF 2006) zeigt, dass nur 26 % der Erwerbstätigen in Deutschland an berufsbezogenen Lehrgängen oder Kursen teilnehmen. Dagegen nutzen über 60 % der Erwerbstätigen eine oder mehrere Arten des informellen Lernens – vom Austausch mit Kolleginnen und Kollegen über selbstgesteuertes Lernen via Internet bis hin zu Fachbüchern.[9]

Informelles Lernen kann sehr unterschiedliche Gestalt haben und wird häufig gar nicht als Lernen wahrgenommen, weil es sich um niedrigschwellige oder eher beiläufige Formate handelt.

Informelles Lernen kann beispielsweise sein:

- Lernen durch Beobachten und Ausprobieren (»trial and error«)
- berufsbezogener Besuch von Fachmessen, Kongressen etc.
- Unterweisung oder Anlernen am Arbeitsplatz durch Kolleginnen und Kollegen oder Vorgesetzte
- Lernen mithilfe von computerunterstützten Selbstlernprogrammen
- Besuch anderer Abteilungen/Bereiche
- Teilnahme an Lernstatt, Qualitäts- oder Werkstattzirkeln
- Coaching und Supervision am Arbeitsplatz
- Arbeitsplatzwechsel (z. B. Job-Rotation)

Für informelles Lernen sind auch organisationale Voraussetzungen wichtig, die wir für Agiles Lernen ebenfalls nutzen können:

- Informelles Lernen braucht Autonomie, Vertrauen und einen hierarchiefreien Raum.
  Informelles Lernen funktioniert dann besonders gut, wenn es kontrollfrei passieren kann. Das ist der Grund, warum mit Millionen und besten Absichten installierte Wissensmanagementsysteme oft verwaist sind, während der zwanglose Know-how-Austausch in der Kaffeeküche bestens läuft. Ohne eine Unternehmenskultur, die von Vertrauen, Austausch und Offenheit geprägt ist, geht es nicht.

---

9 Quelle: Bundesministerium für Bildung und Forschung: Berichtssystem Weiterbildung. Integrierter Gesamtbericht zur Weiterbildungssituation in Deutschland. Berlin 2006.

- Die Personalentwicklung kann informelles Lernen unterstützen, indem sie ...
  - Räumlichkeiten zur Verfügung stellt, in denen Mitarbeitende lernen, diskutieren und sich konzentrieren können – ausgestattet mit Flipchart, Moderationsmaterial, Internetzugang, Lernprogrammen, einer Bibliothek etc.;
  - Kurse oder Workshops anbietet, die den Mitarbeitenden das selbstgesteuerte Lernen vermitteln. Mögliche Themen: Recherche und Auswertung von Informationen, Internetnutzung, Formulierung von Lernzielen und Organisation von Lernprozessen, Möglichkeiten zur Selbst- und Fremdeinschätzung;
  - regelmäßige abteilungs- oder teamübergreifende Treffen organisiert, auf denen sich die Mitarbeitenden zwanglos bei einer Tasse Kaffee über Erfahrungen und Probleme austauschen können;
  - die technischen Kommunikationsmöglichkeiten zum Erfahrungsaustausch optimiert, angefangen bei Chats bis hin zu Blogs und Wikis;
  - Vertrauenspersonen, Coachs oder Mentoren beruft, die die Mitarbeitenden auf freiwilliger Basis zu Problemstellungen und Reflexionsprozessen konsultieren können.

Die Liste möglicher Maßnahmen verdeutlicht: Informelles Lernen unterstützt und fördert das Unternehmen vor allem dadurch, dass es den Mitarbeitenden entsprechende Freiräume und Möglichkeiten hierfür gewährt und Angebote auf freiwilliger Basis bereithält. Damit ist es noch nicht agil, denn informelles Lernen kann auch in einfachen und komplizierten Situationen passieren. Aber es bereitet gut vor.

Zwischenfazit: Agiles Lernen ist neu und wird aufgrund der in Zukunft häufiger auftretenden chaotischen und komplexen Situationen elementar. Eine gute Vorbereitung auf Agiles Lernen sind didaktische Konzepte aus dem klassischen Lernen wie selbstgesteuertes, entdeckendes und informelles Lernen, da diese bereits die Konsumentenhaltung und Hierarchie aufbrechen und kollaboratives, reflexives und iteratives Lernen fördern.

Doch wenn diese Konzepte der PE in den Vordergrund rücken und auf Agiles Lernen vorbereiten sollen, müssen wir uns auch Gedanken über verschiedene Wertaspekte der Weiterbildung machen.

3.3.2 Neue Werte in der Weiterbildung – informell statt zertifikatsorientiert

Bedeutung von Lernen und Kompetenzerwerb

Durch den starken, schnellen Wandel und die steigende Komplexität der Arbeitswelt wird das lebenslange kontinuierliche Lernen immer wichtiger. Daher wurde der Begriff des »Knowledge Workers«, also des Arbeiters mit entsprechendem Wissen, auch schon in »Learning Worker« umgetauft: der Arbeiter, der stets weiter lernt. Umlernen, Neues

Lernen, Informieren je nach neuem Projekt, Kontext oder genutzte Technologie – weder die Berufsausbildung noch ein Studium und schon gar nicht zwei Schulungen im Jahr reichen alleine mehr aus für den beruflichen Werdegang. Auch setzt sich die Erkenntnis durch, dass effektives Lernen im sozialen Austausch und so nah wie möglich am Arbeitsprozess stattfinden sollte, um nachhaltig zu sein. Unter dem Leitbild des 70:20:10-Ansatzes ist dies in den meisten Firmen inzwischen angekommen. Wie aber werden sich die verschiedenen Elemente des Lernens in Zukunft weiterentwickeln?

Zertifikate werden langfristig nicht mehr funktionieren

Insbesondere in Deutschland sind wir noch sehr »zertifikatshörig«. Hat jemand ein bestimmtes Zertifikat erworben, gilt das als Gütesiegel für Kompetenz. Selbst der Deutsche Qualifikationsrahmen ordnet den Ausbildungen Niveaus zu, die etwas über die Kompetenz aussagen sollen. Allerdings fehlt auch hier noch ein Ansatz, die informell oder non-formal erworbenen Kompetenzen aufzunehmen und zu belegen. Handlungskompetenz, zum Beispiel erworben in alltäglichen Lernprozessen, kann in Deutschland noch lange nicht mit dem Stempel eines Zertifikats mithalten. Lohneingruppierungen und Karrierepfade werden noch zu gerne an Abschlüsse und formale Weiterbildungen geknüpft. Doch wie sollen Zertifikate für agile Lernerfolge vergeben werden, wenn weder das Ziel vorab feststeht noch Expertinnen oder Experten vorhanden sind, die den Lernerfolg überprüfen können? Zusätzlich wird sowohl beim klassischen Lernen als auch beim Agilen Lernen der Lernprozess informeller und selbstgesteuerter, so dass neben der fehlenden Zielorientierung auch noch die Abarbeitung eines klaren Lernprozesses schwieriger zu beurteilen ist. Es fehlen schlichtweg die Prozess- und Zielkriterien, um Zertifikate ausstellen zu können. Neue Lösungen für die Anerkennung von Lernen müssen entwickelt werden.

Recruiting schlägt PE

Schaut man sich die Kongress- und Buchlandschaft der Personaler-Szene an, so spielt das Recruiting in Form von Personalbeschaffung und -auswahl eine deutlich größere Rolle als die Personalentwicklung. Diskutiert wird viel mehr darüber, neue Mitarbeitende zu finden, anstatt die bereits bestehende Belegschaft weiterzuentwickeln. Dies wird sich in der Zukunft ändern müssen – nicht zuletzt aufgrund des zunehmenden Fachkräftemangels in einigen Branchen. Doch zurzeit liegen der Fokus und das Budget der Personalarbeit selten auf der Weiterentwicklung und Förderung der Mitarbeitenden. Informelles Lernen, Agiles Lernen und Selbststeuerung machen es der PE zusätzlich nicht einfacher, den eigenen Wirkungsgrad den oberen Führungskräften zu beweisen. Und so lange mehr nach außen geschaut wird als nach innen und die Einstellung herrscht, nur was man als Ergebnis sehen kann, darf Geld kosten, wird Recruiting die Oberhand haben.

In Ihrer Haufe-App finden Sie einen vertiefenden Artikel von Nele Graf zum Thema Personalentwicklung. Scannen Sie dazu einfach die folgende Abbildung.

Abb. 21: Fachartikel zum Thema Personalentwicklung in der Haufe-SmARt-App

Lernen Lernen als Schlüsselkompetenz

In den heutigen Debatten zu Personalentwicklung wird verstärkt über die Gestaltung neuer und moderner Formate gesprochen. Dies ist verständlich, da, wie oben erläutert, neue Bedarfe entstehen. Allerdings haben alle neuen Formate eines gemeinsam: die Flexibilisierung und Individualisierung. Der Mitarbeitende gewinnt neue Freiheitsgrade hinsichtlich der Frage, was er wo und wie lernt. Mit dieser neuen Freiheit kommen allerdings auch Pflichten. So bedeutet der Wandel, dass Mitarbeitende zu Gestaltern ihrer Weiterbildung werden und sich aus der Konsumentenhaltung in Seminaren lösen müssen. Dieser Wechsel setzt eine deutlich höhere Selbstverantwortung und steuerung der eigenen Lernprozesse der Mitarbeitenden voraus – und im Sinne des Agilen Lernens auch neue Kompetenzen wie zum Beispiel der Umgang mit Unsicherheit oder Lernen ohne Lehre. Ohne eine Befähigung auf dieser Metaebene werden viele Mitarbeitende zuerst im Weiterbildungsprozess und dann in der Arbeitswelt abgehängt (vgl. zur Rolle der Lernenden Kapitel 6.1).

3.3.3 Voraussetzungen Agilen Lernens: Kultur und Haltung

In der agilen Personalentwicklung geht es nicht nur um ein paar neue Lernformate und eine geringe Änderung der Rollen aller Beteiligten, sondern dahinter verbergen sich Werte auf individueller Ebene und Prinzipien auf prozessualer Ebene. Erst diese mit dem passenden Mindset und den oben genannten kulturellen Werten ermöglichen echtes Agiles Lernen – eben »being agile«. Es braucht die richtigen Wurzeln, damit die Tools greifen können.

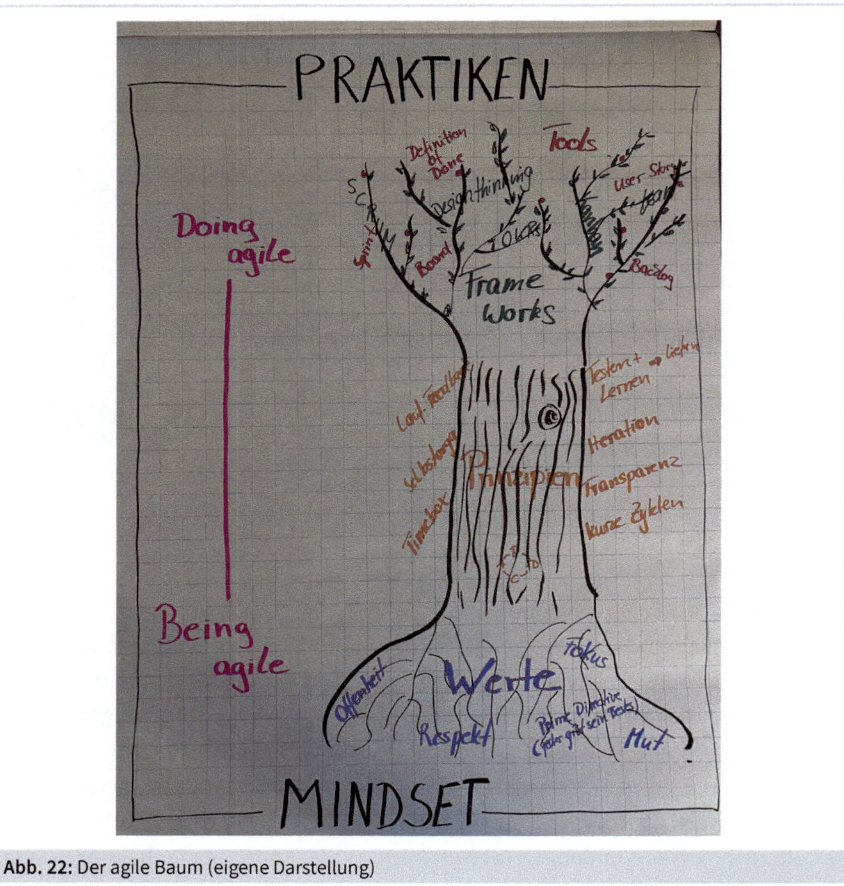

Abb. 22: Der agile Baum (eigene Darstellung)

Zu den Wurzeln gehören u. a. Mut und Respekt, auf die leider nur exemplarisch eingegangen werden kann, da dies sonst den Rahmen dieses Kapitels sprengen würde.

- **Mut** ist eine Grundvoraussetzung des Agilen Lernens, da dieses immer auch mit Experimentieren und Agieren in unbekannten Situationen zu tun hat. Ohne Mut kein Agiles Lernen. Dabei kann die Unternehmenskultur gute Rahmenbedingungen für Mut schaffen – ober eben nicht. Exemplarisch seien hier Stichwörter wie psychologische Sicherheit, Fehlerkultur und Freiräume genannt.
- **Respekt** – insbesondere für andere Erfahrungen und Wissen – sind nötig. Braucht doch Agiles Lernen alle Beteiligten als Teilgebende. Fachliche Diskurse basierend auf respektvollem Umgang sind die Basis, um Komplexität zu begreifen und händeln zu können. Auch hier sind kulturelle Aspekte wie Hierarchiedenken, Streitkultur und Wertschätzung entweder förderlich oder hinderlich.

Wenn also neue Situationen auftreten, in denen Agiles Lernen notwendig ist, dann hängt die Lernwirksamkeit konsequenterweise von den vorab geschaffenen Voraussetzungen für Agiles Lernen ab: Ist kollaboratives Lernen schon etabliert? Sprechen Themen wie zum Beispiel individuelle Leistungsboni gegen Kollaboration? Haben die Mitarbeitenden bereits Freiräume, in denen sie experimentieren und Verantwortung übernehmen können? Besteht eine Kultur, die Entwicklung als Wert sieht, oder ist es nur das Feigenblatt in Jahresmitarbeitergesprächen?

Hier trennt sich dann schnell die Spreu vom Weizen. Nur wenn Agiles Lernen von passenden Veränderungen in Werten und Haltungen begleitet wird, kann es wirklich greifen.

3.3.4 Grundprinzipien einer agilen Personalentwicklung

Hierzu passen auch drei Grundprinzipien, die Lernen in einer agilen Arbeitswelt ausmachen (Reimann 2017):

- **From Delivery to Co-Creation**
  Statt als Personalentwicklung neue Produkte im stillen Kämmerlein zu entwickeln und dann der Allgemeinheit zu präsentieren, wird der Lernende bereits in die Entstehung neuer Produkte mit eingebunden. Motto: Mit der Praxis für die Praxis – ein agiles Prinzip, wie wir oben diskutiert haben. Die Gründe hierfür sind zwingend. Zum einen sind Komplexität (differenzierte Arbeitsteilung) und dynamische Veränderung verantwortlich dafür, dass die PE-Abteilung im Zweifel keinen Überblick mehr über aktuelle und zukünftig relevante Inhalte aller Stellen hat. So besteht schnell die Gefahr von Fehlkonzeptionen. Zum anderen müssen PE-Produkte schnell und bedarfsorientiert entwickelt werden, was nur in Zusammenarbeit von Abteilung und Personalentwicklung passieren kann (vgl. Kapitel 4 »Agile Lernformate«).
- **From Content to Context**
  Die klassische Wissensvermittlung nach dem Gießkannenprinzip hat ausgedient bzw. wird sich drastisch reduzieren. Die Frage ist demnach nicht: Was sollten Mitarbeitende prinzipiell wissen? Sie muss vielmehr lauten: Was brauchen sie aktuell und zukünftig, um ihre konkreten Aufgaben besser bewältigen zu können (vgl. Kapitel 5 »Neue Lerninhalte für eine neue Arbeitswelt«)?
- **From Training to Business Impact**
  Personalentwickler (vgl. Kapitel 7: »Die Rolle der Personalentwicklung«) müssen ihre Ausrichtung ändern und weniger auf das schauen, was an Trainings angeboten werden sollte, als vielmehr auf das, was einen Unterschied im Erfolg der täglichen Arbeit macht. Das zieht sich von der Bedarfsplanung bis zum Controlling. Return on Invest und Effizienzsteigerung durch Weiterbildung sind dabei nur zwei der Kernthemen.

3.4 Exkurs: PE-Controlling – vom Nutzen her denken

Womit wir beim Nutzen von Personalentwicklung wären. In vielen Unternehmen ist der Nutzen der Abteilung Personalentwicklung nicht klar. Das wird besonders deutlich, wenn man sich die Kennzahlen anschaut, mit denen die Abteilung PE bewertet wird.

Input & Output versus Outcome: Die Grundprinzipien zeigen bereits eine der fundamentalen Änderungen von Personalentwicklung: die Bewertungsgrundlage. Woran muss sich Personalentwicklung wirklich messen lassen?

In der Vergangenheit lag der Fokus häufig auf Input und Output der Abteilung Personalentwicklung. Kennzahlen wie Weiterbildungskosten pro Mitarbeitenden, Weiterbildungsbudget insgesamt oder durchschnittliche Dauer von Veranstaltungen zeigten, wie emsig eine Personalentwicklung war – unabhängig vom realen Bedarf oder gar den erhofften Ergebnissen. Dazu kamen dann noch output-orientierte Evaluationskriterien wie Anzahl der Seminarangebote, Konzeption neuer Lernvideos (Input) oder realisierte Weiterbildungstage pro Mitarbeitenden, Anteil von intern besetzten Führungspositionen etc. Man konnte als Personalentwicklung also belegen, was man im letzten Jahr »geleistet« hat.

All diese Controllingkennzahlen vermitteln aber eigentlich nur eines: die Ignoranz des tatsächlichen Stellenwertes von Weiterbildung im betrieblichen Kontext!

Interessant und relevant ist der Outcome, also das Ergebnis: Was hat sich durch Personalentwicklung verändert bzw. verbessert? Das können Arbeitsabläufe, Fehlerquoten aber auch die Innovationsfähigkeit der Organisation sein (Abb. 23 und 24).

Die Beratungsgesellschaft Jetter-HR-Management-Consulting führte Anfang 2005 eine Studie durch, um herauszufinden, mit welchen Methoden die deutschen Konzerne den Nutzen ihrer Personalentwicklung messen. 20 der 30 Dax-Unternehmen beteiligten sich an der Umfrage. Das Controlling von Personalentwicklungsmaßnahmen orientierte sich noch überwiegend am Input, bezog also primär Aufwandskriterien mit ein, zum Beispiel die Bildungsausgaben pro Mitarbeitenden, vernachlässigte aber den Outcome, also dasjenige, was es dem Unternehmen wirklich gebracht hat. Politisch gesehen ist das verständlich, sinnvoll ist es deswegen aber noch lange nicht.

Zugegeben, die Bewertung des Outcome ist deutlich schwieriger und das Ergebnis nicht eindeutig der Personalentwicklung zuzuschreiben. Dennoch ist ein Festhalten an einem in- und output-orientierten Referenzrahmen ein Hemmnis, Agiles Lernen und agile Personalentwicklung intern zu »verkaufen« und implementieren und den Wert der PE-Arbeit klar zu machen.

Bereich	Faktor		Kann auch ein Indikator sein für (z. B.)?	orientiert sich **überwiegend** am			Instrumente zur Erfassung
				Input	Output	Outcome	
Weiterbildung (WB)	WB-Kosten (z. B. pro Tag und TN)	(K)		X			Statistiken bzw. KLR, Honorarabrg. usw.
	Anteil der Weiterbildungskosten an den Gesamtpersonalkosten	(K)		X			Statistiken bzw. KLR
	Entwicklung des WB-Budgets	(K*)	(steigender/sinkender) Stellenwert der WB	X		(X)	Statistiken bzw. KLR
	Kostenanteil einzelner Themenbereiche im Vergleich zu den Kosten des gesamten Angebots	(K)		X			Statistiken bzw. KLR
	Kosten externer Seminarteilnahmen	(K)		X			Statistiken bzw. KLR
	Anteil eingesetzter *interner* personeller Ressourcen (z. B. in Stunden, nach Kosten) zur Durchführung von Weiterbildungsveranstaltungen an den gesamten eingesetzten personellen Ressourcen	(K)		X			Statistiken
	Anteil eingesetzter *externer* personeller Ressourcen (z. B. in Stunden, nach Kosten) zur Durchführung von Weiterbildungsveranstaltungen an den gesamten eingesetzten personellen Ressourcen	(K)		X			Statistiken
	durchschnittliche Zeitdauer je Veranstaltung	(K)		X			Statistiken
	Ausfallzeiten durch WB-Zeiten pro MA in Tagen pro Jahr	(K)		X			Statistiken
	Anzahl der jährl. WB-Maßnahmen/-Tage pro MA (*davon weibl.*)	(K)		X			Statistiken
	Anzahl der jährl. WB-Maßnahmen/-Tage, die vom internen Servicecenter Personal durchgeführt wurden	(K*)	für „Wertschöpfungsarbeit" der Personalabteilung		X		KLR
	Entwicklung der jährl. WB-Maßnahmen/-Tage im Zeitreihenvergleich	(K*)	für steigenden/sinkenden Stellenwert der WB	X		(X)	Statistiken bzw. KLR
	Anzahl bedarfsorientierter Seminare am Gesamtangebot	(K*)	bedarfsgerechte WB		(X)	X	Auswertung Seminarangebote
	Realisierungsgrad geplanter WB-Aktivitäten	(K)			X		Statistiken
	Anzahl der wiederholt durchgeführten Veranstaltungen (nach Themen)	(K*)	Wichtigkeit von bzw. Nachfrage nach bestimmten Themen		X	(X)	Statistiken
	Nachfrage nach bestimmten Seminaren / am häufig -	(K*)	Wichtigkeit von bzw. Nachfrage nach		X	(X)	Statistiken

Bereich	Faktor	Kann auch ein Indikator sein für (z. B.)?	orientiert sich **überwiegend** am			Instrumente zur Erfassung
			Input	Output	Outcome	
	sten besuchte Seminare	bestimmten Themen				
	Anteil der MA, die innerhalb von n Jahren an bestimmten WB teilgenommen haben (K*) *(davon weibl.)*	nachhaltige Einbindung der Belegschaft in die WB		X		Statistiken
	Anteil der MA, die von WB *nicht* erfasst werden (K*) *(davon weibl.)*	Grad der Einbindung der Belegschaft in die WB		X		Statistiken
	Anteil Ist-TN im Verhältnis zu angemeldeten TN (K*)	Interesse an bzw. Wichtigkeit der Maßnahme, Verbindlichkeitskultur		X		Anmelde- und TN-Liste
	durchschnittliche Gruppengröße von Seminaren (K*)	Güte der Lernumgebung, Betreuungsqualität	X		X	Statistiken
	Anteil aktiver bzw. passiver Lehrmethoden in der WB-Maßnahme (K*)	Qualität der WB, Transfermöglichkeiten			X	Beobachtung und Seminarauswertung
	Einsatz moderner Lernmethoden und -mittel (I)	Qualität der WB, Transferfähigkeit			X	Statistiken, Befragungen
	Qualifikation der Lehrkräfte bzw. Trainer/innen (I) *(davon z. B. mit Hochschulabschluss, mit Erfahrungen im WB-Bereich in Jahren)*	Qualität der Seminare			X	Statistiken, Befragungen
	Anzahl erfolgreicher Abschlüsse im Verhältnis zur TN-Zahl (K*) *(davon weibl.)*	„angemessene" Auswahl der TN, Seminarqualität		X	(X)	Zertifikate bzw. Statistiken
	Daten aus Leistungstests nach Trainingsmaßnahmen (K*) *(ggf. differenziert nach männlich/weiblich, Abteilungen, Standorten, FK/MA)*	Qualität der Maßnahmen, Qualität der Trainer/innen		X	(X)	Statistiken
	Seminarbewertung durch TN (I)	TN-Zufriedenheit mit Trainer/innen, Lernumgebung, Ausstattung, Betreuungsqualität, Seminargruppe usw.			X	Befragung
	Seminarbewertung durch die Trainer/innen (I)	Trainer/innen-Zufriedenheit mit der Betreuung durch die PE-/WB-Abteilung, Lernumgebung, Ausstattung, Seminar-Teilnehmer/innen				
	Anzahl der Lernerfolgsüberprüfungen (K)			X		Statistiken
	Anzahl der Kompetenz- bzw. Entwicklungsstufen, die FK/MA passiert haben (K*) *(davon weibl.)*	Durchlässigkeit der Stufen, Durchhaltevermögen der TN		X		Statistiken
	Anzahl geführter Transfergespräche zwischen FK und MA (K*)	Stellenwert der WB, Transfersicherung			X	Meldepflichten

Abb. 23 und 24: Beispiel von Kennzahlen nach Input, Output und Outcome (Quelle: https://www.uni-oldenburg.de/fileadmin/user_upload/wire/fachgebiete/orgpers/download/Diskussionspapier01-03.PDF)

Stellt man sich jedoch der Bewertung des Outcomes, so dreht sich der Fokus: Statt der PE stehen nun die Lernenden und ihre Bedürfnisse im Mittelpunkt, ebenso wie die Wirkung des Lernens in der Organisation!

Beim Agilen Lernen wird häufig auch mit Inkrementen gearbeitet – also kleinen »Lernprodukten«, die am Ende eines Lernzyklus sichtbar sein müssen. Dies führt zu einer neuen Art, Lernen zu evaluieren. Das Lerncontrolling muss quasi auch agil werden, da zum Beispiel eine Soll-Ist-Analyse der Vergleich zweier statischer Punkte ist, die es so beim Agilen Lernen nicht gibt. Hier neue Konzepte zu entwickeln, ist bis zur vierten Auflage dieses Buches sicherlich gelungen. Zu diesem Zeitpunkt heißt es aber erst einmal nur, sich von den einfachen und so beliebten Kriterien wie Weiterbildungstage zu lösen.

In Ihrer Haufe smARt-App finden Sie ein Video mit Thomas Tillmann zum Thema Kennzahlen für New Learning. Scannen Sie dazu die folgende Abbildung (siehe http://abc-tillmann.de/blog/2020/11/6/kennzahlen-fr-new-learning).

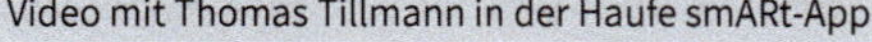
Video mit Thomas Tillmann in der Haufe smARt-App

3.5 Fazit

Agiles Lernen ist als die Entwicklung eines zusätzlichen Lernparadigmas zu sehen, das das traditionelle Lernen mit all seinen auch modernen Facetten ergänzt und insbesondere in komplexen und chaotischen Lernsituationen greift. Es ist also eher eine erfolgssichernde Ergänzung als ein moderner Mythos.

Als Beteiligte ist es zunächst von entscheidender Bedeutung, zu erkennen, in welcher Lernsituation man sich befindet, um dann geeignete Vorgehen gemeinsam zu gestalten.

Die Voraussetzungen in Form von kulturellen, organisatorischen und kompetenzorientierten Aspekten müssen geschaffen werden. Das kann auch schon durch geeignete Didaktik im klassischen Lernen gefördert werden.

Da Agiles Lernen jedoch noch so neu und unbekannt ist, stehen wir vor einem Dilemma: Wir müssen agil lernen, agil zu lernen. Also ist das Beste, einfach anzufangen und einen Schritt nach dem anderen zu gehen: gemeinsam, reflektiert und am Nordstern »Agiles Lernen« ausgerichtet.

Literatur

Bundesministerium für Bildung und Forschung (2006): Berichtssystem Weiterbildung. Integrierter Gesamtbericht zur Weiterbildungssituation in Deutschland. Berlin 2006.

Cerasoli, P.; Alliger, G.; Donsbach, J.; Mathieu, J.; Tannenbaum, S. & Orvis, K. (2017): Antecedents and Outcomes of Informal Learning Behaviors: a Meta-Analysis, Springer Science+Business Media, New York.

Graf, N. (2016): Werte in der Weiterbildung – vom Zertifikat zum informellen Lernen, Wissenswertjournal 2/2016, S. 19-24, siehe: http://www.wissenswert-journal.de/wissenswert_2016_02.pdf

Graf, N. (2017): Die Personalentwicklung hat den Fokus verloren. In: Human resource Manager 03/2017, siehe: https://www.humanresourcesmanager.de/ressorts/artikel/die-personalentwicklung-hat-den-fokus-verloren-1329888328#comment-1787

Graf, N. (2021): »Ambidextrie des Lernens«, Vortrag, gehalten am 23.11.2021 auf dem eLearning Summit.

Harrison, M. (2006): 13 Ways of Managing Informal Learning. Kineo, Januar 2006, siehe: http://www.managerseminare.de/Datenbanken_Lexikon/Informelles-Lernen,158159

Jetter, W. et al. (2005): Der Wert der Weiterbildung, Harvard Business Manager, Heft 6/2005.

Leila Haida, L. (2016): E-Learning für Eilige managerSeminare | Heft 221 | August 2016, S. 78-86, siehe: https://www.uni-oldenburg.de/fileadmin/user_upload/wire/fachgebiete/orgpers/download/Diskussionspapier01-03.PDF

Pfläging, N. (2016): Personalentwicklung ist Gängelung. In: Managerseminare, Heft 225, S. 16. f.

Reimann, S. (2017): Lernen für die agile Arbeitswelt Trainingaktuell | Januar 2017, S. 6-8.

Schermuly, C. et al. (2012): Die Zukunft der Personalentwicklung. Eine Delphi-Studie. In: Zeitschrift für Arbeits- und Organisationspsychologie 56 (N. F. 30) 3, 111-122, Hogrefe Verlag, Göttingen, siehe: https://www.researchgate.net/profile/Carsten_Schermuly/publication/273417643_Die_Zukunft_der_Personalentwicklung_Eine_Delphi-Studie/links/564b89db08aeab8ed5e76c4a.pdf?origin=publication_detail

Stock-Homburg, R. (2010): Personalmanagement: Theorien – Instrumente – Konzepte. 2. Auflage. Gabler, Wiesbaden.

4 Agile Lernformate

Rekapitulieren wir kurz: Wir benötigen Agiles Lernen insbesondere in komplexen und dynamisch-chaotischen Situationen, in denen wir nicht auf die Expertise von Lehrenden zum Beispiel in Form von Trainings, Keynotes, eLearnings, Videos zurückgreifen können.

Wir brauchen also ein Lernen, das sich völlig von unserem bisherigen Verständnis von Lernen unterscheidet. Von den dazugehörigen agilen Lernformaten wird daher erwartet, den Lernenden exploratives Lernen im Team zu ermöglichen – d. h. mögliche Zielsetzungen und Lösungswege im Team zu entwickeln, erste Prototypen auszuprobieren, zu reflektieren, zu überarbeiten oder vielleicht auch wieder zu verwerfen. Dieses explorative Lernen ist ein iterativer Prozess im Arbeitskontext, der die kollektive Intelligenz des Teams nutzt und die Grenzen zwischen Arbeit und Lernen auflöst.

An dieser Stelle sei vorweggenommen, dass, da Agiles Lernen allerdings noch in den Kinderschuhen steckt, so gut wie noch keine Lernformate existieren, die explizit für Agiles Lernen entwickelt wurden. Einige Lernformate wie Working Out Loud (WOL), Barcamps, Lean Coffees etc. können gut im Rahmen Agilen Lernens genutzt werden, müssen jedoch in einen erweiterten (agilen) Prozess eingegliedert werden, um ihre Wirksamkeit zu entfalten.

Zusätzlich können Formate aus dem Arbeitskontext wie Google Design Sprints, Design Thinking, Lego Serious Play etc. einfach auf den Lernkontext übertragen werden. Die Zukunft wird jedoch sicherlich neue Lernformate bringen, die gezielt das Agile Lernen in komplexen und chaotisch-dynamischen Situationen unterstützen.

Auf Basis der bisherigen Erkenntnisse und der bereits vorhandenen agilen Lernformate können wir allerdings schon einige relevante Merkmale von agilen Lernformaten herausarbeiten. Hier kann man sich gut an den Grundlagen, Frameworks etc. des agilen Arbeitens orientieren.

4.1 Merkmalsdimensionen von Lernformaten

Um sich allerdings im Dschungel der Möglichkeiten zurechtzufinden, macht es Sinn, sich die Landschaft der Lernformate einmal genauer anzusehen und Dimensionen zu identifizieren, die eine Strukturierung möglich machen. Dabei kann die Auflistung der Dimensionen, nach denen man agile Lernformate von klassischen Lernformaten unterscheiden kann, aufgrund der Komplexität und der Innovationen keinen Anspruch auf Vollständigkeit erheben. Nachstehend haben wir die in unseren Augen wichtigsten Dimensionen aufgeführt, die wir dann in der Folge eingehender betrachten wollen. Dabei ist die Welt selten schwarz-weiß zu sehen. Dennoch möchten wir die Dimensionen aufmachen, um Sie als Leserin und Leser zu einer Reflexion zu verleiten, wo ihre Personalentwicklung gerade steht.

	Dimension	**Traditionelles Lernen**	**Agiles Lernen**
1	Lernsituation	Einfach oder kompliziert	Dynamisch-chaotisch oder komplex
2	Lernziel	Vorgegeben, klar	Offen, unklar
3	Strukturgebende Basis des Lernens	Inhalt	Prozess
4	Lernweg	Strukturiert, planbar	Iterativ, schrittweise
5	Zeitliche Orientierung	Vergangenheit (Reflexion)	Zukunft
6	Auslöser	Learning for supply	Learning on demand
7	Arbeitsbezug	Off the job	On the job
8	Abschluss/Zertifikat	Formal	Informell und non-formal
9	Freiheitsgrad	Fremdgesteuert	Selbstgesteuert
10	Kollaboration	Individuelles Lernen	Kollaboratives Lernen (Team)
11	Verantwortung	Lehrender	Lernender: Produzent, Evaluation
12	Werte und Prinzipien/ Mindset	Bekanntes nutzen	Experimentieren

Tab. 2: Merkmalsdimensionen von Lernformaten (eigene Darstellung)

4.1.1 Lernsituation: einfach/kompliziert vs. komplex/dynamisch-chaotisch

Diese Dimension wurde schon in Kapitel 3.1 erwähnt (vgl. dort Abb. 18 und 19).

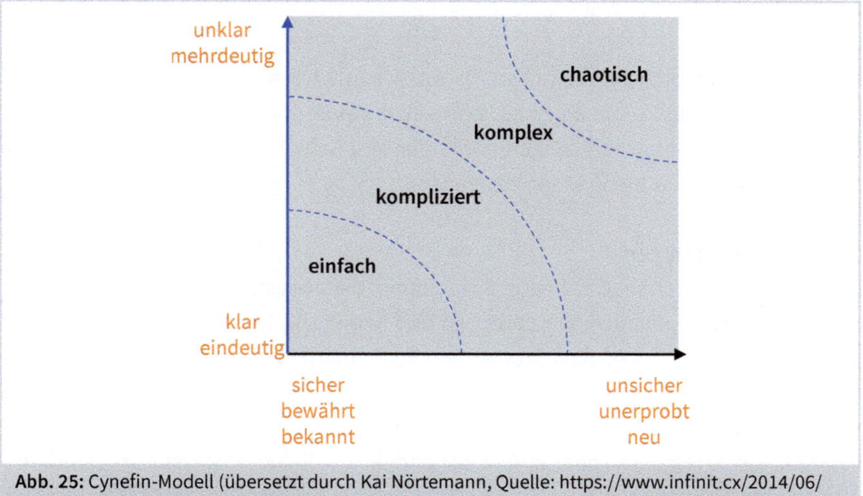

Abb. 25: Cynefin-Modell (übersetzt durch Kai Nörtemann, Quelle: https://www.infinit.cx/2014/06/strategie_komplex_cynefin_teil-1/)

Komplexe Situationen

Ursprünglich geht es um komplexe Situationen oder Systeme, die sich durch fehlende oder nicht erkennbare Zusammenhänge zwischen Ursache und Wirkung charakterisieren. Wir können nur Hypothesen aufstellen und schauen, welche Folgen aus einer Maßnahme hervorgehen. Im Lernkontext könnten dies aktuelle Lernfelder sein, deren Lernziel noch uneindeutig ist, ebenso wie der Weg dorthin. Ein Beispiel könnte sein: Wie können wir uns der Mission »Green Learning & Development« nähern? Wie muss Lernen gestaltet werden, dass es zum Beispiel klimaneutral oder sogar klimapositiv wird, ohne die Lernressourcen (Zeit, Budget etc.) zu erhöhen oder das Lernergebnis zu gefährden? Wie viel künstliche Intelligenz ist ökologisch vertretbar? (Mehr hierzu unter: https://www.lernen-wie-maschinen.ai/ki-commerce/ist-kuenstliche-intelligenz-ein-klimakiller/)

Um in solchen Situationen lernfähig zu bleiben, kann man sich an der Abfolge orientieren: **Experimentieren** – Wahrnehmen – Reagieren.

Es gilt, sprichwörtlich ein Steinchen ins Wasser zu werfen und wahrzunehmen, was passiert, um daraus zu Lösungen zu kommen, die auch unorthodox sein können. Dieses Vorgehen ist schon sehr agil und bricht unsere Gewohnheit auf, in linearen Ursache-Wirkungs-Zusammenhängen zu denken.

Chaotische Situationen

Chaotische Situationen sind häufig Situationen, die etwas grundlegend ändern und dieses meist sehr plötzlich. Wir sprechen hier häufig von Krisen oder Katastrophen. Corona ist nur ein Beispiel der jüngsten Vergangenheit. Hier ist sofortiges Handeln gefragt, da weder Zeit zum Experimentieren oder Analysieren bleibt. Erst danach geht es an das Lernen aus dieser Situation: die (Aus-)Wirkung dieser Handlung wahrzunehmen, um zu reagieren oder erneut zu handeln. Die Reihenfolge ist also: **Handeln** – Wahrnehmen – Reagieren.

In beiden Situationstypen ist unser traditionelles Verständnis von Lernen nicht möglich, da weder mit Best noch mit Good Practices als Vorlage gelernt werden kann.

!

Design Thinking als Lernmethode

Design Thinking ist eine Innovationsmethode, die dazu führen soll, im Team mindestens eine kreative Idee zur Lösung für eine konkrete Herausforderung zu entwickeln. Gerade in chaotischen Situationen kommt man so ins Handeln und lernt im Prozess viel über die Situation und mögliche Wege. Sollte die Testphase ergeben, dass man dem Ziel damit nicht näherkommt, kann man wieder zur Ideensammlung zurückkehren.
Besonders erfolgreich ist dieser Prozess, wenn das Team fachlich heterogen zusammengestellt ist und diese unterschiedlichen Perspektiven zu nutzen weiß.

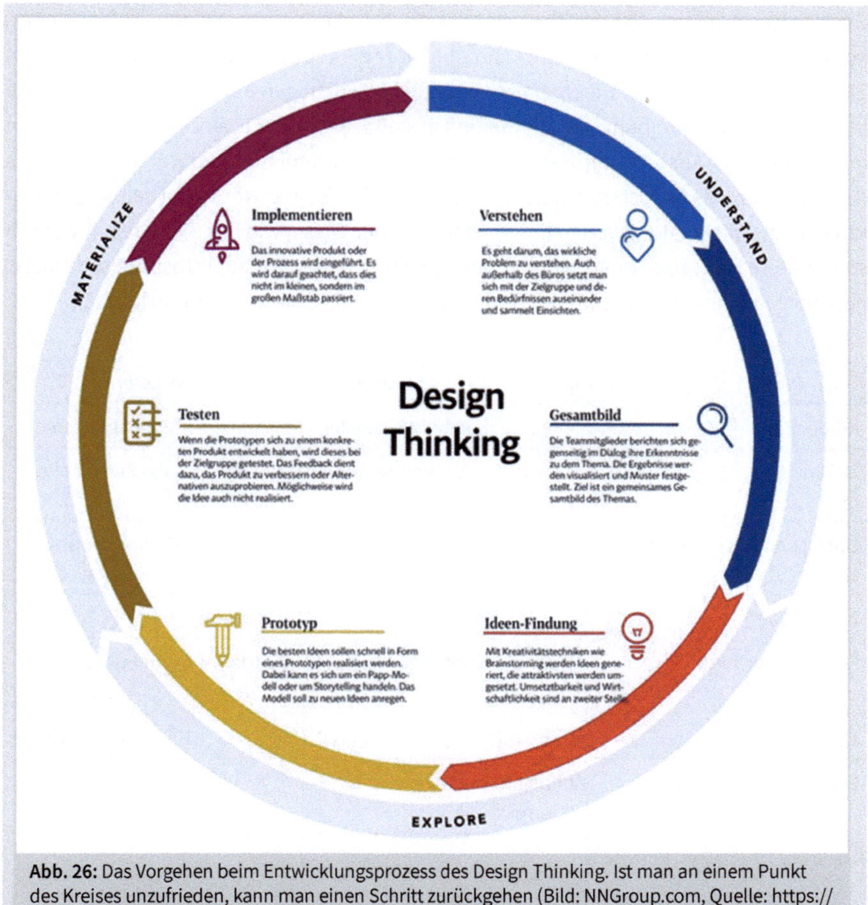

Abb. 26: Das Vorgehen beim Entwicklungsprozess des Design Thinking. Ist man an einem Punkt des Kreises unzufrieden, kann man einen Schritt zurückgehen (Bild: NNGroup.com, Quelle: https://www.produktion.de/technik/design-thinking-entwickeln-was-der-kunde-wirklich-will-122.html)

4.1.2 Lernziel: vorgegeben vs. offen

In der klassischen Personalentwicklung und dem (zielgerichteten) klassischen Lernen sind die Lernziele vorher definiert, klar und meistens auch messbar. In komplexen und chaotischen Situationen und damit beim Agilen Lernen kann das Lernziel am Anfang noch gar nicht feststehen, da unklar ist, was gelernt werden sollte, um Wirkung zu erzielen (unklare Ursachen-Wirkungs-Prinzipien). Das widerspricht der grundlegenden Logik von Personalentwicklung, die eigentlich immer vom inhaltlichen Lernziel aus denkt und dann die passenden Formate entwickelt.

Um dennoch auch beim Agilen Lernen nicht die Orientierung zu verlieren, wird häufig mit einem »Nordstern« gearbeitet: Der Nordstern ist eine Art Zukunftsbild, das uns als Referenzpunkt dient. Anders als die meisten Zukunftsbilder (z. B. als Vision) beschreibt der Nordstern keinen exakten Zielzustand, kein Ziel, das wir irgendwann im Sinne eines konkreten Ergebnisziels erreichen; vielmehr ist er eine idealtypische Beschreibung. Ein Zielbild, das hilft, zu bestimmen, ob wir uns auf dem »richtigen Kurs« befinden. Er ist eine idealtypische Beschreibung, wie die Zukunft gestaltet werden soll, eine prozessuale Vision mit einer idealen Ausrichtung. Ganz bewusst sogar kompromisslos und wohlwissend, dass das Erreichen des Nordsterns in der Praxis unmöglich ist. Der Nordstern selbst gibt ausschließlich eine Richtung vor, definiert aber in keiner Weise, wie das Ziel erreicht werden soll. Weitere Hinweise zur Arbeit mit dem Nordstern finden Sie auf https://de.slideshare.net/roock/alignment-und-verbesserung-mit-dem-nordsternkonzept (Roock 2016).

<table>
<tr><th></th><th>MbO</th><th>OKR</th><th>Nordstern</th></tr>
<tr><td>Art der Ziele</td><td colspan="2">Ergebnis (einmalig)</td><td>Fähigkeiten</td></tr>
<tr><td>Zielfindung</td><td colspan="2">Schrittweise Zerlegung entlang der Hierarchie</td><td>Ein Ziel für alle</td></tr>
<tr><td>Unternehmens- vs. Einzelziele</td><td colspan="2">Summe der Einzelziele ergibt das Unternehmensziel</td><td>Globale Optimierung</td></tr>
<tr><td>Zielsetzung</td><td colspan="3">Top-down & Bottom-up</td></tr>
<tr><td>Planungshorizont</td><td>Quartal bis Jahr</td><td>Monat bis Quartal</td><td>für immer und Monat</td></tr>
<tr><td>Zielerreichung</td><td>100 % oder mehr</td><td>60-70 %</td><td>100 % für Monatsziel</td></tr>
<tr><td>Boni / Gehaltserhöhung</td><td>Abhängig von Zielerreichung</td><td colspan="2">keine</td></tr>
</table>

Tab. 3: MbO vs. OKR vs. Nordstern

Die Sprintlogik erklärt es: Mit dem »Zielzustand«, den wir als Sprintziel definieren, tasten wir uns näher an den »Nordstern« heran. Der Nordstern hilft uns dabei, einzuordnen, ob das Teilziel in Form des nächsten Zielzustands tatsächlich in die richtige Richtung führt, bzw. im Nachgang bei der Reflexion, ob wir uns der Vision unserer Organisation nähern und was wir als nächsten Zielzustand »anpeilen« sollten.

Weitere Infos finden Sie unter https://www.fuer-gruender.de/blog/builders-guide/.

4.1.3 Strukturgebende Basis des Lernens: Inhalt vs. Prozess

Agile Lernformate bieten im Gegensatz zum inhaltsorientierten Lernen einen prozessualen Rahmen für das selbstgesteuerte und kollaborative Lernen. Als formgebende Struktur definieren sie also das **Wie** des Lernens, nicht aber die Lerninhalte (das **Was** des Lernens). Sie bieten ein leichtgewichtiges Konstrukt, in dem Lernende gemeinsam die Dinge lernen können, die für sie die größte Relevanz haben oder die größte Resonanz erzeugen.

Der größte Unterschied zu klassischen Lernformaten, bei denen die Lerninhalte, meist sogar konkrete Lernziele, bereits vorab feststehen, liegt in der großen inhaltlichen Flexibilität. Die Inhalte werden nicht festgelegt, sondern gemeinsam entwickelt. Sie richten sich nach dem Bedarf, nach den Interessen und nach den Angeboten aller Teilnehmenden.

Agile Lernformate fordern von Lernenden hingegen explizit, eigene Fragen und Praxisprobleme einzubringen. Sie erfordern, dass Lernende die Verantwortung für den eigenen Lernprozess selbst übernehmen und sich in einer gestaltenden Rolle, die häufig als »Prosument« oder »Teilgeber« bezeichnet wird, aktiv in das Lernformat einbringen. Sie brechen auf diese Weise auch mit einer strikten Unterscheidung zwischen »Lehrenden« und »Lernenden«. Die Teilnehmenden entscheiden selbstgesteuert, welche Rolle sie einnehmen, und es ist normal, dass diese sich im Laufe der Durchführung eines Formates immer wieder ändert.

Beispiele hierfür sind die Lernformate Barcamp und Lean Coffee, die in Kapitel 4.2.1 genauer beschrieben werden. Beide zeichnen sich durch klare prozessuale Vorgaben bei gleichzeitiger Offenheit der Inhalte aus.

Gerade dieser Paradigmenwechsel von der Inhalts- zur Prozessorientierung wird uns wahrscheinlich in der Zukunft noch viele weitere agile Lernformate bescheren. Je reifer die Entwicklung der agilen Lernformate wird, desto differenzierter werden diese ausfallen. So werden in der Zukunft sicherlich agile Lernformate auch nach der Situation (siehe als Anregung das Vorgehen bei komplexen vs. chaotischen Situationen), der Systemebene oder des Organisationsreifegrades in Bezug auf Agilität entwickelt und beurteilt werden.

Zum heutigen Zeitpunkt gilt es erst einmal, die prozessorientierten Lernformate kennenzulernen, in der Organisation zu verankern und das eigene Verständnis von Lernformaten zu erweitern.

4.1.4 Lernweg: klar vs. unklar

Betrachten wir traditionelle Lernprozesse mit vorgegebenen Lernzielen, so sind die Lernwege meistens vorab schon klar und strukturiert und finden sich häufig in der Trainingsbeschreibung, dem eLearningpfad oder der Journey wieder. Die Didaktik ermöglicht gewisse Freiheitsgrade, welche aber auch schon vorab eingeplant sind.

Komplexe und unscharfe Aufgabenstellungen stellen Lernende vor andere Herausforderungen als klar definierte und inhaltlich abgrenzbare Aufgaben mit definiertem Ziel. Beim Agilen Lernen kann es diese vorstrukturierten Wege nicht geben, da das Lernziel nicht so klar ist. Wir müssen uns also auf einen Lernweg begeben, der mit vielen Kreuzungen und Abzweigungen gespickt ist, ohne vorher zu wissen, welches der richtige Weg ist.

Dafür eignet sich ein schrittweises Vorgehen: Wir nehmen – bildlich gesprochen – eine Abzweigung, probieren diese aus und reflektieren vor der nächsten Kreuzung, ob wir noch Richtung Nordstern unterwegs sind. Entsprechend dem agilen Arbeiten, gilt es daher auch beim Agilen Lernen zu experimentieren, explorative Zugänge zu suchen und in kurzen Lernsprints zu erarbeiten. Die Umsetzung im definierten Zeitraum und die Überprüfung an konkreten »Akzeptanzkriterien« fördern eine iterative Lernweise, die hoch anpassungsfähig ist.

Vorteile von Iteration:

- **Verbesserte Effizienz:** Sie nutzen das Prinzip »Trial and Error« in kleinen Schritten und können daher bei Fehlern schneller zurück zum letzten richtigen Punkt. So erreichen Sie unter Unsicherheit wahrscheinlich schneller Klarheit und gute Lösungen als mit einer sorgfältigen Planung und der darauf folgenden Abarbeitung des gesamten Prozesses.
- **Verbesserte Zusammenarbeit:** Statt sich an eine vordefinierte Aufgabenverteilung zu halten (die aufwendig erstellt werden muss), arbeitet Ihr Team während des gesamten Prozesses aktiv zusammen und nutzt die fachliche Heterogenität für Ihren Erfolg.
- **Verbesserte Anpassungsfähigkeit:** Wenn Sie während der Implementierungs- und Testphasen neue Erfahrungen machen, können Sie Ihre Iterationen an Ihre neuen Zielvorgaben schnell und unkompliziert anpassen. Sie könnten sich sogar auf Veränderungen einlassen, die Ihr iterativer Prozess zu Beginn noch nicht berücksichtigt hat.
- **Geringeres Projektrisiko:** Beim iterativen Prozess werden Risiken während jeder Iteration identifiziert und minimiert. Statt sich am Anfang und Ende des Projekts mit großen Risiken auseinanderzusetzen, arbeiten Sie kontinuierlich an Ad-hoc-Lösungen für akute Probleme.
- **Zuverlässigeres Feedback:** Wenn Sie eine Iteration haben, die absehbar ist, können Sie bei jedem Schritt notwendiges Feedback einfordern. In Kombination mit der Transparenz des iterativen Prozesses können auch externe Erwartungshaltungen besser einbezogen werden.

Nachteile von Iteration:

- Ein Risiko von Scope Creep. Da Sie beim iterativen Prozess viel mit Versuch und Irrtum arbeiten, könnte sich Ihr Projekt in eine unerwartete Richtung entwickeln und Ihren ursprünglichen Projektumfang überschreiten.
- Hoher Austauschaufwand: Iterationen bedeuten, dass die Mitglieder ihres Lernteams in engem Kontakt stehen müssen. Nicht umsonst wird beim agilen Arbeiten mit Dailys und Weeklys gearbeitet. Dies ist notwendig, um als Team gemeinsam die Schritte in eine Richtung zu gehen.

Ein agiles Lernformat, das die schrittweise Herangehensweise übernommen hat, ist Working Out Loud (WOL). In jeder der 12 Wochen steht eine Iteration im Vordergrund, die auf dem Weg zum eigenen Lernziel erfüllt werden soll. Dabei können Bilder sowohl das Ziel als auch den Weg unterstützen.

»Big Picture« als Veranschaulichung des iterativen Lernprozesses !

»Ein Bild sagt mehr als 100 Worte«
Die Erfahrung zeigt, dass gerade (bewegte) Bilder besondere Aufmerksamkeit erzeugen und auch beim Lernen spielen Visualisierungen eine wichtige Rolle. Sie können komplexe Zusammenhänge einfach erklären.
Die Visualisierung fördert einen intuitiven Zugang und die Darstellung von Menschen, Anwendern und Umsetzern erleichtert die Identifikation mit den Lernthemen. Die Darstellung aus der Vogelperspektive fördert außerdem ein Gesamtverständnis und das Erkennen von Zusammenhängen und hilft somit, komplexe Zusammenhänge besser zu verstehen. Dies sowohl in statischen als auch dynamischen Bildern.
Statische Bilder im Sinne das traditionellen Lernens: Das »Big Picture« kann im Sinne der didaktischen Reduktion schnell einen Überblick über ein Thema geben oder sogar den Nordstern erklären. Ein Big Picture kann zum Beispiel auch als Trainings- und Diskussionsgrundlage eingesetzt werden oder in animierter Form mit Textfeldern und Aufgaben als Selbstlerntool. Das Beispiel in Abbildung 27 zeigt ein exemplarisches Big Picture, das als Überblick über die verfügbaren Lernformate in einem Unternehmen gedacht ist. Die Idee hinter dem Lernformat Big Picture: Die Lernenden lernen das Angebot kennen und können so besser ihre Lernpfade planen und verfolgen. Das Big Picture wurde für eine schnelle Übersicht über die verschiedene Lernformate im Unternehmen entwickelt und kann mit vertiefenden Informationen hinter den einzelnen Bildern ergänzt werden.

Abb. 27: Big Picture zur Übersicht über die verfügbaren Lernformate in einem Unternehmen. Die einzelnen Formate können noch mit erläuternden Texten, Links zu Materialien etc. unterlegt werden. So entsteht ein »Navigationssystem« für den Lernenden. (Copyright Big Pictury GmbH, Big Picture Lernformate)

Warum sollte man aber nicht auch eine Visualisierung nutzen, um nicht nur Inhalte, sondern auch Lernprozesse zu kommunizieren?

Dynamische Bilder im Sinne des Agilen Lernens: Ein »Big Pictury« kann auch zur Visualisierung eines Prozesses, etwa einer agilen Transformation eingesetzt werden. Auf Basis eines Baukastens an Bildern und grafischen Elementen wird die Entwicklung, quasi der (Lern-)Pfad einer Transformation, kontinuierlich ergänzt und visualisiert. Das Bild wächst mit dem Fortschritt und dokumentiert zugleich die »Journey«. Gerade in agilen Kontexten mit parallelen Experimenten, Sprints und häufigen Veränderungen können diese Entwicklungen, aber auch erreichte Ergebnisse und Meilensteine, leicht nachvollziehbar dokumentiert werden.

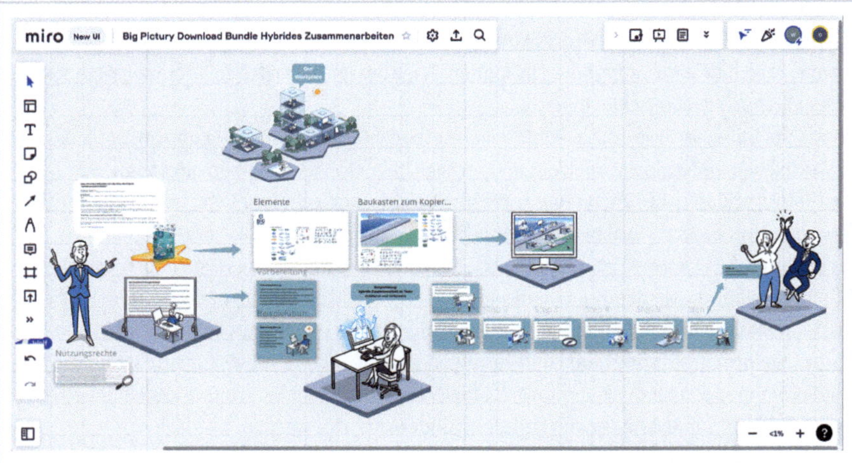

Abb. 28: Big Pictury Workshop-Vorlage zur gemeinsamen Erstellung, Diskussion, Dokumentation und weiteren Bearbeitung eines Themas, wie hier »hybride Zusammenarbeit«. Das Bild entwickelt sich über die Zeit und ist beliebig veränderbar. (Quelle: Copyright Big Pictury GmbH, Workshop-Set)

Das Unternehmen Big Pictury entwickelt solche und weitere Vorlagen, die dann auf die konkreten Inhalte des Unternehmens bzw. eine laufende Transformation angepasst werden können. Weitere Informationen zur Methode und ihren visuellen Tools finden Sie auf https://www.big-pictury.com.

! **Game Based Learning**

Spielbasiertes Lernen hat diverse Vorteile:

- Es ermöglicht implizites Lernen durch Verbindung von E-Learning und Computerspiel.
- Anhand eines komplexen Szenarios müssen Probleme gelöst und Entscheidungen getroffen werden (z. B. Wirtschaftssimulation).
- Durch Interaktivität können direkt Konsequenzen von Handlungen und Entscheidungen erlebt werden.
- »Spielerisches« Lernen erhöht das positive Empfinden beim Lernen.
- Durch gemeinsames Spielen findet soziale Interaktion zwischen den Beteiligten statt.

- Spielbasiertes Lernen erfordert Kooperations- und Konfliktlösefähigkeit, kommunikative Fähigkeiten und Durchsetzungsfähigkeit.
- Es ermöglicht die Übernahme spezifischer Aufgaben und Verantwortlichkeiten.
- Spielwelten sind so gestaltet, dass neues Wissen und neue Fähigkeiten erworben werden können.

Wie ein spielbasiertes Lernen aussehen kann, wollen wir abschließend noch anhand eines sogenannten »Serious Game« zeigen und dabei gleich die Fachleute von game-learn.com zu Wort kommen lassen:

Bestandteile eines »Serious Game«

!

»**Gamification:** Der zweite grundlegende Baustein eines Serious Game sind die Spieldynamiken: Rankings, Bonusse, Badges und Punktsysteme. Diese Gamification spornt die Spieler an und motiviert sie, denn wir alle freuen uns, wenn wir mehr Münzen oder Leben gewinnen oder zur nächsten Spielrunde aufsteigen.
Sofortiges und individuell zugeschnittenes Feedback: Im Unterschied zu Präsenzschulungen, an denen normalerweise Dutzende von Lernern teilnehmen, bieten Serious Games ein sofortiges, individualisiertes Feedback. Der Spieler interagiert direkt mit dem Spiel und erhält umgehend positive Rückmeldung oder Verbesserungsvorschläge. Bei modernen Videospielen kann dieses Feedback detailliert sein und Begründungen enthalten.
Simulation: In den meisten Fällen ahmen die Serious Games Situationen aus dem echten Leben nach. Der Spieler, der in einer nachgestellten Umwelt mit fiktiven Charakteren interagiert, taucht in eine Welt ein, die derjenigen jenseits von Computern und Smartphones ähnelt. Dank dieser Art von Simulatoren interagieren die Anwender mit dieser neuen Realität und wenden die während des Spiels erworbenen Fertigkeiten und Konzepte an.«[10]

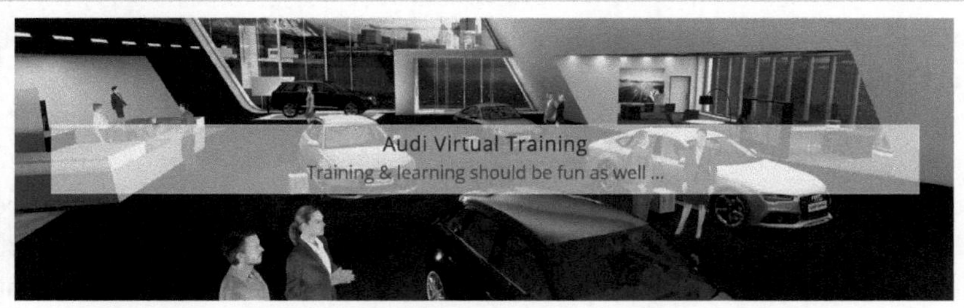

Abb. 29: Audi – virtuelle Welt von Straightlabs

10 Quelle: https://game-learn.com/alles-was-sie-uber-serious-games-und-game-based-learning-wissen-sollten-acht-beispiele/

4.1.5 Zeitliche Orientierung: Zukunft vs. Vergangenheit

Wir unterscheiden das Lernen im Change und das Lernen in der Transformation:

Lernen in Changeprozessen hat die Absicht, Bekanntes besser zu machen. Wir können Expertinnen und Experten als Trainer einkaufen, die Erfahrungen mit dem Lerngegenstand haben und uns helfen können, darin besser zu werden. Lernen aus der Vergangenheit heißt, den Lerngegenstand zu kennen und zu optimieren. Diese Lernprojekte sind eine gut planbare Reise von A nach B, von einem suboptimalen Ausgangspunkt hin zu einem klar definierten Zielzustand. Dabei geht es in der Regel darum, das Bekannte besser zu machen. »Change fixes the past«.

Transformation dagegen ist eine Reise ins Unbekannte. Hier geht es um die Zukunft, um die Gestaltung des Neuen. Und das soll nicht einfach schneller oder billiger sein als das Alte – sondern gänzlich anders. Deshalb kann dieser neue Zustand nicht mit den Erkenntnissen der Vergangenheit entworfen werden. Wir können also auf keine Expertinnen und Experten zurückgreifen, die uns leiten.

Dieser Unterschied hat Folgen für das Lernen: Change lässt sich als lernzielorientierter Lernprozess »abarbeiten« – vom didaktischen Design bis zur Lernerfolgskontrolle wie zum Beispiel bei Excelschulungen oder Sprachtrainings.

Eine solche strukturierte Herangehensweise kann es beim Lernen in Transformationsvorhaben per se nicht geben. Lautet die Lernherausforderung beispielsweise »New Work« oder »Wir lernen, mit einem neuen Virus zu leben«, gibt es keine allgemeingültigen Lernlösungen. Keiner kann so genau sagen, wie mein/unser Lernergebnis aussehen wird. »Transformation creates the future.«

Digitalisierung und die Einführung agiler Methoden sind die beiden großen Themen – und eigentlich ist es nur ein Thema –, die Unternehmen in den kommenden Jahren bewältigen müssen. Auf der einen Seite gehören dafür die grundlegenden Annahmen der Unternehmensorganisation und des eigenen Geschäftsmodells auf den Prüfstand, auf der anderen Seite werden die notwendigen Veränderungen sehr viele Menschen in der Organisation betreffen. Während aber die technischen Aspekte, neue Technologien etc., früh und umfassend diskutiert werden, gerät die soziale Transformation zu spät in den Fokus. Die relevante Veränderung des Denkens und Handelns, denn genau das ist mit sozialer Transformation gemeint, ist allerdings mindestens ebenso wichtig wie die rein technische Ebene. Transformation bedeutet von ihrem Ende her gedacht, dass sich die Verhaltensweisen bereits verändert haben. Dazu müssen natürlich vorher die nötigen neuen Technologien vorhanden sein, aber wichtiger noch sind die neue Kultur und Grundhaltung sowie die ggf. neu zu erlernenden Fertigkeiten.

Eine Transformation ist zuallererst ein agiler Lernprozess!
Für die erfolgreiche Bewältigung digitaler und agiler Transformationen werden Unternehmen auf die Fähigkeiten und die Motivation ihrer Beschäftigten setzen müssen. Das hat zwei Gründe. Der erste ist die Geschwindigkeit, mit der die anstehenden Transformationen zu bewältigen sein werden. Der zweite Grund liegt in den zu realisierenden Endzuständen selbst, die nicht mehr allgemein gültig, sondern sehr individuell sein werden. Logiken wie Best Practice oder 5-Stufen-Pläne funktionieren dann nicht mehr. Daher macht es auch keinen Sinn, mit Beratern und anderen externen Expertinnen und Experten zu arbeiten. Eine digitale oder agile Transformation muss aus dem Unternehmen selbst heraus realisiert werden.

Die Herausforderung für das Personalmanagement besteht somit darin, ein Kernteam an Transformationsexperten im Unternehmen zu qualifizieren, die die Transformation als internen Lern- und Veränderungsprozess steuern. In den meisten Unternehmen werden dafür aber weder ausreichend viele noch ausreichend qualifizierte Mitarbeitende verfügbar sein. So fehlt es meist an Expertinnen und Experten für agiles Arbeiten bzw. die vorhandenen Agil-Experten stammen aus der IT-Abteilung und besitzen keine Erfahrung als Führungskraft oder in der Organisationsentwicklung. Es gilt also, intelligente Lösungen zu finden.

Wie eine solche Lösung aussehen kann, haben wir anhand eines Train-the-Trainer-Programms »Agile Transformation« dargestellt. Um den Beitrag abzurufen, scannen Sie die folgende Abbildung mit Ihrer Haufe-smARt-App.

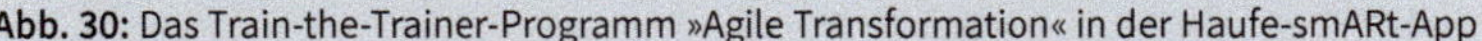

Abb. 30: Das Train-the-Trainer-Programm »Agile Transformation« in der Haufe-smARt-App

Für die Gestaltung des passenden Lernens haben diese Gegensätze eine enorme Bedeutung. Schließlich ist es ein großer Unterschied, ob man jemanden an einen Ort begleitet, zu dem ausgeschilderte Wege führen, oder ob man einer Person auf einer Reise ins Unbekannte zur Seite steht.

Lernen in der Transformation heißt, sich selbst Lösungen zu erarbeiten, die erst einmal nur für den eigenen Kontext gelten. Die Kernaufgabe einer agilen Personalentwicklung wird somit darin bestehen, die bisher eingesetzten Change-Formate auf ihre Zukunftstauglichkeit hin zu überprüfen und bei Bedarf neue Formate zu identifizieren oder gleich selbst zu entwickeln, die die Ziele und Bedürfnisse der Lernenden ebenso wie die der Organisation in Transformationsprojekten unterstützen. Ein Beispiel dafür könnten Hackathons sein, die in Kapitel 4.2.1 beschrieben werden.

4.1.6 Auslöser: Learning on demand vs. Learning for supply

»Lernen ist wie Rudern gegen den Strom.
Hört man damit auf, treibt man zurück.«
Laozi

Diese Weisheit stammt von Laozi, einem chinesischen Philosophen, der im 6. Jahrhundert v. Chr. gelebt haben soll. Und seine Erkenntnis gilt noch heute: Lernen ist wichtiger denn je. Lernen ist eine Investition in die Zukunft: Schule, Studium, Seminare – das alles bedeutet ein Lernen auf Vorrat (Learning for supply).

Allerdings muss sich die Art des Wissens- und Kompetenzerwerbs im Arbeitskontext erheblich verändern. Lernen auf Vorrat, wie es lange Zeit auch in der Weiterbildung Standard war, wird zunehmend vom Lernen on demand abgelöst: Man lernt nur noch das, was man gerade braucht.

Dieser Ansatz kann durch zwei Lerntrends ermöglicht werden. Das sind zum einen die technologischen Entwicklungen (z. B. Datenbanken, künstliche Intelligenz, Social Media), durch die Ort und Zeitpunkt als kritische Faktoren eliminiert werden. Dabei ist es wichtig, zum Beispiel durch eine gute Verschlagwortung auch von Videos, Grafiken und Blogs eine schnelle Auffindbarkeit und Selektion des relevanten Contents zu gewährleisten.

Zum anderen bieten sich soziale Formate an, da der »Experte« sehr gezielt auf die individuellen Bedürfnisse eingehen kann. Mentoring, kollegiale Fallberatung, Qualitätszirkel, Communities of Practice, aber auch einfache Austauschforen etc. sind hierfür gute Beispiele.

Beispiele für *Learning on demand* sind das Befragen einer Kollegin oder eines Kollegen (auch mediengestützt über digitale Angebote), das Anschauen eines Videos im Internet oder das Nutzen von Informationen aus E-Learning-Angeboten des Unternehmens. Durch das gezielte und zeitnahe Lernen bezogen auf die eigenen Arbeitsaufgaben findet ein effizienter Transfer des Gelernten in den Arbeitsprozess statt. Der Mitarbeitende lernt und wendet das Gelernte direkt in seiner Arbeitstätigkeit an.

Lernen im Arbeitsalltag verankern. Ganz nebenbei – ein Beitrag von Thomas Tillmann und Jan Schönfeld (Lernhacks GmbH)

!

Die beiden uns in Projekten, in Umfragen, auf Konferenzen oder in Gesprächen am häufigsten begegnenden Antworten, wenn es um die Hürden des eigenverantwortlichen Lernens geht, sind: »Ich habe keine Zeit« und »Ich weiß nicht, wo ich anfangen soll«.

Wir können diese Reaktionen nur allzu gut nachvollziehen. Der Arbeitsalltag wird zunehmend dynamischer und erfordert unsere volle Aufmerksamkeit, während wir (zumindest gefühlt) in immer kürzerer Zeit mehr Aufgaben bewältigen müssen. Natürlich hat sich in den letzten Jahren das Verständnis dessen, wie wir erfolgreich im Alltag lernen können, erweitert. Es kamen neue Formate hinzu, die Lerninhalte auf Plattformen wurden hochwertiger und immer mehr Mitarbeitenden zugänglich gemacht. Vor allem das digitale Lernen erlebt einen Aufschwung, zurecht. Aber: Alle Chancen, die Weiterbildung heute bietet, und all das Commitment, mit dem Personalentwicklungsabteilungen das Lernangebot ihrer Organisation stetig verbessern, bleiben letztlich oft nur mäßig wirkungsvoll, da sie das Lernen an die Mitarbeitenden herantragen. Entscheidend aber für den Erfolg des Lernens ist die persönliche Motivation, die wiederum zu einem erhöhten Zeiteinsatz, klaren Lernzielen und schließlich zu einem planvollen Vorgehen bei der Weiterentwicklung führen, und das entsteht nur, wenn der Mitarbeitende gerade einen wirklichen Lernbedarf hat – Learning on demand. Wirklich entscheidend ist, dass jede und jeder Einzelne dafür ein Learning Mindset entwickelt, d. h. eine proaktive Haltung zum Lernen, und es selbst in die Hand nimmt. Viele Mitarbeitende entwickeln diese Haltung nur langfristig, wenn sie regelmäßig und verlässlich zielgerichtet in kleinen Schritten erfolgreich lernen und das Gelernte sich positiv auf ihre Arbeit auswirkt. Es sind die kurzen, sofort wirksamen und inspirierenden Lernchancen, die, quasi ganz nebenbei, in den Arbeitsalltag integriert werden können. Mit wenig Zeiteinsatz und einer maximalen Wirkung kleiner Lernimpulse auf die eigene Arbeit machen Mitarbeitende Schritt für Schritt eine erfolgreiche Lernreise, die sie vermutlich alle Skills entwickeln lässt, die zukünftig nötig sind, um erfolgreich zu sein.

Dieses Prinzip lässt sich auch auf Teams übertragen: Gruppen lernen erfolgreich mit- und voneinander, wenn sie möglichst nah an ihrer täglichen Arbeit Lernen und Arbeiten verschränken können.

Für diese kleinen Momente des Arbeitsalltag, die große Wirkung für eine innovative Lernkultur in einer Organisation entfalten können, haben wir das Online Tool »Learning Generator« entwickelt. Es ist kostenfrei verfügbar und versammelt viele Mini-Aktivitäten, die dazu inspirieren, sofort loszulernen. Eine Auswahl dieser Impulse haben wir in einem Lernhack zusammengefasst: Lern nebenbei. Sie gelangen zu dem Tool »Learning Generator«, wenn Sie die folgende Abbildung mit Ihrer Haufe-smARt-App scannen.

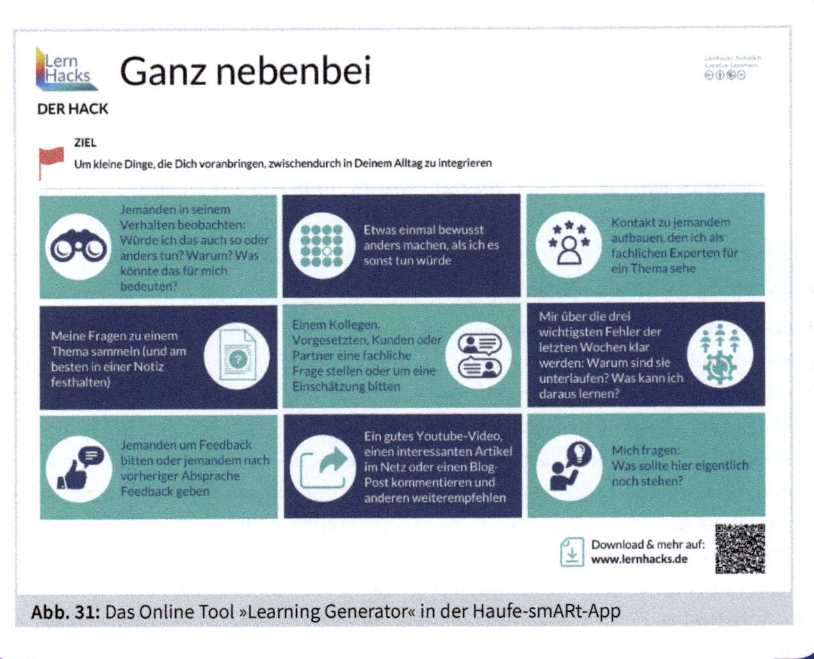

Abb. 31: Das Online Tool »Learning Generator« in der Haufe-smARt-App

4.1.7 Arbeitsbezug: »off the job« und »on the job«

Der Trend »Workplace Learning«

Eine der momentan am meisten diskutierten Formen von Lernen verbirgt sich hinter dem englischen Begriff »Workplace Learning«, also das Lernen direkt am Arbeitsplatz. Lernen soll in den Arbeitsprozess integriert werden. Dabei benutzen Expertinnen und Experten den Begriff unterschiedlich, was wir nachfolgend als »Workplace Learning im engeren Sinne« und »Workplace Learning im weiteren Sinne« beschreiben und verständlich machen wollen.

»Workplace Learning im engeren Sinne« bezieht sich im 70:20:10-Modell auf die 70 % Lernen direkt am Arbeitsplatz. Dazu zählt zum einen der Umgang mit realen Problemen oder spezifischen Aufgaben, aber zum anderen auch das Übernehmen neuer Aufgaben und Verantwortung im Job. Lernen und Arbeit sind nicht mehr entkoppelt voneinander zu verstehen, sondern zunehmend miteinander verwoben. Lernen wird zum Bestandteil der Arbeit. Aber auch umgekehrt zählen Erfahrungen im Rahmen der Arbeit zum Lernen. Lernen findet somit zu einem großen Teil selbstgesteuert und ohne externe Vorgaben oder Strukturierung statt. Mitarbeitende warten nicht, bis ein Seminar angeboten wird, sondern beschaffen sich selbst die Informationen, die sie für die Bearbeitung aktueller Aufgaben brauchen. Damit kann Lernen ortsbezogen und zeitnah erfolgen und Gelerntes direkt im Arbeitsprozess angewendet werden.

In Projektarbeiten können Formate wie Peergroups bzw. Communities für das Lernen im Austausch mit anderen genutzt werden. Somit können zum Beispiel interkulturelle Kompetenzen in der gemeinsamen Projektarbeit gelernt und weiterentwickelt werden. Im Rahmen von Projektarbeit werden einerseits Inhalte und Informationen ausgetauscht und andererseits in der eigenen Arbeit genutzt. Auch kontinuierliches Feedback zu Erfahrungen in Kollaborationen unterstützen das Lernen sowie die Verankerung des Gelernten im Arbeitsprozess.

Projektarbeit !

Die Projektarbeit ist ein gutes Mittel für Unternehmen, den Anforderungen der neuen, agilen Arbeitswelt zu begegnen und diese umzusetzen. Ihre Vorteile sind vielfältig, da sie ebenso vielfältige Anforderungen an die Mitarbeitenden stellt und so die Ausbildung vieler zukunftsweisender Qualitäten fördert:

- Sie fördert die Form der kooperativen Zusammenarbeit von Mitarbeitenden ggf. aus unterschiedlichen Unternehmensbereichen.
- Mitglieder einer Projektgruppe bearbeiten gemeinsam ein komplexes Problem, wodurch ein hoher Praxisbezug besteht.
- Es besteht weitgehend Entscheidungsfreiheit, wie das spezifische Problem gelöst wird.
- Projektergebnisse werden innerhalb des Unternehmens präsentiert.
- Projektmitarbeitende erhalten Einblick in andere Unternehmensbereiche und die Gesamtstruktur des Unternehmens.
- Projektarbeit erfordert und fördert durch die kooperative Zusammenarbeit soziale Kompetenz, aber auch methodische Kompetenzen für die Präsentation der Ergebnisse.
- Sie setzt hohes Engagement und Motivation der Projektmitarbeitenden voraus.

Typische Themen für Projektarbeit sind Kundenprojekte oder die Entwicklung neuer unternehmensinterner Arbeitsprozesse.

Wenn Sie die folgende Abbildung mit Ihrer Haufe-smARt-App scannen, finden Sie den Artikel »Das 70:20:10-Modell – Lernen neu entdecken« von Tim Doll.

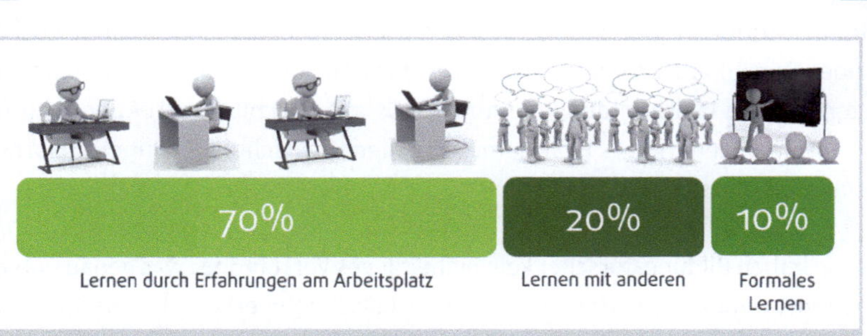

Abb. 32: Das 70:20:10-Modell in der Haufe-smARt-App (eigene Darstellung nach Jennings 2013)

»**Workplace Learning im weiteren Sinne**« ist alles, was spezifisches Lernen für den eigenen Arbeitsplatz bedeutet. Neben dem informellen selbstgesteuerten Lernen in der Arbeitstätigkeit gehören auch – allerdings mit einem deutlich geringeren Anteil – formale Lernformate dazu.

20 % des Lernens erfolgen über Mentoring, Coaching, Teamwork und informelles Feedback. Das Lernen wird somit zu einem geringeren Teil von außen begleitet, strukturiert und angeleitet.

Traditionelle Weiterbildungsformate haben beim Workplace Learning nur noch wenig Relevanz. Klassische Workshops, Seminare und andere vorstrukturierte Lernangeboten machen nur 10 % des Lernens am Arbeitsplatz aus und zählen zu den Angeboten off the job: Der Mitarbeitende muss seinen Arbeitsplatz verlassen bzw. seine Arbeit unterbrechen, um zu lernen.

Solche Lernformate haben noch Bestand, spielen aber insgesamt eine untergeordnete Rolle für das Lernen am Arbeitsplatz.

4.1.8 Abschluss: formal vs. informell (und non-formal)

Lernen kann sowohl gezielt erfolgen, um eine bestimmte Qualifikation zu erreichen, also formal sein, als auch und sozusagen nebenbei im Alltag und im Arbeitsprozess. Das ist gemeint, wenn von *informell* die Rede ist.

Formales Lernen bezeichnet das Lernen in Schule, Ausbildung und Weiterbildung. Dabei sind Lerninhalte und Lernziele festgelegt, systematisch und organisiert. Der Lernprozess ist strukturiert und konsequent auf ein angestrebtes Lernergebnis ausgerichtet, das überprüft werden kann. Ebenso sind Lernort und -zeiten von Anfang bis Ende festgelegt. Das formale Lernen ist überwiegend fremdgesteuert, häufig institutionalisiert und dient oft dem Erwerb eines anerkannten Abschlusses oder Zertifikates. Gebräuchliche Lernformen für formales Lernen sind z. B. IHK-zertifizierte Weiterbildungen und MOOCs mit Abschlusstest. Aber auch Blended-Learning-Szenarien (z. B. an semi-virtuellen Hochschulen) können zu formalen Abschlüssen führen.

Dagegen haben Bildungsforscher kein einheitliches Verständnis, was genau unter »**informellem Lernen**« zu verstehen ist. Dohmen (2001) definiert es folgendermaßen: Der »Begriff des informellen Lernens wird auf alles Selbstlernen bezogen, das sich in unmittelbaren Lebens- und Erfahrungszusammenhängen außerhalb des formalen Bildungswesens entwickelt«.

Informelles Lernen beschreibt somit das Lernen außerhalb formaler Strukturen, z. B. in Lebenszusammenhängen wie Arbeitsplatz, Gemeinschaft, Familie, und ergibt sich aus den Anforderungen der Arbeitsaufgaben und -prozesse.

Es ist also ein individueller Prozess, dessen Lernergebnis meist offen ist bzw. sich erst im Lernprozess selbst entwickelt. Damit unterliegt das informelle Lernen allerdings auch einer gewissen Zufälligkeit. Eine pädagogische oder berufsbildende Begleitung, wie sie durch eine Lehrperson gegeben ist, gibt es nicht. Das Lernen ist vielmehr selbstmotiviert und selbstgesteuert durch den Lernenden und deswegen oft interessengeleitet.

Die Unterscheidung von formalem und informellem Lernen ist nicht immer einfach, da Lernen häufig Anteile beider Lernformen hat (siehe semi-virtuelles Studium). Denkt man an die externe Steuerung und Motivation zum Lernen gehen beide Formen oft ineinander über.

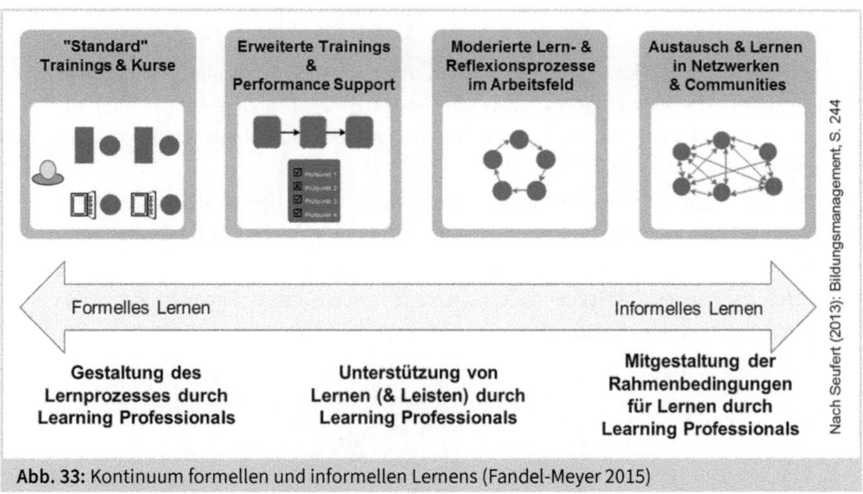

Abb. 33: Kontinuum formellen und informellen Lernens (Fandel-Meyer 2015)

Gerade im Hinblick auf eine zunehmend komplexer werdende Umwelt und steigende Anforderungen am Arbeitsplatz gewinnt das informelle Lernen immer mehr an Bedeutung. Zum Beispiel kann der Besuch von Kongressen oder Fachmessen, aber auch Videos, Bücher, Zeitschriften sowie der Austausch mit Kolleginnen und Kollegen u. a. in Communities of Practice informelles Lernen ermöglichen.

Neue Informations- und Kommunikationstechnologien unterstützen informelles Lernen im Arbeitskontext und sind deutlich flexibler, individueller, spezifischer und autonomer als formales Lernen. Der informative Austausch mit einer Kollegin oder einem Kollegen etwa über die Handhabung eines Programms ist deutlich effektiver und zeitsparender als ein Seminar zur Software.

Außerdem ist Agiles Lernen immer zum größten Teil informell, da es noch keine formalen Angebote geben kann. Es fehlen die Expertinnen und Experten. Deswegen sind gerade informelle Formate wie Communities, die sich auf die Vernetzung verschiedener perspektiven konzentrieren, für Agiles Lernen geeignet.

!

Community of Practice

Schlagwörter: informell, kooperativ, digital

Wenn es ein Instrument zur Wissensvermittlung gibt, das auf der Höhe der neuen Zeit ist, dann sicherlich die Community of Practice. Sie setzt auf gleich mehreren Ebenen an und fördert nicht nur das eigentliche Lernen, sondern zugleich auch andere Kompetenzen, die in der zukünftigen Arbeitswelt von Nutzen sein werden. Ihre speziellen Eigenschaften sind:

- die kooperative Form des Lernens,
- praxisbezogene Arbeitsgruppe, die informell miteinander lernt und sich selbst organisiert,
- Mitglieder, die durch Interesse an einem Thema als Gemeinschaft vereint sind,
- die intensive Kommunikation,
- der Wissenstransfer, der arbeitsbezogene Erfahrungsaustausch und die Weitergabe von Erkenntnissen,
- individuelle und kollektive Lernprozesse, die zum Wissens- und Erfahrungsbestand beitragen,
- basierend auf Kommunikationsprozessen bilden sich Identitäten wie aktive oder weniger aktive Mitglieder, Moderator, Experten; ggf. werden externe Themenexperten hinzugeholt,
- Ziele, Aufgaben und Kommunikationswege werden von der Gemeinschaft bestimmt,
- Inhalte können konkrete Problemstellungen, allgemeine interessante Informationen, Zusammenarbeit von verschiedenen Wissensträgern sein,
- mittels digitaler Medien ist der Austausch zwischen den Beteiligten unabhängig von räumlichen und zeitlichen Bedingungen möglich.

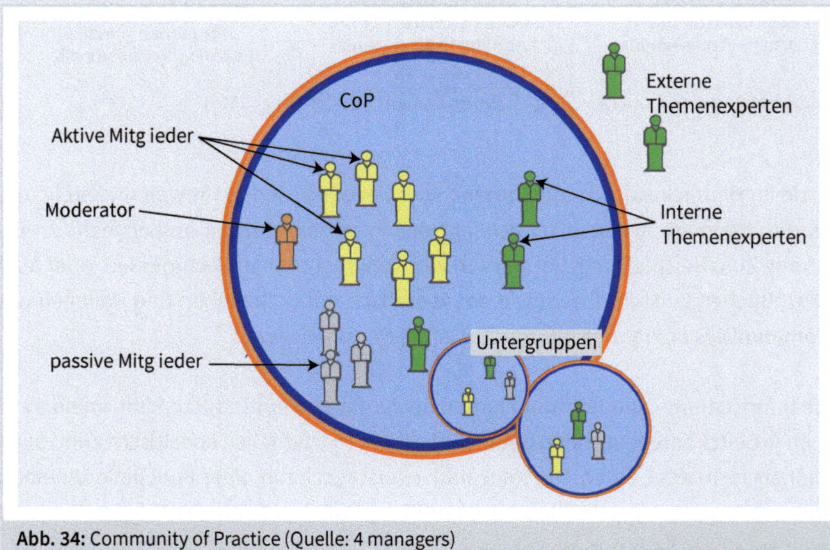

Abb. 34: Community of Practice (Quelle: 4 managers)

Voraussetzungen am Arbeitsplatz wie die technische Ausstattung (z. B. Internetzugang für Recherche), aber auch Lernräume als Möglichkeit, sich an einen ruhigen Lernort zurückzuziehen, sich Lernzeiten zu nehmen oder mit anderen auszutauschen, können das informelle Lernen unterstützen.

Leider existieren zurzeit noch keine wirtschaftlich relevanten Ansätze, informell erworbene Kompetenzen sichtbar zu machen. Erste Versuche stellen die »Endorsements« bei LinkedIn, in denen andere Personen einem bestimmte Kompetenzen bestätigen. Doch auch dieses Konzept ist noch nicht ausgereift, da u. a. weder das Niveau festgehalten wird noch die Beurteilungsfähigkeit des Beurteilenden. Selbst der Deutsche Qualifikationsrahmen ordnet nur den formalen Ausbildungen Niveaus zu, die etwas über die Kompetenz aussagen sollen. Allerdings fehlt auch hier noch ein Ansatz, die informell oder nonformal erworbenen Kompetenzen aufzunehmen und zu belegen. Handlungskompetenz – zum Beispiel erworben in alltäglichen Lernprozessen – kann in Deutschland noch lange nicht mit dem Stempel eines Zertifikats mithalten. Lohneingruppierungen und Karrierepfade werden noch zu gerne an Abschlüsse und formale Weiterbildungen geknüpft (Graf 2016). Hier ist der Handlungsbedarf so groß wie die Umsetzung schwierig.

4.1.9 Freiheitsgrad: selbstgesteuert vs. fremdgesteuert

Lernen kann weiterhin nach der Art der Freiheitsgrade unterschieden werden. Fremdgesteuertes Lernen wird gänzlich von außen gesteuert und strukturiert. Dabei sind Lernziele, -inhalte, -prozesse und -methoden vorgegeben. Mitarbeitende nehmen teil, führen aus und konsumieren, haben aber selbst keine Kontrolle über den Lernprozess. Bedürfnisse und Voraussetzungen des Lernenden werden nicht berücksichtigt. Die Fremdsteuerung kann durch die Führungskraft erfolgen, zum Beispiel in Form von Gesprächen, oder durch Kolleginnen und Kollegen, aber auch durch entsprechend vorstrukturierte Lernangebote wie Seminare, synchrone E-Learning-Module und Workshops.

Beim selbstgesteuerten Lernen als Pendant liegt das Lernen gänzlich in der Hand des Mitarbeitenden, der selbst bestimmt, ob, was, wie, wann und wo er lernt. Wesentlich im Prozess zur Selbststeuerung ist zunächst das Initiieren des Lernens. Mitarbeitende bzw. Lernende müssen sich zunächst einmal selbst zum Lernen motivieren, um dieses dann auch aktiv zu gestalten. Durch die Selbststeuerung kann das Lernen entsprechend der eigenen Lernbedürfnisse bzw. gemäß dem eigenen Lernbedarf gestaltet werden. Ziele und Inhalte sowie der entsprechende Lernweg werden vom Mitarbeitenden bestimmt und knüpfen direkt an bestehendes Wissen und Erfahrungen an. Dadurch wird auch den eigenen Ressourcen Rechnung getragen. Man lernt, was man braucht, und zwar auf die Art und Weise, wie es den eigenen Präferenzen entspricht. Damit ist diese Form des Lernens wesentlich individueller und bedarfsgerechter als beim fremdgesteuerten Lernen. Mitarbeitende wissen schließlich am besten, was sie lernen müssen und für ihre Arbeit brauchen.

Hier sieht man bereits die enge Verflechtung mit der vorherigen Dimension »formal vs. informell«: Je selbstgesteuerter ein Lernprozess ist, desto individueller wird er und desto weniger ist er in formale Abschlüsse zu überführen.

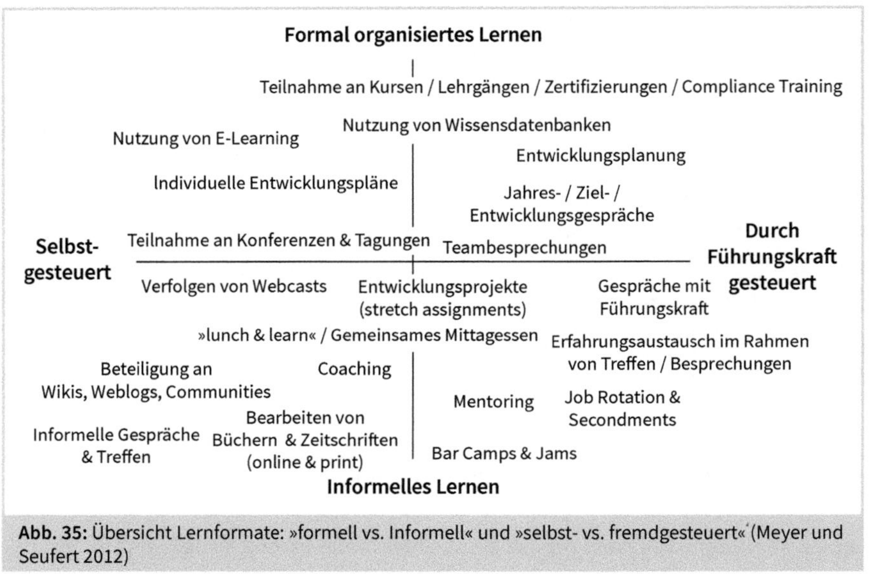

Abb. 35: Übersicht Lernformate: »formell vs. Informell« und »selbst- vs. fremdgesteuert« (Meyer und Seufert 2012)

Gerade im Hinblick auf die steigende Dynamik von Arbeitsprozessen und die zunehmende Digitalisierung der Arbeit ist effektives selbstgesteuertes informelles Lernen essenziell, um mit den Veränderungen Schritt halten zu können. Lernen erfolgt demnach hauptsächlich flexibel, zeitnah und direkt am Arbeitsplatz, genau dann, wenn der Lernbedarf besteht. Dies kann durch Recherche im Internet oder den Austausch mit Kolleginnen und Kollegen stattfinden, aber auch anhand frei zugänglicher Quellen wie MOOCs geschehen. Gerade beim Agilen Lernen kann aber häufig nicht auf hoch fremdgesteuerte Formate gewartet werden. Selbststeuerung ist also Grundvoraussetzung für das Lernen in der roten Welt (vgl. zur Farbgebung Tab. 1 in Kapitel 3).

Damit wird die Flexibilität der Mitarbeitenden gesteigert, sie müssen nicht mehr warten, bis ein entsprechendes klassisches Lernformat angeboten wird, in dem womöglich auch nicht die spezifische Problemstellung im Fokus steht. Motivation und Lernbereitschaft sind bei selbstgesteuerten Lernprozessen oft hoch, wodurch nicht nur das Lernen erleichtert wird, sondern auch die Umsetzung des Gelernten in entsprechende Handlungen: Man lernt, was man braucht und nutzt. Abbildung 35 fasst die Vielfalt möglicher Lernformate anhand der Dimensionen *Abschluss* und *Freiheitsgrade* zusammen.

Agiles Lernen bedarf einer hohen Entscheidungskompetenz bezüglich des Lernens (meistens im Team), weswegen Selbststeuerung eine zwingende Voraussetzung ist und bereits gut in klassischen Lernkontexten trainiert werden kann. Ein gutes Beispiel, was man durchaus zu den agilen Lernformaten zählen kann, ist Mentoring. Meist ist der prozessuale Rahmen über die Tandemvereinbarung vorgegeben; Ziele und Inhalte können sich aber während der Laufzeit verändern und auf neue Rahmenbedingungen angepasst werden. Insbesondere bei einem guten Mentoringprogramm liegt die Verantwortung für den Erfolg und den Lernprozess beim Mentee. Selbststeuerung im Lernprozess wird ausgebildet. Allerdings steht der Mentor als »Sicherheitsnetz« gerade am Anfang zur Verfügung und kann bei Bedarf die Steuerung des Prozesses übernehmen oder durch Fragen führen, um schrittweise die Verantwortung an den Mentee wieder zu übergeben.

Mentoring !

Schlagwörter: kollaborativ, analog, sozial

Schon bei Homer kommt der Mentor vor in Person eines väterlichen Freundes und Erziehers. Er ist sprichwörtlich geworden für einen Fürsprecher, Förderer und erfahrenen Berater. Ein ähnliches Beziehungsverhältnis drückt sich aus, wenn wir beim Agilen Lernen von Mentoring reden. Es beinhaltet folgende Aspekte:

- Die Weitergabe von Wissen und Fähigkeiten von einer Person an eine unerfahrene Person, Vermittlung von informellen und impliziten Regeln.
- Der Mentor hat keine neutrale Position, sondern vermittelt sein Wissen mit viel Engagement, der Mentor ist Förderer, Ratgeber, Vorbild, Coach und Kritiker.
- Das Mentoring kann organisationsintern oder organisationsübergreifend durch einen externen Mentor erfolgen.
- Der Mentee, der Wissensempfänger, kann eigene Fähigkeiten besser einschätzen, erhält Unterstützung bei Tätigkeiten, die Möglichkeit, Kontakte zu knüpfen, Einbindung in ein Netzwerk, praktische Tipps für das Erreichen beruflicher Ziele, langfristige Förderung der Karriere.
- Der Mentor kann selbst frische Ideen und Impulse erhalten, eigenes Arbeiten reflektieren, soziale und kommunikative Kompetenzen trainieren, Kooperationen ausbauen.

Typische Anwendungsbeispiele sind das Mentoring für Führungskräfte oder die Einarbeitung neuer Mitarbeitender.[11]

4.1.10 Kollaboration: soziale vs. individuelle Formate

Individuelle Lernformate sind E-Learnings, Podcasts, das Internet, Handouts, WBT-Fachzeitschriften und vieles mehr, also Formate, die unabhängig von anderen für das eigene Lernen genutzt werden können. Sie ermöglichen es Mitarbeitenden, selbstständig und entsprechend ihres Bedarfs zu lernen. Der Austausch und die Kooperation mit anderen stehen dabei nicht im Mittelpunkt.

11 Ausführlichere Informationen zum Thema Mentoring haben wir Ihnen in dem Buch Graf, N. und Edelkraut, F. (2017): Mentoring, 2. Auflage, Berlin: Springer Gabler, zusammengestellt.

Auf der anderen Seite setzen **kollaborative, soziale Lernformate** auf die Interaktion zwischen den Beteiligten einer Gruppe, die Informationen, Inhalte und Wissen austauschen und gemeinsam bearbeiten. Dazu gehören WOL und Retrospektiven, aber auch Barcamps, Hackathons und Mentoring. Wesentlich ist dabei nicht das individuelle Lernen der oder des Einzelnen, sondern das gemeinsame Lernen in einer Gruppe. Dies fördert die kritische Auseinandersetzung mit Disruptionen.

Agiles Lernen basiert dabei auf den unterschiedlichsten Expertisen einer Gruppe, die kollektiv auf der Suche nach neuen Lösungen ist. Durch ein teilgebendes Mindset wird sozialer Austausch gefördert und die kollektive Intelligenz der Lernenden zur Lösungsfindung genutzt. Die Vernetzung der Lernenden in agilen Settings ist häufig eine explizite Zielsetzung von Organisationen, um Lernen stärker in die Organisation zu tragen und bestehendes, lernbegrenzendes Silodenken zu reduzieren.

Durch die Vielfalt der Lernformate kann auch die Unterscheidung in sozial und individuell getroffen werden. Dazwischen liegt ein Kontinuum verschiedenster kollaborativer Lernformate.

Ein wesentlicher Vorteil des kollaborativen Lernens ist der motivierende Aspekt der Zusammenarbeit mit Kolleginnen und Kollegen, weil so ein gemeinsames Ziel erreicht werden kann. Für eine konstruktive Zusammenarbeit ist es jedoch wichtig, dass sich alle Teilnehmenden daran beteiligen, einen Beitrag leisten und Verantwortung im Sinne der Gruppe übernehmen. Unter diesen Bedingungen können zum Beispiel Projektarbeiten, aber auch Maßnahmen zum Teambuilding realisiert werden. Zu den sozialen Lernformaten gehören außerdem Teamretrospektiven, die gezielt das Lernen im direkten Miteinander unterstützen.

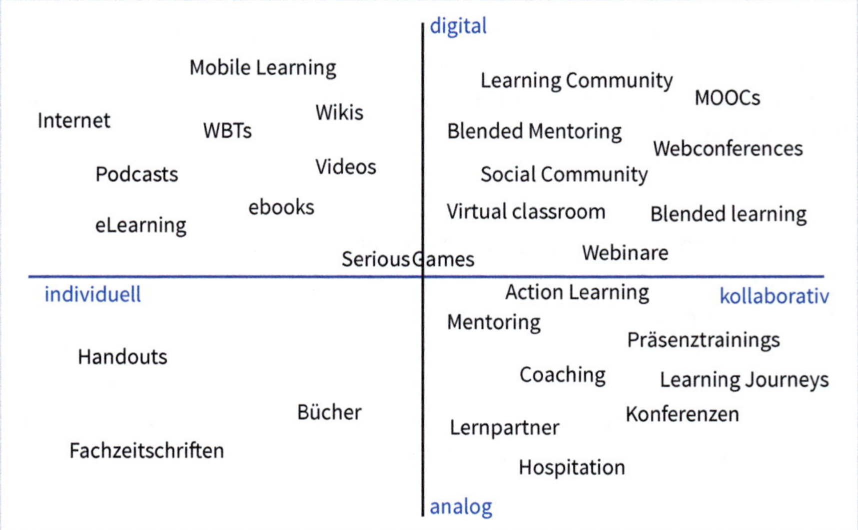

Abb. 36: IT-Unterstützung und Kollaboration (eigene Darstellung)

4.1.11 Verantwortung: Lehrender vs. Lernende

Verantwortung besteht vor allem beim selbstgesteuerten Lernen, und da insbesondere für die Lernziele und den Lernprozess. Agiles Lernen wird durch die Bedürfnisse der Teilnehmenden bestimmt. Jede lernende Person ist daher auch selbst verantwortlich, die relevanten Lernthemen einzubringen, und entscheidet auch für sich, wie stark sie sich in den Austausch einbringt und welche Lernerkenntnisse und Transferüberlegungen sie mitnimmt. Die Selbstverantwortung stellt mitunter eine große Herausforderung dar, weil sie einen wesentlichen Paradigmenwechsel vom traditionellen zum Agilen Lernen erfordert. Aufgrund unserer bisherigen Lernsysteme (Schule, klassische Aus- und Weiterbildung) erwartet ein großer Anteil von Mitarbeitenden, dass Lernen für sie organisiert wird. In komplexen, dynamisch-chaotischen Situationen braucht es jedoch die Mitarbeitenden als Expertinnen und Experten in ihrem Arbeitsgebiet, die die Lösungsentwicklung selbstverantwortlich übernehmen und vorantreiben. Dabei sind sie nicht nur Lernende und Lehrende, sondern übernehmen auch didaktisch-prozessuale Verantwortung und Verantwortung für das Lernergebnis:

Wenn die Lernenden selbst die Ziele erarbeiten und Wege der Lernzielerreichung definieren und ausprobieren, können im Wesentlichen auch nur die Lernenden selbst die Ergebnisse evaluieren. Zyklische Reviews sowie Retrospektiven im Anschluss an Lernsprints durch die Lernenden selbst sind Teile einer agilen DNA. Dadurch werden letztendlich auch die Lernkompetenzen der Lernenden erhöht, Rahmenbedingungen des Lernens verbessert und die Entwicklung einer agilen Lernkultur positiv beeinflusst.

Um vor allem auch prozessuale Verantwortung einbringen zu können, bedarf es der Kenntnis und Fähigkeit zur Anwendung von Mikrointerventionen. Im Sinne eines inhaltsoffenen Lernsettings mit kollaborativem und klarem Prozess bieten sich die Liberating Structures an. Sie sind eine Sammlung von über 30 Formaten, die die Beteiligung aller fördern und die fachliche Heterogenität als Wert sehen (vgl. Abb. 37). Um die Liberating Structures als Karteikarten auszudrucken, scannen Sie die folgende Abbildung mit Ihrer Haufe-smARt-App oder besuchen Sie diesen Link: https://drive.google.com/file/d/1ffRCMxPo4CphFKG7AlXXL9wDB42-tKNC/view.

Abb. 37: Liberating Structures Menue (Quelle: https://liberatingstructures.de/liberating-structures-menue/)

4.1.12 Mindset: auf Bewährtes verlassen vs. experimentieren

Ähnlich wie bei agilen Methoden wie Design Thinking, Scrum etc. braucht es klare Werte, Prinzipien und Leitplanken für agile Lernformate. Diese zeichnen sich durch ein **entwicklungsorientiertes Mindset** aus.

Agiles Lernen erfordert, dass Lernende nicht nur Konsumenten, sondern Prosumenten bzw. Co-Creatoren gemeinsamer Erkenntnisse und Wissensbasen sind. Jede lernende Person kann auf individuelle Erfahrungen zurückgreifen und Perspektiven unabhängig von der hierarchischen Position einbringen und somit einen Mehrwert für die Gruppe leisten. Das bringt Lernende in die aktive Rolle von Teilgebenden, die ihr Wissen gerne und entwicklungsorientiert mit anderen teilen.

Durch ständig wechselnde, neue Anforderungen, Entwicklungen sowie zunehmende Digitalisierung und Technologisierung ist reines Wissen schnell überholt. Zukunftsorientierte Lernformate sind vielfältiger und dienen nicht nur dem Wissenserwerb, sondern darüber hinaus der Aneignung von Kompetenzen, die Mitarbeitende zum

Die 5 Phasen einer Retrospektive

Abb. 38: 5 Phasen der Retrospektive (Beispiele für Retrospektiven: Quelle: https://hec.de/magazin/scrum-wissen-4-sprint-retrospektive)

erfolgreichen Handeln und zum Umgang mit Veränderungen befähigen. Kompetenzorientierte Lernformate knüpfen also an Fertigkeiten und Fähigkeiten der Mitarbeitenden an, sind praxisnah und an den Anforderungen der Arbeitsaufgaben orientiert. Dazu gehörten zum Beispiel spezifische Anwendungsfälle, Selbsterfahrung, Erfahrungsaustausch und kollegiale Beratung sowie Business-Simulationen.

Um dieses entwicklungsorientierte Mindset zu erlangen, bieten sich insbesondere Retrospektiven und Reviews an. Diese Formate erlauben es anhand unterschiedlichster Aufmachungen, sich als Individuum oder im Team mit dem Lernprozess bzw. dem Lernergebnis aus der letzten Iteration zu beschäftigen. Gehören diese Lernformate erst einmal zum Standard der Teambesprechungen, so ist ein wichtiger Schritt in Richtung Mindset für permanente Veränderungsprozesse getan.

4.1.13 Kommunikation: synchron vs. asynchron

Eng verbunden mit der IT-Unterstützung ist die Frage der Kommunikation. Die synchrone Kommunikation ermöglicht den gleichzeitigen Austausch untereinander. Dadurch können lebhafte und anregende Diskussionen entstehen. Teilnehmende können in Chats, Webkonferenzen oder virtuellen Klassenzimmern miteinander kommunizieren, aber ebenso durch Application sharing, oder sie tauschen Informationen in Echtzeit miteinander aus. Damit können u. a. auch Gruppenarbeiten oder virtuelle Teammeetings für das gemeinsame Lernen genutzt werden.

Hier gibt es bereits spannende IT-Unterstützung, die durch Aufstellungen im Rahmen eines Coachings, die Abbildung einer realen Messelandschaft oder selbstgestaltete Avatare die Nachteile einer virtuellen Kommunikation aufheben bzw. stark minimieren.

Aber auch mittels asynchroner Kommunikation werden Informationen ausgetauscht, nur eben zeitversetzt und ortsunabhängig. E-Mail, Foren, Wikis oder Lernplattformen sind Beispiele hierfür. Außerdem besteht die Möglichkeit, Aufgaben zu bearbeiten oder die Ergebnisse online zur Verfügung zu stellen, um Feedback zu erhalten. Kollaboratives Arbeiten in virtuellen Teams kann ebenso asynchron erfolgen. Durch die zeitlich versetzte Kommunikation ist eine intensivere und reflektierte Auseinandersetzung mit einem Thema möglich als in der synchronen Kommunikation, die dem unmittelbaren Austausch dient. Allerdings sind gerade Anwendungen wie Wikis oder Foren vom Engagement der Einzelnen abhängig, um den Informationsfluss und -austausch am Laufen zu halten. Dafür gilt es, ggf. Verantwortlichkeiten und Rollen (z. B. Moderation in Foren) zu klären.

Ein Video zum Lernen im virtuellen Raum von TriCAT finden Sie in Ihrer Haufe SmARt-App.

Abb. 39: Video zum Lernen im virtuellen Raum in der Haufe-smARt-App (mit freundlicher Genehmigung der TriCAT GmbH)

4.2 Agile Lernformate im Detail

Zu den agilen Lernformaten zählen beispielsweise Formate wie Hackathons, Barcamps, Working Out Loud (WOL), Communities of Practice (CoP), ShipIT Days, FedEx Days, Retrospektiven, Reviews, Brown Bag Meetings, Rotation Days, Lean Coffees, Lunch & Learns oder Mentoring (Graf et al. 2021). Durch die verstärkt digitale Umsetzung der Formate in den letzten Jahren wurden Vorteile wie die ortsunabhängige und flexible Teilnahme und damit Erweiterung des Teilnehmendenkreises sowie die Entwicklung digitaler Kompetenzen der Lernenden sichtbar. Aus der Vielzahl agiler Lernformate haben sich einige etabliert, die seit geraumer Zeit verstärkt in den Organisationen eingesetzt werden und deren Wirkungsweisen zunehmend wahrgenommen werden.

In der bisherigen Diskussion wird manche Leserin oder Leser sicher schon einmal darüber nachgedacht haben, inwieweit die beschriebenen Veränderungen der agilen und digitalen Welt mit der traditionellen Personalentwicklung zusammenpassen. Sie tun es nicht! Denn auch die Rolle der Personalentwicklung ändert sich in dieser veränderten Arbeitswelt, sie erhält einen neuen Stellenwert. Darum soll es in diesem Kapitel um die Frage gehen, wie das Verhältnis der neuen Lernformate zur modernen Personalentwicklung austariert werden könnte.

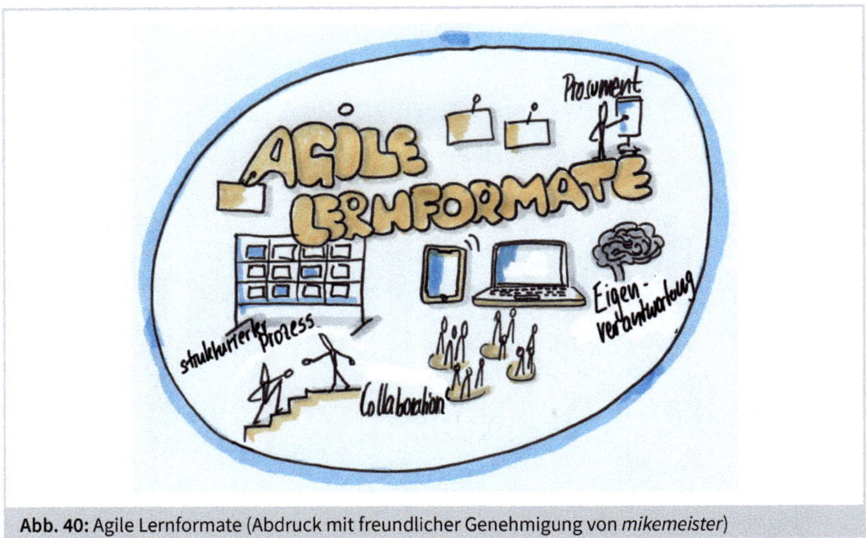

Abb. 40: Agile Lernformate (Abdruck mit freundlicher Genehmigung von *mikemeister*)

In agil arbeitenden Organisationen verändert sich nicht nur die Art des Arbeitens, auch Lernen erfolgt nach anderen Prinzipien und zum Teil mit anderen Formaten. Im Folgenden wollen wir daher den Fokus auf Lernen in agilen Organisationen legen und diskutieren, wie agile Lernformate genutzt werden können.

4.2.1 Einführung agiler Lernformate

Wie können wir Mitarbeitende an agile Lernformate heranführen? Eine Option kann sein, Lernende erste Erfahrungen in agilen Lernformaten machen zu lassen. Dies können zum Beispiel frei zugängliche, also offene Barcamps, Lunch und Learn Meetings etc. sein, um »hineinzuschnuppern« und sich selbst in einem agilen Setting zu erfahren. Erfahrungsgemäß gibt es Lernende, die sich in der Offenheit und mit dem Freiheitsgrad eines Barcamps extrem wohl fühlen und sich mit Freude in die Diskussion einbringen, aber auch andere, die sich eher beobachtend herantasten und sich erst orientieren müssen. Auch erste organisierte Barcamps in der eigenen Organisation können gemeinsame Lernerlebnismomente schaffen. Corporate Barcamps benötigen eine gute Vorbereitung und Einführung der eingeladenen Personen in das Format. Erfahrungsgemäß sind auch motivierte, organisationsinterne Vorreiterinnen und Vorreiter zu suchen, die gerne erste Sessions mit deren Fragestellungen gestalten und so das Format von Beginn an mit guter Energie unterstützen.

Eine weitere Option besteht darin, traditionelle Lehrformate schrittweise mit agilen Elementen anzureichern – sie zu »agilisieren«. Das bedeutet, dass Lehrformate und Trainings mit einzelnen agilen Elementen angereichert werden, so dass die Teilnehmenden in Berührung und Auseinandersetzung mit agilen Designelementen bzw. Prozessen kommen. Das kann der Einsatz von kurzen, anregenden Liberating-Structures-Elementen bis hin zu ganzheitlichen Konzepten wie EduScrum sein. Zudem müssen die Teilnehmenden anfangs oft recht beharrlich mit agilisierten Elementen vertraut gemacht werden. Das soziale, selbstbestimmte und häufig als »spielerisch« wahrgenommene Lernen stößt oft im ersten Schritt auf Verwunderung oder gar Ablehnung. »Die spielen wieder rum« hört man da in und rund um diese Formate im »Flurfunk«. Das Erleben agiler Elemente und die Reflexion darüber, zum Beispiel in Form agiler Retrospektiven, bringt jedoch die Teilnehmenden in eine bewusste Auseinandersetzung mit Agilem Lernen und bereitet sie auf jene Werte und Prinzipien vor, die für das Agile Lernen erforderlich sind.

4.2.2 Beispiele agiler Lernformate

4.2.2.1 Hackathon

Ein Hackathon (aus »Hack« und »Marathon«) ist eine meist eintägige Software- und Hardware-Entwicklungsveranstaltung. Alternative Bezeichnungen sind »Hack Day«, »Hackfest« und »Codefest«. Ziel eines Hackathons ist es, innerhalb der Dauer dieser Veranstaltung gemeinsam nützliche und realisierbare Softwareprodukte herzustellen. Die Teilnehmenden kommen üblicherweise aus verschiedenen Gebieten der Software- oder Hardware-Industrie und bearbeiten ihre Projekte häufig in funktionsübergreifenden Teams. Hackathons haben oft ein spezifisches Thema oder sind technologiebezogen (Quelle: https://de.wikipedia.org/wiki/Hackathon).

In lockerer Atmosphäre lädt ein Hackathon dazu ein, gemeinsam mit Kolleginnen und Kollegen (fachübergreifend) außerhalb der normalen Arbeit innovativ zu sein. Wichtig ist, dass es außer des Oberthemas keine weiteren Vorgaben für die Projektentwicklung gibt. Nur so kommen die unterschiedlichsten Ergebnisse zustande. Ein Oberthema könnte zum Beispiel eine neue Lern-App sein.

Zum Ende eines jeden Hackathons werden die Ergebnisse einer Jury präsentiert und die besten Prototypen gekürt.

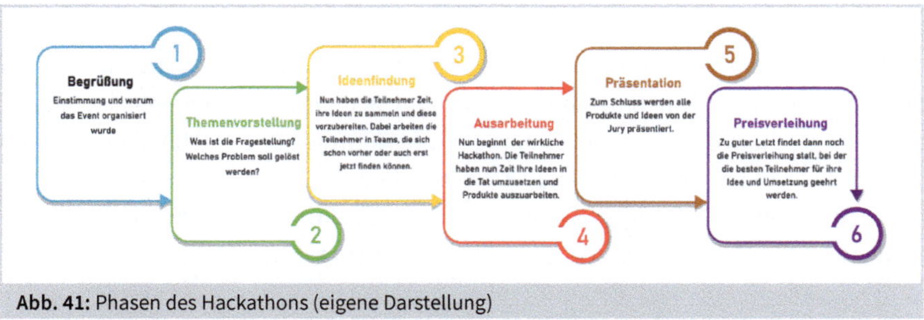

Abb. 41: Phasen des Hackathons (eigene Darstellung)

4.2.2.2 ShipIT Day (FedEx Day)

Manche Software-Unternehmen geben ihren Mitarbeitenden an einem Tag im Quartal (andere Rhythmen sind möglich) die Möglichkeit, sich mit irgendeinem Thema aus ihrem Arbeitsumfeld zu beschäftigen. Nach 24 Stunden (daher auch als FedEx Day bezeichnet) werden die fertigen Ergebnisse vorgestellt. Dabei werden mögliche Themen vorab gesammelt, idealerweise auf einer Kollaborationsplattform, auf die alle Zugriff haben.

Mit einem ShipIT Day werden mehrere Ziele verfolgt:
- Kreativität fördern. Das Format zielt bereits auf Kreativität, die Beteiligung von allen Mitarbeitenden steigert zusätzlich die Chance, dass etwas Kreatives entwickelt wird.
- Die vielen kleinen und meist auch bekannten Probleme der eigenen Produkte erhalten eine Bühne und werden beseitigt.
- Radikale Ideen erhalten die Chance, umgesetzt zu werden. Das ist in diesem Format möglich, während im Alltag kaum eine Chance (und vor allem keine Lust) besteht, über radikale Änderungen zu sprechen.
- Spaß! Die Zusammenarbeit an selbstgewählten Themen macht einfach Spaß.

Ein Erfolgsfaktor für gelungene ShipIT Days ist die gute Planung des Tages. Hierzu überlegen sich die Mitarbeitenden, woran sie arbeiten wollen, und erstellen erste Mockups (nicht funktionsfähige Demos). Aus den eingereichten Ideen werden in Meetings zwei bis drei ausgewählt, an denen dann am ShipIT Day gearbeitet wird.

Ein lesenswertes FAQ zum eigenen ShipIT Day hat Atlassian ins Netz gestellt: https://confluence.atlassian.com/display/SHIPIT/ShipIt+Day+FAQ. Von Atlassian stammt auch das folgende Zitat: »Shipit. 24 hours to innovate. It's like 20 % time. On steroids.«

4.2.2.3 Brown Bag Meetings (Lunch & Learn)

Brown Bag Meetings sind vor allem dazu gedacht, die kontinuierliche Weiterbildung zu fördern. Hierzu wird über Mittag zu kurzen Veranstaltungen – maximal eine Stunde – eingeladen, in denen ein Mitarbeitender des Unternehmens über seine Arbeit berichtet bzw. einen Lehrvortrag zu einem Thema hält. Anschließend wird über das Thema diskutiert. Die Zuhörer nehmen freiwillig an dem Meeting teil und bringen ihr Mittagessen (engl.: Lunch) mit. Daher stammt der Begriff Brown Bag Meeting, denn in den USA wird Lunch häufig in braunen Papiertüten verpackt. Da die Mitarbeitenden ihre Pause für die Weiterbildung einsetzen, übernehmen einige Unternehmen die Kosten für das Lunch und stellen die braunen Tüten mit einem Mittagssnacks.

Ein Video mit Nele Graf im Rahmen des LinkedIn-eLearning-Kurses »Agile Lernformate« gibt Ihnen eine anschauliche Vorstellung vom Ablauf eines **Lunch & Learn Meetings**. Um das Video zu sehen, scannen Sie einfach die folgende Abbildung mit Ihrer smARt-App.

Abb. 42: Video zum Ablauf eines Lunch & Learn Meetings in der Haufe-smARt-App

Brown Bag Meetings haben sich als gute und sehr einfach zu organisierende Möglichkeit erwiesen, den Wissenstransfer in Teams und im Unternehmen zu fördern. Werden Meetings gemeinsam mit anderen Unternehmen organisiert, kommt es sogar zum Wissenstransfer zwischen den Organisationen.

Brown Bag Meetings können zum Beispiel unterschiedliche Ziele verfolgen:

- Sie können dazu beitragen, interessierten Mitarbeitenden aktuelle Informationen zu relevanten Themen zu liefern. Durch die anschließende Diskussion erhält man direkt Feedback.
- Erfahrungsberichte aus den USA haben gezeigt, dass sich Brown Bag Sessions besonders dazu eignen, um Mitarbeitende auf ein neues Projekt einzustimmen. Die Brown Bag Session als lockeres »Kick-off« bietet den Vorteil, dass die Teilnehmenden des Meetings für eine Thematik sensibilisiert werden und bereits erste Informationen in entspannter Atmosphäre sammeln und sich darüber austauschen können.

Die Initiierung der Brown Bag Meetings bedarf häufig am Anfang der Unterstützung durch die Personalentwicklung. Mit der Zeit sollte es allerdings ein Selbstläufer werden: Mitarbeitende können selbst Sessionthemen vorschlagen – entweder als Inputgeber oder Interessierter. Die Themen spiegeln dann auch gut wider, was die Mitarbeitenden beschäftigt.

4.2.2.4 Rotation Days

Ein Rotation Day ist eigentlich eine banale Idee, zugleich aber auch eine hervorragende Möglichkeit, zu lernen und das eigene Netzwerk im eigenen Unternehmen zu stärken. Die Idee ist, dass fünf Teams mit je drei bis fünf Mitgliedern unterschiedlicher Fachrichtung an einem Tag pro Monat ein Mitglied eines anderen Teams aufnehmen. An diesem Tag arbeitet der Gast voll mit, was wiederum bedeutet, dass sein Einsatz durch eine klare Aufgabenbeschreibung gut vorbereitet sein muss. Am Ende des Tages treffen sich Gast und Team, um die Erfahrungen des Tages zu dokumentieren und ihren Lerneffekt zu beschreiben. Der Gast kehrt als Botschafter in sein Team zurück: Indem er über seine Eindrücke berichtet, vertieft er sein eigenes Wissen und lässt andere von seinen Erfahrungen profitieren.

Der Rotation Day lässt sich leicht organisieren und erleichtert es, grundlegendes Wissen und wichtige Erfahrungen im Unternehmen zu verteilen. Gleichzeitig wird der Silobildung im Unternehmen vorgebeugt. In agilen Arbeitsumgebungen ist dies besonders wichtig, da die selbstorganisierten Teams stets eine Tendenz zu verengten Sichtweisen und zur Abkopplung vom Rest der Organisation zeigen. Der Ausbildung von sozialen und fachlichen »Blasen« sollte daher durch die Führungskräfte und Formate wie dem Rotation Day vorgebeugt werden.

Um erfolgreich Rotation Days durchzuführen, ist es wichtig, die Ziele vorab zu klären: Geht es darum, Zusammenhänge zu zeigen, Silos aufzulösen oder Prozesse verständlich zu machen oder zu beschleunigen?

In einem agilen Lernverständnis sollte die Organisation nicht durch die PE-Abteilung erfolgen: Um selbstgesteuertes Lernen zu fördern, sollte der Rotation Day durch die Mitarbeitenden der Abteilungen vorbereitet werden. Die Personalentwicklung kann am Anfang unterstützen, sollte sich aber so schnell wie möglich zurückziehen.

4.2.2.5 Working Out Loud (WOL)

Working Out Loud (WOL) steht für eine transparente, offene Zusammenarbeit innerhalb eines Netzwerkes. Hierzu werden eine Grundeinstellung zu transparentem

Arbeiten, ein gutes persönliches Netzwerk und moderne Kommunikationsmittel benötigt. Inzwischen steht WOL als Synonym für Arbeiten in der digitalen und agilen Welt.

Der Begriff Working Out Loud geht auf Brace Williams zurück, der ihn 2010 prägte. Berühmt wurde dieses Vorgehen durch das gleichnamige Buch von Jon Stepper, in dem er die Idee weiterentwickelte. Er schreibt hierzu:

> »Working Out Loud ist eine Lebenseinstellung, zugleich aber auch eine Reihe praktischer Techniken, um diese Einstellung im Alltag umzusetzen. Eine Art ›Dale Carnegie trifft das Internet‹: Durch einen großzügigen und einfühlsamen Einsatz moderner Arbeitswerkzeuge baut man Beziehungen auf. Auf diese Weise entwickelt man nach und nach eine offene, freigebige und vernetzte Arbeits- und Lebenseinstellung. Mithilfe dieses Ansatzes macht der Alltag mehr Spaß und man entdeckt ungeahnte neue Möglichkeiten.« (Quelle: Jessica Rush auf http://workingoutloud.de/)

Jon Stepper hat fünf Kernelemente für Working Out Loud aufgeführt:

1. **Mache Deine Arbeit sichtbar:** Arbeitsergebnisse, auch Zwischenergebnisse, veröffentlichen.
2. **Verbessere Deine Arbeit:** Querverbindungen und Rückmeldungen helfen, Deine Ergebnisse kontinuierlich zu verbessern.
3. **Leiste großzügige Beiträge:** Biete Hilfe an, anstatt Dich großspurig selbst darzustellen.
4. **Baue ein soziales Netzwerk auf:** So entstehen breite, interdisziplinäre Beziehungen, die Dich weiterbringen.
5. **Arbeite zielgerichtet zusammen:** Um das volle Potenzial der Gemeinschaft auszuschöpfen.

Wie sieht WOL konkret aus? WOL wird in sogenannten Circles genutzt. Dies sind Gruppen von zwei bis fünf Personen, die möglichst unterschiedliche Hintergründe (Diversität) haben. Einer der Teilnehmenden übernimmt die Rolle des Moderators und organisiert die Treffen, manchmal muss er auch motivierend eingreifen. Die Gruppe trifft sich zwölf Mal (ggf. auch virtuell) für eine Stunde pro Woche. In den Treffen tauschen sich die Teilnehmenden über die Ziele, die sie erreichen wollen, und die Fortschritte, die sie im Prozess erzielt haben, aus. Im Fokus der zwölf Treffen steht das eigene Netzwerk und wie dieses für die Erreichung der eigenen Ziele optimal gestaltet sein sollte. Dabei herrscht die Grundeinstellung, dass die Nutzung von Kontakten immer auch bedeutet, selber viel in ein Netzwerk zu investieren und dieses durch eigene Beiträge zu fördern.

Drei Leitfragen für WOL stellt sich jeder Teilnehmende eines Circles:

1. Was will ich erreichen?
2. Wer kann mir dabei helfen?
3. Was kann ich anderen Personen meinerseits anbieten, um eine tiefere Beziehung aufzubauen?

Damit WOL funktioniert, ist die Definition des eigenen Ziels wichtig. Als hilfreich hat sich erwiesen, dass die Zielsetzung eng umrissen und innerhalb von zwei Wochen realisierbar sein sollte. Das Ziel selbst ist in ein bis zwei Sätzen präzise zu formulieren.

Hinweis: John Stepper hat auf einer TEDx-Konferenz über die Entstehung von WOL gesprochen. Auf http://tedxnavesink.com/project/john-stepper/ gibt es einen Videomitschnitt. Außerdem finden Sie unter https://www.fham.de/hochschule/cill/ einen Studienbericht zu den Effekten von organisationsinternen Einsätzen von Working out loud (Graf, Kemether und Liebhart 2022).

Ein Barcamp ist eine locker organisierte Veranstaltung ohne festgelegtes Programm oder Referenten. Themen, Vorträge und Diskussionen werden zu Beginn des Barcamps von den Teilnehmenden zusammengetragen. In einer Opening Session stellen sich die Teilnehmenden durch einige Stichworte vor (Hashtags) und präsentieren ihren Sessionvorschlag. Dieser kann sowohl auf einer Fragestellung (Bitte um Unterstützung) als auch auf einem Angebot (eigene Expertise) basieren. Die anderen Teilnehmenden bekunden ihr Interesse am jeweiligen Vorschlag. Im Anschluss wird eine Sessionübersicht (Grid) für das Barcamp erstellt. Am Ende des Barcamps erfolgt eine Zusammenfassung des Tages. Alternativ gibt es eine Feedbackrunde der Teilnehmenden.[12]

Barcamps haben oft inhaltliche Schwerpunkte und werden vom Veranstalter mit einem entsprechenden Hashtag in den sozialen Medien beworben (z. B. Twitter, Xing). Die Teilnahme ist oft kostenfrei.

Ziel dieses interaktiven Formates ist es, dass Teilnehmende sich selbst aktiv in Sessions einbringen, diskutieren und im Austausch mit anderen Teilnehmenden Neues lernen.

Ein Barcamp kann sowohl unternehmensübergreifend als auch im Rahmen eines Unternehmens organisiert sein. Im Unternehmen kann ein Barcamp zur internen Kommunikation, zum Treiben von Innovationsprozessen oder zur Weiterbildung ein-

12 Weitere Informationen unter https://wiki.cogneon.de/Barcamp

gesetzt werden. Da sich jeder Mitarbeitende einbringt, können neue Perspektiven für bekannte Themen entstehen.

In Ihrer Haufe-smARt-App finden Sie ein Kurz-Video, in dem das Format Barcamp anschaulich erklärt wird. Scannen Sie dazu die folgende Abbildung.

Abb. 43: Kurz-Video zum Format Barcamp in Ihrer smARt-App

4.2.2.6 Lean Coffee

Lean Coffee beschreibt ein strukturiertes Treffen ohne festgelegte Agenda, ohne Teilnahmeverpflichtung und ohne vordefinierte Zielsetzung. Der Begriff Lean Coffee ist eine Anlehnung an die Prinzipien des Lean Thinking (Verschwendung vermeiden, Lernen verstärken, Eigenverantwortung etc.). Coffee kennzeichnet die lockere, informelle Atmosphäre, in der die Teilnehmenden zusammenkommen. Vorab werden Ort, Datum, Uhrzeit und Dauer und wenn möglich ein Themenschwerpunkt veröffentlicht. Die Teilnehmenden kommen zusammen, erstellen eine Agenda und beginnen sich auszutauschen. Auf einem Flipchart oder Whiteboard werden drei Spalten vorbereitet: »zu diskutieren / bereit«, »in Diskussion / in Bearbeitung« und »diskutiert / erledigt«. Ein Teilnehmender übernimmt die Koordination bzw. Moderation in der Gruppe. Themen einzelner Teilnehmender werden auf Moderationskarten geschrieben und gesammelt. Für den Überblick werden diese Karten in die Spalte »zu diskutieren« geordnet. Einzelne Themen werden von den Teilnehmenden kurz präzisiert. Danach werden die Themen durch »Punktekleben« priorisiert. Im Anschluss werden die Themen nach der Anzahl der Punkte sortiert und das Thema mit den meisten Punkten wird zuerst diskutiert. Wie lange ein Thema diskutiert wird, legen die Teilnehmenden selbst fest. Aufgrund der begrenzten Gesamtdauer des Lean Coffee und in Abhängigkeit von der Gesamtzahl der Themen stehen häufig nur 5 bis 10 Minuten für ein Thema zur Verfügung. Die Diskussion beginnt, wenn der Koordinator eine Moderationskarte in die Spalte »in Diskussion« verschiebt. Der Fragensteller erklärt kurz den Hintergrund des Themas und das gewünschte Ergebnis. Dann beginnt die Diskussion. Der Koordinator achtet auf die Einhaltung des festgelegten Zeitfensters. Nach Ablauf der Zeit kann abgestimmt werden, ob das Thema weiter diskutiert werden soll oder nicht. Nach der zweiten Runde erfolgt wiederum eine Abstimmung. Sollte noch weiterer Diskussionsbedarf bestehen, wird ein separates Meeting angestrebt. Ist das Thema abgeschlossen, schiebt der Moderator die entsprechende Moderationskarte in die letzte Spalte »diskutiert«. Danach wird das nächste Thema bearbeitet.

Die Vorteile des Lean Coffee liegen zum einen in der Einfachheit und dem geringen organisatorischen Aufwand des Formats. Zum anderen ist das Format kurz und findet in einem festgelegten Zeitraum statt. Darin liegt die besondere Stärke des Lean Coffee als Methode zum einfachen und effektiven Lernen in der Diskussion mit der Gruppe. Voraussetzungen für den Erfolg der Methode sind ein guter Moderator, eine konsequente Visualisierung und eine strenge Einhaltung des gesteckten zeitlichen Rahmens.[13]

4.2.2.7 Kollegiale Fallberatung

Kollegiale Beratung beschreibt systematische Beratungsgespräche unter Kolleginnen und Kollegen, die in Kleingruppen konkrete Herausforderungen aus dem professionellen Kontext besprechen, sich wechselseitig beraten und gemeinsam Lösungen entwickeln. Meist findet die kollegiale Beratung in Gruppen von sechs bis neun Mitgliedern statt, die sich in regelmäßigen Abständen treffen. Teilnehmende bringen ihre konkreten Fragen, Fälle oder Probleme ein.

Je Fallberatung werden die Rollen festgelegt.

- Wer ist Fallgeber?
- Wer ist Moderator, der die Struktur vorgibt und auf die Zeit achtet?
- Wer ist Protokollant, der die Ergebnisse festhält?

13 Weitere Informationen: http://agilecoffee.com/leancoffee/

Alle anderen Teilnehmenden nehmen die Rolle der Berater ein. Es gibt keinen Berater von außen. Die Beratung erfolgt ausschließlich durch die Gruppenmitglieder. Der Ablaufplan sieht die Festlegung von sechs Phasen vor. Ein Durchgang dauert ca. eine dreiviertel bis ganze Stunde, so dass in drei Stunden zwei bis drei Fälle bearbeitet werden können.

Die sechs Phasen gestalten sich wie folgt:
1. Rollen bestimmen.
2. Der Fallgeber stellt sein Thema vor.
3. Das Beraterteam stellt Verständnisfragen.
4. Analyse durch die Berater, Einbringen von Hypothesen.
5. Der Fallgeber priorisiert und wählt Ideen aus.
6. Das Beraterteam bringt die Idee in einen Umsetzungsvorschlag.

Während der Fallberatung dürfen die festgelegten Rollen nicht gewechselt bzw. verlassen werden. Während die Berater brainstormen, hört der Fallgeber nur zu. Mischt er sich ein oder fängt er an, sich zu rechtfertigen oder einen Schuldigen zu suchen, wird eine Lösung verhindert.

Voraussetzung für das Gelingen der kollegialen Beratung ist das Vertrauen der Teilnehmenden untereinander ebenso wie die Verschwiegenheit über die Inhalte und Beiträge der Beratenden nach außen. Grundlegend ist zudem die Bereitschaft zur Unterstützung bei der Reflexion und Bewältigung der Fälle. Außerdem fördert die wechselseitige Wertschätzung der Teilnehmenden untereinander die Offenheit während der kollegialen Beratung.[14]

4.2.2.8 Mentoring

Zum Thema Mentoring finden Sie hier Zusatzmaterial, wenn Sie die folgende Abbildung mit Ihrer smARt-App scannen.

14 Weiterführende Informationen: http://www.kollegiale-beratung.de/Ebene1/methode.html

Abb. 44: Zusatzmaterial zum Mentoring in der Haufe-smARt-App

4.2.3 Beispiele von Lernformaten, die die Agilisierung von Lernen fördern

Rein schwarz-weiß betrachtet sind die folgenden Lernformate keine agilen Lernformate. Sie unterstützen jedoch in ihrer Aufmachung das Agile Lernen. So bieten Ted Talks eine gute Möglichkeit, Emotionen zu transportieren und einen Kulturwandel einzuläuten.

4.2.3.1 TED Talks und TED-Konferenzen

Die Digitalisierung hat etliche Erfolgsgeschichten geschrieben. Allerdings sind nicht alle rein technischer Natur. Manchmal schafft die Digitalisierung einfach Rahmenbedingungen für den Erfolg, so wie es bei den TED-Konferenzen und den TED Talks (www.ted.com) der Fall ist. TED Talks wurden bis heute mehr als 3,5 Milliarden Mal angesehen, und inzwischen finden täglich rund zehn TED-Konferenzen weltweit statt. Dieser Erfolg basiert vor allem auf einer Eigenschaft von TED: Inspiration.

Jeder maximal 18-minütige TED Talk findet vor Live-Publikum statt und soll inspirierend sein, d. h. Emotionen müssen geteilt und geweckt werden. Es geht darum, eine Geschichte zu erzählen und diese Geschichte gut zu erzählen. Gleichzeitig muss die Präsentation auf eine organisierte, überzeugende Art und Weise geschehen. Zahlen, Daten und Fakten werden mit einer Handlung, mit persönlichem Erleben verbunden und der persönliche Bezug zwischen Sprecher und dem Thema aufgezeigt. Weiterhin soll immer nur eine einzige Idee pro TED Talk vermittelt werden, um einen maximalen Effekt zu erzielen. Zur Unterstreichung der Kernaussage können wenige, aber gute visuelle Materialien verwendet werden. Neben der hochwertigen Produktion steht bei TED die Auswahl des Publikums im Vordergrund, so dass nicht nur die TED Talks und Speaker, sondern auch der Austausch mit den anderen Teilnehmenden zwischen den einzelnen Sessions (TED Talk-Blöcken) möglichst anregend ist. Wie der Erfolg von TED zustande gekommen ist und worauf er beruht, hat der aktuelle Kurator Chris Anderson in einem eigenen TED Talk aufgezeigt.

Um den TED Talk von Chris Anderson abzuspielen, scannen Sie die folgende Abbildung mit Ihrer smARt-App.

Chris Anderson: TED Talk

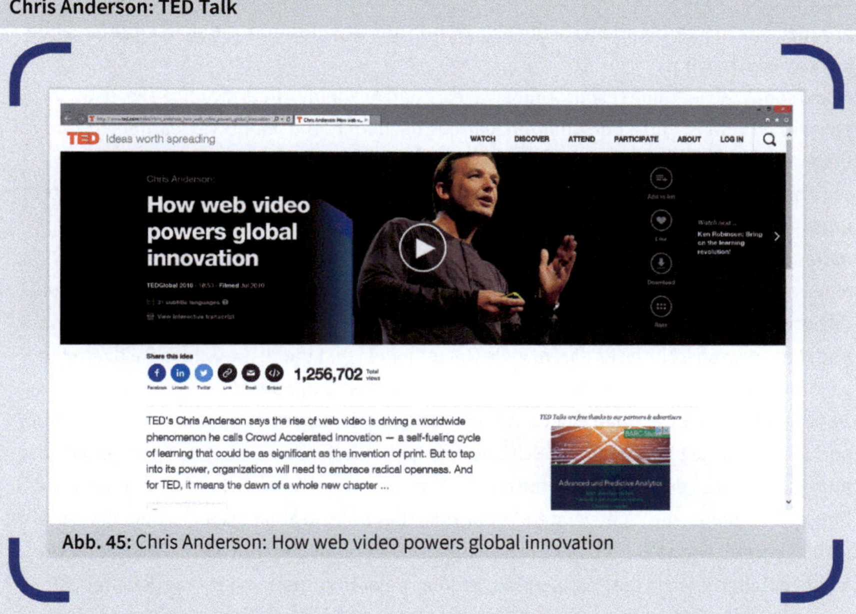

Abb. 45: Chris Anderson: How web video powers global innovation

TED's Chris Anderson says the rise of web video is driving a worldwide phenomenon he calls Crowd Accelerated Innovation – a self-fueling cycle of learning that could be as significant as the invention of print. But to tap into its power, organizations will need to embrace radical openness. (Quelle: http://www.ted.com/talks/chris_anderson_how_web_video_powers_global_innovation)

Veränderungen, wie die von Chris Anderson aufgezeigten, betreffen alle Bereiche, in denen es um die Verbreitung von Informationen geht. So ist auch der Bildungsbereich im Umbruch. Klassische Bildungsanbieter wie Schulen, Hochschulen, Seminarveranstalter etc. verlieren an Bedeutung, da die Zahl und Qualität der Alternativen stark zunimmt. So kann man mit gutem Gewissen behaupten, dass Youtube und Wikipedia heute bereits mehr zur Weiterbildung beitragen als die Mehrheit der klassischen Bildungsformate. Die Masse der »Erklärvideos« ist enorm, und die häufig sehr professionelle Machart verändert auch die Wahrnehmung der Nutzer von Bildung. Ein Beispiel ist die Khan Academy (s. Kasten), die aus der Idee entstand, Schülerinnen und Schülern Mathematik näherzubringen, und heute eine Vielzahl an Fächern anbietet. Die Videos sind viele Millionen Mal gesehen worden, und die positiven Kommentare bei Youtube sprechen für sich. Warum? Sie sind nutzergerecht aufgebaut, inspirieren und sind jederzeit verfügbar.

! **For free. For everyone. Forever. – Die Khan Academy**

Die Khan Academy ist ein weiteres Beispiel dafür, wie die Möglichkeiten des Internets, intelligent genutzt, schnell zu großer Verbreitung und Weiterentwicklung führen.
Ursprünglich als privates Nachhilfe-Projekt eines Hedgefonds-Managers in den USA gegründet, ist die Khan Academy heute eine Non-Profit-Organisation, die sich selbst folgende Mission gegeben hat:
»A personalized learning resource for all ages: Khan Academy offers practice exercises, instructional videos, and a personalized learning dashboard that empower learners to study at their own pace in and outside of the classroom.«
Die Khan Academy stellt Selbstlernmaterial zur Verfügung, das es allen Menschen mit Internetzugang erlaubt, sich in vielen Fächern Wissen anzueignen. Inzwischen entstehen internationale Ableger, die Videos mit Untertiteln in verschiedenen Sprachen versehen oder eigenen Content produzieren. Der Erfolg der Khan Academy beruht auf den hochwertig produzierten Videos, die didaktisch hervorragend auch sehr komplexe Themen aus Mathematik und Naturwissenschaften erklären. Viele Nutzer haben erst durch die Videos Sachverhalte verstanden, die im normalen Schulunterricht nicht verstanden wurden.
Der größte Einfluss der Khan Academy kann darin gesehen werden, dass immer mehr Lehrer und Schulen dazu übergehen, die Schülerinnen und Schüler zum Selbststudium mithilfe der Khan Academy zu ermuntern. Sie nutzen die Unterrichtszeit in der Schule primär dazu, die Dinge zu vertiefen, die nicht verstanden wurden. Der übliche Ablauf schulischer Lehre wird somit gedreht, weshalb die Logik auch »Flipped Classroom« genannt wird. Diese Methodik hat inzwischen auch in die Personalentwicklung vieler Unternehmen Einzug gehalten, die Selbstlernmaterial elektronisch verfügbar machen und Präsenzzeiten in (meist verkürzten) Seminaren nur noch zur Vertiefung, Einübung von Fertigkeiten und sozialem Lernen generell nutzen. Dieser Trend aus verstärktem Einsatz elektronischer Lernformate für die Vermittlung von Wissen und Präsenzzeiten für soziale Lernformate verbreitet sich rasch, da deutlich bessere Ergebnisse bei geringerem Aufwand verzeichnet werden.
(Quelle: https://www.khanacademy.org/)

Mit dem Erfolg der Onlinemedien verändern sich die Nutzungsgewohnheiten der Menschen also ebenso wie ihre Erwartungen an Kommunikation und Lehrformate. In einer digitalen Welt, in der nahezu jede Information verfügbar ist und auf ansprechende Formate wie TED Talks, Blogs oder Wikipedia jederzeit zugegriffen werden kann, besteht keine Notwendigkeit mehr, Medien und Menschen zuzuhören, die ihre Nachrichten nicht in ansprechender Weise präsentieren. Dozieren *ex cathedra* muss heute nicht mehr akzeptiert werden, ebenso wenig wie eine Lehre, die zu lange braucht, bis sie die Fragen der Menschen beantwortet.

Was aber bedeuten die neuen Kommunikationsformate und die durch sie ausgelösten Veränderungen für die Wirtschaft und einzelne Unternehmen? Die beschriebenen Erwartungen und Gewohnheiten lassen Mitarbeitende nicht am Werkstor zurück, wenn sie zur Arbeit erscheinen, und vielleicht sind sogar eigene Mitarbeitende diejenigen, die zum enormen Erfolg der digitalen Formate beitragen, vielleicht als Produzenten von Webvideos, Autorinnen und Autoren bei Wikipedia oder in anderen Formaten. Daher wird es Zeit, darüber nachzudenken, wie die Unternehmenskommunikation, die Personalentwicklung sowie die Führungskultur und -arbeit von den digitalen Medien betroffen sind und wie das enorme Potenzial der digitalen Formate in der Personal- und Organisationsentwicklung genutzt werden kann.

Nehmen wir die Art, wie üblicherweise Veränderungen von Geschäftsmodellen, Umstrukturierungen oder andere Transformationen von Unternehmen kommuniziert werden: In einer Mitarbeiterversammlung oder Pressekonferenz werden Fakten präsentiert, die die anstehenden Veränderungen als unvermeidlich und alternativlos darstellen. Die Reaktionen sind selten positiv. Nun stellen Sie sich vor, wie die gleiche Nachricht bei den Mitarbeitenden ankommt, wenn ein Vorstand in der Art eines TED Talks seine ganz persönliche Geschichte zum gleichen Sachverhalt erzählt. Seine Ideen, Ängste, Überzeugungen, die Widerstände und Unterstützung im Umfeld und wie die Entscheidung zustande gekommen ist. Was verbindet er mit dem Neuen, das erreicht werden soll, was sind die Erwartungen an die Mitarbeitenden, wie wollen alle miteinander umgehen? Die Nachricht an sich bleibt gleich, der menschliche Zugang erlaubt es den Mitarbeitenden jedoch, besser zu verstehen und nachzufühlen, warum die anstehende Veränderung sinnvoll ist, und sich mit dem neuen Weg zu identifizieren. Menschen vertrauen und folgen Menschen und nur Menschen.

Es müssen aber nicht immer die großen Themen und Anlässe sein, die durch TED Talks unterstützt werden können. Auch im operativen Führungsalltag kann eine Führungskraft verhindern, dass die Scheuklappen des operativen Geschäfts zu eng werden, indem sie TED Talks einsetzt. Die Videomitschnitte der TED Talks sind ja frei verfügbar und können zum Beispiel als Inspiration an den Beginn eines Meetings gestellt werden. Wie wäre es also mit einem Brown Bag Meeting (Lunch & Learn, s. o.) zum Thema Innovation, das mit dem TED Talk von Eli Pariser mit dem Titel »Beware online filter bubbles« (siehe: http://www.ted.com/talks/eli_pariser_beware_online_filter_bubbles) beginnt? Fragen nach den eigenen Wahrnehmungsblasen und ausgetretenen Pfaden, die eine Gruppe von einer umfassenderen Sicht auf die Welt und Innovationen abhalten, werden automatisch entstehen und diskutiert.

Aus Sicht der Personalabteilung und der Personalentwicklung bieten TED Talks und die dahinter stehenden Kommunikationsprinzipien eine hervorragende Chance, die Führungskultur und -fähigkeiten im Unternehmen positiv zu entwickeln und das eigene Portfolio an Lernformaten zu erweitern. Sowohl die kommunikative Kompetenz als auch die digitale Kompetenz der Führungskräfte und Mitarbeitenden lassen sich positiv beeinflussen und tragen dazu bei, die Führungsleistung zu verbessern. Die Arbeiten von Zenger und Folkman (u. a. in managerseminare 2009 und 2014) haben 19 Kernkompetenzen exzellenter Führung aufgezeigt. Die Mehrheit davon lässt sich schulen und weiterentwickeln, indem Videos und Talks genutzt werden. Insbesondere die in der Praxis am schwächsten ausgeprägte Kompetenz »Inspiration & Motivation« ist mit einer Qualifizierung für TED Talks einfach und nachhaltig zu entwickeln. Die Inspiration, die von den TED Talks ausgeht, ist schließlich das, was dieses Format groß gemacht hat.

!

The TED Commandments

These 10 tips are given to all TED Conference speakers as they prepare their TEDTalks. They will help your TEDx speakers craft talks that will have a profound impact on your audience.

- Dream big. Strive to create the best talk you have ever given. Reveal something never seen before. Do something the audience will remember forever. Share an idea that could change the world.
- Show us the real you. Share your passions, your dreams ... and also your fears. Be vulnerable. Speak of failure as well as success.
- Make the complex plain. Don't try to dazzle intellectually. Don't speak in abstractions. Explain! Give examples. Tell stories. Be specific.
- Connect with people's emotions. Make us laugh! Make us cry!
- Don't flaunt your ego. Don't boast. It's the surest way to switch everyone off.
- No selling from the stage! Unless we have specifically asked you to, do not talk about your company or organization. And don't even think about pitching your products or services or asking for funding from stage.
- Feel free to comment on other speakers' talks, to praise or to criticize. Controversy energizes! Enthusiastic endorsement is powerful!
- Don't read your talk. Notes are fine. But if the choice is between reading or rambling, then read!
- End your talk on time. Doing otherwise is to steal time from the people that follow you. We won't allow it.
- Rehearse your talk in front of a trusted friend ... for timing, for clarity, for impact.

(Quelle: http://www.tedxsandiego.com/the-ted-commandments/)

Ein praktisches Beispiel liefert der Vorstand eines Chemiekonzerns (Edelkraut und Balzer 2016). Zur Vorbereitung einer internationalen Managementkonferenz bereiteten alle Mitglieder einen kurzen Talk vor, der jeweils einen Themenbereich der Konferenz eröffnete und inspirieren und motivieren sollte. Dabei wurden die Prinzipien und Regeln für TED Talks (Commandments) für die Entwicklung inspirierender

Geschichten und einer professionellen Präsentation eingehalten. Die Geschichten wurden über mehrere Wochen, unterstützt durch TED Coaches, entwickelt und mehrfach verfeinert. Die Vorbereitung auf den Auftritt und den Videomitschnitt erfolgten in einem halbtägigen Bootcamp. Die Teilnehmenden der Konferenz waren vom neuen Stil begeistert, die Videomitschnitte sind heute im Intranet verfügbar und helfen, die Botschaften weiter zu verbreiten.

Als Inhalt aber immer mehr auch als Kommunikationsformat nutzen Führungskräfte oder Personaler die Art, in der TED Talks gemacht sind, für die eigene Kommunikation (Edelkraut und Balzer 2016). Lassen Sie uns hier noch drei Beispiele ansehen und überlegen, wie Personalverantwortliche die Talks nutzen können.

Wenn Sie die folgende Abbildung mit Ihrer Haufe-smARt-App scannen, gelangen Sie direkt zum TED Talk von Simon Sinek.

Beispiel 1: Der Managementvordenker – Simon Sinek: How great leaders inspire action

Abb. 46: Simon Sinek »How great leaders inspire action«

Ein einfaches, aber sehr inspirierendes Modell für die Führung und Positionierung von Ideen und Produkten beschreibt Simon Sinek. Alles basiert auf der Frage »Why?« oder, besser gesagt, der Umkehrung üblicher Kommunikationsmuster, die mit Fakten (What?) und Vorgehen (How?) starten und erst dann zum eigentlichen Kern kommen: Worum geht es (Why)?
(Quelle: http://www.ted.com/talks/simon_sinek_how_great_leaders_inspire_action)

Key Lesson: Dieser Talk motiviert dazu, die eigenen Kommunikationsmuster zu überprüfen und sich selbst darüber klar zu werden, wofür man steht. Danach ist es relativ offensichtlich, was vermittelt werden muss, um Menschen zu motivieren, mitzuarbeiten oder meine Produkte zu kaufen. Für die Personalarbeit und die (Weiter-)Entwicklung der bestehenden Führungskultur kann dieser Talk wertvolle Denkanstöße geben, gleichzeitig dient das simple Modell des »goldenen Kreises« als Leitfaden für die Entwicklung neuer, wirksamerer Führungs- und Kommunikationsmuster.

Auch die beiden folgenden TED Talks von Angela Lee Duckworth und Seth Godin finden Sie in Ihrer Haufe-smARt-App.

Beispiel 2: Die Lehrerin – Angela Lee Duckworth: Der Schlüssel zum Erfolg? – Durchhaltevermögen!

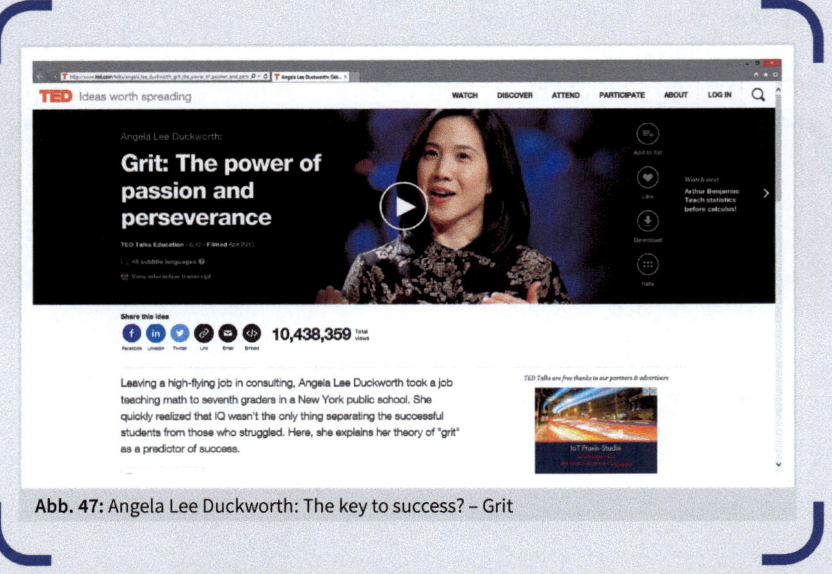

Abb. 47: Angela Lee Duckworth: The key to success? – Grit

Nachdem Angela Lee Duckworth einen prestigeträchtigen Job in der Beratungsbranche aufgegeben hatte, unterrichtete sie Siebtklässler an öffentlichen New Yorker Schulen in Mathematik. Schnell bemerkte sie, dass der IQ nicht das einzige war, was die erfolgreichen Schülerinnen und Schüler von denen mit Schwierigkeiten unterschied. Hier erklärt sie ihre Theorie über »Durchhaltevermögen« als Vorbote von Erfolg. Ihre Untersuchungen zeigten bei unterschiedlichen Gruppen (auch in Unternehmen) und Zusammenhängen, dass Durchhaltevermögen ein signifikant stärkerer Indikator für Erfolg ist als alle anderen Faktoren.
(Quelle: http://www.ted.com/talks/angela_lee_duckworth_the_key_to_success_grit)

Key lesson: Für Personalverantwortliche ergeben sich einige Fragen aus diesem TED Talk. Zuerst natürlich, ob die eigenen Beobachtungen von mehr oder weniger erfolgreichen Mitarbeitenden und Führungskräften die These von Angela Duckworth stützen. Wenn sie dies tun, was wahrscheinlich ist, dann sollte der nächste Schritt darin bestehen, die eigenen Systeme der Personalentwicklung und der Identifikation und Förderung von Talenten zu überprüfen. Wird Durchhaltevermögen überhaupt in die Bewertung einbezogen und wird sie in unseren PE-Instrumenten und -Maßnahmen ausreichend berücksichtigt?

Beispiel 3: Der Unternehmer und Marketingexperte – Seth Godin: The tribes we lead

!

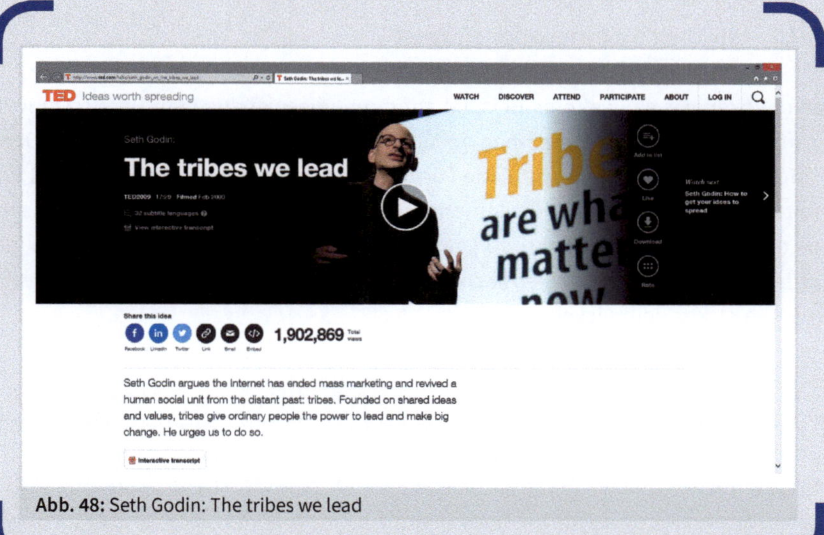

Abb. 48: Seth Godin: The tribes we lead

Wie wird Wandel ermöglicht? Wie verbreiten sich Ideen? Und was bedeutet das für Führung in der Zukunft? Marketing-Guru Seth Godin stellt die These auf, dass das Internet die Ära des Massen-Marketings beendet hat, also den Ansatz, eine Idee oder ein Produkt mit Geld und Macht in den Markt zu pushen. Stattdessen ist die soziale Organisationsform der »tribes« (»Stämme«) wiederbelebt worden. Basierend auf gemeinsamen Ideen und Werten geben »tribes« jedem die Chance, zu führen und echte Veränderungen herbeizuführen. Sein Konzept von Führung bedeutet in Zukunft: eine authentische Geschichte denjenigen zu erzählen, die die Geschichte hören wollen. In einer »tribe« (einer Community, einem »Stamm«) Verbindungen herzustellen und Kontakte zwischen den Mitgliedern einer »tribe« (und auch Kontakte zu anderen tribes) zu ermöglichen. Leadership bedeutet, eine Bewegung anzuführen, wirkliche Veränderung bewirken zu wollen und diese dann auch zu bewirken.
(Quelle: http://www.ted.com/talks/seth_godin_on_the_tribes_we_lead)

Key Lesson: Die Implikationen für die Personalarbeit sind nicht zu unterschätzen. Um Veränderungen anzustoßen, muss man jemanden aufregen, sonst fordert man nicht den Status quo heraus. Man muss Leute miteinander in Verbindung bringen – das ist das Hauptinteresse der meisten Menschen. Und man muss sich sehr genau überlegen, **wen** man führen will und wie. Denn daher kommt der Wandel, nicht aus der Mechanik hinter den eigenen Produkten. Dafür ist Engagement (»Commitment«) und echte Neugier auf die Menschen nötig. Im Vergleich zu vielen üblichen Konzepten des Changemanagements ist dies eine These, die vielleicht erklärt, warum so viele Veränderungsprojekte scheitern.

4.2.3.2 Kickbox als Innovationsformat

Hierzu wollen wir ein weiteres Beispiel anführen, diesmal aus dem Bereich Innovationsförderung. Viele Unternehmen versuchen, die Innovationsfähigkeit ihrer Organisation zu steigern, indem passende Formate etabliert werden. In Kapitel 4.2.1 war bereits von ShipIT Days und Hackathons die Rede, die explizit darauf angelegt sind, neue oder verbesserte Produkte zu generieren. Einen Schritt weiter geht Adobe, das Mitarbeitende ermuntert und ermächtigt, eigene Ideen umzusetzen. Speziell hierfür wurde die Kickbox entwickelt.

! **Adobe Kickbox**

What is Kickbox? Kickbox is a new innovation process that Adobe developed for its own use and then open-sourced so everyone can use it. It is both a process for individuals and a system for deploying that process across an organization at scale. It's designed to increase innovator effectiveness, accelerate innovation velocity, and measurably improve innovation outcomes. It can also optimize innovation investments by reducing costs compared to traditional approaches.
Who is Kickbox for? Kickbox is designed for both individual innovators and organizations. Individuals can use this site to go through the Kickbox process on their own and organizations can deploy the Kickbox process to their employees at scale.
What does Kickbox do? Adobe Kickbox delivers an actionable process for discovering new opportunities, validating customer engagement, and evaluating new business potential. It includes tools that help innovators define, refine, validate, and evolve their idea.

Kickbox helps innovators

- Be more effective and have more impact
- Build valuable life skills and experience (for example, ideation, divergent thinking, and business creation)
- Increase job satisfaction and engagement (as demonstrated by participant evaluation scores)
- Discover (or rediscover) their passion for delighting customers

Kickbox helps organizations

- Increase innovation quantity, quality, and speed across the organization
- Empower existing innovators to be more effective and more engaged

- Identify and activate latent innovators (who may not know they're innovators)
- Foster an innovation culture and attract innovators to the organization

What does Kickbox cost? You can download and use Kickbox for free because Adobe is making Kickbox distributable under a creative commons, share-alike, attribution license. For details see the license in the download package.
What's the story behind Kickbox? Kickbox was developed at Adobe by building on 30 years of experience successfully innovating. We wanted to empower individual employees to follow their instincts about emerging opportunities so we created an »innovation-in-a-box« kit. Each red box contains everything we think an enterprise innovator needs, including:
Money. Each red box contains a pre-paid credit card in the amount of US$1,000. Innovators use these funds to validate their idea.
Instructions. Kickbox includes quick reference cards outlining the six levels in the red box. Each card includes a checklist of actions innovators must complete to advance to the next level.
Other innovation tools. These include scorecards, frameworks, exercises, and other materials you'll use to develop ideas.
Caffeine and sugar. Each red box includes a Starbucks gift card and a candy bar, since we all know that two of the four major food groups of innovators are caffeine and sugar!
To date, we've distributed over 1,000 red boxes to Adobe employees around the world. If you'd like to accelerate innovation in your organization, Kickbox may be able to help.
This keynote, given by Adobe VP of Creativity Mark Randall, goes into more detail with examples: https://www.youtube.com/watch?v=aiOuDYUYv3s
(Quelle: https://kickbox.adobe.com/)

Als Innovationsformat etabliert, hat die Kickbox einen hohen Anteil Bildung implementiert, indem die Mitarbeitenden durch einen lehrreichen Prozess zu Innovation geführt werden. Darüber hinaus wird das gesamte Format im Internet jedem für die Nutzung zur Verfügung gestellt, die kooperative Grundhaltung im agilen Mindset zeigt sich also auch hier. So sieht ein modernes Format zur Innovationsförderung aus.

Zum Schluss noch ein Gedanke aus dem Adobe-Lehrmaterial: »Bad ideas are good ideas«. Alle wirklich guten Ideen werden zuerst als schlechte Ideen angesehen. Erst durch deren Weiterverfolgung, Weiterentwicklung und Ausprobieren entstehen die guten Anwendungen. Dies gilt sicher auch für Lernformate.

4.3 Die Agilisierung von Lehre

Wenn agile Methoden auf Unterrichts- oder Trainings-Settings übertragen werden, entsteht agilisiertes Lernen im traditionellen Lehr- und Lernkontext: Wie bei klassischem Unterricht stehen auch beim agilen Unterricht die Lernziele vorab fest oder sind gar in einem Curriculum verankert. Das grundlegende Kennzeichen einer agilen

Unterrichtsgestaltung besteht darin, dass der Weg zur Erreichung der Lernziele offen ist und den Lernteams selbst überlassen bleibt.

An Schulen hat die agile Unterrichtsmethode eduScrum (Delhij, van Solingen und Wijnands 2020) Beachtung und Verbreitung gefunden. Sie überträgt den Scrum-Prozess als agiles Framework auf das Lernen und verwendet das Ergebnis als agilen Rahmen für das »problembasierte Lernen«, bei dem Lernende in Teams selbstgesteuert praxisnahe Problemstellungen bearbeiten und auf diese Weise Fachwissen und -kompetenzen erwerben. Die Scrum-Rollen, -Ereignisse und Artefakte strukturieren den Lernprozess. So werden die Lernziele in einem Planning definiert. Lernteams lernen in kurzen Lernsprints und Retrospektiven dienen der regelmäßigen Reflexion des Lernprozesses. Der Lehrende nimmt bei eduScrum die Rolle des inhaltsverantwortlichen Product Owners ein und definiert in dieser Rolle die Lerninhalte (Was) und überprüft den Lernerfolg. Das Wie, also die Gestaltung des Lernprozesses, obliegt der Verantwortung der Lernteams, die im besten Fall auch den Scrum Master (verantwortlich für den agilen Prozess) aus ihren Reihen stellt.

Scannen Sie die folgende Abbildung mit Ihrer Haufe smARt-App, um mehr zur Arbeitsweise von eduScrum zu erfahren.

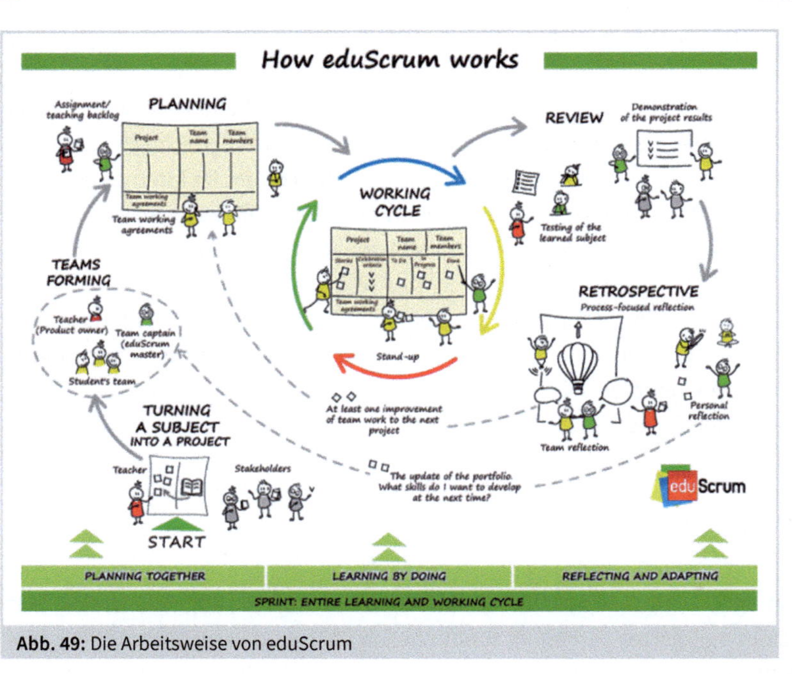

Abb. 49: Die Arbeitsweise von eduScrum

Vorteile agilisierter Lehre:

- Vom lehrergesteuerten Training zum **lernergesteuerten** Lernprozess.
- Lernende übernehmen in der Selbstorganisation ihrer Teams die **Verantwortung** für ihren Lernprozess (Ownership).
- Transparenz über Lernprozess und Erwartungen und Möglichkeit der Intervention.
- Schnelle **Anpassungs**möglichkeiten.
- **Nebeneffekte**: Effektiver und effizienter lernen, lernen besser zu kooperieren, lernen, sich selbst besser kennen zu lernen, lernen co-kreativ zu sein.

Die Konzepte zur Agilisierung der Lehre beruhen zurzeit fast ausschließlich auf dem Framework Scrum. Die Lehrperson wird zum »Product Owner«, die den Lernauftrag spezifiziert. Die Schülerinnen und Schüler bilden Lernteams, die mit agilen Arbeitsweisen wie Sprints, Dailys/Weeklys, Retrospektiven und Reviews selbstverantwortlich die vorgegebenen Lernziele erreichen sollen. Ein Scrumban Board mit allen Lernzielen und dem Projektfortschritt fördert die Transparenz. Tiefere Einblicke finden Sie u. a. in den Konzepten EduScrum, agiles Sprintlernen, Scrum4School oder Scrum4Kids. Auch in der betrieblichen Bildung kommt Scrum in Unterrichtssettings zum Einsatz. Ein Beispiel hierfür ist das »agile Sprintlernen« (Korge, Jungclaus & Bauer 2018), bei dem Lernteams gemeinsam Lernaufgaben aus der Praxis bearbeiten und hierbei von einem »Sprint-Begleiter« unterstützt werden. Wie der Name der Methode bereits verdeutlicht, spielt auch hier die Unterteilung des Lernprozesses in Lernsprints eine zentrale Rolle. Das Lernen in kürzeren Zyklen dient dazu, regelmäßig Feedback zu erhalten und dieses für die Anpassung und Optimierung des Lernprozesses nutzen zu können.

Die agile Gestaltung von Unterricht eignet sich als Rahmen für das selbstgesteuerte Lernen in Lernteams. Durch die Verwendung von Rollen wie Product Owner und Scrum Master liegt der Fokus des Lernens sowohl auf dem Lernerfolg als auch auf dem Lernprozess und der Zusammenarbeit im Lernteam. Bei der Umsetzung agiler Lernprozesse kann zudem auf bewährte didaktische Konzepte, wie das problembasierte Lernen, zurückgegriffen werden.

Wichtig ist es, die Möglichkeiten und Grenzen im Blick zu behalten. Agile Unterrichtssettings suggerieren durch ihre agile Terminologie eine sehr große Flexibilität des Lernens. Die vorab definierten Lernziele begrenzen jedoch die Möglichkeiten, den Lernprozess an beliebige Bedarfe oder unvorhergesehene Situationen anzupassen.

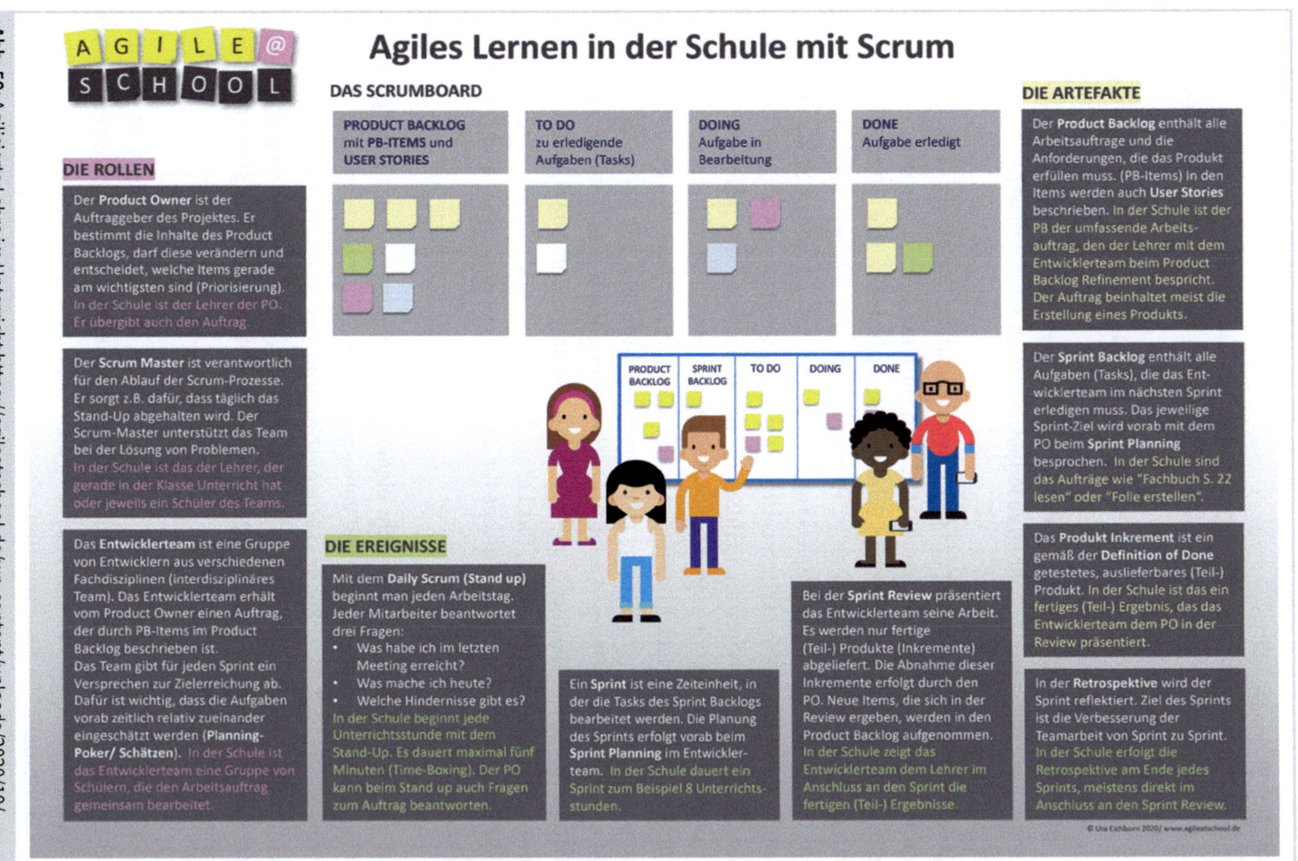

Abb. 50: Agilisierte Lehre im Unterricht https://agileatschool.de/wp-content/uploads/2020/10/uebersicht-rahmenwerk-scrum-agileatschool-2020.pdf

Als Selbstversuch wurde die gesamte Weiterbildung »Agiler Lerncoach« der Mentus GmbH auf einen agilisierten Lehrprozess umgestellt. Unsere Erfahrungen und die Rückmeldungen der Teilnehmenden zeigen:

Vorteile

- Transparenz über Arbeitsstand zwischen den Sessions (Trainer)
- Transparenz über Workload und Erwartungen
- Transparenz über die Ergebnisse der anderen Teams (Team)
- hohe Kompetenzausrichtung (Ziele als Userstories)
- Schnelle Erfolgserlebnisse (Inkremente)
- Man verliert nicht den Anschluss, wenn man mal krank war, da jeder Sprint ein kleiner Neustart ist.
- individuelle Freiheitsgrade bzgl. Vertiefung
- gute Teilbarkeit zwischen verschiedenen Trainerinnen und Dokumentation für Trainer, was in den anderen Sprints gemacht wurde
- hohe Selbststeuerung und Verantwortung der Teams
- Spaß der Teilnehmerinnen und Teilnehmer

Nachteil

- Aufwand für Didaktik

4.4 Fazit

Agile Lernformate sind Lernsettings, die eine Antwort auf komplexe, dynamisch-chaotische, externe und interne Herausforderungen ermöglichen sollen. Die Notwendigkeit, explorativer und damit agiler zu lernen, ist im Kontext der heutigen organisationalen Rahmenbedingungen spürbar. Die Wirksamkeit agiler Lernformate wird von einigen zentralen Charakteristika beeinflusst, die Lernende aus ihrer Komfortzone holen müssen und einen Paradigmenwechsel des Lernzugangs erfordern. Dies stellt Organisationen vor die Herausforderung, Lernen zu thematisieren, auf eine ambidextre Grundlage zu stellen, Lernende als auch Entwickelnde (Personalentwicklung, Führungskräfte etc.) zu qualifizieren und eine proaktive Lernkultur zu entwickeln.

Diese zukünftigen Lernformate und -designs sollen neben dem Lernen in den unbekannten Welten auch anderen Anforderungen an agile Methoden unterstützen. So soll Agilität sowohl beim Arbeiten als auch zukünftig beim Lernen die Fokussierung auf das Wesentliche fördern und Transparenz über »Learn in Progress« schaffen als auch schnell vorzeigbare Ergebnisse in Form von Lerninkrementen nach einzelnen Lernschritten ermöglichen. Das führt zu effizienterem Lernen und schnellen Zwischenergebnissen, die die »Time to Competence« – also die Zeit zwischen Erkennen eines Lernbedarfes und der Nutzbarkeit der dazugehörigen Kompetenz – reduzieren.

Literatur

Anderson, C. (2013): How to give a killer presentation. In: Harvard Business Review, June 2013.

Arn, C. (2017): Agile Hochschuldidaktik (2., überarbeitete Auflage). Weinheim, Basel: Beltz Juventa.

Delhij, A.; van Solingen, R. & Wijnands, W.; eduScrum team (Mitarbeiter). (2020): Der eduScrum Guide. The rules of the Game. Zugriff am 30.12.2020. Verfügbar unter: https://www.eduscrum.nl/img/The_eduScrum_guide_English_2.pdf

Dohmen, G. (2001): Das informelle Lernen: Die internationale Erschließung einer bisher vernachlässigten Grundform menschlichen Lernens für das lebenslange Lernen aller. Bonn.

Edelkraut, F.; Balzer, S. (2016): Inspiring! Kommunizieren im TED-Stil, SpringerGabler 2016.

Endrissat, N. (2020): Hacking the Crisis: Hackathons als neue Art der Lösungsfindung und Zusammenarbeit. In: Zeitschrift für Führung und Organisation, Ausgabe 6, S. 393-396.

Erpenbeck, J. & Sauter, W. (2021): Future Learning und New Work. Das Praxisbuch für gezieltes Werte- und Kompetenzmanagement. Freiburg: Haufe Group.

Fandel-Meyer (2015): Informelles Lernen: Herausforderungen & Good Practice Beispiele?, siehe: https://www.scil-blog.ch/blog/2015/01/20/informelles-lernen-herausforderungen-good-practice-beispiele/

Foelsing, J. & Schmitz, A. (2021): New Work braucht New Learning. Eine Perspektive durch die Transformation unserer Organisations- und Lernwelten. Wiesbaden: Springer Gabler Verlag.

Graf, N. (2019): Agile Lernformate in Unternehmen – Videolernkurs auf Linkedin Learning, siehe: https://www.linkedin.com/learning/agile-lernformate-in-organisationen

Graf, N. (2020): Agile Lernprinzipien, siehe: https://www.haufe.de/personal/hr-management/agiles-lernen/agile-lernprinzipien_80_427738.html

Graf, N. (2020a): Agile Lernformate, siehe: https://www.haufe.de/personal/hr-management/agiles-lernen/agile-lernformate_80_427740.html

Graf, N.; Kemether, K.; Liebhart, U. (2022): Effekte von organisationsinternen Einsätzen von Working out loud, Studienbericht, siehe: https://www.fham.de/hochschule/cill/Barcamp

Jennings, C. (2013): 70:20:10 – A Framework for High Performance Development Practices, siehe: http://charles-jennings.blogspot.de/2013/06/702010-framework-for-high-performance.html

Lipkowski, S. (2016): Teilen Lernen. In: managerseminare Heft 214, Jan. 2016.

Meier, C. und Seufert, S. (2012): Social Business Learning Whitepaper, SCIL, siehe: https://www.scil-blog.ch/wp-content/uploads/2012/11/Whitepaper_SocBusLearning_2012-11-19.pdf

Roock, S. (2016): Alignment und Verbesserung mit dem Nordsternkonzept, Vortrag it-agile Konferenz.

Schmitz, A.P.; Beer, A. & Foelsing, J. (2020): Barcamps – als Seismographen für emergente Veränderungen. In: Zeitschrift für Organisationsentwicklung. Heft 1, S. 85-93.

Stepper, J. (2015): Working Out Loud: For ab better career and life. Alberta: Ikigai Press.

5 Neue Lerninhalte für eine neue Arbeitswelt

Wie schon in der Einleitung skizziert, verändert sich die Welt und damit auch das Wissen, die Kompetenzen und Inhalte, die Mitarbeitende in der Zukunft (weiter)entwickeln bzw. lernen müssen.

Dabei scheint – vor allem im Bildungssystem – die Vermittlung und Weitergabe von Wissen noch immer im Fokus zu stehen. Und dies, obwohl bereits über eine Informationsexplosion gesprochen wird und der damit einhergehende Wissenszuwachs zukünftig kaum noch erlernbar sein wird. Der Zeitraum, in dem sich zum Beispiel das Wissen der Menschheit verdoppelt, wird immer kürzer. 1950 waren es 50 Jahre, 1980 sieben Jahre, 2010 knapp vier Jahre und Expertinnen und Experten schätzten, dass sich das Wissen im Jahr 2020 innerhalb von nur 73 Tagen verdoppelt hat. Diese Geschwindigkeit steigt exponentiell und (über-)fordert uns. Wir müssen uns also von Wissen als Kriterium für gute Bildung lösen.

Einige Lernexperten rufen deswegen bereits die Bildungskatastrophe aus. Diese Bildungskatastrophe hat sich in den letzten Jahren zu einer Kompetenzkatastrophe ausgeweitet.

> »Deutschland ist auf dem Weg in die Bildungskatastrophe. Es vertrödelt seine Zukunft, weil es die Entwicklung zur Kompetenzgesellschaft verschläft ... Wie Studien zeigen, hängen die volkswirtschaftlichen Wachstumsraten langfristig direkt mit den Kompetenzen der Menschen zusammen, weil eine kontinuierliche Kompetenzentwicklung die Menschen in ihrer Arbeit produktiver und innovativer macht. Wird die Kompetenzkatastrophe nicht aufgehalten, droht der geistige und wirtschaftliche Rückschritt gegenüber anderen Ländern.« (Erpenbeck und Sauter 2016)

Schaut man etwas genauer hin, so geschieht ein Umdenken in der Frage, was gelernt werden muss.

Es ist nicht nur eine Abkehr von Wissen hin zu Kompetenz, sondern insgesamt vom »Was« zum »Wie«. Da sich das »Was« in Form von Wissen, Lernstoff, Fakten ändert und viele Zukunftsaspekte noch gar nicht klar und damit erlernbar sind, hat das »Was« etwas Reaktives, Langsames und sicherlich nichts Erfolgssicherndes. Stattdessen wird momentan über Zukunftskompetenzen (»Future Skills«) diskutiert – also den überfachlichen Kompetenzen, die uns das Leben und Arbeiten in der Zukunft erleichtern sollen.

Egal welche der aktuellen Studien man heranzieht, so sind neben Digitalkompetenzen immer auch Selbststeuerungskompetenzen, Kollaborationskompetenzen und Lernkompetenzen wichtige Aspekte. Sie bieten uns das Rüstzeug, mit neuen Situationen klarzukommen und in diesen Lernen zu können – egal was gelernt werden soll.

Statt Wissen zu lernen, müssen wir umdenken: Welches Rüstzeug brauchen wir, um in der Zukunft erfolgreich bestehen zu können? Das diese »vorbereitenden« Kompetenzen über zukünftigen Unternehmenserfolg entscheiden, verdeutlichen einige Zahlen:

Das World Economic Forum (2020) nimmt an, dass mindestens 42 % aller Jobs in den nächsten drei Jahren andere Kompetenzen erfordern – teilweise ohne zu wissen, was dies für Kompetenzen sein werden.

Um diese Mammutaufgabe zu bewerkstelligen, sind sich Top-Führungskräfte einig, dass die Fähigkeit der Mitarbeitenden, sich anzupassen und neue Kompetenzen aufzubauen, der wichtigste Schlüssel ist, um auch zukünftige Disruptionen erfolgreich navigieren zu können (Deloitte 2021).

Welche Kompetenzen benötigen Mitarbeitende in der Zukunft?
Wenn es also gilt, eine zukünftige Kompetenzkatastrophe aufzuhalten, dann stellt sich automatisch die Frage, wo wir dabei am besten ansetzen sollten. An welchen Stellen muss sich etwas ändern, um das Unheil zu vermeiden? Ohne den Anspruch auf Vollständigkeit zu erheben, fallen uns insbesondere drei Bereiche ins Auge, die wir im Folgenden thematisieren möchten:

1. Anpassung an ein neues Arbeitsumfeld (Kapitel 5.1)
2. neue Arbeitsweisen (Kapitel 5.2)
3. Metakompetenzen als Voraussetzung für beide Bereiche (Kapitel 5.3)

5.1 Anpassung an ein neues Arbeitsumfeld

Das Arbeitsumfeld ändert sich, wird technologischer, digitaler, aber auch komplexer, schneller, globaler etc. Das führt dazu, dass sich Arbeitsplätze, prozesse und -inhalte ändern. New Work ist hier ein aktuelles Stichwort. Aber worauf genau müssen sich unsere Mitarbeitenden vorbereiten und wie kann die Personalentwicklung dabei unterstützen?

Waren in der angehenden Industrialisierung Lesen, Schreiben, Rechnen gefragt sowie die Arbeitnehmertugenden Fleiß, Ordnung, Betragen und Mitarbeit, braucht es in der vernetzten, digitalen Welt neue Fähigkeiten, so Dueck: »Wir brauchen Leute, die Computer nicht nur bedienen, sondern steuern können. Leute, die vernetzte Projekte in verteilten Teams managen, Meetings produktiv machen, die führen, forschen, coachen und andere begeistern können. Wir brauchen Kreativität, Humor, Initiative und Gemeinschaftssinn.«

Im Rahmen der Veränderungen des Arbeitsumfeldes möchten wir hier gerne drei Aspekte genauer beleuchten. Einer der Dreh- und Angelpunkte neben der VUCA-Welt ist dabei die Digitalisierung. Dafür benötigen wir neue Fähigkeiten wie zum Beispiel die Mensch-Maschine-Kommunikation, um in virtuellen Teams trotzdem menschengerecht zu handeln. Wer glaubt, dass Lernen weiterhin auf die Speicherung von immer mehr Daten, das sogenannte Informationswissen, fokussiert, der irrt.

5.1.1 Digitale Kompetenz

Da die Generation Z die erste Generation ist, die wirklich mit den digitalen Medien aufgewachsen ist – weshalb ihre Angehörigen gerne auch als »digital natives« bezeichnet werden –, ist eigentlich keiner Generation klar, wie der »Digitale Quotient« aussieht und wie der eigene DQ gefördert und entwickelt werden kann. Doch was ist digitale Intelligenz? Hierzu wurden an der Nanyang Technological University acht grundlegende digitale Faktoren identifiziert:

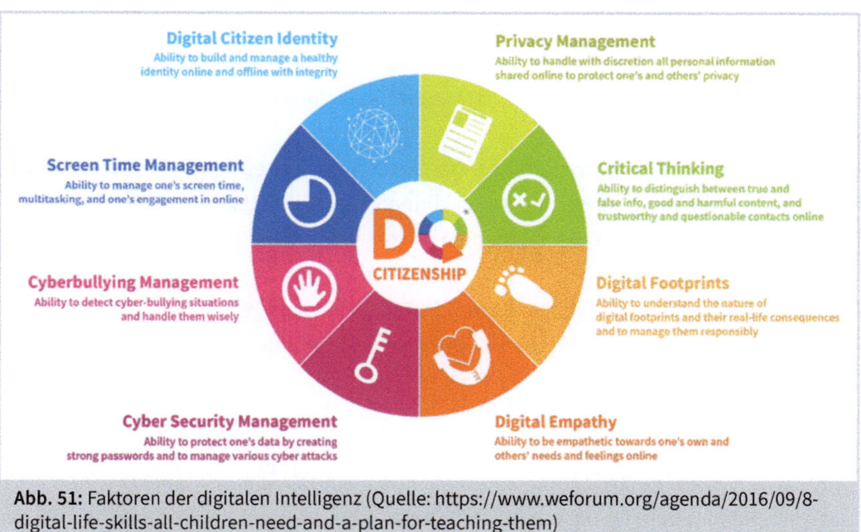

Abb. 51: Faktoren der digitalen Intelligenz (Quelle: https://www.weforum.org/agenda/2016/09/8-digital-life-skills-all-children-need-and-a-plan-for-teaching-them)

Digital citizen identity: Damit ist die Fähigkeit gemeint, sich eine gesunde, integre Identität online und offline aufzubauen und diese zu managen. Welches Bild gebe ich in sozialen Medien ab? Entspricht das meiner Persönlichkeit? Sind das private und berufliche Bild kongruent?

Screen time management: Dies bezieht sich auf die Fähigkeit, die eigene Zeit vor dem Bildschirm zu managen und das eigene Engagement zum Beispiel in sozialen Medien zu kontrollieren. Wie viel Zeit investiere ich in soziale Medien? Was zahlt sich davon aus? Unterbreche ich häufig Tätigkeiten und Konzentrationsphasen, wenn E-Mails eingehen?

Cyberbullying management: Cybermobbing ist eine große Herausforderung im Netz. Deswegen ist die Fähigkeit, gefährliche Situationen zu erfassen und sensibel damit umzugehen, wichtig. Dabei meint Cybermobbing nicht nur das Schreiben von Hasstiraden, sondern kann häufig auch deutlich subtiler sein wie das Nicht-Informieren Einzelner in virtueller Teamarbeit oder ein schroffer Kommunikationsstil.

Cybersecurity management: Eine der wichtigsten Kompetenzen ist die Fähigkeit, seine Daten zu sichern. Dazu gehören unterschiedliche und sichere Passwörter ebenso wie die Wahl von Speichermedien sowie das Reagieren auf verschiedene Cyberattacken.

Privacy Management: Die Steuerung der eigenen Privatsphäre und die der anderen ist eine der wichtigsten Voraussetzungen, um sich in der digitalen Welt bewegen zu können. Welche Informationen sollen für welchen Personenkreis zugänglich sein und wie kann die Privatsphäre geschützt werden?

Critical thinking: Die Fähigkeit, zwischen wahren und falschen Informationen unterscheiden sowie Quellen bewerten zu können, ist bei der herrschenden Fülle an Informationen notwendig. Dazu gehört auch die kritische Auseinandersetzung damit, welche Quellen oder virtuellen Kontakte vertrauenswürdig sind.

Digital footprints: Das Bewegen im Netz hinterlässt Spuren (digital footprints), die kaum mehr rückgängig gemacht werden können. Man sollte das Phänomen verstehen und sich über mögliche Konsequenzen im realen Leben bewusst sein.

Digital empathy: Da auch digitale Kommunikation ein sozialer Prozess ist, gehört die Fähigkeit, virtuell Empathie für die Bedürfnisse und Gefühle anderer zu zeigen, ebenfalls zu den digitalen Faktoren.

Diese acht Faktoren wurden zwar für Kinder zusammengetragen, lassen sich aber problemlos auf die Arbeitswelt übertragen, insbesondere wenn zunächst eine Analyse des bestehenden DQ (individuell und auf Organisationsebene) erfolgen soll. Hierzu passend hat bereits in den 80er Jahren Dieter Baacke ein Kompetenzmodell aufgestellt, das auch heute noch Gültigkeit besitzt.

Medienkompetenz

Mit Medienkompetenz wird die Fähigkeit bezeichnet, Medien und ihre Inhalte den eigenen Zielen und Bedürfnissen entsprechend sachkundig zu nutzen. In einer Welt, in der Medien aller Art gerade auch für das Lernen immer wichtiger werden, ist diese Kompetenz ein nicht zu unterschätzender Faktor.

Seit den 1990er Jahren hat Dieter Baackes Definition von Medienkompetenz besondere Bedeutung erlangt. Er gliederte den Begriff in vier Dimensionen: Medienkritik, Medienkunde, Mediennutzung und Mediengestaltung (Baacke 1997, S. 98 f.). Um das komplexe Begriffssystem Baackes anschaulicher zu machen, wird hier seine Beschreibung der Ausdifferenzierung des Begriffs Medienkompetenz schematisch dargestellt4.

- **Medienkritik** soll problematische gesellschaftliche Prozesse angemessen analytisch erfassen. Jeder Mensch sollte reflexiv in der Lage sein, das analytische Wissen auf sich selbst und sein Handeln anzuwenden. Die ethische Unterdimension der Medienkritik bezeichnet die Fähigkeit, soziale Konsequenzen der Medienentwicklung zu berücksichtigen.
- **Medienkunde** umfasst das Wissen über die heutigen Mediensysteme. Die informative Unterdimension der Medienkunde beinhaltet klassische Wissensbestände. Die instrumentell-qualifikatorische Unterdimension meint die Fähigkeit, neue Geräte auch bedienen zu können. Die beiden Aspekte Medienkritik und Medienkunde umfassen die Unterdimension der Vermittlung. Die Unterdimension der Zielorientierung liegt im Handeln der Menschen. Hierbei spielt also die Nutzung von Medien eine wichtige Rolle.
- **Mediennutzung** ist doppelt zu verstehen: Medien sollen rezeptiv angewendet werden (Programm-Nutzungskompetenz) und interaktive Angebote genutzt werden.
- **Mediengestaltung** stellt in Baackes Ausdifferenzierung den vierten Bereich der Medienkompetenz dar. In den Bereich Mediengestaltung fallen die innovativen Veränderungen und Entwicklungen des Mediensystems und die kreativen ästhetischen Varianten, die über die Grenzen der alltäglichen Kommunikationsroutinen hinausgehen.

In der Mediennutzung ist zudem ein weiteres wichtiges Thema enthalten, dass an dieser Stelle explizit hervorgehoben werden soll: Die Veränderung des Umgangs mit Informationen. Bereits mehrfach in diesem Kapitel ist das Thema Informationswissen und Informationskritik angerissen worden. Während früher das Lernen von Informationen relevant war, da sich die Informationsbeschaffung deutlich schwieriger gestaltete und Informationen nur in begrenztem Maße frei und sofort verfügbar waren, ist das heute nicht mehr der Fall. Sehr viele Informationen sind frei zugänglich und lassen sich einfach beschaffen. Getreu dem Motto: »Ich muss es nicht wissen, ich muss nur wissen, wo es steht«, ist nicht das Rezipieren einer Information, sondern die Auswahl relevant. Die Schwierigkeit liegt dabei in der Masse der Informationen und könnte als Selektionskompetenz beschrieben werden. Wie finde ich zum Beispiel bei Google unter den Millionen von Treffern den einen, der für mich relevant ist? Wie kann ich bewerten, ob diese Information korrekt ist?

Eine effiziente Suche nach Informationen im Internet, in sozialen Medien, aber auch auf Kollaborationsplattformen ist eine Kompetenz, die bereits heute nicht zu unterschätzen ist und die wir selten systematisch gelernt haben.

5.1.2 Virtuelle und hybride Teams[15]

Virtuelle Teams gehören seit Corona fast zum Standard, sie arbeiten standortübergreifend miteinander und sind bei der Kommunikation und Zusammenarbeit sehr stark von digitalen Kommunikationsmedien, zum Beispiel E-Mail, Telefon, Webmeetings, Videokonferenzen etc., abhängig.

Für Unternehmen bzw. Organisationen[16] bieten virtuelle Teams diverse Vorteile, weswegen diese Art der Kooperation weiter ausgebaut wird. Diese Vorteile sind:

- **Flexibilität:** Unternehmen können virtuelle Teams bei Bedarf vergleichsweise kurzfristig bilden, umstrukturieren oder auch wieder auflösen. Die gleichen Mitarbeitenden können dabei nach Bedarf auch parallel verschiedenen Teams zugeordnet oder mit externen Beratern, Dienstleistern etc. in Teams kombiniert werden. Dabei können – abhängig von der Aufgabe – virtuelle Teams unterschiedlich groß sein, auch die Intensität und Dauer der Zusammenarbeit sind flexibel.
- **Zugriff auf Wissen und Ressourcen:** Gibt es keine geografischen Beschränkungen, so hat ein Unternehmen potenziell Zugriff auf wesentlich mehr und qualitativ bessere personelle Ressourcen. Expertinnen und Experten aus aller Welt können für bestimmte Zielstellungen im Team zusammenarbeiten.
- **Erhöhte Effektivität und Produktivität:** Aufgrund der oben genannten Vorteile kann ein dezentrales Team im Idealfall effektiver sein als ein klassisches Team. Wird die Arbeit in einem globalen Team über verschiedene Kontinente und Zeitzonen verteilt, so ist es möglich, innerhalb eines Unternehmens 24 Stunden am Tag an einem Projekt zu arbeiten.
- **Kostenersparnis:** Da sich virtuelle Teams in der Regel online treffen, entfallen – sieht man von den dennoch empfohlenen Präsenztreffen zu bestimmten Anlässen ab – Reisekosten. Zudem werden in vielen Fällen auch Bürokosten gespart, wenn Teammitglieder zum Beispiel von zu Hause aus tätig sind.

Diesen Vorteilen stehen allerdings auch einige Herausforderungen gegenüber:

- Die eingeschränkte Kommunikation führt in vielen Fällen zu Reibungsverlusten: Virtuelle Teams kommunizieren primär über unterschiedliche elektronischen

15 Vgl. http://www.personalmanagement.info/hr-know-how/top-trainer-informieren/detail/was-sind-ueberhaupt-virtuelle-teams-und-was-ist-dabei-zu-beachten/

16 Vgl. http://www.kreutzfeldt-coaching.de/virtuelle-teams-vor-und-nachteile/

Kommunikationsmedien wie E-Mail, Chat und Telefon. Alle diese Medien haben aufgrund ihrer technischen Eigenschaften eine gewisse Filterfunktion, insbesondere nonverbale Informationen gehen dabei verloren oder können – etwa beim Videochat – nur begrenzt wahrgenommen werden. Dies erhöht die Gefahr von Missverständnissen, die zudem in internationalen Teams wächst, wenn ein Teil der Teammitglieder die Arbeitssprache möglicherweise nicht perfekt beherrscht. Zudem bietet sich für räumlich verteilte Teams in der Regel weniger Gelegenheit für spontane, informelle Kommunikation.

- Probleme und Konflikte treten weniger sichtbar auf, und Konflikte sind, einmal erkannt, auf Distanz schwieriger zu lösen.
- Über den Globus verteilte Teams sind oftmals zugleich interkulturelle Teams. Dies stellt eine zusätzliche Herausforderung dar, die unabhängig von der räumlichen Dimension existiert und sich mit dieser überlagern kann. Die höhere Heterogenität der Teammitglieder ist eine Bereicherung des Teams und oftmals sogar mit ein Grund für seine Entstehung, etwa wenn verschiedene Märkte abgedeckt oder Entwicklungsressourcen in Asien genutzt werden sollen. Wichtig ist jedoch, dass in Bezug auf die gemeinsam verfolgten Ziele Einigkeit besteht bzw. aktiv hergestellt und somit auf diesem Feld Homogenität erreicht wird, damit das Team inhaltlich an einem Strang zieht.

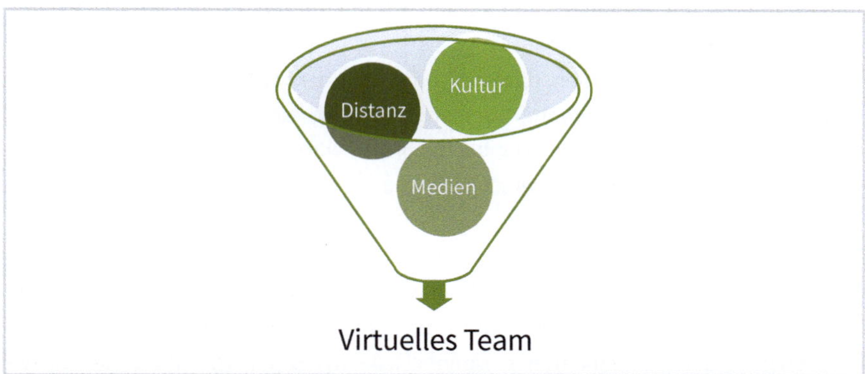

Abb. 52: Herausforderungen bei der Zusammenarbeit und Entwicklung virtueller Teams (eigene Darstellung)

Um diese Herausforderungen im virtuellen Team erfolgreich zu bewältigen, sind sowohl die Kooperationskompetenzen der einzelnen Mitarbeitenden als auch die spezielle Führungs- und Teamentwicklungskompetenz des Teamleiters gefragt.

Die Distanz ist ein Thema, das dazu führt, dass neue soziale Kompetenzen etwa in der Kommunikation erlernt werden müssen. Eine reine Übertragung bisheriger Kompetenzen aus der direkten Kommunikation ist nicht möglich. Die folgenden Fragen veranschaulichen das Problem der Distanz und geben zugleich einen Fingerzeig, wie es lösbar wäre:

- Wie entsteht das notwendige Teamgefühl trotz der Distanz?
- Wie können sich die Teammitglieder über eine so große Entfernung hinweg kennenlernen und Vertrauen zueinander entwickeln?
- Wie kann sich ein Team organisieren, wenn seine Teammitglieder so weit voneinander entfernt sind, dass sie in verschiedenen Zeitzonen leben?
- Gibt es Möglichkeiten für die Teammitglieder, auch im virtuellen Team informell miteinander zu kommunizieren, um die gefühlte Distanz zu verringern?

Wie oben bereits angesprochen, ist auch das Thema Internationalität bei virtuellen Teams häufig ein Knackpunkt. Interkulturelle Kompetenz wird also immer wichtiger. Aber es kommen noch weitere Schwierigkeiten hinzu, die in der Zukunft von den Teammitgliedern bewältigt werden müssen. Teammitglieder in virtuellen Teams haben oft verschiedene Muttersprachen und müssen sich in einer Sprache verständigen, die nicht ihre Muttersprache ist. Unterschiedliche Sprachniveaus und unterschiedliche Interpretationen bestimmter Wörter erschweren die Kommunikation und lassen in virtuellen Teams schnell Missverständnisse entstehen. Folgende Fragen sind hier relevant:

- Wie beeinflussen die unterschiedlichen kulturellen Hintergründe im virtuellen Team die unterschiedlichen Arbeitsweisen und Kommunikationsstile? Welche Erwartungen ergeben sich daraus?
- Wie kann man sicherstellen, dass die Kompetenz der Teammitglieder, die nicht so gut Englisch (oder eine andere »Company Language«) sprechen, trotzdem zum Gesamtwohl des virtuellen Teams mit eingebracht wird?
- Wie kann im virtuellen Team eine eigene Teamkultur geschaffen werden?

Als Letztes ist das Thema der Medien zu betrachten. Dabei geht es nicht um die reine Medienkompetenz der Mitarbeitenden (siehe später in diesem Kapitel), sondern um die Gestaltung der Kommunikationsprozesse. Wie kann man die unterschiedlichen Präferenzen und Kommunikationsgewohnheiten – mündlich, schriftlich – der einzelnen Teammitglieder im virtuellen Team berücksichtigen? Wie bringen sich die einzelnen Teammitglieder in den virtuellen Teambesprechungen ein? Wie moderiert man virtuelle Teambesprechungen im Gegensatz zu Teammeetings vor Ort? Was muss der virtuelle Moderator dabei beachten.

Alleine an diesem Beispiel sieht man, dass sich analoge Kompetenzen nicht einfach auf die virtuelle Welt übertragen lassen. Der aktuelle Trend der hybriden Teams erfordert analog nicht nur die Kompetenzen aus beiden Welten, sondern auch die Fähigkeit, die Vorteile der beiden Welten zielgerichtet zu nutzen.

5.1.3 Mensch-Maschine-Kommunikation

Als zweites Beispiel haben wir die Mensch-Maschine-Kommunikation herausgegriffen, denn die wird zunehmend von zentraler Bedeutung sein. Ob Interaktion mit sprechenden Navigationssystemen, Zusammenarbeit von Mensch und Roboter am Fließband oder Interaktion mit künstlicher Intelligenz am Arbeitsplatz, die Aufgaben des Mitarbeitenden verändern sich.

Beherrscher

Kapitän

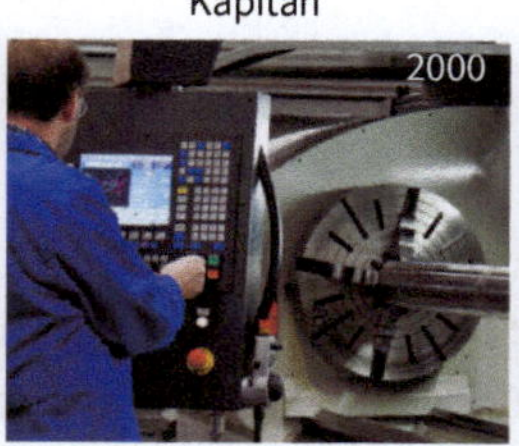

Dirigent

- Aufgaben von Produktions- und Wissensarbeitern wachsen weiter zusammen
- Indirekte Tätigkeiten wachsen überproportional an im Verhältnis zu direkten
- Kurzfristige und weniger planbare Arbeitstätigkeiten nehmen zu
- Einfache Tätigkeiten nehmen weiter ab

Abb. 53: Die Rolle des Menschen im Produktionsprozess (siehe: http://www.vdma.org/documents/106133/4697460/Aspekte%20Personal%20und%20Arbeitsorganisation/5b4c1a66-2bdc-41ec-b1c1-64a4abf54e6e)

Der einzelne Mitarbeitende wird tendenziell zum Dirigenten der Zusammenarbeit, die indirekten Tätigkeiten der Überwachung und Koordination nehmen zu. Dazu benötigt er einen Ausbau unter anderem folgender Kompetenzen:

- Komplexitätsverständnis, um eine Überwachungs- und Kontrollfunktion über Abläufe übernehmen zu können,
- Informationsautorität, damit er Informationen aus dem Prozess abrufen, filtern, analysieren und nutzen kann,
- Ausführungsautorität, so dass die Produktivität und Sicherheit vom Mitarbeitenden positiv beeinflusst werden können.

Das Gleiche gilt auch für Lernprozesse:

> »Der Mensch verliert seinen Alleinvertretungsanspruch auf das Denken. In wenigen Jahren werden humanoide Computer, die menschenähnlich denken, nicht mehr nur technischer Gehilfe, Gerät, Instrument, sondern Lernpartner im eigentlichen Kompetenzentwicklungsprozess sein. Der limitierende Faktor in zukünftigen Lernsystemen ist nicht mehr die Technologie, sondern der Mensch, weil er erst lernen muss, mit seinem neuen, technologischen Lernpartner souverän umzugehen.« (Erpenbeck und Sauter 2016)

5.2 Neue Arbeitsweisen

Als zweiten Bereich wollen wir die neuen Arbeitsweisen betrachten. Agile Arbeitsmethoden wie Scrum, Kanban etc. sind bereits mehrfach angesprochen worden. Das Arbeiten mit diesen Methoden muss natürlich auch erst einmal erlernt bzw. das Arbeiten in klassischen Umgebungen ggf. entlernt werden. Mit Scrum oder Kanban zurechtzukommen, bedeutet aber nicht, lediglich die Methoden zu verstehen. Dazu gehört vor allem die veränderte Haltung nicht zuletzt der Art und Weise gegenüber, wie man miteinander arbeitet, kommuniziert und sich organisiert. Ohne sich sowohl fachlich als auch methodisch und persönlich weiterzuentwickeln, wird das nicht funktionieren.

Der entsprechende Lernprozess wird einigen Aufwand für Lernende nach sich ziehen, was wiederum zu der Herausforderung führt, den Lernprozess mit dem Alltagsgeschäft in Einklang zu bringen. Beides ist dann auch noch auf die Teamebene zu übertragen, da agiles Arbeiten auf selbstorganisierten Teams basiert.

5.2.1 Anforderungen an die Eigensteuerung

Arbeitnehmervertreter kämpfen für immer mehr Freiheitsgrade im Arbeitskontext. Trends wie Homeoffice, Mediennutzung etc. ändern die Freiheitsgrade und damit auch die individuelle Gestaltung des eigenen Arbeitsumfeldes. Dabei geht es nicht um die Bedienung von neuen Medien oder das Lernen neuer Methoden, sondern um die daraus resultierenden Anforderungen an den Umgang mit diesen Freiheitsgraden an das Individuum.

Nicht zuletzt aus derartigen Veränderungen entstehen personalpolitische Diskussionen wie Vereinbarkeit von Familie und Beruf, Work-Life-Balance, Achtsamkeit und digitale Erreichbarkeit. Dabei sind die Veränderungen Fluch und Segen zugleich. Segen in dem Sinne, dass die individuelle Flexibilität deutlich zunimmt: Wenn ich als Mitarbeitender eine mobile Ausstattung habe, kann ich arbeiten, wo und wann ich will. Erste Beispiele digitaler Nomaden[17] als Reinform flexiblen Arbeitens existieren schon und werden in der Zukunft sicherlich mehr.

Bei den meisten Mitarbeitenden ist es aber eine Flexibilität mit gesetztem Rahmen. Auch hier ändert sich etwa dank der Medien die Erreichbarkeit. Wann arbeite ich und

17 »Ein digitaler Nomade (auch Internet-Nomade, Büronomade, *urban nomad*) ist ein Unternehmer oder auch Arbeitnehmer, der fast ausschließlich digitale Technologien anwendet, um seine Arbeit zu verrichten, und zugleich ein eher ortsunabhängiges beziehungsweise multilokales Leben führt.« (Wikipedia, Eintrag »digitaler Nomade«).

wann nicht? Habe ich Rufbereitschaft oder die Verpflichtung, am Wochenende auf E-Mails meines Chefs zu antworten? Diese Fragen beschäftigen aus politischer Sicht Arbeitergeber- wie Arbeitnehmerverbände und aus persönlicher Sicht jeden Mitarbeitenden. Maßnahmen zum Schutz der Mitarbeitenden wie die Nicht-Weiterleitung von E-Mails nach 18.00 Uhr, wie es das Arbeitsministerium unter Ursula von der Leyen oder der Volkswagen-Konzern eingeführt haben, spiegeln nur die Unsicherheit im Umgang mit den neuen Möglichkeiten wider.

Statt die Mitarbeitenden vor der Flexibilität zu »schützen«, sollten zwei Aspekte in den Fokus gerückt werden: Führungskompetenz der Vorgesetzten und die individuelle Selbststeuerung der Mitarbeitenden. Vorgesetzte sollten sich im Klaren sein, dass eine 24-Stunden-Präsenz sieben Tage in der Woche kontraproduktiv ist und Erholungszyklen zur Gesunderhaltung der Mitarbeitenden und der Aufrechterhaltung ihrer Produktivität gehören. Ob als Vorbild gelebt oder als klare Erwartung formuliert, sind Grenzen der Erreichbarkeit von Arbeitnehmern zu definieren. Die individuelle Selbststeuerung ist das Gegenstück zu den Kompetenzen des Vorgesetzten. Eine persönliche Abgrenzung zur Arbeit und aktive Erholungsphasen als Gesundheitsprophylaxe bedeuten, dass Mitarbeitende sich auch ganz bewusst gegen eine Erreichbarkeit zu jeder Tages- und Nachtzeit entschließen. Beobachtet man allerdings die heutigen Jugendlichen, hat man häufiger den Eindruck, dass Erreichbarkeit das höchste Gut ist, um ja keine Information zu verpassen. Dabei wären die folgenden Fragen viel interessanter: Was macht die ständige Erreichbarkeit eigentlich mit mir? Wie sieht mein Stresslevel aus? Wann und wie erhole ich mich am besten? Wie viel Medienkonsum tut mir gut? Eigentlich sollten solche Themen bereits in der Kindheit thematisiert werden und die Achtsamkeit für sich gelernt werden. In Kapitel 5.1.1 stellen wir hierzu die Empfehlungen des World Economic Forum zum sogenannten Digital Quotient (DQ) vor.

5.2.2 Selbsterkenntnisvermögen

Der Aspekt der Achtsamkeit kann in das zweite Thema der Eigensteuerung als »Selbsterkenntnisvermögen« integriert werden. Eine bewusste Wahrnehmung des eigenen Handelns und der eigenen Persönlichkeit wird zunehmend wichtiger. Dazu gehören u. a. Klarheit über eigene Leitmotive, Reflexionsfähigkeit, Selbstdistanz, Selbstrelativierung (Selbstironie, Neutralität, Einsicht in Selbstbezug, Wertgefüge) und Kontextualismus, womit folgende Eigenschaften gemeint sind: historische Selbsteinordnung, Altersadäquanz, kein Absolutheitsanspruch sowie ein Abwägen von Nutzen und Aufwand.

Andere Aspekte der Selbststeuerung sind zum Beispiel die Offenheit für Neues oder Kreativität sowie die Risikokompetenz. In der Zukunft ist es wichtig, derartige Grundvoraussetzungen für die Erwerbstätigkeit in einem gewissen Maße zu erfüllen und nicht durch Veränderungen und daraus entstehende Unsicherheiten in Stress zu verfallen.

Abb. 54: Veränderte Qualifikationsanforderungen (Quelle: Walter 2009)

5.3 Metakompetenzen

Als dritten Bereich möchten wir die oben bereits genannten Metakompetenzen ansprechen, die Mitarbeitende in der Zukunft mitbringen bzw. die im Transformationsprozess in Unternehmen gefördert werden müssen. Metakompetenzen sind Kompetenzen, die jeder Mitarbeitende – unabhängig von seinem Job – im Rahmen der veränderten Arbeitsumwelt haben sollte, um erfolgreich und gesund zu bleiben. In den 1990er Jahren war das im Zuge der ersten Projekte die Kompetenz »Teamfähigkeit«. Bei jedem Bewerbungsgespräch war das ein Thema. In der heutigen Zeit ist das deutlich komplexer. So bringen z. B. die Arbeitszeit- und Arbeitsort-Flexibilisierung viele Vorteile, setzen aber auch eine hohe Eigensteuerung der Mitarbeitenden voraus. Digitale Kompetenzen sind nicht nur für Büroarbeiter wichtig, sondern zum Beispiel auch für den Gabelstaplerfahrer, der nun seine Anweisungen über ein Tablet erhält. Andere Kompetenzen wie Lernkompetenz (vgl. Kapitel 6 »Mitarbeitende – Lernkompetenzen als Schlüssel zum Erfolg«) erhalten durch das Aufbrechen des schulähnlichen Kontextes in der Weiterbildung mehr Bedeutung.

Im Rahmen eines Forschungsprojektes des Personalernetzwerkes »Initiative Wege zur Selbst GmbH e. V.« wurde während der Bearbeitung dieses Buches ein **Metakompe-**

tenzmodell entwickelt, auf andere Ansätze hingewiesen und Tipps für die Förderung der Metakompetenzen gesammelt.[18] Ergebnisse dieses Projektes finden Sie in Ihrer smARt-App, wenn Sie die folgende Abbildung scannen.

Abb. 55: Ergebnisse zum Metakompetenzmodell in der Haufe-smARt-App

Zusammenfassend ist festzustellen, dass fachliches Know-how und fachliche Kompetenz natürlich relevant bleiben, allerdings mehr Fokus auf die Ebene der Situationshandhabung gelegt werden muss und gelegt wird. Nicht umsonst ist lebenslanges Lernen seit Jahrzehnten ein geflügelter Begriff – war aber noch nie so wichtig wie heute. So spielen in den ersten Unternehmen bei Personalauswahlprozessen weniger die bisherigen Ausbildungen als vielmehr die Lernfähigkeit eine wichtige Rolle. Statt den Status quo des Wissens und der Kompetenz zu beleuchten, wird versucht, etwas über die zukünftige Anpassungsfähigkeit an Neues herauszufinden und in den Auswahlprozess einzubeziehen.

Die »Superkompetenz des 21. Jahrhunderts« wird die Lernkompetenz sein. Sie ermöglicht den Kompetenzerwerb in der Zukunft. Anders formuliert sollten wir heute lernen, wie wir in Zukunft lernen.

Wir brauchen weniger fleißige Schüler als gute agil Lernende!

18 Vgl. https://selbst-gmbh.de/.

Literatur

Erpenbeck, J.; Sauter, W. (2016): Alle Macht den Lernern. Wirtschaft + weiterbildung, 04.2016, S. 18-23, siehe: https://www.haufe.de/download/wirtschaft-weiterbildung-ausgabe-42016-wirtschaft-weiterbildung-344606.pdf

Monitoring-Report Wirtschaft DIGITAL 2016, siehe: http://www.bmwi.de/DIGITAL/Redaktion/DE/Publikation/monitoring-report-wirtschaft-digital-2016.html[LINK.EXT

Pfläging, N. (2016): Personalentwicklung ist Gängelung. In: ManagerSeminare, Heft 225, S. 16 f.

Reimann, S. (2015): Lernen für ein neues Zeitalter – Humboldt 2.0. In: ManagerSeminare, Heft 205, April 2015, S. 69-73.

Sauter W. und Sauter, S. (2013): Workplace Learning: Integrierte Kompetenzentwicklung mit kooperativen und kollaborativen Lernsystemen. Heidelberg: Springer Gabler.

UNESCO-Bericht zur Bildung für das 21. Jahrhundert (1998): Lernfähigkeit: Unser verborgener Reichtum. Hrsg. von der Deutschen UNESCO-Kommission. Neuwied; Kriftel; Berlin: Luchterhand, 1997 (2. Auflage).

Wäfler, T.; Windischer, A.; Ryser, C.; Weik, S.; Grote, G. (1999): Wie sich Mensch und Technik sinnvoll ergänzen: Die Gestaltung automatisierter Produktionssysteme mit KOMPASS. vdf Hochschulverlag AG.

Walter, N. (2009): Mehr Wachstum für Deutschland. Think Tank der Deutsche Bank Gruppe (Deutsche Bank Research), Foliensatz.

WeForum (2020): The Future of Jobs Report, siehe: https://www3.weforum.org/docs/WEF_Future_of_Jobs_2020.pdf

Teil 2: Neue Verantwortlichkeiten für alle Beteiligten

Im ersten Teil des Buches haben wir einen Einblick gegeben, wie sich Lernen im betrieblichen Kontext ändern wird: Digitale, arbeitsplatznahe und informelle Lernformate werden weiter Einzug erhalten, neue Metakompetenzen an Relevanz gewinnen und die Personalentwicklung vor einem Paradigmenwechsel von einer Angebots- hin zu einer Nachfrageorientierung stehen.

In den allgemeinen Diskussionen um die Veränderungen der Personalentwicklung hat man sich bisher zu sehr auf neue Formate und technische Möglichkeiten konzentriert und dabei vernachlässigt, über die neuen Anforderungen an alle Beteiligte zu sprechen. Dabei haben und werden sich die Rollen und Verantwortlichkeiten im betrieblichen Lernkontext teils deutlich verändern. Nur wenn alle Beteiligten ihre neuen Anforderungen verstanden und akzeptiert haben sowie die Fähigkeiten besitzen, diese auszufüllen, kann Agiles Lernen im Unternehmen funktionieren. Deswegen möchten wir den zweiten Abschnitt des Buches den Rollen der Beteiligten widmen.

Im Mittelpunkt jeden betrieblichen Lernens steht selbstverständlich der Mitarbeitende als lernendes Subjekt. Seine Rolle hat sich massiv geändert, ohne dass dies ausreichend thematisiert oder er dabei unterstützt wurde, seine Fähigkeiten im nun selbstgesteuerten Lernen auszubauen. Als noch hauptsächlich in Seminaren gelernt wurde, waren die Anforderungen an Mitarbeitende deutlich geringer. Inhalte, Termine etc. waren vorgegeben, ein Dozent vermittelte die grundlegenden Bausteine und half ggf. mit Transferübungen. Wenn nichts oder wenig beim Arbeitsalltag ankam, dann war das Seminar, der Trainer oder irgendetwas schuld, aber selten der Mitarbeitende. Allzu oft wurde der Effekt eines Seminars im Arbeitsalltag auch gar nicht überprüft oder zumindest thematisiert.

Heute sieht es ganz anders aus. Der lernende Mitarbeitende muss seinen Bedarf selbst erkennen, sich geeignete Formate heraussuchen, Zeit *freischaufeln*, den Lerngegenstand bearbeiten, seine Motivation aufrecht erhalten und immer den Nutzen für seine Arbeit im Blick haben. Ob Mitarbeitende das gelernt haben? Wo denn? Oder wann?

Diese Verantwortung für die Selbststeuerung von Lernprozessen wurde still und heimlich übertragen und einfach vorausgesetzt, ohne sie zu thematisieren und den Mitarbeitenden die Chance zu geben, sich an die neuen Anforderungen zu gewöhnen und anzupassen. Und dann wundern sich Personalentwickler, warum selbstgesteuerte Formate wie zum Beispiel E-Learnings so eine hohe Abbruchquote haben. Statt nun mit den Mitarbeitenden in Kontakt zu treten und die Ursache zu eruieren, wird mit bestenfalls noch Gamification-Ansätzen weiter an den Formaten geschraubt – frei nach dem Motto: Irgendwann muss der Mitarbeitende es doch nutzen.

Deswegen beleuchten wir im nächsten Kapitel (Kapitel 6) intensiv den Lernenden, seine Aufgaben und die Anforderungen an seine Lernkompetenz.

Im übernächsten Kapitel (Kapitel 7) wenden wir uns dem Personalentwickler zu. Von einer reinen Trainingsadministration ist dessen zukünftige Rolle meilenweit entfernt. Nicht weniger als fünf verschiedene Hüte haben wir identifiziert, die ein Personalentwickler aufsetzen und beherrschen muss. Sei es die strategische Personalentwicklung (PE), die Förderung der Lernkultur, das Lerncoaching der Mitarbeitenden oder das Wissensmanagement 2.0 im Unternehmen, PE wird zum zentralen Erfolgsfaktor von Unternehmen, wenn die Transformation gelingen soll. Im Rahmen dieses Kapitels haben wir auch die Trainer integriert, deren Rolle sich ebenfalls wandelt. Hier sind einige Veränderungen bereits bekannt – etwa die vom Dozenten zum Ermöglicher. Aber wie viel Trainer ist in der Zukunft noch notwendig? Sterben sie aus oder verwandeln sie sich?

Als Drittes (Kapitel 8) analysieren wir die Rollen der Führungskraft. Früher als Macht- und Informationsträger, Experte o. Ä. im sicheren Sattel, muss die Führungskraft ihre neue Identität finden und neue Verantwortungen übernehmen. Sie muss die Entwicklung ihres Teams koordinieren, den Leistungserhalt und ggf. eine -steigerung der individuellen Mitarbeitenden ermöglichen und selbst als Lernende die agile Transformation durchleben.

Als Letztes möchten wir – auch wenn es keine direkte Rolle ist – das Unternehmen als Gesamtorganisation betrachten (Kapitel 9). Was macht eine lernende Organisation aus? Was ist dagegen eine lehrende Organisation? Und wie kann eine Lernkultur die Annahme der neuen Rollen aller Beteiligten unterstützen?

6 Mitarbeitende – Lernkompetenzen als Schlüssel zum Erfolg

Bereits jetzt haben wir viele Aspekte unseres Themas »Agiles Lernen« angesprochen, und es ist bereits klar, dass lebenslanges Lernen keine leere Worthülse sein kann. Es muss eine Sensibilisierung und Erkenntnis dahingehend stattfinden, dass wir auch über das Ende unserer Ausbildung hinaus ständig weiterlernen werden, mag unsere Stellung im Berufsleben auch noch so gesichert erscheinen.

Nicht mehr unser bereits vorhandenes Wissen, sondern das Lernen wird zu *der* Kompetenz, die über Erfolg entscheidet.

Jacque Delors (1998) hat das 4-Säulen-Modell des Lernens aufgestellt. Jeder Mensch sollte folgende Dinge lernen:

- lernen zusammenzuleben
- lernen, Wissen zu erwerben
- lernen zu handeln
- lernen für das Leben

Später wurde eine fünfte Säule quasi als Fundament dazu genommen, die vor allem die Fähigkeit zu lebensbegleitendem Lernen vermitteln soll. Heute ist sie bekannt als: Lernen zu lernen.

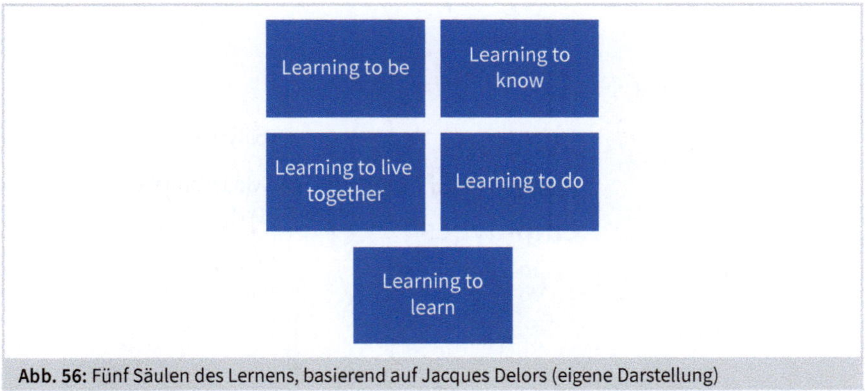

Abb. 56: Fünf Säulen des Lernens, basierend auf Jacques Delors (eigene Darstellung)

Wenn wir also Lernen im Kontext von Transformationen und dem dynamischen Umfeld betrachten (vgl. Kapitel 1), wird Lernkompetenz die Schlüsselkompetenz sein, um die wir uns als Erstes kümmern müssen. Was jedoch Lernkompetenz ist – gerade im betrieblichen Kontext –, ist noch nicht klar umrissen. Das führen wir in diesem Kapitel 6 »Mitarbeitende – Lernkompetenzen als Schlüssel zum Erfolg« genauer aus.

!

Exkurs Teamentwicklung

Dieses Buch bezieht sich grundlegend auf den individuellen Mitarbeitenden, um die Voraussetzungen für ein agiles Unternehmen zu schaffen. Dennoch möchten wir aufgrund der Wichtigkeit das Thema Teamentwicklung nicht unerwähnt lassen. Große Stellhebel, um die Effizienz zu steigern, liegen nicht nur in den Personen selbst (intrapersonell), sondern insbesondere zwischen den Personen (interpersonell). So sollte sich systematische Entwicklungsarbeit vor allem auf Konstellationen, in denen »miteinander füreinander geleistet« wird – auf Teams und Wertschöpfungsgemeinschaften also –, konzentrieren. Dass es da jedoch einen großen Nachholbedarf gibt, hat Pfläging bereits so treffend konstatiert, dass wir ihm hier das letzte Wort gewähren wollen: *»Manager und Personaler aber neigen bis heute dazu, individuelle Performance zu beschwören. Teameffektivität dagegen ist in fast allen Organisationen noch ein blinder Fleck. Dies ist möglicherweise die Todsünde der Personalentwicklung: Sie hat dazu beigetragen, dass wir die Entwicklungspotenziale von Wertschöpfungsgemeinschaften und -konstellationen weitgehend brachliegen lassen. Sie versucht, den einzelnen Menschen zu korrigieren, statt die Wirksamkeit der Teams zu erhöhen, in denen die Mitglieder einer Organisation wirken.«* (Pfläging 2016)

6.1 Neue Anforderungen an die Mitarbeitenden – Ambidextrie des Lernens

Wie in Kapitel 5 beschrieben, verändern sich die Anforderungen der modernen Arbeitswelt enorm: Nicht nur die Digitalisierung, auch zunehmende Spezialisierung, steigende Dynamik und technische Innovationen ebenso wie Globalisierung führen zu teils massiven Veränderungen der individuellen Arbeitstätigkeiten, erfordern ständige Weiterentwicklung und damit Weiterbildung von Mitarbeitenden (Abb. 57).

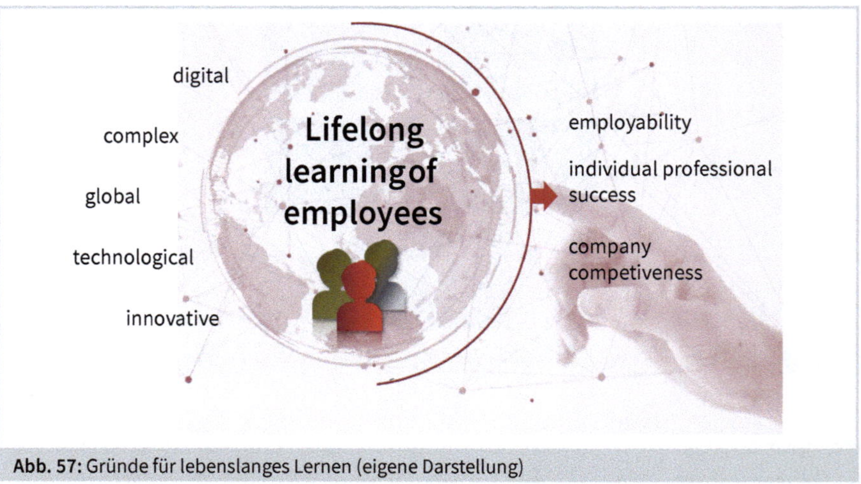

Abb. 57: Gründe für lebenslanges Lernen (eigene Darstellung)

Ohne kontinuierliches Lernen im Rahmen der beruflichen Tätigkeit können Mitarbeitende den sich ständig ändernden Anforderungen des Berufs mittelfristig nicht gerecht werden. Lebenslanges Lernen wird somit zur Voraussetzung für die Beschäftigungsfähigkeit der Mitarbeitenden.

Dabei müssen sie in beiden Welten (vgl. Kapitel 3) lernen können:

- Lernen in traditionellen Kontexten, in denen Kognitionsstrategien der Informationsverarbeitung und -selektion, strukturiertes und geplantes Vorgehen sowie der Fokus auf Transfer eine Rolle spielen.
- Und Lernen in agilen Kontexten, in denen der Umgang mit Unsicherheit, Mut, Experimentierfreude, Iteration und Reflexion entscheidende Rollen spielen.

Beide Lernkontexte haben ihre Berechtigung und ihre Stärken. Lernende müssen sich aber über die verschiedenen Situationen im Klaren werden, um dann gezielt das passende Lernen anwenden zu können.

Voraussetzung für beide Welten ist eine Rollenänderung der Mitarbeitenden: Mitarbeitende müssen die Verantwortung für ihr Lernen übernehmen und kontinuierlich, eigenverantwortlich ihre Personalentwicklung gestalten, von einer fremdgesteuerten Personalentwicklung hin zu individuellen, selbstgesteuerten Lernprozessen.

Daraus entstehen allerdings auch neue Anforderungen an Mitarbeitende und ihre Fähigkeit zur Selbststeuerung des Lernens. Lernen wird somit über den ganzen Lernprozess hinweg, von der Initiierung des Lernens bis zur Evaluation des Lernerfolgs, durch die Mitarbeitenden aktiv gesteuert. Damit ändert sich die Rolle der Mitarbeitenden vom Rezipienten und Konsumenten zum Initiator, Gestalter, Anwender und Motivator. Auf diese vier Rollen gehen wir in diesem Kapitel genauer ein.

6.2 Selbstgesteuertes Lernen

Beim selbstgesteuerten Lernen übernehmen Lernende selbst die Verantwortung sowohl für die Ausgestaltung des Lernprozesses, also vom Erkennen des Lernbedarfs bis hin zur Anwendung des Gelernten im Arbeitsprozess, als auch für ihre Lernmotivation und das Durchhaltevermögen im gesamten Lernprozess.

Fremdgesteuertes vs. selbstgesteuertes Lernen

In der Reinform traditioneller Lernformate erfolgt das Lernen der Mitarbeitenden im hohen Maße fremdgesteuert. Durch Weiterbildungen in Form von Seminaren, Workshops, Webinaren o. Ä. werden Informationen und Inhalte vermittelt. Die Lernwege und -methoden sind meist vorgegeben und können nur bedingt an die eigenen Bedürfnisse und Vorlieben angepasst werden. So liegt auch die Verantwortung für die Gestaltung des Lernens nicht bei Mitarbeitenden, die als passive Empfangende von »Instruktionen« im Rahmen des Lernangebotes gesehen werden. Das Lernen ist in diesen traditionellen Formaten angebotsorientiert konzipiert. Meist sind traditionelle Lernformate darauf ausgerichtet, in einer gegebenen Form und Zeit bestimmte Informationen und Wissen an eine Vielzahl von Lernenden zu vermitteln. Die Lernenden müssen sich einem Standard anpassen.

Oft erfolgt während einer derartigen Weiterbildung eine Transfersequenz, die, etwa durch die konkrete Planung von Umsetzungsschritten, die Transferlücke zwischen Seminar und Arbeitsplatz teilweise schließen soll. Die tatsächliche Umsetzung und Anwendung des Gelernten im Arbeitsprozess gestaltet sich für Mitarbeitende dennoch häufig schwierig, da sich die Lernangebote aufgrund ihrer Struktur nicht so am individuellen Lernbedarf und den Lernvoraussetzungen der Mitarbeitenden orientieren können, wie es ggf. notwendig wäre. Oft fehlt der individuelle Bezug zum jeweiligen Arbeitsprozess, folglich wird das Gelernte nur zu einem geringen Teil in den Arbeitsprozess übertragen, was auch den realen Nutzen derartiger Formate zur Diskussion stellt.

Lernen in dieser Form hat jedoch auch Vorteile. So kann eine externe Struktur der Lerninhalte Orientierung geben, Verknüpfungen von Unternehmen aufgezeigt werden und dadurch Schnelligkeit im Lernen generiert werden. Und gemäß der Cognitive Load Theory nach John Sweller und Paul Chandler kann die gesamte geistige Belastbarkeit für den Content genutzt werden, da Prozess und Co. vorgegeben sind. Das kann entlastend wirken.

Beim selbstgesteuerten Lernenden hingegen übernehmen die Mitarbeitenden die Verantwortung für den Lernprozess. Lernende werden dadurch selbst aktiv und verändern ihre bisherige Konsumentenrolle in den traditionellen Lernformaten hin zur neuen Gestaltungsrolle bei der Selbststeuerung des arbeitsplatzrelevanten Lernens (Reutter, Ambos & Klein 2007).

Grundgedanke ist, dass Mitarbeitende ihren Lernbedarf selbst am besten kennen und wissen, was sie für ihre eigene Arbeit an Weiterentwicklung brauchen. Damit sind sie die eigentlichen Expertinnen und Experten für ihre individuelle Personalentwicklung und folglich sollte das Thema Lernen in ihre eigene Verantwortung gehören. Selbststeuerung des Lernens bedeutet somit, dass »der Handelnde die wesentlichen Entscheidungen, ob, was, wann, wie und woraufhin er lernt, gravierend und folgenreich beeinflussen kann« (Weinert 1982).

Somit managen Lernende, in diesem Fall die Mitarbeitenden, selbst ihren Lernprozess und bestimmen neben dem Lernbedarf auch die Art zu lernen. Dazu müssen rein organisatorisch zunächst Lernziele gesetzt werden, also Ziele, die beschreiben, was durch das Lernen erreicht werden soll. Die Ausgestaltung des Lernwegs beinhaltet die Wahl eines geeigneten Lernformats ebenso wie die Bestimmung des Lernorts und der Lernzeit. Es gilt somit eine für sich lernfreundliche Umgebung zu schaffen. Treten im Lernprozess

Probleme auf und die Lernenden kommen nicht in der gewünschten Art und Weise voran, ist es wichtig, das eigene Lernen zu reflektieren und ggf. anzupassen. Am Ende des Lernprozesses sollte geprüft werden, ob und wie die gesetzten Lernziele erreicht wurden. Insbesondere die Lernziele sind von großer Bedeutung für die Übertragung des Gelernten in den späteren Arbeitsprozess. Mitarbeitende sollten schon vor dem Lernen wissen, was genau sie wofür lernen möchten. Nur so kann der spätere Transfer und damit eine Nutzung des Gelernten im Arbeitsprozess sichergestellt werden.

Selbstgesteuertes Lernen !

Selbstgesteuertes Lernen ist ein aktiver Aneignungsprozess, bei dem das Individuum über sein Lernen entscheidet, indem es die Möglichkeit hat,

- die eigenen Lernbedürfnisse bzw. seinen Lernbedarf, seine Interessen und Vorstellungen zu bestimmen und zu strukturieren,
- die notwendigen menschlichen und materiellen Ressourcen (inklusive professionelle Lernangebote oder Lernhilfen) hinzuzuziehen,
- seine Lernziele, seine inhaltlichen Schwerpunkte, Lernwege, -tempo und -ort weitestgehend selbst festzulegen und zu organisieren,
- geeignete Methoden auszuwählen und einzusetzen und
- den Lernprozess auf seinen Erfolg sowie die Lernergebnisse auf ihren Transfergehalt hin zu bewerten.

(Quelle: Arnold, Gomez Tutor & Kammerer 2002)

Zusätzlich zur aktiven Gestaltung des Lernprozesses ist auch die Kenntnis eigener Lernpräferenzen wichtig: Wie können sich Lernende überhaupt zum Lernen motivieren und wie ihre Lernbereitschaft steigern? Meist stellt es schon eine große Hürde dar, überhaupt den Einstieg ins Lernen zu finden. Gerade beim selbstgesteuerten Lernen ist dies besonders wichtig, da keine externen Vorgaben wie Lernzeiten, -ort oder -formate bestehen.

Da Lernen durchaus anstrengend ist, sollten Lernende wissen, wie sie ihre Motivation auch in schwierigen Phasen des Lernprozesses erhalten und damit ihr Durchhaltevermögen stärken können.

Zum Vergleich sind in der folgenden Tabelle fremd- und selbstgesteuerte Lernprozesse einander gegenübergestellt (Tab. 4).

Fremdgesteuertes Lernen	Selbstgesteuertes Lernen
Lehrprozesse im Mittelpunkt	Lernende und ihre Lernprozesse im Mittelpunkt
Vermittlung von Wissen durch Lehrperson	Aktive Aneignung von Wissen und Erkenntnissen
Festgelegte Lernwege	Selbstverantwortung des Lernenden für Lernwege und Lernprozess

Fremdgesteuertes Lernen	Selbstgesteuertes Lernen
Verantwortung beim Lehrenden	Der Lernende erarbeitet sich Inhalte selbst
Lehrender erläutert richtige Antworten	»Lehrende« begleiten und unterstützen als Lerncoach
Statisch, schwer veränderlich	Dynamisch, veränderlich, kooperativ, kommunikativ
Lehrformen: Seminare, Kurse etc.	Lernformen: eigene Erfahrung, kollegialer Austausch

Tab. 4: Gegenüberstellung fremd- und selbstgesteuerten Lernens (eigene Darstellung)

Diese beiden Formen des Lernens stehen sich allerdings nicht nach dem Alles-oder-Nichts-Prinzip gegenüber, sondern zeigen die Extreme verschiedener Ausprägungen von Selbststeuerung. Denn Selbststeuerung ist vielmehr ein Kontinuum, das eigene Lernen zu kontrollieren, verbunden mit der Fähigkeit, aktiv und selbstgesteuert das eigene Lernen zu gestalten (Simons 1992).

!

Exkurs: Selbststeuerung und Selbstorganisation

Für selbstbestimmtes Lernen gibt es verschiedene Begriffe und Differenzierungen. Im Wesentlichen lassen sich Abstufungen der Selbstbestimmung von Lernen durch Begrenzungen verschiedener Elemente des Lernprozesses definieren. Dies betrifft zum Beispiel Lernmittel oder -methoden, aber auch zeitlichen Aufwand und Unterstützung beim Lernen.
Der Begriff selbstorganisiertes Lernen nimmt eine Position zwischen fremdgesteuertem und selbstgesteuertem Lernen ein. Beim selbstorganisierten Lernen sind die Lernziele und -inhalte extern (z. B. vom Unternehmen) vorgegeben, Lernende bestimmen aber selbst ihren Lernprozess, um diese Lernziele und -inhalte zu erreichen. Damit ist zwar das *Was* für die Lernenden vorgegeben, aber das *Wie*, also die genaue Ausgestaltung des Lernwegs, obliegt dem Lernenden. Beim selbstorganisierten Lernen strukturiert und ordnet der Lernende somit selbst seinen Lernprozess. Beispielhaft zu nennen ist die Vorgabe von Lerninhalten, etwa Themen, die als Pflichtschulung für alle Mitarbeitenden in einem E-Learning organisiert sind. Der Lernende entscheidet nur selbst, ob er am Arbeitsplatz mit einem Computer oder auf Reisen über eine mobile App den Stoff bearbeitet, nicht aber, woraus dieser Stoff besteht.
Selbstgesteuertes Lernen geht darüber hinaus. Dabei legt der Lernende nicht nur die Organisation des Lernprozesses, sondern auch die Lernziele und inhalte selbst fest. Somit ist selbstorganisiertes Lernen immer auch Teil des selbstgesteuerten Lernens. Wesentliches Merkmal selbstgesteuerten Lernens im Unterschied zum selbstorganisierten Lernen ist die Intention: Lernende lernen, was sie für wichtig halten und wie sie möchten. Für das Lernen von Mitarbeitenden im Rahmen ihrer beruflichen Tätigkeit bedeutet dies, dass sie selbst auswählen, welche Inhalte für ihre spezifische Tätigkeit tatsächlich relevant sind, und sie bestimmen selbst, in welcher Art und Weise sie lernen.

Da individuelles Lernen zunehmend spezifischer und effektiver gestaltet werden soll, müssen Mitarbeitende in Zukunft verstärkt selbstgesteuert bestimmen, was und wie sie lernen – nur so können sie (und das Unternehmen) auf neue Anforderungen und Herausforderungen der Arbeitswelt besser reagieren.

Daraus ergeben sich neue Rollen, die aufgrund der neuen Systematik des Agilen Lernens immer komplexer und anspruchsvoller werden und an die Mitarbeitenden erst einmal herangeführt werden müssen.

Reflexion zum selbstgesteuerten Lernen !

Wann haben Sie das letzte Mal selbstgesteuert gelernt? Reflektieren Sie einmal, wie Sie vorgegangen sind und welche Strategie bzw. welches Vorgehen sich als erfolgreich erwiesen hat und welche nicht.

6.3 Agile Lernende

Auch wenn »Agiles Lernen« als Begriff bereits verbreitet ist, so findet man zum Begriff »agile Lernende« so gut wie nichts. Deswegen möchten wir das Thema hier noch einmal gesondert aufgreifen.

Selbstgesteuerte und agile Lernende sind dabei nicht gleichzusetzen. Lernende können auch nicht-agil ihre Lernprozesse selbststeuern. Andersherum funktioniert es allerdings nicht: Agiles Lernen ist immer hochgradig selbstgesteuert. Doch was genau ist Agiles Lernen von Mitarbeitenden? Was macht agil Lernende aus?

Tragen wir einmal zusammen:

- Agil Lernende haben ein Growth Mindset – sie sehen sich als veränderbare Wesen und verstehen den Sinn des lebenslangen Lernens.
- Agil Lernende bekennen sich zu den Werten Mut, Offenheit, Flexibilität etc.
- Agil Lernende sind resilient und können mit Unsicherheit gut umgehen.
- Agil Lernende sind selbstreflektiert und kennen ihre Stärken und Schwächen.
- Agil Lernende stellen die Bewältigung von Aufgaben und Problemen im Arbeitsprozess in den Mittelpunkt.
- Agil Lernende fokussieren auf die Entwicklung von handlungsbezogenen Kompetenzen. Dies unterscheidet sich grundlegend von traditionellen Lernkontexten, in denen Lerninhalte definiert sind und Wissen zu einem Themengebiet, meist unabhängig von Aufgaben, erworben wird. Agiles Lernen stellt ganz andere Anforderungen an Lernende, die proaktiv und mit strategischer Weitsicht neue Kompetenzen und Fähigkeiten aufbauen und verbessern. Dabei besteht seitens der Lernenden ein Bewusstsein über Trends und Weiterentwicklungen, die neue Anforderungen stellen.
- Agil Lernende sehen sich selbst als ihre ersten Personalentwickler.
- Agil Lernende sind Prosumenten und lernen häufig kooperativ im Austausch mit anderen.
- Agil Lernende übernehmen Teilverantwortung für Lernprozesse in Teams.
- Agil Lernende kennen agile Lernformate und können agile Lernprozesse aufsetzen.

- Agil Lernende machen keinen Unterschied zwischen Arbeiten und Lernen (vgl. Kapitel 9.2: »Lernkultur als Grundlage einer lernenden Organisation«): Sie befinden sich in einem andauernden Lernprozess und erweitern damit im ständigen Austausch mit der Umwelt und dem Lerninhalt ihre Kompetenzen. Lernen ist somit ein permanenter Prozess zum Aufbau und zur Verbesserung von Wissen und Kompetenzen. Durch Experimentieren, Ausprobieren neuer Dinge und Sammeln von Erfahrungen werden neue Informationen aufgenommen, Bestehendes hinterfragt, ggf. verlernt und angepasst.
- Agil Lernende reflektieren: Um zu prüfen, ob und wie dieses Ziel erreicht werden kann, ist die Reflexion des eigenen Lernens von großer Wichtigkeit. Die Reflexion des Lernens ermöglicht zum einen die Evaluation des Lernerfolgs und zum anderen des Lernprozesses selbst. Nur so können Lernprozesse auch zukünftig effektiv gestaltet werden. Reflektieren bedeutet für agil Lernende aber auch zu prüfen, welche neuen Entwicklungen es gibt und wie diese in den eigenen Kontext passen – lernen wird iterativ.
- Agil Lernende sind hoch selbstgesteuert: Da Agiles Lernen von Lernenden selbst getrieben ist und Lernende auch selbst für ihre Motivation verantwortlich sind, kann damit auch den individuellen Bedürfnissen und Ressourcen Rechnung getragen werden. Beim traditionellen Lernen steht viel weniger die Berücksichtigung individueller Voraussetzungen und Möglichkeiten im Fokus. Daraus können leicht Über- oder Unterforderung entstehen, die sich letztlich in der Transferlücke zeigen.
- ...

Auch wenn diese Aufzählung noch lange nicht vollständig ist, so gibt sie einen guten Reflexionspunkt, wie nah oder fern man diesem Bild ist.

Der Vorteil des Agilen Lernens liegt dabei klar auf der Hand. Durch einen bedarfsorientierten Lernprozess und das Verständnis des lebenslangen Lernens ist der agile Lernende in der Lage, schnell auf Veränderungen und neue Anforderungen zu reagieren, sich anpassen, zu priorisieren und zu fokussieren. Dies kann allein erfolgen oder gemeinsam mit anderen. Ziel ist es, eigenes Wissen, Kompetenzen und Fähigkeiten zu erweitern, um Aufgaben und Probleme besser lösen zu können und auf die Zukunft vorbereitet zu sein.

6.4 Learning Agility

Learning Agility kann sowohl im Sinne von Peter Senge (Senge 1990) als Teil des Konzepts einer Lernenden Organisation verstanden werden: Learning Agility ist die Fähigkeit einer Organisation, schnell und kontinuierlich Praktiken und mentale Modelle aus Erfahrungen, menschlicher Interaktion und anderen Quellen zu erlernen, zu verändern und in der Praxis anzuwenden. Dies, um auch in veränderlichen Kontexten Ergebnisse zu erzielen.

Stärker verbreitet ist die Verwendung des Begriffs in Bezug auf einzelne Personen. Lombardo und Eichinger (2000) beispielsweise definieren Learning Agility als die individuelle Fähigkeit und Bereitschaft, aus Erfahrungen zu lernen und das Erlernte auf neue Situationen anzuwenden. Sie beschreiben vier verschiedene Facetten von Learning Agility: people agility, results agility, mental agility, change agility.

- **People agility** beschreibt Personen, die sich selbst gut kennen, aus Erfahrungen lernen und resilient gegenüber Veränderungsdruck sind.
- **Results agility** beschreibt Personen, die unter schwierigen Bedingungen zu guten Ergebnissen kommen, andere inspirieren und das Vertrauen anderer stärken können.
- **Mental agility** beschreibt Personen, die Problemen mit frischem Blick begegnen und mit Komplexität und Ambiguität umgehen können. Zudem können sie ihre Denkweise anderen gut erklären.
- **Change agility** beschreibt Personen, die neugierig sind, Ideen entwickeln, gern Dinge ausprobieren und durch Handlungen neue Fähigkeiten erwerben.

Die Messung von Learning Agility wiederum wurde von Mitchinson und Morris (2014) entwickelt. Sie beschreiben fünf Facetten von Merkmalen der Lernagilität:

- **Innovating** – Das Hinterfragen des Status quo mit dem Ziel, neue und einzigartige Wege zu entdecken. Dies ermöglicht Personen mit hoher Lernagilität, neue Ideen zu generieren, indem sie Probleme aus verschiedenen Perspektiven betrachten.
- **Performing** – Um aus Herausforderungen zu lernen, muss man durchhalten, mit dem entstehenden Stress umgehen und sich schnell an neue Situationen anpassen. Dazu braucht es vor allem gute Fähigkeiten der Beobachtung und des Zuhörens. Eine hohe Learning Agility ermöglicht es, schnell neue Fähigkeiten zu entwickeln und damit gut zu handeln.
- **Reflecting** – Lernagile Personen lernen aus Feedback zu Situationen und fokussieren darauf, ein Verständnis zu entwickeln, wie sie zu ihren Annahmen und Gewohnheiten gekommen sind.
- **Risking** – Lernagile Personen sind bereit sich auf neues, unbekanntes Terrain zu begeben und neue Dinge ausprobieren. Durch das Verlassen der eigenen Komfortzone ergeben sich Gelegenheiten, Neues zu lernen, ohne zu wissen, ob dies zum Erfolg führt.
- **Defending** – Die fünfte Facette dagegen verhindert Learning Agility. Personen, die in dieser Facette hohe Werte aufweisen, vermeiden Lernsituationen und verschließen sich gegenüber Feedback.

Sowohl das Konzept von Lombardo und Eichinger (2000) als auch das von Mitchinson und Morris (2014) sind spannende Ansätze zur Reflexion der eigenen Lernagilität, wobei beide Ansätze relativ stabile Persönlichkeitseigenschaften mit Motivation und erlernbaren Kompetenzen vermischen.

6.5 Neue Rollen der Mitarbeitenden

In den bisherigen Überlegungen sind die vier Rollen, um die es nun genauer gehen soll, schon aufgetaucht: Initiator, Gestalter, Anwender und Motivator. Vielleicht gibt es noch weitere Rollen, aber diese vier bieten schon einmal eine gute Grundlage für unsere Diskussion.

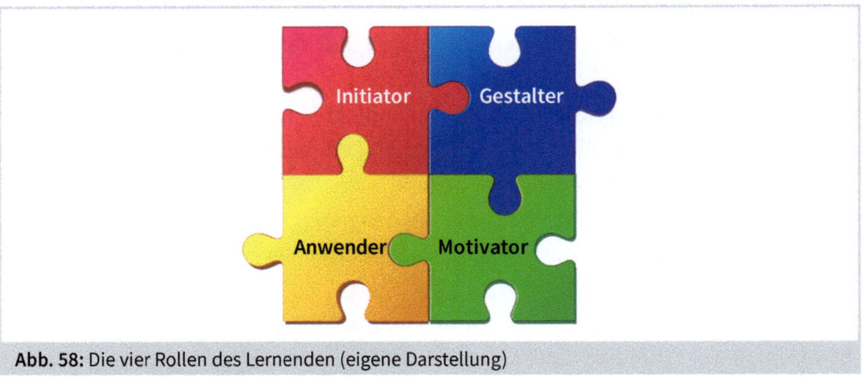

Abb. 58: Die vier Rollen des Lernenden (eigene Darstellung)

Der Initiator

Mitarbeitende erkennen Entwicklungsfelder und wissen, wie sie ihre Aufgaben besser gestalten können (vgl. hierzu Nordstern, Kapitel 4.1.2). Dabei haben sie sowohl ihre konkrete momentane Aufgabe im Blick als auch ein Gespür für kommende Anforderungen. Auf Basis dieser Erkenntnisse definieren sie (evtl. gemeinsam mit der Führungskraft) ihre konkreten Lernziele: Was möchte/muss ich lernen? Dies ist leichter im traditionellen Lernen umsetzen, da es darum geht, zu lernen, wie man Bekanntes besser macht.

Beim Agilen Lernen entsteht der Bedarf aus einer neuen Situation, die wahrgenommen und einsortiert werden muss, um dann geeignet darauf reagieren zu können.

! **Beispiel: Selbstinitiiertes Lernen**

Der Einkäufer eines großen Unternehmens stellt fest, dass neuerdings einige Unternehmen aus dem südamerikanischen Raum als potenzielle Lieferanten interessant werden. Um mit den bestmöglichen Lieferanten zu den besten Konditionen zu kooperieren, hält der Einkäufer es für sinnvoll, dass er seine Spanischkenntnisse und interkulturelle Verhandlungskompetenz auffrischt und verbessert. Er könnte sich somit das Lernziel setzen, sein Spanisch auf ein verhandlungssicheres Niveau zu bringen und die Verhandlungskultur in unterschiedlichen südamerikanischen Ländern besser zu verstehen. Hierzu wäre es wichtig, dass der Mitarbeitende sein Ausgangsniveau kennt und sich zum Beispiel nach dem SMART-Prinzip (spezifisch, messbar, akzeptiert, realistisch und terminiert) konkrete Lernziele setzt und diese ggf. noch in Unterziele unterteilt.

Der Gestalter

Die Umsetzung der Lernziele basiert auf der Festlegung der Lernstrategien: Wie möchte ich lernen?

Im traditionellen Lernen ist der Lernweg häufig vorgegeben. Konkret wird das Vorgehen beim Lernen stets mit Blick auf das Lernziel geplant und somit der spätere Transfer und damit die Handlungsfähigkeit im Arbeitsprozess vorbereitet. Damit schließt das Gestalten nicht nur das Vorantreiben des Lernprozesses ein, sondern auch die Selektion von Lerninhalten entsprechend der Lernziele und Arbeitsaufgaben. Dazu gehört die Gestaltung von Lernort und Lernzeit, aber auch die Wahl eines oder mehrerer geeigneter Lernformate, also das aktive Gestalten des Lernprozesses. Für die Wahl eines geeigneten Lernformats sind Kenntnisse eigener Lernpräferenzen von Vorteil: Lernen Mitarbeitende lieber mit einem Lernpartner bzw. einer Lernpartnerin in realistischen Szenarien oder nutzen sie erst einmal individuelle Onlineformate?

Zusätzlich gehört auch die Schaffung eines geeigneten Umfeldes zur erfolgreichen Gestaltung des Lernens: das Etablieren von Ritualen, die für den Einstieg in die Lernzeit genutzt werden, oder das Einbeziehen von Kolleginnen und Kollegen zur Schaffung von Lernzeit (z. B. Telefon umleiten).

Beim Agilen Lernen spielen in der Gestaltung noch andere Themen eine wichtige Rolle: So müssen geeignete Lernpartner gefunden werden, sich auf Lernziele im Sinne eines Nordsterns geeinigt werden und passende Methoden zusammengestellt werden. Auch entscheidend ist die Transparenz des Lernprozesses, um Fortschritte, Lernstände und Verantwortlichkeiten transparent zu machen sowie die Organisation des Prozesses in Form von Sprints, Weeklys etc.

Beispiel: Selbstgestaltetes Lernen !

Wir bleiben bei unserem Einkäufer: Er weiß, dass er feste Termine einplanen und blocken muss, damit der Arbeitsalltag ihn nicht überrollt. Außerdem lernt er gerne im Austausch mit Kolleginnen und Kollegen und an konkreten Situationen. Also bittet er seinen Kollegen in Peru, mittwochs von 15:00 bis 16:00 Uhr mit ihm per Videokonferenz Verhandlungssituationen in Spanisch zu üben. Diese Termine blockiert er sich in Outlook, informiert seine Kolleginnen und Kollegen darüber und bittet sie, in die Zeit keine Termine zu legen. Im Gegenzug könnte er ihnen anbieten, sie bei ihren spanischsprechenden Lieferanten zu unterstützen. Um sein Vokabular aufzufrischen, nutzt er den Vokabeltrainer für Verhandlungen auf seinem Handy.

Außerdem meldet er sich für ein interkulturelles Seminar an, das auf den südamerikanisch-deutschen Austausch zugeschnitten ist. Um sein Ziel, in zwei Monaten die erste Verhandlung auf Spanisch zu führen, zu erreichen, nimmt er an einer Verhandlung über ein Webkonferenz-Tool seines Lernpartners zwei Wochen vorher teil. Zudem schreibt er ein Lerntagebuch und bewertet zwischendurch seinen Lernerfolg.

Der Anwender

Die Rolle des Anwenders verändert sich im effektiven Umgang mit verschiedenen Lernformaten. Gerade im Hinblick auf digitale und soziale Lernformate im Rahmen des selbstgesteuerten Lernens sind Medien- und Kooperationskompetenz unabdingbar. Die Fähigkeit zur Nutzung digitaler Lernformate ist zwar eine zwingende Grundvoraussetzung für computergestütztes Lernen, reicht allein jedoch für das effiziente selbstgesteuerte Lernen nicht aus. Gerade bei Recherchen im Internet oder der Nutzung von Foren und Wikis zum Lernen sollten die Informationen immer kritisch hinterfragt werden. Ebenso verhält es sich mit sozialen Lernformaten. Diese erfordern wesentliche Kompetenzen der Kooperation und Kommunikation wie das Zuhören, das konkrete Fragen nach gewünschten Informationen und das zielgerichtete Kommunizieren sowie Fähigkeiten im sozialen Umgang. Denken wir an agil Lernende, die im Austausch mit anderen ihr Wissen und ihre Fähigkeiten erweitern und verbessern, sind gerade Kommunikations- und Kooperationskompetenz essenziell. Somit verfügt der Anwender schon vorab über die Fähigkeiten, die er für das jeweilige Lernformat benötigt.

Nehmen wir das Beispiel Mentoring von Nachwuchskräften – es erfordert eine hohe Kooperationskompetenz der Beteiligten. Mentoren als erfahrene Expertinnen und Experten müssen gezielt mit Mentees kommunizieren, um sie zu fördern oder bei der kritischen Selbstreflexion unterstützen zu können (vgl. Edelkraut & Graf 2011). Die Mentees als Nachwuchsführungskräfte hingegen müssen offen für die Anregungen des Mentors bzw. der Mentorin und zur Selbstreflexion fähig sein. Für Mentoring sind Fähigkeiten wie Zuhören und gezieltes Nachfragen ebenso wie gegenseitige Wertschätzung, Aufbau von Vertrauen und offene Kommunikation wesentliche Voraussetzungen.

! **Beispiel: Selbstangewandtes Lernen**

Unser Einkäufer muss für sein Projekt in der Zusammenarbeit mit dem peruanischen Kollegen Verhandlungssituationen heraussuchen, den Kollegen vorab dazu briefen und auch sonst die Verantwortung für den Prozess übernehmen (er entscheidet sich für ein Webkonferenz-Tool, um auch Mimik und Gestik mitzubekommen). Damit der Kollege ebenfalls etwas davon hat, reflektieren sie gemeinsam am Ende jedes Termins die Unterschiede in den kulturell bedingten Verhandlungsstrategien. Der Einkäufer kann zudem auf Basis der Reflexion differenzieren, was an der Aktion seines Kollegen kulturell bedingt ist und was persönliche Verhandlungsvorlieben sind. Seine Erkenntnisse überträgt er auf andere Verhandlungssituationen.

Auf das Seminar bereitet er sich vor und nutzt es, um seine Annahmen über individuell und kulturell bedingte Verhandlungsstrategien abzusichern und mehr über die kulturellen Unterschiede zwischen Peru und Kolumbien zu erfahren.

Der Motivator

Als eigener Motivator kennen Mitarbeitende ihre Stärken und Schwächen sowie eigenen Fähigkeiten im Lernprozess. Sie verstehen, was sie persönlich motiviert, welchen Anreiz sie brauchen, um zu lernen, und nutzen dieses selbstbezogene Wissen, um sich den Einstieg ins Lernen zu erleichtern, aber auch für das Durchhaltevermögen im Lernprozess. Sie ergreifen somit die Initiative für das Lernen und können sich selbst motivieren, bei auftretenden Schwierigkeiten im Lernprozess nicht abzubrechen oder aufzugeben, sondern diese Hindernisse zu überwinden. Sie motivieren sich zum Durchhalten und haben stets das Lernziel im Blick. Das klingt erst einmal einfach, doch hier liegt häufig das Problem, denn Lernen wird häufig als zweitrangig betrachtet und Arbeitsaufgaben hintangestellt (vgl. hierzu Kapitel 9.2 »Lernkultur als Grundlage einer lernenden Organisation«). Sich also Zeit und Ruhe für Lernprozesse zu schaffen, ist für viele im Arbeitsalltag schwierig. »Keine Zeit« lautet somit auch die häufigste Antwort auf die Frage, warum ein Lernprozess stockt. Um ehrlich zu sein, ist es aber häufig eine Frage der Priorisierung und Selbstdisziplin (natürlich gibt es auf der Arbeit immer mal »heiße Phasen«, die in der Lernplanung berücksichtigt werden müssen). Sich selbst zu motivieren und nicht vom Alltag steuern zu lassen, ist essenziell für den Lernerfolg.

Im Agilen Lernen kommt der individuellen Resilienz auch eine große Aufmerksamkeit zu: Unsichere Prozesse auszuhalten, nicht aufzugeben und aktiv zu werden.

Beispiel: Selbstmotiviertes Lernen !

Unser Einkäufer hat bereits einiges für seine Motivation getan: Er hat sich durch den Lernpartner und die verbindlichen Termine mit ihm sowie die Ankündigung gegenüber den Kolleginnen und Kollegen selbst etwas Druck aufgebaut. Außerdem hat er sich einen Vokabeltrainer ausgesucht, bei dem über Gamification-Ansätze der Fortschritt sichtbar ist. Mit einem deutschen Kollegen auf einem ähnlichen Niveau hat er eine Wette laufen, wer zuerst den Highscore knackt. Da er weiß, dass er sich abends nach einem langen Arbeitstag nicht mehr motivieren kann, nutzt er die Morgenstunden. Für die erste Verhandlung hat er sich bereits einen Kennlern-Termin mit einem neuen potenziellen Lieferanten gemacht, der im Notfall allerdings auch ein wenig Englisch spricht. Dennoch stellt er sich während der zwei Monate konkret vor und darauf ein, diese Verhandlung auf Spanisch zu führen.

Jede der genannten neuen Rollen, die sich im Rahmen des selbstgesteuerten Lernens für Mitarbeitende ergeben, setzt Lernkompetenzen als grundlegende Fähigkeiten (hier jeweils nur kurz am Beispiel des Einkäufers angerissen) voraus. Im Folgenden wollen wir uns anschauen, was genau diese Lernkompetenzen ausmacht.

6.6 Lernkompetenzen

Als grundlegende Voraussetzungen für das selbstgesteuerte Lernen sind Lernkompetenzen unabdingbar. Wenn Mitarbeitende besser verstehen, wie sie sich motivieren können, welchen Lernstil sie bevorzugen, wie sie ihre Selbstwirksamkeit einschätzen und Lernprozesse zielorientiert sowie aktiv selbst gestalten, dann können sie sich beruflich und persönlich stetig weiterentwickeln und damit sowohl ihre Erwerbsfähigkeit sichern als auch für höherwertige Aufgaben qualifizieren. Lernkompetenzen ermöglichen erst den Mitarbeitenden, die vier oben beschriebenen Rollen auszufüllen und ein selbstgesteuertes Lernen praktizieren zu können – sowohl traditionell als auch agil.

Allerdings ist der Themenkomplex Lernkompetenz im Erwachsenenalter noch wenig erforscht, wird unterschiedlich verstanden und ist in der Praxis kaum angekommen.

In der Theorie existieren prinzipiell zwei Ansätze zu Lernkompetenzen als Grundlage für selbstgesteuertes Lernen: der dispositionale und der prozessuale Ansatz.

Dispositionale Ansätze
Dispositionale Ansätze verfolgen den Einfluss der individuellen Merkmale des Lernenden auf den Lernerfolg (Pintrich & de Groot 1990). Dispositionale Elemente bezeichnen die Kenntnisse über die eigenen Lernpräferenzen, also die bevorzugte Art zu lernen. Das beinhaltet Wissen über eigene Lernanreize, die das Lernen motivieren, eine realistische Einschätzung eigener Fähigkeiten, aber auch den präferierten Einstieg ins Lernen, Lernstil, Selbstwirksamkeit (also wie sehr Lernende glauben, Einfluss auf das Lernergebnis zu haben) etc.

Prozessuale Ansätze
Prozessuale Ansätze dagegen beschäftigen sich mit der Gestaltung des Lernprozesses selbst, also dem Managen und Organisieren des Lernens von der Bedarfsanalyse über die Zielbildung und Realisation bis hin zu Transfer und Evaluation (Wirth & Leutner 2008).

Im Kontext der Arbeitstätigkeit und des betrieblichen Lernens fehlt jedoch bisher ein ganzheitliches Konzept, das beide Ansätze miteinander vereint. Hierzu haben die Autoren dieses Buches ein Modell der Lernkompetenzen im Rahmen des Forschungsprojekt »LEKAF – Lernkompetenzen von Mitarbeitern analysieren und fördern« mit der Hochschule für angewandtes Management, der Vodafone Stiftung und Prof. Heister vom Bundesinstitut für Berufsbildung entwickelt (Graf, Gramß & Heister 2016). Dieses führt die beiden genannten Lernkompetenz-Ansätze zusammen und bietet eine ganzheitliche Betrachtung von dispositionalen und prozessualen Lernkompetenzen im betrieblichen Lernen. Es werden sowohl der Prozess des Lernens als auch die individuellen Lernpräferenzen von Mitarbeitenden im beruflichen Kontext beschrieben, um als Grundlage für die gezielte Analyse und Förderung des betrieblichen Lernens von Mitarbeitenden zu dienen.

Dabei fließen wissenschaftliche Erkenntnisse der Psychologie, Arbeitswissenschaft, Kompetenzforschung und Erwachsenenpädagogik sowie die Erfahrungen von Experten (Führungskräfte und Personalentwickler) ein.

Ergänzend sind für das selbstgesteuerte Lernen im beruflichen Umfeld auch Kenntnisse der Rahmenbedingungen wie die Unterstützung durch die Führungskraft und die Lernkultur im Unternehmen aufgenommen. Dies sind wichtige Elemente, die entweder fehlende Lernkompetenzen von Mitarbeitenden kompensieren oder hinderlich bei der individuellen Gestaltung des selbstgesteuerten Lernens sein können. Anhand einer bundesweiten Befragung wurden über 10.000 Mitarbeitende verschiedener Unternehmen aus unterschiedlichen Branchen zu ihren Lernkompetenzen befragt und das Modell spezifiziert. Informationen zu Stichprobe und Studienaufbau finden Sie im Anhang (Kapitel 11.5).

In der Onlinebefragung haben Mitarbeitende eine Selbsteinschätzung ihrer eigenen Lernpräferenzen und von ihren Lernprozessen abgegeben. Solche Selbsteinschätzungen bergen oft das Risiko, dass sich die Teilnehmenden besonders gut darstellen wollen. Die Ergebnisse der Studie zeigen allerdings einen sehr reflektierten Blick der Teilnehmenden auf die eigenen Lernkompetenzen. Anders als man es vielleicht im Sinne sozialer Erwünschtheit erwarten mag, werden Defizite im individuellen Lernen auch angegeben. Eine detaillierte Darstellung des Forschungsprojekts finden Sie im Anhang (Kapitel 11.5).

Das Modell der Lernkompetenzen (Abb. 59) beinhaltet sowohl die dispositionalen Faktoren als Selbstreflexion als auch die prozessualen Faktoren im Rahmen des Lernmanagements.

Im Folgenden werden die Schwerpunkte der Lernkompetenzen für erfolgreiches selbstgesteuertes Lernen vorgestellt, durch ausgewählte Ergebnisse der Studie illustriert und anschließend mit Praxisempfehlungen für Mitarbeitende und Personalentwickler angereichert.

6.6.1 Dispositionale Lernkompetenzen – Selbstreflexion

Die Reflexion eigener Lernkompetenzen gliedert sich in Einzelfaktoren wie Lernbereitschaft, extrinsische Anreize, Lernbewusstsein, Lernzugang und Lernstil. Die realistische Einschätzung der eigenen Fähigkeiten ist ein wesentlicher Aspekt des selbstgesteuerten Lernens, da nur so Strategien für das Lernen entwickelt und genutzt werden können.

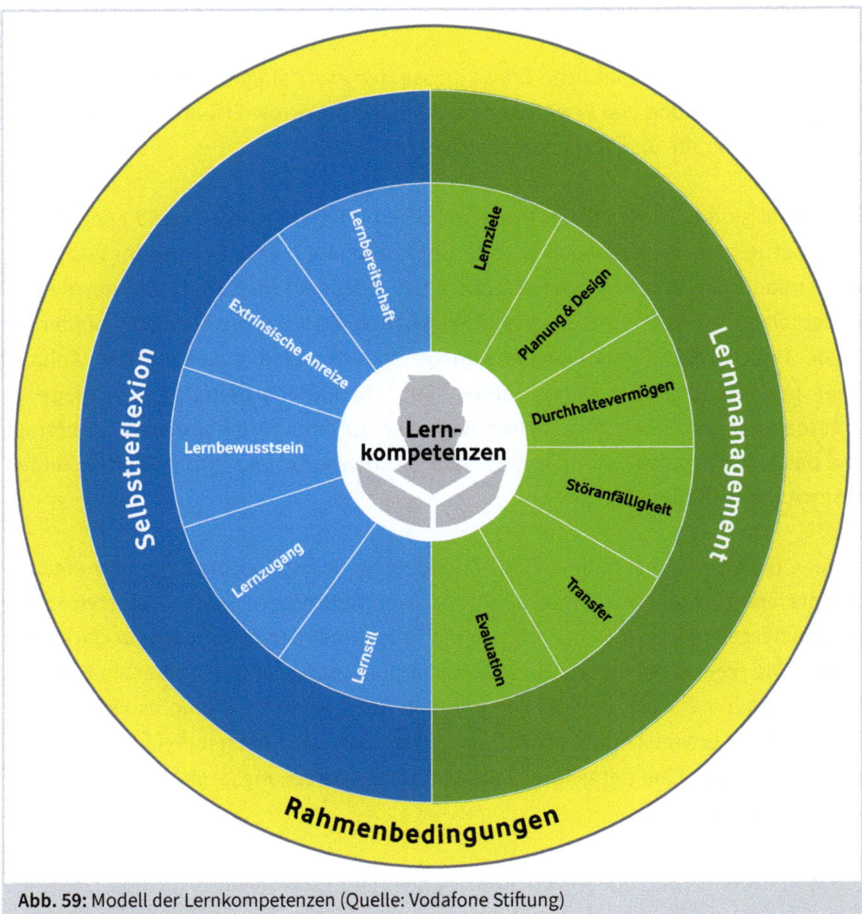

Abb. 59: Modell der Lernkompetenzen (Quelle: Vodafone Stiftung)

6.6.1.1 Lernbereitschaft

Lernbereitschaft ist die intrinsische Motivation, sich mit neuen Themen auseinanderzusetzen und damit zu lernen. Somit ist sie eine grundlegende Voraussetzung für Weiterbildung und Lernen und quasi der Startpunkt. Wer nicht lernen möchte, wird Probleme in jeder Lernsituation und jedem Lernformat haben. Dabei kann die Lernbereitschaft aus zwei Quellen resultieren: Zum einen aus der Freude am Lernen und dem Spaß, sich mit neuen Dingen zu beschäftigen. Dies schließt zum Beispiel auch Neugier, das Beschäftigen mit neuen Trends und Spaß bei der Auseinandersetzung mit neuen Themen ein. Zum anderen kann Lernbereitschaft aber auch aus der Notwendigkeit entstehen, sich für zukünftige Anforderungen im Beruf qualifizieren zu wollen. Dazu zählt die Kenntnis eigener Wissens- und Kompetenzlücken ebenso wie die Befürchtung, dass es Auswirkungen für die berufliche Zukunft hat, sich nicht fortzubilden. Der zweite Grund ist deutlich rationaler und weniger interessengetrieben. Dennoch bildet auch er eine Initialzündung zu lernen.

Damit ist die Lernbereitschaft sowohl durch eine intrinsische Motivation geprägt als auch durch einen wahrgenommenen Druck zur Weiterentwicklung der eigenen Fähigkeiten. Beide Aspekte wirken zusammen und resultieren in der individuellen Bereitschaft zum Lernen. Allerdings hat der Aspekt der Freude am Lernen eine höhere Gewichtung, da vor allem Freude am Lernen häufig auch mit einem höheren Durchhaltevermögen im Lernprozess einhergeht.

In der Befragung zu den Lernkompetenzen zeigt sich bei den über 10.000 Mitarbeitenden, dass die aktuelle Lernbereitschaft nur teilweise hoch ausgeprägt ist. Zudem lässt sich bei den Befragten ein Generationsthema erkennen: Insgesamt 39 % der Befragten aus der LEKAF-Studie schreiben sich eine hohe Lernbereitschaft zu. Vor allem Jüngere (21 bis 35 Jahre) sind lernbereit (46 %), da sie noch ihre Karriere vorantreiben wollen und sicherlich auch weil sie an Lernprozesse noch gewöhnt sind. Ältere zwischen 51 und 60 Jahren geben eine etwas geringere Lernbereitschaft an (31 %).

Es wird deutlich, dass vor allem mit dem Alter die Lernbereitschaft sinkt. Das kann an begrenzten Entwicklungsmöglichkeiten im Unternehmen oder auch am schulischen Verständnis von Lernen liegen, dennoch sind das kontinuierliche Lernen und die Weiterbildung im Beruf für die Beschäftigungsfähigkeit des Mitarbeitenden auch im Alter unabdingbar.

Tipps für Mitarbeitende !

- Klären Sie für sich genau, warum Sie lernen und was Sie sich davon versprechen. Malen Sie sich Ihren Erfolg schon vorher konkret aus.
- Wenn Sie eher aus einem Druck, sich qualifizieren zu müssen, lernen, dann definieren Sie ihre konkreten Lücken und versuchen Sie diese beim Lernen gezielt zu schließen.
- Nehmen Sie sich nicht zu viel vor.
- Starten Sie mit einfachen Themen und steigern Sie das Anspruchsniveau nach und nach.
- Suchen Sie sich interessante Entwicklungsmöglichkeiten und Aufgaben, die Sie gern besser bewältigen möchten.
- Probieren Sie auch mal neue Dinge aus und finden Sie heraus, was Ihnen beim Lernen Freude bereitet.
- Steigern Sie durch mehr Freude beim Lernen Ihr Durchhaltevermögen im Lernprozess.

Intrinsische Motivation !

Kennen Sie Ihre intrinsische Motivation? Was macht Ihnen Spaß am Lernen und wie motivieren Sie sich, wenn Lernen mal anstrengend ist? Reflektieren Sie einmal selbst.

6.6.1.2 Extrinsische (äußere) Anreize

Die Motivation zu lernen kann durch extrinsische Anreize unterstützt werden. Vor allem Lob und Anerkennung, aber auch das Gefühl, als qualifiziert wahrgenommen zu werden, spielen dabei eine wichtige Rolle. Anerkennung von anderen hat eine motivierende Wirkung auf viele Mitarbeitende. Von anderen nach Unterstützung gefragt zu werden, als Experte bzw. Expertin anerkannt zu sein und seinen/ihren Themenbereich gefunden zu haben, das alles gibt vielen Mitarbeitenden ein gutes Gefühl und unterstützt die intrinsische Motivation, sich selbst in dem Bereich weiterzubilden – frei nach dem Motto »Stärken stärken«. Auch Aufgaben, in denen Mitarbeitende feststellen können, wie gut sie sind, können einen extrinsischen Anreiz darstellen.

In der bundesweiten Studie zeigt sich, dass extrinsische Anreize vor allem für Frauen (68 %) wichtig für die Motivation zum Lernen sind. Wertschätzung läuft bei ihnen weniger über Macht, sondern über Anerkennung von Wissen und Leistung und damit über zum Beispiel die inhaltliche Positionierung.

Schaut man sich dagegen die Generationen im Vergleich an, so ist die Bedeutung von Lob und Anerkennung für das Lernen bei Jüngeren deutlich höher (84 % bei den 21- bis 35-Jährigen) als bei Älteren (55 % bei den 51- bis 60-Jährigen). Gerade das Lob und Interesse von Führungskräften motiviert jüngere Mitarbeitende, sich mit neuen Lernthemen auseinanderzusetzen.

! **Tipps für Mitarbeitende**

- Machen Sie Ihre erworbenen Kenntnisse sichtbar und bieten Sie anderen Ihre Unterstützung an.
- Suchen Sie sich Aufgaben, in denen Sie Ihre eigenen Fähigkeiten prüfen können.
- Fordern Sie neue Aufgaben ein, um Ihr Gelerntes zu zeigen.
- Fordern Sie konkretes Feedback zu Ihrem Lernen und den Lernerfolgen von anderen ein.
- Genießen Sie es auch einmal, für Ihre Leistung von anderen als qualifiziert wahrgenommen zu werden – auch wenn dies kein besonderer Anreiz für Ihr Lernen darstellt.

! **Sichtbarmachen eigener Kenntnisse und Fähigkeiten**

Anerkennung und Lob können Sie nur erlangen, wenn Sie für andere Ihre Fähigkeiten, Kenntnisse und Kompetenzen sichtbar machen.

6.6.1.3 Lernbewusstsein

Lernbewusstsein ist die Reflexion des eigenen Könnens und des eigenen Anspruchs. Dazu gehört die realistische Einschätzung der eigenen Fähigkeiten: Was kann ich? An welcher Stelle sollte ich mich weiterbilden? Wo habe ich Nachholbedarf?

Mitarbeitende mit hohem Lernbewusstsein übernehmen gern Verantwortung für ihre eigene berufliche Weiterbildung und stellen sich von daher auch schwierigen Aufgaben, um daraus zu lernen. Zudem ist im Sinne des Lernbewusstseins relevant, sich von Rückschlägen nicht entmutigen zu lassen. Schwierigkeiten beim Lernen können somit mittels eigener Fähigkeiten überwunden werden.

Im Detail wird in der LEKAF-Studie (Graf, Gramß & Heister 2016) deutlich, dass 63 % der Befragten Verantwortung für ihre Lernprozesse übernehmen möchten. Vor allem jüngere Mitarbeitende (79 %) zwischen 21 und 35 Jahren gehen davon aus, dass sie ausreichende Fähigkeiten haben, um ihren Beruf ausüben zu können. Mit zunehmendem Alter ist diese Überzeugung jedoch geringer (69 %). Jüngere sind allerdings auch häufig bestrebt, neue Dinge zu lernen und sich weiterzuentwickeln. Damit können sie eher mit veränderten Anforderungen im Beruf umgehen. Gerade für Ältere ist es von daher von besonderer Bedeutung, Situationen zu schaffen, in denen sie Neues lernen und sich weiterentwickeln. Dabei können Lerntandems von jüngeren und älteren Mitarbeitenden hilfreich sein.

Tipps für Mitarbeitende !

- Holen Sie sich öfter Feedback zu Ihren Stärken und Schwächen ein, um Ihre eigenen Fähigkeiten besser einschätzen zu können.
- Suchen Sie selbst nach geeigneten Lern- und Weiterbildungsangeboten und übernehmen Sie so Verantwortung für Ihr Lernen.
- Versuchen Sie sich auch mit schwierigen Aufgaben auseinanderzusetzen, auch wenn Sie das Gefühl haben, an Ihre Grenzen zu stoßen. So lernen Sie für die Zukunft.
- Reflektieren Sie häufiger Ihre eigenen Fähigkeiten für Ihren Beruf. Welche Stärken haben Sie? Wie können Sie diese besser nutzen? Was benötigen Sie noch zusätzlich?

6.6.1.4 Medienkompetenz

Wie bereits erwähnt, spielen digitale Lernformate heute und in der Zukunft eine wichtige Rolle. Dafür ist die Medienkompetenz der Mitarbeitenden eine elementare Voraussetzung. Diese beinhaltet sowohl die Akzeptanz von digitalen Medien als auch die sinnvolle Nutzung dieser und den kritischen Umgang mit Informationen aus (unbekannten) digitalen Quellen. Damit umfasst die erforderliche Medienkompetenz für digitales Lernen mehr als die bloße Nutzung von Medien.

Nach Baacke, Kornblum, Lauffer, Mikos & Thiele (1999) beinhaltet Medienkompetenz die Mediennutzung, Medienkunde, Mediengestaltung und Medienkritik – wie bereits bei der digitalen Kompetenz in Kapitel 5.1.1 erläutert.

Gerade im Hinblick auf das selbstgesteuerte Lernen ist die Medienkunde, zum Beispiel im Rahmen der Informationsbeschaffung, für das Lernen eine wesentliche Kompetenz. Allein durch die Vielfalt der verfügbaren Angebote ist das Hintergrundwissen über die Medien wichtig. Damit kann der Informationsgehalt und die Relevanz der Medien für das eigene Lernen eingeschätzt werden.

Mediennutzung beschreibt den Umgang mit Medien wie Computer, Tablet, Smartphone etc. Dazu zählen auch der interaktive Umgang mit Medien und die Nutzung der damit verbundenen vielfältigen Handlungsmöglichkeiten.

Die Veränderung von Medien durch das Erstellen von Inhalten kennzeichnet die Mediengestaltung. Kompetenter Umgang mit Medien bedeutet somit auch die Fähigkeit, diese mehr oder weniger kreativ zu gestalten.

Weiterhin ist die Medienkritik ein wesentlicher Aspekt für das digitale Lernen. Aufgrund der Fülle und der Vielfalt der verfügbaren Informationen für das Lernen ist das kritische Hinterfragen wichtig. Zum Beispiel sind Beiträge in Foren häufig durch subjektive Sichtweisen geprägt, die kritisch betrachtet werden sollten.

In der LEKAF-Studie empfinden 71 % der Befragten Computer und neue Medien als wesentliche Bereicherung für ihre beruflichen Lernprozesse. Dabei reicht die Bandbreite von Google und Youtube bis hin zu aufwendigen Serious Games. Diese Zahl macht deutlich, dass computergestütztes Lernen mittlerweile gut etabliert ist und gern genutzt wird – E-Learning im weitesten Sinne ist bei den Mitarbeitenden angekommen. Umso wichtiger ist eine gute Medienkompetenz für das betriebliche Lernen. Das wird daran deutlich, dass in der Studie nur 52 % der Befragten angeben, ihr Kommunikationsverhalten dem Medium (z. B. Foren, E-Mail, Chat) anzupassen. Also knapp die Hälfte macht in ihrem Kommunikationsverhalten keinen Unterschied, ob sie twittern, eine offizielle E-Mail schreiben oder sich in einem Chat befinden. Dass dies zu Missverständnissen und Irritationen führen kann, liegt auf der Hand.

!

Digitale Lernformate

Digitales Lernen bietet eine Vielzahl von Möglichkeiten zur Gestaltung von Lernen. Abgestimmt auf Lernziele und Lerninhalte kommen verschiedene Formate zum Einsatz. In der Übersicht werden ausgewählte digitale Lernformate und ihre Nutzung genauer erklärt.

Gerade durch die Corona-Pandemie haben digitale Lernformate einen enormen Schub erfahren. Zum einen wurden benötige technische Tools plötzlich genehmigt (Videokonferenz-Tools, Kollaborationstools wie interaktive Whiteboards, Zugänge zu Content etc.), zum anderen fühlen sich inzwischen fast alle Mitarbeitenden in dieser Welt angekommen und können diese Tools nutzen.

Allerdings führt die viele Bildschirmarbeit zu einer sogenannten Zoom-Müdigkeit. Viele möchten gerade beim Lernen auch mal nicht vor dem Bildschirm sitzen. Eine Rückkehr zu Präsenzformaten ist vielerorts zu erkennen. Um jedoch die Vorteile beider Welten zu vereinen, sind die ersten Experimente in hybriden Lernsettings im Gange. Hier wird sich noch viel entwickeln, was durch Experimentieren und Reflektieren am besten geht.

Dieses Ergebnis macht deutlich: Medienkompetenz (und digitale Kompetenz) wird gerade im Hinblick auf zunehmende Digitalisierung von Lernen und Weiterbildung noch gestärkt und unterstützt werden müssen, um die Effizienz computergestützten und hybriden Lernens sicherzustellen.

Tipps für Mitarbeitende !

- Experimentieren Sie mit verschiedenen Medien. Reflektieren Sie, was Ihnen Spaß macht und wie erfolgreich Sie in der Nutzung sind.
- Lernen Sie, Informationen durch Selektionsmöglichkeiten bei Suchmaschinen schneller zu finden.
- Achten Sie dabei darauf, Ihr Kommunikationsverhalten entsprechend dem Medium anzupassen.
- Achten Sie beim Umgang mit Medien darauf, Informationen und deren Quellen kritisch zu bewerten. Ist es eine vertrauenswürdige Quelle? Welchen Nutzen hat derjenige davon, die Informationen zur Verfügung zu stellen?
- Nutzungsmöglichkeiten der IT für das Lernen am Arbeitsplatz sollten klar mit dem Vorgesetzten abgesprochen sowie die Rahmenbedingungen für die Computernutzung geklärt werden, um Missverständnissen vorzubeugen.

6.6.1.5 Kooperationskompetenz

Neben digitalen Lernformaten gewinnen auch soziale Lernformate zunehmend (wieder) an Bedeutung (Beispiel für soziale Lernformate Kollaboration: soziale vs. individuelle Formate). Für das Lernen im Austausch mit anderen im Sinne des sozialen Lernens ist eine hohe Kooperationskompetenz notwendig. Zum einen kann dies das Lernen durch gemeinsames Probieren umfassen, zum anderen auch die Unterstützung der Kolleginnen und Kollegen bei der Problemlösung einschließen. Ebenso ist eine gute Kooperationskompetenz durch eine offene Kommunikation sowie das gezielte Nachfragen und Zuhören in gemeinsamen Lernprozessen gekennzeichnet. Auch das offene Ansprechen von Problemen bei Konflikten mit Lernpartnern unterstützt eine erfolgreiche Kooperation in Lernprozessen.

Nur 29 % der Studienteilnehmer schreiben sich in diesem Sinne eine hohe Kooperationskompetenz zu. Dies ist im Hinblick auf die Relevanz sozialen Lernens und das Interagieren in agilen Settings noch deutlich ausbaufähig. Gerade selbstgesteuertes Lernen findet häufig im sozialen Austausch mit anderen statt und erfordert ausreichende Kompetenzen der Kooperation, um fokussiert zu lernen.

!

Tipps für Mitarbeitende

- Versuchen Sie das gemeinsame Lernen mit anderen. Es ist eine schnelle und effiziente Art der Weiterbildung.
- Achten Sie auf ein ausgeglichenes Geben und Nehmen beim gemeinsamen Lernen mit anderen.
- Durch gemeinsames Probieren mit Kolleginnen und Kollegen können Sie auch schwierige Aufgaben bewältigen.
- Lernen Sie aus der Erfahrung anderer, indem Sie gut zuhören und konkrete Fragen stellen.

6.6.1.6 Lernstil

Jeder Mensch hat eigene Präferenzen, wie er lernen möchte. Die einen nähern sich einem neuen Thema, indem sie erst einmal die theoretischen Grundlagen verstehen möchten, die anderen probieren lieber selbst aus, experimentieren, tüfteln, um den Lerngegenstand für sich greifbarer und verständlicher zu machen. Dritte schauen dagegen anderen beim Ausprobieren zu ... Für den individuellen leichten Einstieg sollten Mitarbeitende ihre Lernpräferenzen kennen. Das Modell der Lernkompetenzen differenziert drei verschiedene gleichwertige Lernstile, nämlich Beobachter, Aktivist und Nachdenker, angelehnt an die Lernstile von (Honey & Mumford 1995). Dabei tendiert jeder Mensch zu einer oder mehreren bevorzugten Vorgehensweise beim Lernen. Diese kann sich in Abhängigkeit von Erfahrung und Alter verändern.

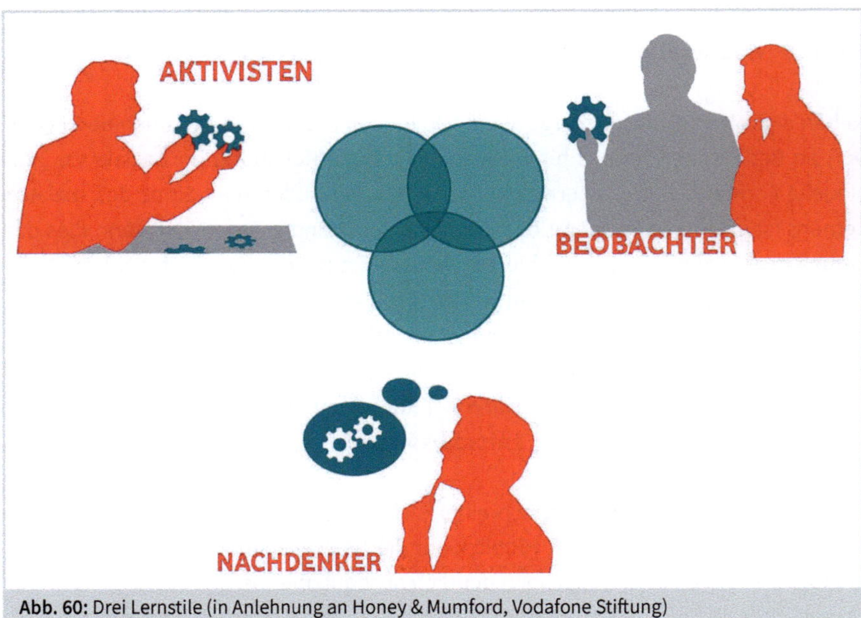

Abb. 60: Drei Lernstile (in Anlehnung an Honey & Mumford, Vodafone Stiftung)

Beobachter

Beobachter sind zurückhaltend, vorsichtig und bevorzugen es, anderen erst einmal bei Übungen zuzusehen oder von Erfahrungen anderer zu profitieren. Hospitationen und Mentoring sind ihre präferierten Lernmethoden. Sie sind tendenziell vorsichtig und haben Probleme, wenn es darum geht, schnelle Entscheidungen zu treffen, oder wenn sie in neue (Lern-)Situationen reingestoßen werden. Sie gelten als zurückhaltend.

Tipps für Mitarbeitende: Beobachter !

- Kooperatives Lernen ist für Sie eine interessante Möglichkeit, sich einem neuen Thema zu nähern. Dabei können Ihre Lernpartner sowohl Expertinnen und Experten als auch experimentierfreudige Kolleginnen und Kollegen sein.
- Suchen Sie sich geeignete Beobachtungssituationen für den Lernerfolg.
- Nutzen Sie Hospitationen, Mentoring und andere Möglichkeiten für Beobachtungen.
- Das vorsichtige Annähern an neue Themen kann manchmal als Desinteresse interpretiert werden. Weisen Sie deshalb Ihr Gegenüber ruhig auf Ihren Lernstil hin.

Wie die Studie zu Lernkompetenz zeigt, lernen vor allem jüngere Mitarbeitende (50 % unter 21 Jahre) durch Beobachten. Im Alter nimmt die Präferenz dieses Lernstils ab (28 % der 51- bis 60-Jährigen).

Aktivist

Aktivisten sind neugierig, praktisch orientiert und experimentieren gern. Sie lernen am liebsten durch eigene Erfahrungen, wie zum Beispiel durch das Bearbeiten von Fallstudien, das Hantieren mit Lerngegenständen, Simulieren und Experimentieren. Mit theoretischen Grundlagen können sie besser umgehen, wenn sie ein plastisches Beispiel vor Augen haben. Sie gehen gern unbefangen an neue Aufgaben heran und begegnen Neuem aufgeschlossen. Alle Formate des entdeckenden Lernens sind für Mitarbeitende mit diesem bevorzugten Lernstil von Interesse. Sie gelten als spontan.

Wie die Ergebnisse der LEKAF-Studie zeigen, wird der Lernstil des Aktivisten bei niedrigerer schulischer Bildung (Hauptschulabschluss 47 % vs. Abitur 44 %) leicht bevorzugt.

Tipps für Mitarbeitende: Aktivist !

- Gestalten Sie Ihr Lernen abwechslungsreich. Je mehr Freude Sie am Lernen entwickeln, desto erfolgreicher sind Sie.
- Suchen Sie sich Möglichkeiten, zu experimentieren und sich mit »Trial and Error« dem Erfolg zu nähern. Fehler machen gehört zum Lernen dazu.
- Viele Aktivisten haben Spaß am Wettbewerb etwa in Form von Gamification-Ansätzen (Highscores). Sie auch?
- Nicht jeder lernt gerne so wie Sie – nehmen Sie darauf Rücksicht.

Nachdenker

Nachdenker zeichnen sich durch analytisches und logisches Denken aus. Sie möchten sich neuen Lerngegenständen zunächst gedanklich nähern und erst verstehen, wie Dinge funktionieren. Dafür sammeln sie erst Fakten und Informationen, bevor sie etwas ausprobieren. Durch detailreiche Wahrnehmung können Nachdenker häufig Handlungen und/oder deren Konsequenzen vorhersagen. Sie gelten als sehr reflektiert. Der Lernstil »Nachdenker« wird mit steigender Schulbildung (Hauptschulabschluss 48 % vs. Abitur 58 %) und zunehmendem beruflichen Bildungsgrad (Berufsausbildung 50 % vs. Hochschulabschluss 62 %) bevorzugt.

!

Tipps für Mitarbeitende: Nachdenker

- Nutzen Sie am Anfang des Lernprozesses die Gelegenheit für die individuelle Auseinandersetzung mit dem Lernstoff.
- Gehen Sie strukturiert vor und erschließen Sie sich die Informationen eines Lernthemas. Sammeln Sie die benötigten Fakten und ziehen Sie Ihre Schlüsse aus den Informationen.
- Akzeptieren Sie, dass andere nicht so detailverliebt am Anfang sind.
- Beachten Sie das Kosten-Nutzen-Verhältnis (Lernzeit vs. Nutzen für die eigene Arbeit). Wie viel von dem, was Sie wissen möchten, ist überhaupt relevant?

In der Studie von Graf, Gramß und Heister (2016) zeigt sich, dass die Lernstile des Nachdenkers und des Aktivisten besonders verbreitet sind. Es wird deutlich, dass sich der Lernstil in Abhängigkeit von Alter und Erfahrungen verändert. Außerdem konnte nachgewiesen werden, dass Männer die logische und analytische Vorgehensweise beim Lernen bevorzugen und damit häufiger den Lernstil des Nachdenkers präferieren (61 %). Frauen haben hingegen keinen ausgeprägt präferierten Lernstil.

Außerdem verändert sich der Lernstil mit zunehmendem schulischem und beruflichem Bildungsgrad. Je höher die Bildung, desto eher wird der Lernstil des Nachdenkers bevorzugt und desto weniger der Aktivist.

Diesen Erkenntnissen kann durch die Gestaltung von Lernformaten Rechnung getragen werden. Lernangebote können beispielsweise durch weitere Materialien ergänzt werden, um den Präferenzen von Nachdenkern nach vielen (Hintergrund-) Informationen gerecht zu werden. Für Aktivisten bietet sich hingegen an, vermehrt aktive Beteiligungen zu nutzen, bei denen sie selbst ausprobieren und erproben können. Für Beobachter können zum Beispiel Videos eine gute Möglichkeit für einen vereinfachten Einstieg ins Lernen sein. In dieser Art und Weise können Lernangebote angereicht und den verschiedenen Lernpräferenzen im Sinne des Lernstils gerecht werden.

6.6.2 Prozessuale Lernkompetenzen – Lernmanagement gestalten

Neben der Selbstreflexion ist das Organisieren des Lernprozesses eine wesentliche Voraussetzung für erfolgreiches selbstgesteuertes Lernen. Dazu bietet das Modell der Lernkompetenzen (Abb. 59) entlang eines Lernprozesses verschiedene Faktoren des Lernmanagements.

6.6.2.1 Lernziele

Zunächst ist es für einen intendierten Lernerfolg wichtig, Lernziele und ergebnisse zu definieren und zu spezifizieren, um festzulegen, was man nach dem Lernen wissen oder können möchte. Dies ist wesentlich, um die Aufmerksamkeit auf relevante Dinge zu lenken und damit den Fokus im Lernprozess nicht zu verlieren. Größere Lernpakete können in kleinere Einheiten als Zwischenziele unterteilt werden. Außerdem können diese Zwischenziele helfen, Lernfortschritte und Lernerfolge sichtbar zu machen und für das weitere Lernen zu motivieren.

Allerdings zeigt die Studie zu Lernkompetenzen, dass nur ca. ein Fünftel der Studienteilnehmer in diesem Bereich gut aufgestellt ist. Außerdem sind sich nur 39 % der Befragte beim Lernen darüber im Klaren, was sie nach dem Lernen können und wissen möchten. Frauen setzen sich mit 42 % häufiger Lernziele als Männer (37 %). Fehlende Lernziele sind auch ein Grund für die Transferlücke beim Lernen. Ist von vornherein nicht klar, was und wozu genau gelernt werden soll, ist die Übertragung des Gelernten in den Arbeitsprozess deutlich geringer. So geben auch 41 % der Befragten an, dass sie im beruflichen Kontext schon mehrfach Dinge gelernt haben, die ihnen später nichts brachten.

Tipps für Mitarbeitende !

- Nehmen Sie sich Zeit, um Lernziele zu spezifizieren. Legen Sie vor dem Lernen fest, was Sie am Ende wissen möchten.
- Geistige Vorwegnahme von Lernerfolgen hilft, eigene Ziele zu setzen und Erwartungen für den Lernerfolg zu bilden.
- Unterteilen Sie größere Lernpakete in kleinere Einheiten und setzen Sie sich damit Zwischenziele im Lernprozess, an denen Sie Teilerfolge und Fortschritte messen können.

Klare und konkrete Lernziele zu formulieren erleichtert zum einen die Planung des Lernens. Zum anderen sind Lernziele auch Motor für den Lernprozess. Gut formulierte Ziele spornen an und motivieren. Wird das Lernziel erreicht, macht das zudem zufrieden und steigert das Selbstvertrauen und die Motivation für das Lernen. Von daher ist die Formulierung eigener Lernziele ein wichtiger Aspekt für das selbstgesteuerte Lernen.

SMART-Methode

Eine Möglichkeit eigene Lernziele zu formulieren ist die SMART-Methode (Doran 1981). Diese findet in vielen Bereichen Anwendung und kann auch auf das Lernen übertragen werden. Nach dem SMART-Prinzip werden Ziele formuliert, die erreicht werden sollen. Gerade beim Lernen ist es auch wichtig, eigene konkrete Lernziele zu formulieren. Sie helfen eigene Erwartungen vor Augen zu führen, das Ziel im Blick zu behalten und Prioritäten zu setzen.

Nach dem SMART-Prinzip sollten Ziele spezifisch, messbar, attraktiv, realistisch und terminiert sein.

- **Spezifisch** – Das Lernziel sollte konkret formuliert sein und individuell passen. So kann der gewünschte Zielzustand antizipiert werden. Das motiviert und hilft, Chancen zu erkennen und Prioritäten zu setzen, um dieses Ziel zu erreichen.
- **Messbar** – Damit ein Ziel messbar ist, braucht es prüfbare Kriterien. Diese sollen den Zustand beschreiben, wenn das Ziel erreicht ist. Ist das Ziel nicht messbar, ist es schwierig, die Erreichung des Lernziels zu kontrollieren. Suchen Sie geeignete Kriterien, die das Erreichen des Lernziels messbar machen. Aber legen Sie die Messlatte nicht zu hoch.
- **Attraktiv** – Ein gesetztes Lernziel sollte auch so gestaltet sein, dass es erreichbar und attraktiv ist. Ist es hingegen zu ambitioniert, kann das schnell zu Frustration führen und sich negativ auf die Motivation beim Lernen auswirken. Dennoch sollte das Ziel auch nicht zu einfach sein. Fehlt die Herausforderung, kann sich das ebenfalls nachteilig auf die Motivation auswirken. Wichtig ist also, das Lernziel so zu formulieren, dass es Lust macht, das Ziel zu erreichen.
- **Realistisch** – Lernziele sollten nicht nur erreichbar, sondern auch realistisch sein. Das heißt, die eigenen Fähigkeiten und Kompetenzen sollten es ermöglichen, das Lernziel zu erreichen. Neben den eigenen Ressourcen sollten dabei auch die Rahmenbedingungen berücksichtigt werden.
- **Terminiert** – Um eine gewisse Verbindlichkeit des Lernziels zu erreichen, sollte auch ein Termin bzw. Zeitraum für die Erreichung des Ziels gesetzt werden. Wichtig dabei ist, dass dieser nicht allzu weit in der Zukunft liegt, da sich sonst das Lernen sehr in die Länge zieht (Stichwort: Kaugummieffekt). Wichtig: Zu lange Zeiträume wirken sich auch negativ auf die Motivation aus und reduzieren die Verbindlichkeit. Dann wird weniger Aufwand in das Lernen gesteckt, denn schließlich hat man immer noch Zeit, das Ziel zu erreichen.

Halten Sie am besten die formulierten Ziele nach der SMART-Methode schriftlich fest. Das trägt zusätzlich zur Verbindlichkeit der Lernziele bei und hilft Ihnen, den Fokus beim Lernen zu behalten, Prioritäten zu setzen, und ermöglicht darüber hinaus die Reflexion des Lernprozesses und der Lernzielsetzung selbst.

Stellen Sie sich außerdem im Nachgang des Lernens die Fragen:

- Waren die Lernziele gut formuliert?
- Welche Schwierigkeiten (z.B. gesetzter Zeitrahmen, unkonkrete Formulierung etc.) gab es?
- Was hat gut funktioniert?
- Welche persönlichen und äußerlichen Umstände oder Aspekte haben dazu beigetragen?

So können Sie wichtige Informationen für das nächste Mal gewinnen und somit stetig den eigenen Lernprozess verbessern.

6.6.2.2 Planung und Design

Ein zentraler Punkt des Lernmanagements ist die Planung des Lernprozesses, also seine Ausgestaltung. Es kennzeichnet das Wie des Lernens. Gerade im Hinblick auf das selbstgesteuerte Lernen ist die Verfolgung von komplexen und anspruchsvollen Zielsetzungen und damit die Ausgestaltung des Lernprozesses ein wichtiger Baustein für den Lernerfolg. Lernen muss von Mitarbeitenden strukturiert und organisiert werden, da es keiner für sie übernimmt.

Zu Planung und Design zählt u. a. die Auswahl eines oder mehrerer geeigneter Lernformate. Lernkompetente Mitarbeitende haben bereits verschiedene Lernwege ausprobiert, kennen ihre Präferenzen, berücksichtigen diese bei ihrer Auswahl und fragen bei Bedarf aktiv nach geeigneten Weiterbildungsangeboten. Ebenso schließen Planung und Design im Lernprozess die Suche nach Hilfe bei Unterstützungsbedarf ein und umfassen die zeitliche Planung sowie die Schaffung von Lernzeiten. Ohne diese Kompetenz scheitern komplexere Lernprozesse, weil sich Mitarbeitende verzetteln, andere Prioritäten setzen oder vom Lernziel abkommen.

Allerdings ist gerade diese Kompetenz noch ausbaufähig: In der LEKAF-Studie geben nur 47% der Studienteilnehmenden an, die Weiterbildungsangebote des Unternehmens gut zu kennen, und nur 36% der Befragten fragen aktiv nach geeigneten Lernangeboten. Dies steht im Widerspruch zu der in der Selbstreflexion angegebenen Bereitschaft, Verantwortung für das eigene Lernen übernehmen zu wollen, und zeigt, dass es einen Unterschied zwischen Wunsch und Wirklichkeit gibt. Auch das zeitliche Planen und Organisieren des Lernens spielt eine wichtige Rolle im Lernprozess, aber nur 39% machen es tatsächlich.

!

Tipps für Mitarbeitende

- Strukturieren Sie Ihren Lernprozess. Machen Sie sich einen Plan, wann Sie was wie lernen möchten. Nehmen Sie sich nicht zu viel vor und kalkulieren Sie Störungen mit ein.
- Probieren Sie verschiedene Lernwege aus und lernen Sie Ihre Präferenzen kennen.
- Fragen Sie aktiv bei Ihrer Führungskraft und/oder der Personalentwicklung nach geeigneten Weiterbildungsangeboten.
- Suchen Sie sich bei Problemen aktiv Unterstützung im Lernprozess.
- Planen Sie Lernzeiten. Das hilft bei der Integration des Lernens in den Arbeitsprozess.

In Ihrer App finden Sie eine Learning Canvas. Für den Download scannen Sie die folgende Abbildung mit der Haufe-smARt-App.

Abb. 61: Die Learning Canvas in der Haufe-smARt-App

ALPEN-Methode

Eine andere Methode, die das selbstgesteuerte Lernen unterstützt, ist die ALPEN-Methode (Büntemeyer & Seiwert 2021). Diese Methode stammt ursprünglich aus dem Zeitmanagement, kann aber ebenfalls gut auf das Lernen übertragen werden. Mithilfe der ALPEN-Methode kann der Lernprozess vorab geplant werden.

- **Aufgaben aufschreiben** – Im ersten Schritt geht es darum, alle erforderlichen Aufgaben auf einer To-do-Liste festzuhalten.
- **Länge einschätzen** – Neben den Aufgaben wird im nächsten Schritt der erwartete Zeitaufwand notiert. So wird deutlich, welche Zeit für einzelne Aufgaben einge-

plant und damit wie viel Zeitaufwand für den Lernprozess in Summe aufgebracht werden muss. Beispielsweise kann die Zeit für das Anschauen einen Videos zu einem Lerninhalt relativ klar eingeschätzt werden. Für das Lesen eines Fachartikels oder das Gespräch mit Kolleginnen und Kollegen ist das schon schwieriger.
- **Pufferzeit einplanen** – Nutzen Sie Ihre Erfahrungswerte und planen Sie Zeitpuffer im Lernprozesse ein. Diese stehen nicht nur für mögliche zähe Strecken des Lernens, sondern auch für unerwartete Hindernisse und Ereignisse, die den Verlauf des Lernprozesses stören können.
- **Entscheidungen treffen** – Der wahrscheinlich wichtigste Punkt der ALPEN-Methode. Dafür müssen Sie entscheiden, wo Sie Prioritäten setzen. Streichen Sie unwichtige Inhalte oder verschieben Sie wichtige Dinge, die aber nicht dringend sind, auf einen späteren Zeitpunkt. Behalten Sie dabei auf jeden Fall den Fokus auf den Lerninhalten, die sie unbedingt wissen und erledigen wollen. Damit vermeiden Sie möglichen Frust oder Überlastung im Lernprozess.
- **Nachkontrollieren** – Haben Sie Ihr Lernziel erreicht? Hat die eingeplante Zeit für das Lernen ausgereicht? War die Zeiteinschätzung realistisch? Welche Aspekte haben Sie nicht gelernt, aber möchten Sie noch lernen? Ziehen Sie am Ende des Lernprozesses Bilanz.

Mit der Alpenmethode können Sie Ihren Lernprozess gut planen, Lernzeiten abschätzen und Prioritäten setzen. Durch das Bilanzieren am Ende reflektieren Sie Ihr Lernen und sammeln damit auch Erfahrungen und Kenntnisse darüber, was Ihren Lernprozess beeinflusst, was bereits gut läuft und wo es noch Verbesserungspotenzial gibt. Gehen Sie das Lernen strukturiert an. Damit schaffen Sie sich gezielt Erfolgserlebnisse beim Lernen.

6.6.2.3 Durchhaltevermögen

Ausdauer und Geduld, die vor allem zu längeren und schwierigeren Lernprozessen gehören, kennzeichnen das Durchhaltevermögen im Lernprozess. Lernen ist immer auch zu einem gewissen Grad anstrengend, vor allem das selbstgesteuerte Lernen, bei dem man aktiv gestaltet und organisiert und sich selbst motivieren muss. Deshalb ist das Durchhaltevermögen im Lernprozess ein wichtiger Faktor für das Lernen. Das »Aufraffen« zum Lernen, obwohl man gerade keine Lust dazu hat, ist dabei genauso wichtig wie das Nicht-Aufgeben im Verlauf des Lernprozesses.

In der LEKAF-Studie geben jedoch nur 23 % der Befragten ein gutes Durchhaltevermögen an. Da es sich bei der Befragung um eine Selbsteinschätzung handelt, zeigt dieses Ergebnis auch einen sehr kritischen Umgang der Befragten mit ihrem eigenen Lernen.

Die 23 % stehen allerdings auch im Widerspruch zur Bereitschaft, Verantwortung für das eigene Lernen und die Weiterbildung übernehmen zu wollen, bestätigen aber aktuelle Zahlen wie zum Beispiel Abbruchquoten bei Video-Lernkursen.

Bezüglich des Durchhaltevermögens zeigt sich ein geringfügiger Anstieg mit zunehmendem Alter. Vor allem Jüngeren (unter 21 Jahren) fällt es schwer, sich zum Lernen aufzuraffen, wenn sie keine Lust haben (32 %). Zudem fällt dies auch mehr Männern (35 %) als Frauen schwer (29 %). Zusätzlich zeigt sich für die Hartnäckigkeit, also das Nicht-Aufgeben bei schwierigen Aufgaben, ein Alterseffekt. Mit steigendem Alter nimmt diese zu (unter 21 Jahren: 49 %; über 60 Jahre: 58 %).

!

Tipps für Mitarbeitende

- Schaffen Sie sich individuelle Belohnungen, um die Lernunlust zu überwinden.
- Suchen Sie sich bei schwierigen Aufgaben aktiv Unterstützung durch einen Lernpartner.
- Aufschieberitis hilft nicht, vereinbaren Sie Lernzeiten mit sich und halten Sie diese so konsequent wie möglich ein.

Pareto-Prinzip (80:20-Regel)

Auch die Anwendung des Pareto-Prinzips (https://pareto-prinzip.net/) geht mit dem Setzen von Lernzielen einher. Dieses besagt, dass mit 20 % Aufwand bereits 80 % des Ergebnisses erreicht wird. Die restlichen 20 % zur Erlangung eines perfekten Ergebnisses erfordern jedoch 80 % Aufwand. Perfektion ist nicht immer notwendig und fordert viele Ressourcen (Zeit und Aufwand). Oft reichen bereits 80 % aus, um handlungsfähig zu sein, Wissen über ein neues Thema zu haben etc. Es ist also abzuwägen, ob der hohe Mehraufwand notwendig ist, schließlich müssen Sie nicht in allem ein Spezialist sein. Fragen Sie sich also beim Lernen, was Sie für Ihre Aufgaben wirklich wie umfassend wissen müssen. Schaffen Sie damit eine realistische Einschätzung und Abwägung von Aufwand und Nutzen des Lernens.

6.6.2.4 Störanfälligkeit

Konträr zum Durchhaltevermögen ist die Störanfälligkeit, die Neigung, beim Lernen leicht ablenkbar zu sein. Dazu gehört zum Beispiel die Suche nach Vorwänden und Gelegenheiten für Pausen. Hinzu kommt, dass nach Störungen der Einstieg ins Lernen schwerfällt. Bei einer hohen Störanfälligkeit finden Mitarbeitende häufig andere Tätigkeiten statt des Lernens und lassen sich leicht von Telefon oder E-Mails ablenken. Folglich kann das Lernen nur schwer in den Arbeitsprozess integriert werden. Auch der Umgang mit Problemen und Widerständen wird nur schwer gemeistert. Häufig fehlen Mittel und Wege, damit umzugehen.

Der Hälfte der befragten Mitarbeitenden (49 %) fällt es teilweise schwer, den Einstieg ins Lernen zu finden. Jüngere zwischen 21 und 35 Jahren haben dabei häufiger Schwierigkeiten als Ältere (51 bis 60 Jahre: 36 %). Außerdem kann mit zunehmendem Alter das Lernen besser in den Arbeitsprozess integriert werden. Interessant ist, dass es 24 % der Befragten schwerfällt, nach Pausen den Wiedereinstieg ins Lernen zu finden, 29 % zumindest teilweise. Insbesondere beim Lernen in kleinen »Häppchen«, wie zum Beispiel beim Mobile Learning, ist dies ein wesentlicher Aspekt.

Insgesamt zeigt sich, dass eine geringere Störanfälligkeit mit einem höheren Durchhaltevermögen einhergeht.

Tipps für Mitarbeitende !

- Nutzen Sie feste Lernzeiten und Lernorte, um möglichst störungsfrei und ohne Ablenkung zu lernen.
- Reflektieren Sie stets Ihr eigenes Lernverhalten und prüfen Sie Ihre Störanfälligkeit.
- Suchen Sie Quellen für Ablenkungen und reduzieren Sie diese weitgehend.
- Schaffen Sie sich Rituale, um den Einstieg ins Lernen zu erleichtern, Kaffee holen, Telefon umleiten etc.

Getting things done

Eine andere Methode aus dem Selbstmanagement kann ebenso gut auf das selbstgesteuerte Lernen angewendet werden – Getting things done. Die von David Allen entwickelte Methode basiert auf Aufgabenlisten (Allen 2015). Diese dienen dazu, keine Ressourcen auf das Merken von Dingen zu verschwenden, sondern den Kopf für tatsächliche Aufgaben freizuhaben und damit konzentriert an den Aufgaben zu arbeiten. Die Methode umfasst insgesamt fünf Schritte:

1. **Sammeln** – Im ersten Schritt werden zunächst alle Aufgaben, Themen und Ideen zusammengetragen. Beim Lernen können das zum Beispiel verschiedene Aspekte eines Themas (z. B. Podcast hören, Buch lesen etc.) sein oder verschiedene Themen, die Sie lernen möchten. Das Sammeln kann auf Notizzetteln oder auch digital erfolgen.
2. **Verarbeiten** – Nachdem alles gesammelt wurde, geht es im zweiten Schritt darum, zu entscheiden, was zu einer Aufgabe wird und was nicht.
3. **Organisieren** – Nun werden alle Aufgaben auf Listen gesetzt und weiterverarbeitet. Beispielsweise können Sie Aufgabenlisten für unterschiedliche Kontexte erstellen (z. B. Lernorte, Lernmedien etc.).
4. **Reflektieren** – Prüfen Sie in einem definierten Zeitabschnitt (z. B. einmal die Woche) Ihre Aufgaben. Reflektieren Sie, ob die Aufgaben noch die richtigen sind, warum sie noch nicht erledigt sind oder ob Sie ggf. einzelne Aufgaben streichen möchten.
5. **Erledigen** – Hier geht es um die Bearbeitung und Erledigung der Aufgabe. Diese sollte aber immer zum Kontext passen. Welche Aufgabe Sie erledigen, hängt vom Kontext, der verfügbaren Zeit, der verfügbaren Energie und der Priorität ab.

Ein Beispiel: Sie haben eine Kontextliste für den Weg zu Arbeit. Sitzen Sie morgens in der Bahn und haben 20 Minuten Zeit, sind gut und fit in den Tag gestartet, dann können Sie aus der Liste eine geeignete Aufgabe auswählen (z. B. Podcast zum Thema hören). Sie müssen dank der »Getting Things Done«-Methode in der Situation keine Zeit darauf verschwenden, zu überlegen, wie Sie die Zeit in der Bahn sinnvoll nutzen können. Sie können direkt eine ihrer geplanten Aufgaben erledigen und somit die Zeit effizient zum Lernen einsetzen.

Die Methode bietet viele Möglichkeiten, Lernen effizient zu organisieren, zu strukturieren und umzusetzen. Am Anfang geht jedoch viel Zeit mit dem Sammeln und Organisieren von Aufgaben einher. Es braucht auch etwas Übung und Disziplin, mit dem eigenen System umgehen zu können. Haben Sie einmal ein passendes System für sich entwickelt, können Sie aber schnell und effizient Ihr Lernen steuern und finden nach Störungen schnell wieder rein. Digitale Tools für die Aufgabenlisten erleichtern und unterstützen dabei.

6.6.2.5 Transfer

Wesentlich für den Erfolg des Lernens ist die Übertragung des Gelernten in den Arbeitsprozess. Für den Transfer ist die Verknüpfung des Neugelernten mit den vorherigen Erfahrungen und damit die Integration des Neuen in das bestehende Wissen wesentlich. Dies kann durch gezieltes Üben des neuen Wissens anhand entsprechender Aufgaben geschehen. Gerade dies ist für das Agile Lernen zentral. Wissen wird mit und für die Bewältigung von Aufgaben und Problemen erworben und direkt im Austausch mit der Umwelt angewendet.

Die Vorwegnahme der positiven Veränderungen durch das Lernen kann dafür ebenso hilfreich sein wie die Motivation durch die Projektion positiver Auswirkungen des Lernens auf die eigene Arbeit. Gleichfalls ist das Hinterfragen von Gründen für bestimmte Antworten wichtig, um den Transfer zu stärken.

In der Studie schreiben sich jedoch nur 27 % eine hohe Fähigkeit zum Transfer zu. Dies macht noch einmal eine Transferlücke deutlich und hängt sicher auch mit der mangelnden Definition von Lernzielen zusammen. Ungefähr zwei Drittel der Befragten lernen, um ihre Arbeit danach besser erledigen zu können. Frauen (46 %) üben neu erworbenes Wissen etwas häufiger als Männer (41 %). Mit dem Alter nimmt das Üben des Gelernten tendenziell ab. Während sich bei den 21- bis 35-Jährigen 47 % Aufgaben zum Üben suchen, sind es bei den 51- bis 60-Jährigen nur noch 40 %.

! **Tipps für Mitarbeitende**

- Machen Sie sich den Nutzen des Lernens bewusst. Reflektieren Sie, welche Verbesserungen durch das Lernen erreicht werden können.
- Üben Sie neu erworbenes Wissen, indem Sie sich gezielt entsprechende Aufgaben suchen.

- Prüfen Sie schon vor dem Lernen mögliche Anwendungen der Lerninhalte, um den Lernerfolg zu unterstützen.
- Versuchen Sie, sich die positiven Auswirkungen des Lernens für Ihre Arbeit vorzustellen.
- Beziehen Sie das Lernen stets auf Ihre vorherigen Erfahrungen.

6.6.2.6 Evaluation

Um eigene Lernkompetenzen weiterzuentwickeln, ist das Reflektieren des Lernerfolges und des Lernprozesses wesentlich. Durch kontinuierliche Evaluation können sowohl Schwächen und Schwierigkeiten aufgedeckt und angegangen werden als auch Zielerreichungen und Erfolge gefeiert werden. Dies ist gerade beim selbstgesteuerten Lernen wichtig, da die Verantwortung für den gesamten Lernprozess gänzlich beim Lernenden selbst liegt. Dazu sind zum einen das Reflektieren des Lernprozesses (Prozessevaluation) und zum anderen die Bewertung der Zielerreichung (Ergebnisevaluation) wichtig. Findet die Evaluation bereits im Lernprozess selbst statt, kann das Lernverhalten angepasst werden, wenn man im Lernprozess nicht wie gewünscht vorankommt.

Nur gut ein Viertel (27 %) der befragten Mitarbeitenden aus der LEKAF-Studie bewertet die eigene Fähigkeit zur Evaluation des Lernens als gut. Mit zunehmendem Alter wird mehr evaluiert (21- bis 35-Jährige: 29 %; über 60 Jahre: 38 %). 42 % prüfen, ob sie die gesetzten Ziele erreicht haben. Frauen (45 %) evaluieren tendenziell mehr als Männer (39 %). Dies resultiert sicher daraus, dass eher wenige Lernziele gesetzt werden (Ergebnisevaluation). Im Sinne der Prozessevaluation reflektieren 49 % der Befragten den Lernprozess. 42 % überdenken zudem auch, was sie ändern könnten, wenn sie beim Lernen nicht wie geplant vorwärtskommen.

Tipps für Mitarbeitende !

- Ergebnisse können nur evaluiert werden, wenn Lernziele definiert wurden. Spezifizieren Sie also vor dem Lernen, was Sie lernen möchten, und prüfen Sie am Ende des Lernprozesses, ob Sie die Ziele erreicht haben.
- Erleben Sie Erfolgsgefühle durch die Prüfung der Zielerreichung.
- Reflektieren Sie bei schwierigen Lernprozessen, worin das Problem liegt, und suchen Sie nach Alternativen oder Unterstützung.
- Nutzen Sie die Evaluation, um die Gestaltung des Lernprozesses zu reflektieren und Verbesserungspotenziale aufzudecken.

6.6.3 Rahmenbedingungen zur Lernkompetenz

Selbstgesteuertes Lernen am Arbeitsplatz ist immer auch in den Unternehmenskontext eingebunden: Wird Lernen als Störung oder Investition angesehen? Ist E-Learning Arbeitszeit? Welche Betriebsvereinbarungen zum Lernen gibt es? Sind Google, Youtube und Co. für Mitarbeitende zugänglich oder gesperrt? Wegen solcher Fragen liegt es nahe, für die Beschreibung von Lernkompetenzen auch die betrieblichen Rahmenbedingungen zu berücksichtigen. Mitarbeitende agieren in diesem Kontext und können ihr Lernen nur darin gestalten und umsetzen. Lernförderliche Rahmenbedingungen sind wichtig für Lernende, um zu verstehen, ob und inwieweit mit Unterstützung gerechnet werden kann. Zu den Rahmenbedingungen des Unternehmens zählen zum einen die Lernkultur und zum anderen die Unterstützung durch die Führungskraft.

6.6.3.1 Lernkultur

Die Lernkultur spielt eine zentrale Rolle für die Rahmenbedingungen der Weiterbildung und des Lernens und beschreibt, wie Lernen im Unternehmen gewertet, eingeschätzt und gefördert bzw. ermöglicht wird. Dies schließt ein, inwiefern beim Lernen Fehler gemacht werden dürfen und Weiterbildung und Lernen gelebte Werte im Unternehmen darstellen. Dies spiegelt sich zum Beispiel an der Verfügbarkeit eines breiten Weiterbildungsangebotes und die diesbezügliche Beratung der Mitarbeitenden durch die Personalentwicklung wider. Dazu gehören zum einen klassische Angebote wie Seminare oder Workshops, aber auch Möglichkeiten für Selbstlernangebote wie Internetzugang, kollegiale Beratung und Hospitationen. Neben den Lernangeboten ist auch die Rolle des Lernens und der Weiterbildung in persönlichen Mitarbeitergesprächen ein wesentlicher Aspekt der Lernkultur.

In der Studie schätzen nur 8 % der Befragten die Lernkultur im Unternehmen als gut ein. In den Bewertungen zeigt sich ein deutlicher Alterseffekt. Jüngere (unter 21 Jahre: 27 %) bewerten die herrschende Lernkultur positiver (27 %) als ältere Mitarbeitende (51 bis 60 Jahre: 6,6 %). Insgesamt geben nur ein Drittel (29 %) der Befragten an, dass Weiterbildung und Lernen gelebte Werte im Unternehmen sind. Dies ist gerade im Hinblick auf den zunehmenden Veränderungsdruck auf Unternehmen und Mitarbeitende ein kritisches Ergebnis. Das wird auch daran deutlich, dass nur ein Viertel (26 %) der Befragten angeben, dass Lernen und Weiterbildung im persönlichen Mitarbeitergespräch eine Rolle spielen. Daraus wird ersichtlich, dass Lernen weit weniger im Fokus steht, als es die Gegebenheiten des (digitalen) Wandels in der Arbeitswelt erfordern.

Im Hinblick auf das selbstgesteuerte Lernen geben zumindest 38 % der Befragten an, dass ihr Arbeitgeber gute Selbstlernangebote bietet. Allerdings wird die Vielfalt und Beratung durch die Personalentwicklung mit 17 % eher gering bewertet. Insgesamt fällt auch hier auf, dass Jüngere (47 %) eine deutlich positivere Einschätzung abgeben.

6.6.3.2 Führungskräfte

Neben der Lernkultur im Unternehmen ist noch die Unterstützung durch die Führungskraft Teil der förderlichen Rahmenbedingungen. Der Führungskraft kommt im Transformationsprozess zum selbstgesteuerten Lernen eine entscheidende Rolle zu. Aufgabe der Führungskraft ist es zum einen, den Mitarbeitenden den Rücken für das Lernen freizuhalten, die Angebote der Personalentwicklung zu kennen, geeignete Lernmethoden und -inhalte mit dem Mitarbeitenden für ihn auszuwählen oder zu schaffen und überhaupt sich für die Entwicklung seiner Mitarbeitenden zu interessieren. Zum anderen sollte die Führungskraft die Mitarbeitenden beim Lernen unterstützen und motivieren sowie die Aufgaben der Mitarbeitenden an die neuen Kompetenzen anpassen. Dies wird auch im Zusammenhang mit den extrinsischen Anreizen deutlich. Wie die bundesweite Studie zeigt, legt der Großteil der Befragten Wert auf Lob und Anerkennung für die Lernleistung. Dies ist eine wichtige Erkenntnis für das Handeln von Führungskräften, die individuelle Weiterbildung und Weiterentwicklung mehr wertschätzen sollten.

Nur 9 % der Befragten schätzen die Unterstützung durch die Führungskraft als gut ein, und nur etwa ein Drittel (36 %) bewerten die Motivation durch die Führungskraft als gut. Auch hier zeigt sich ein Alterseffekt. Während sich 52 % der Jüngeren gut unterstützt fühlen, sind es bei den über 60-Jährigen weniger als ein Drittel (30 %).

Es wird deutlich, dass auch die Rahmenbedingungen wesentlich für das Lernen sind. Gerade für das selbstgesteuerte Lernen ist es für Mitarbeitende wichtig, Unterstützung durch die Lernkultur und die Führungskraft zu erhalten. Das kann durch Beratung, Motivation oder auch durch vielfältige Lernangebote realisiert werden. Nicht zuletzt schließt es die Wertschätzung des Lernens im Unternehmen ein ebenso wie die Begleitung des Lernens und die Motivation der Mitarbeitenden im Lernprozess. Dazu gehen wir in den nächsten Kapiteln noch intensiver auf die Führungskraft und die Lernkultur ein.

6.6.4 Fazit: Lernkompetenzen gezielt fördern

Obwohl Lernkompetenzen der Schlüssel zu einer erfolgreichen agilen Personalentwicklung und zu verantwortungsvoll lernenden Mitarbeitenden sind, stehen noch viele Unternehmen am Anfang, diesen Kompetenzaufbau gezielt bei den Mitarbeitenden zu fördert. Ein Grund hierfür kann die bisherige Ahnungslosigkeit bezüglich der relevanten Ansatzpunkte sein. Mit dem Modell und den Erkenntnissen der Befragung ist nun eine Vorstellung vorhanden, welche Kompetenzen notwendig sind und wie sich Mitarbeitende in Deutschland selbst einschätzen. So haben Mitarbeitende, Personalentwicklung und Führungskräfte endlich eine Idee davon, wo sie ansetzen können und wie sie Mitarbeitende dazu befähigen, selbstgesteuert (agil) zu lernen. Die Förderung dieser Kompetenzen sollte in der Priorität vor der Entwicklung neuer Lernangebote stehen.

6.6.5 Unterstützende Tools für Lernkompetenzen

Um den Ausbau der Lernkompetenzen zu unterstützen, bedarf es erst einmal einer individuellen Analyse des aktuellen Standes. Im Folgenden werden zwei Möglichkeiten vorgestellt, mit denen Mitarbeitende mittels Selbstanalyse ihre eigenen Kompetenzen reflektieren und in der Folge gezielt stärken können.

6.6.5.1 Transferstärkemodell

Das Transferstärkemodell basiert auf der Annahme, dass Lernimpulse aus Trainings und ähnlichen Formaten schlecht in den Arbeitsalltag transferiert werden können, und stellt die Nachhaltigkeit von vorgegebenen Lern- und Veränderungsprozessen in den Fokus (Koch 2009) – also die Schließung der Transferlücke. Ziel ist es, Lernerkenntnisse in praktisches Handeln umzusetzen. Mittels Fragebogen zur Selbsteinschätzung werden vier Faktoren erhoben, die bei einer hohen Ausprägung jeweils für eine hohe Transferstärke stehen:

- **Offenheit für Fortbildungsimpulse**
  Damit wird die positive Einstellung gegenüber Fortbildungen beschrieben und die Bereitschaft, sich auf Neues und Ungewohntes einzulassen. Fehlende Offenheit resultiert meist aus negativen Erfahrungen und Selbstschutz, um nicht mit eigenen Schwächen konfrontiert zu werden.
- **Selbstverantwortung für den Umsetzungserfolg**
  Das umfasst die aktiven Bemühungen, Gelerntes in die Tat umzusetzen. Dabei wird der bisherige Trott durchbrochen und die Person ist in der Lage, sich selbst zu motivieren und neue Methoden und Fertigkeiten anzuwenden, um ungünstige Verhaltensweisen zu verändern. Die einzelnen Schritte des Vorgehens sind klar, und es wird entsprechend Anstrengung aufgebracht, um Vorsätze umzusetzen, d. h. auch aktiv nach Übungsmöglichkeiten für neue Verhaltensweisen gesucht. Eine geringe Ausprägung des Faktors spricht dafür, dass der eigene Nutzen nicht ausreichend erkannt wird oder ggf. Arbeitsmethoden nicht bekannt sind. Lernziele können somit nicht strukturiert werden.
- **Rückfallmanagement im Arbeitsalltag**
  Das kennzeichnet die Umsetzung des Gelernten, die häufig im zeitlichen Konflikt mit den täglichen Anforderungen steht. Wichtig ist hierbei, dass Prioritäten der Umsetzung nicht durch Dringlichkeit von Themen verdrängt, sondern erforderliche Zeiträume geschaffen werden. So kann einem Rückfall durch entsprechende Strategien vorgebeugt werden.

- **Positives Selbstgespräch bei Rückschlägen**
  Um die Lern- und Veränderungsziele aufrechtzuerhalten, ist es wichtig, sich nicht durch Rückschläge demotivieren zu lassen. Entscheidend ist dabei eine positive Grundeinstellung, die zum Beispiel durch das Feiern von Erfolgen erhalten bleibt. Fehlt das Bewusstsein dafür, entsteht oft Schwarz-Weiß-Denken und Rückschläge werden sofort als Versagen interpretiert.

Aus der Selbsteinschätzung bei diesen vier Faktoren kann ein Transferstärkeprofil abgeleitet werden, das Ausprägungen in den einzelnen Faktoren angibt. Somit können Stärken und Schwächen aufgezeigt werden. Der Autor der Transferstärke- Methode empfiehlt, sich vor der Teilnahme an Weiterbildungen ein genaues Bild über die eigene Transferstärke zu machen und diese Erkenntnisse aktiv im Lernprozess zu nutzen. Wissen über eigene Risikobereiche kann den Umsetzungserfolg erhöhen. Zusätzlich kann ein Transferstärke-Coaching unterstützen. Dazu wird zunächst ein Auswertungsgespräch zum Transferstärkeprofil durchgeführt, und im Anschluss an die Weiterbildung folgen in zeitlichem Abstand zwei Reflexionsgespräche. Ziel ist es, möglichst früh das Rückfallrisiko zu erkennen und durch entsprechende Gegenmaßnahmen einem Rückfall in den gewohnten Trott vorzubeugen. Es gilt, bestehende Automatismen aufzubrechen und aktiv zu verändern.

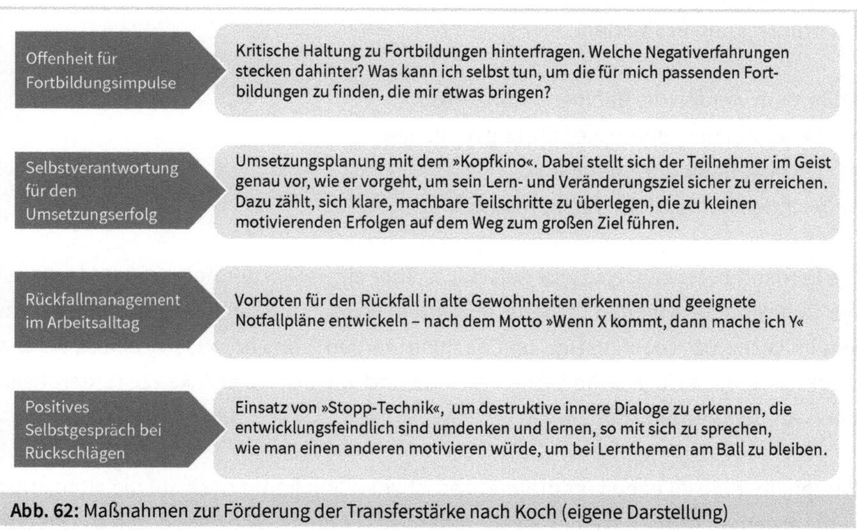

Abb. 62: Maßnahmen zur Förderung der Transferstärke nach Koch (eigene Darstellung)

6.6.5.2 LEKAF – Lernkompetenzanalyse

Die Lernkompetenzanalyse (LEKAF – Lernkompetenzen analysieren und fördern) basiert auf verschiedenen Forschungsergebnissen sowie einer Studie mit 10.000 Mitarbeitenden und erfasst sowohl Aspekte der Selbstreflexion als auch des Lernmanagements, eingebettet in die betrieblichen Rahmenbedingungen, wie sie im oben gezeigten Modell (vgl. Abb. 59, Modell der Lernkompetenzen) beschrieben wurden. Ziel ist das Reflektieren und Stärken eigener Lernkompetenzen als Voraussetzung für selbstgesteuertes Lernen, unabhängig von den Lernformaten. Die Selbstanalyse erfolgt durch einen Onlinefragebogen. Im Anschluss erhält der Teilnehmende seine Lernkompetenzanalyse mit Tipps für das selbstgesteuerte Lernen – wobei sich aufgrund der Komplexität ein anschließendes Lerncoachinggespräch von ca. 45 Minuten anbietet.

Die Lernkompetenzanalyse gibt Auskunft über die Selbstreflexion mit den Faktoren

- Lernbereitschaft,
- Lernbewusstsein,
- extrinsische Anreize,
- Lernzugang und
- Lernstil

sowie das Lernmanagement, gekennzeichnet durch die Faktoren

- Lernziele setzen,
- Planung und Design,
- Störanfälligkeit,
- Durchhaltevermögen und
- Transfer und Evaluation.

Außerdem werden die Rahmenbedingungen

- Unterstützung durch die Führungskraft und
- Lernkultur im Unternehmen

als wichtige Kontextfaktoren betrachtet.

Die Lernkompetenzanalyse gibt Aufschluss über eigene Lernpräferenzen und hilft bei der Reflexion des eigenen Lernens. Außerdem werden Stärken und Herausforderungen im Lernprozess aufgezeigt. Im Coaching werden Tipps herausgearbeitet, welche Stärken für das erfolgreiche Lernen genutzt und wie potenzielle Herausforderungen überwunden werden können.

Wissen über die eigenen Lernpräferenzen ist vor allem im Hinblick auf die Motivation zum Lernen wichtig. Zum einen ist der Anlass des Lernens, also das Lernen aus Freude am Lernen oder aus der Notwendigkeit durch veränderte Anforderungen im Beruf, ein wichtiger Aspekt. Zum anderen kann durch externe Anreize die Motivation zum Lernen erhöht werden.

Ebenso bietet die strukturierte Erfassung des Lernmanagements die Möglichkeit, Herausforderungen im Lernprozess aufzudecken. So können fehlende Lernziele häufig die Ursache für einen geringen Lernerfolg sein. Ist nicht klar definiert, was gelernt werden soll, kann der Lernprozess nicht zielgerichtet erfolgen. In der Folge ist auch der Transfer in den Arbeitsprozess unzureichend. Gerade für den Transfer ist es aber wichtig, vorab Veränderungen, die durch das Lernen erreicht werden sollen, zu definieren.

Die Auswertung kann als Basis für Entwicklungsgespräche und die Förderung der Selbststeuerung eigener Lernprozesse zwischen Mitarbeitenden und Führungskraft oder Mitarbeitenden und Personalentwicklung im Rahmen eines Lerncoachings genutzt werden.

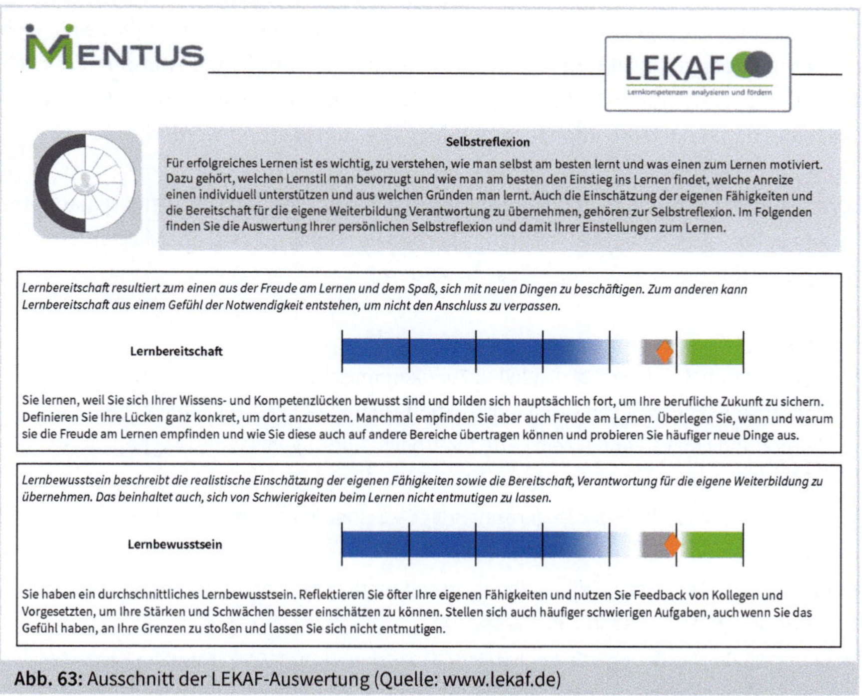

Abb. 63: Ausschnitt der LEKAF-Auswertung (Quelle: www.lekaf.de)

6.7 Fazit

Wir haben gesehen, dass die Selbststeuerung des Lernens anderen Prinzipien folgt als das klassische Lernen, wie es in Schule oder Studium stattfindet. Lernende haben selbst die Verantwortung, ihren Lernprozess zu gestalten, sich zu motivieren und eigene Fortschritte einzuschätzen. Eigene Lernziele setzen, Lernaktivitäten planen, Lerninhalte zusammentragen und strukturieren sowie das Lernen in den Alltag zu integrieren ist häufig eine Herausforderung.

Da wir oft die Selbststeuerung des Lernens nicht erlernt haben, ist die Organisation des eigenen Lernens am Anfang oft noch schwierig. Verschiedene Methoden und digitale Tools unterstützen das Lernmanagement und helfen, ein besseres Verständnis vom eigenen Lernen zu erlangen und die Motivation beim Lernen zu entwickeln und zu erhalten. Methoden aus dem Selbstmanagement, dem Zeitmanagement etc. bieten bereits bewährte Ansätze und können auf das selbstgesteuerte Lernen übertragen werden.

Es gibt also viele Möglichkeiten, das selbstgesteuerte Lernen anzugehen und mit den richtigen Methoden und Tools zu unterstützen. Gerade am Anfang ist es wichtig, sich Zeit zu nehmen und einiges auszuprobieren, um die passende Methode oder das passende Tool für die eigenen Präferenzen zu finden. Doch der Aufwand lohnt sich, weil der Lernprozess gut strukturiert werden kann, Fortschritte sichtbar werden und auch die Reflexion des Lernens unterstützt wird. So können Erfolge und erreichte Ziele gefeiert und damit die Motivation für zukünftiges Lernen gestärkt werden.

Somit stehen nicht lediglich die Lerninhalte im Fokus, sondern das selbstgesteuerte Lernen selbst. Je besser Sie Ihr eigenes Lernen verstehen, desto eher finden Sie eine geeignete Methode, Ihr Lernen selbst zu steuern.

Literatur

Abele, A. E.; Stief, M. & Andrä, M. S. (2000): Zur ökonomischen Erfassung beruflicher Selbstwirksamkeitserwartungen – Neukonstruktion einer BSW-Skala Einleitung Theoretischer Hintergrund Fragestellung. Zeitschrift für Arbeits- und Organisationspsychologie, 44, S. 145–151, siehe: https://doi.org/10.1026//0932-4089.4

Allen, D. (2015): Wie ich die Dinge geregelt kriege – Selbstmanagement für den Alltag. Piper Verlag.

Bandura, A. (1991): Social cognitive theory of self-regulation. Organizational Behavior and Human Decision Processes, 50, S. 248-287.

Bless, H.; Wänke, M.: Bohner, G.; Fellhauer, R. F. & Schwarz, N. (1994): Need for Cognition: Eine Skala zur Erfassung von Engagement und Freude bei Denkaufgaben. Zeitschrift für Sozialpsychologie, S. 147-154.

Bless, H.; Wänke, M.; Bohner, G.; Fellhauer, R. F. & Schwarz, N. (1994): Need for Cognition: Eine Skala zur Erfassung von Engagement und Freude bei Denkaufgaben. Zeitschrift für Sozialpsychologie, S. 147-154.

Büntemeyer, L.; Seiwert, L. (2021) Mit dieser Methode strukturieren Sie Ihren Arbeitstag besser – und schaffen mehr, siehe: https://www.impulse.de/management/selbstmanagement-erfolg/alpen-methode/4085121.html (aufgerufen 03.01.2022).

Cacioppo, J. T.; & Petty, R. E. (1982): The need for cognition. Journal of Personality and Social Psychology, 42(1), S. 116-131.

Doran, G. T. (1981). There's a S.M.A.R.T. way to write management's goals and objectives. Management Review, 70(11), 35–36.

Edelkraut, F.; Graf, N. (2011): Der Mentor – Rolle, Erwartungen, Realität; Lengerich: Pabst Publishers.

Ellström, P.-E. (2001): Integrating learning and work: Problems and prospects. Human Resource Development Quarterly, 12(4), S. 421-435, siehe: http://doi.org/10.1002/hrdq.1006

Engeser, S. (2005): Messung des expliziten Leistungsmotivs: Kurzform der Achievement Motives Scale, siehe https://www.uni-trier.de/fileadmin/fb1/prof/PSY/PGA/bilder/Engeser__2005__Kurzform_der_AMS.pdf

Erpenbeck, J.; Sauter, W. (2013): So werden wir lernen! Springer Gabler, siehe: http://doi.org/10.1007/978-3-642-37181-3

Erpenbeck, J.; Sauter, W. (2016): Alle Macht den Lernern. Wirtschaft + weiterbildung, 04.2016. S. 18-23, siehe: https://www.haufe.de/download/wirtschaft-weiterbildung-ausgabe- 42016-wirtschaft-weiterbildung-344606.pdf

Graf, N.; Edelkraut, F. (2017): Mentoring, 2. Auflage; Berlin: Springer Gabler.

Holman, D.; Epitropaki, O.; Fernie, S. (2001): Short research note Understanding learning strategies in the workplace: A factor analytic investigation. Journal of Occupational and Organizational Psychology, 74, S. 675-681.

Kaiser, R.; & Kaiser, A. (2000): Metakognition – eine Basiskompetenz in der Wissensgesellschaft. Personalführung, 8, S. 46-54.

Krapp, A. & Ryan, R. M. (2002): Selbstwirksamkeit und Lernmotivation. Eine kritische Betrachtung der Theorie von Bandura aus Sicht der Selbstbestimmungstheorie und der pädagogisch-psychologischen Interessentheorie. In: M. Jerusalem & D. Hopf (Eds.), Selbstwirksamkeit und Motivationsprozesse in Bildungsinstitutionen – Zeitschrift für Pädagogik, Beiheft (Vol. 44, S. 54–82). Beltz.

Mandl, H.; Krause, U. (2001): Lernkompetenz für die Wissensgesellschaft.

McCombs, B. L.; Marzano, R. J. (1990): Putting the self in self-regulated learning: The self as agent in integrated will and skill. Educational Psychologist, 25(1), S. 51-69.

Monitoring – Report Wirtschaft DIGITAL 2016, siehe: https://www.bmwi.de/DIGITAL/Redaktion/DE/Publikation/monitoring-report-wirtschaft-digital-2016.html

Noe, R. A.; Wilk, S. L. (1993): Investigation of the factors that influence employees' participation in development activities. Journal of Applied Psychology, 78(2), S. 291-302, siehe: https://doi.org/10.1037/0021-9010.78.2.291

Pfläging, N. (2016): Personalentwicklung ist Gängelung. In Managerseminare, Heft 225, S. 16 f.

Pintrich, P. R.; de Groot, E. V. (1990): Motivational and self-regulated learning components of classroom academic performance. Journal of Educational Psychology, 82(1), S. 33-40, siehe: http://doi.org/10.1037/0022-0663.82.1.33

Reimann, S. (2015): Lernen für ein neues Zeitalter – Humboldt 2.0 managerSeminare, Heft 205, April 2015, S. 69-73.

Richter, T.; Naumann, J. (2010): Inventar zur Computerbildung (INCOBI-R). Zeitschrift Für Pädagogische Psychologie, 24, S. 23-37.

Sauter W.; Sauter, S. (2013): Workplace Learning: Integrierte Kompetenzentwicklung mit kooperativen und kollaborativen Lernsystemen. Heidelberg: Springer Gabler.

Schaper, N.; Friebe, J.; Wilmsmeier, A.; Hochholdinger, S. (2006): Ein Instrument zur Erfassung unternehmensbezogener Lernkulturen – das Lernkulturinventar (LKI). Perspectives on Cognition. A Festschrift for Manfred Wettler, S. 175-198.

UNESCO-Bericht zur Bildung für das 21. Jahrhundert (1998): Lernfähigkeit: Unser verborgener Reichtum. Hrsg. von der Deutschen UNESCO-Kommission. Neuwied; Kriftel; Berlin: Luchterhand, 1997 (2. Auflage).

Wäfler, T.; Windischer, A.; Ryser, C.; Weik, S., Grote, G. (1999): Wie sich Mensch und Technik sinnvoll ergänzen: die Gestaltung automatisierter Produktionssysteme mit KOMPASS. vdf Hochschulverlag AG.

Wirth, J.; Leutner, D. (2008): Self-Regulated Learning as a Competence. Zeitschrift für Psychologie / Journal of Psychology, 216(2), S. 102-110, siehe: http://doi.org/10.1027/0044-3409.216.2.102

7 Die Rolle der Personalentwicklung

7.1 Personalentwicklung und Business nähern sich an

Die Veränderungen in der gesamten Wirtschaft und damit in der Arbeitswelt machen es zwingend erforderlich, dass Personalentwicklung und Business näher aneinanderrücken. Nur so kann die Personalentwicklung die Bedürfnisse aus dem Geschäft besser verstehen und optimal unterstützen. Um diese Unterstützungsleistung gewährleisten zu können, ist die Abkehr vom Liefern von Lernangebote hin zur einer Art Performance-Beratung und -Unterstützung notwendig, wie sie bereits im Rahmen des Kapitels 3 »Agile und klassische Personalentwicklung« andiskutiert wurde. Performance-Beratung bedeutet in diesem Kontext, mit dem Business auf allen Ebenen – vom Topmanagement bis zum Mitarbeitenden – zu reden, sich auszutauschen, Gründe für Probleme zu analysieren und gemeinsam Möglichkeiten zur Leistungssteigerung oder zum Leistungserhalt zu identifizieren sowie geeignete Methoden zu empfehlen bzw. umzusetzen und/oder zu begleiten – und das in beiden Welten. Die Bandbreite des PE-Portfolios sollte von einem spezifischen Lernangebot bis zur Kulturänderung reichen und sowohl traditionelles als auch Agiles Lernen unterstützen –, solange es einen Mehrwert für das Business hat. (Chartered Institute of Personnel and Development, 2015).

> »To me, it doesn't matter where you [L & D] sit. If you're a small company and you're an L&D function, you need to be in with the board and you need to be able to understand what the priorities are. If you're a massive company like ours, you still need that absolute business linkage because the role of L&D is to solve business problems with the business, whether they're performance, whether they're skillbuilding or whatever. It's about solving business problems and being a business partner. I think if you're just in an ivory tower, then, you're not going to be relevant any time soon. I don't so much think it matters where you are. It's where you are linked to.«
> Sarah Lindsell, Director, Global & UK Learning Technology & Transformation, PWC

Unterstützung beim Agilen Lernen in komplexen oder dynamisch-chaotischen Situationen in diesem weiten Sinne bedeutet eine Abkehr vom traditionellen Verständnis der Personalentwicklung als Provider von Lernangeboten. Wir haben einmal die beiden Extreme einander gegenübergestellt:

	Klassische, angebotsorientierte PE	**PE für Agiles Lernen**
Fokus	Lernangebote auf Basis (jährlicher) Bedarfsanalysen	Lern-Begleitung zur Performancesicherung auf Basis akuter Businessbedarfe
Output	Strukturierte, geplante Lernerfahrungen	Schnelle und wirksame Lösungen, die die Leistung steigern/halten (können sich auch auf Haltung und Motivation beziehen)
Rechenschaft für	Trainingsaktivitäten	Bessere Geschäftsergebnisse
Kennzahlen	Teilnehmerzufriedenheit und Lernergebnisse	Performance-Änderung und OKRs
Bewertung	Wissens- und Kompetenzaufbau	Kurzfristiges Schließen von Performance-Lücken (»Time to Competence«)
Grundverständnis in der Organisation über PE	Cost Center	Produktivitätsbooster, Erfolgssicherung
Initiative	reaktiv	Proaktiv und reaktiv

Tab. 5: Klassische Personalentwicklung vs. PE für Agiles Lernen (eigene Darstellung)

Um dem neuen Anspruch gerecht zu werden, muss Personalentwicklung zum einen ein fundiertes Know-how vom inhaltlichen Geschäft, den Wertschöpfungsprozessen und ggf. Technologien haben. Zum anderen ist ein breites Repertoire an Tools zur Diagnose, Entwicklung und Umsetzung passender Lösungen – mit dem Business gemeinsam – notwendig, flankiert von starken kommunikativen Kompetenzen und Projektmanagement. Und das in beiden Welten: blau und rot (vgl. Tab. 1 in Kapitel 3). Dabei ist zukunftsorientierten Personalentwicklern klar, dass sie als Vorbild erst einmal in ihre eigenen Fähigkeiten investieren müssen, um den Anforderungen gerecht werden und einen echten Einfluss auf das Unternehmen haben zu können.

Die wichtigste Aufgabe der Personalentwicklung ist also, sämtliche PE-Aktionen auf die Bedürfnisse des Business abzustimmen und so den Return on Investment der eingesetzten Ressourcen im Arbeitsprozess zu optimieren. Von hier aus kann Personalentwicklung innovativ über die eigene Organisation, Aktivitäten etc. nachdenken und die Umsetzung einer nachfrageorientierten PE planen.

Tipp: Personalentwicklung vom Business her denken

Folgende Fragen können Sie dabei unterstützen:

- Bewerten Sie, wie gut Sie an den Bedarfen des Business und der lernenden Mitarbeitenden ausgerichtet sind. Gibt es Felder, wo die Verbindung noch nicht stimmt? Wie können diese verbessert werden?
- Bewerten Sie, wie gut Ihr internes Netzwerk ist: Helfen Ihnen gute Beziehungen, die Bedarfe des Business zu verstehen?
- Knappes Budget? Das könnte ein guter Ansatz sein, kreativ zu werden und neue Wege zu gehen. Statt extern eingekaufte Trainings können die Möglichkeiten innerhalb der Organisation genutzt werden.
- Seien Sie wendig: Halten Sie Ausschau nach »Quick wins«?
- Klappern gehört zum Handwerk: Kommunizieren Sie intern Erfolge und positionieren Sie sich intern als Veränderungsexperte?

7.2 Strategische Herausforderungen

Bei der Grundorientierung am Business und der Erweiterung der Personalentwicklung um das Lernen in komplexen und chaotischen Situationen existieren vier wichtige Treiber, die die Arbeit der Personalentwicklung massiv beeinflussen und mit der agilen Welt, wie wir sie in den ersten Kapiteln beschrieben haben, zu tun haben.

Abb. 64: Treiber für Innovationen in der Personalentwicklung (in Anlehnung an Seufert 2008, S. 143, siehe: https://www.scil-blog.ch/wp-content/uploads/2012/11/Whitepaper_SocBusLearning_2012-11-19.pdf)

Entwicklungen in Wirtschaft und Gesellschaft

Unter Stichworten wie New Work, Agilität, VUCA, Social Enterprise, demokratisches Unternehmen, Heterarchie etc. verstecken sich neue Ansprüche an Unternehmenskultur, Geschwindigkeit, Anpassungsfähigkeit und Entscheidungsprozesse, um nur einige zu nennen. Mit sozialen Medien und damit Tools zur Information, Meinungsbildung und Meinungsabgabe nehmen diese Anforderungen von den Mitarbeitenden an das Unternehmen verstärkt zu. Mit steigenden Partizipationsansprüchen auf Seiten hoch qualifizierter Mitarbeitender verändern sich auch die Erwartungen an Führung: Flache Hierarchien, im Falle von agilen Organisationen zum Teil sogar die völlige Abschaffung von klassischer Führung, und ein neues Führungsverständnis (vgl. Kapitel 8 »Die Rolle der Führungskraft«) treten in den Vordergrund. Das führt nicht zuletzt zum Ausbau des eigenverantwortlichen Handelns der Mitarbeitenden. An dieser Stelle muss die Basis in Form von Kulturanpassung, Werteüberprüfung, Führungskräfteentwicklung etc. von der Personalentwicklung geschaffen werden, um diesen strategischen Forderungen gerecht zu werden.

Entwicklungen im Bildungsmarkt

Im Bereich der Bildung werden verstärkt offene Inhalte (open content) angeboten. Seien es MOOCs von renommierten Universitäten wie Harvard, Lernvideos oder in Deutschland der vom Bundesministerium für Bildung und Forschung vorangetriebene Ausbau der OER[19] (open educational resources), vieles ist inzwischen kostenlos verfügbar. Aber es kommen auch viele neue Formate auf den Markt wie zum Beispiel WOL, Hackathons, Jams, Slams, Barcamps etc., die alle ihre sinnvollen Einsatzgebiete haben. Um die Anerkennung dieses Kompetenzaufbaus zu steigern, entstehen nicht nur im Rahmen der Debatte zum »Deutschen Qualifikationsrahmen für lebenslanges Lernen« (DQR) Bestrebungen, non-formales und informelles Lernen zu dokumentieren und aufzuwerten. Es existieren bereits diverse Initiativen zur Zertifizierung informell erworbener Kompetenzen.[20] Hier ist man leider noch nicht soweit, wie erhofft – aber der Druck erhöht sich.

Technologische Entwicklungen

Hier spielen verschiedene Entwicklungen eine Rolle, die gemeinsam einen starken Innovationsschub entfalten. In erster Linie handelt es sich um Entwicklungen im Rahmen der weiteren Digitalisierung der Arbeitswelt wie Social Media, Internet der Dinge, künstliche Intelligenz, aber auch Einführungen von zum Beispiel M 365 etc. Daraus resultieren erweiterte Möglichkeiten für den Zugriff auf Inhalte, für die Zusammenarbeit, für den Wissens- und Erfahrungsaustausch und das Lernen selbst.

19 Freie Lern- und Lehrmaterialien mit einer offenen Lizenz wie etwa Creative Commons.

20 Das Thema Zertifizierung informeller Kompetenzen hat unsere Autorin Prof. Dr. Nele Graf bereits andiskutiert: https://wissenswert-journal.000webhostapp.com//wissenswert_2016_02.pdf

Veränderte Bedürfnisse der Kundinnen und Kunden
Schlagworte wie individuell, spezifisch, zeitnah u. Ä. spiegeln eine grundlegende Tendenz wider: Die Mitarbeitenden fordern deutlich maßgeschneiderte Angebote. Hinzu kommen Metakompetenzen (vgl. Kapitel 5 »Neue Lerninhalte für eine neue Arbeitswelt«) wie etwa die Lernkompetenz und aufgrund der Verbreitung von elektronischen Lernformaten der Ausbau von Medienkompetenz, die gefördert werden sollten.

Ohne diese strategischen Entwicklungen zu verstehen und sich als Personalentwicklung damit auseinanderzusetzen, kann keine Wirkung auf das Business entfaltet werden. Zusätzlich zu den strategischen Themen kommen aber auch ganz konkrete Herausforderungen im Arbeitsalltag der Personalentwicklung auf, die das Identifizieren und Umsetzen von konkreten Maßnahmen im unternehmerischen Kontext erschweren.

Herausforderungen im operativen Geschäft
Die größten Herausforderungen einer zukunftsfähigen Personalentwicklung laut »Expertendelphi Personalentwicklung 2020« (Schermuly , Schröder, Nachtwei & Kauffeld 2012) sind folgende Themen:

- **Der Umgang mit immer schnellerer Veränderung:** Das Thema wurde bereits vielfach in diesem Buch angesprochen. Die PE steht vor der Herausforderung, selbst deutlich schneller agieren zu können und die eigene Arbeitsweise umzustellen sowie die Organisation dafür zu befähigen.
- **Die Integration der Personalentwicklung in die Unternehmensstrategie:** Personalentwicklung ist eine der Schlüsselfunktionen, um eine definierte Unternehmensstrategie verwirklichen zu können. PE ist hier der Übersetzer und Projektmanager (vgl. Kapitel 7.3.1 »PE als Stratege und Sicherer des Unternehmenserfolgs«).
- **Der Umgang mit dem Fachkräftemangel:** Wenn Fachkräftemangel nicht über Recruiting gelöst werden kann oder soll, dann muss Personal sich den neuen Anforderungen anpassen, und zwar gestützt durch eine zielgerichtete PE. Dabei muss PE die Entwicklungen – soweit möglich – auch mittel- und langfristig im Blick haben, denn bevor neue Kompetenzen benötigt werden, müssen sie aufgebaut sein. PE muss also hier sogar vor dem Business stehen!
- **Der demografische Wandel und alternde Belegschaften:** Auch mit 55 Jahren gehört man heute nicht mehr zum »Alten Eisen« – insbesondere wenn wir von der Warte der Performance aus blicken. Bei älteren Mitarbeitenden ist es u. a. wichtig, gezielt die Leistungsfähigkeit aufrechtzuerhalten, während bei Jüngeren Ausbildung und ggf. Kompensation von fehlender Vorbildung (Schul- oder Ausbildungsabbrecher) relevant werden.
- **Wissens- und Innovationsmanagement:** Die abteilungsübergreifende Vernetzung von Expertinnen und Experten, Communites of Practices etc. gehört zur Aufgabe der PE (Details in Kapitel 7.3.4 unter »PE als Brokern/Vermittler von Lernpartnern, Inhalten und Formaten«).

- **Die Optimierung von Effektivität und Nutzen der Personalentwicklung:** Sowohl auf organisationaler als auch auf individueller Ebene kann die Effektivität gesteigert werden. Seien es die Ausrichtung an realen Bedarfen, die Transfersicherung oder die Förderung der Selbststeuerung beim Lernen (Lernkompetenz), die Wirkung von PE-Maßnahmen muss sich erhöhen und sichtbar werden (vgl. Kapitel 7.3.3 »PE als Lerncoach für Mitarbeitende und Führungskräfte« und Kapitel 9 »Unternehmen: individuelles vs. organisationales Lernen«).
- **Die Förderung der Werteentwicklung und Unternehmenskultur:** Lernen muss Bestandteil der Arbeit werden. Dazu gehört, sich als Individuum und als Team immer wieder in Frage zu stellen und aus Fehlern zu lernen (vgl. Kapitel 7.3.2 »PE als Förderer und Ermöglicher einer unterstützenden Unternehmenskultur « und Kapitel 9 »Unternehmen: Individuelles vs. organisationales Lernen«).
- **Der Umgang mit kultureller Diversität und Globalisierung:** PE hat hier ein großes Feld vor sich, von interkulturellem Management über globale und diverse PE bis zur Vernetzung über Grenzen und Unterschiede hinweg.
- **Work-Life-Balance und Gesundheitsmanagement:** Beide Themen sind aktuell wie nie. Aspekte wie Achtsamkeit, Vereinbarkeit von Familie und Beruf etc. gehören in jedes Repertoire eines Personalentwicklers. Dabei bezieht sich die PE-Beratung nicht nur auf das Individuum, sondern zum Beispiel auch auf die Übergabe von Wissen bei Job-Sharing oder geplanten Fehlzeiten durch Pflege, Elternschaft oder Sabbatical. Die PE muss Mechanismen und Vorgehensweisen bereitstellen, um den Wissenstransfer zu unterstützen.
- **Die Legitimierung der Personalentwicklung** heißt, ihren Wertbeitrag klar machen! Auch wenn es der letzte Punkt ist, so ist er doch der Anfang, von dem aus PE gedacht werden muss. Was ist die Existenzberechtigung von PE und wie kann der gemessen und kommuniziert werden?

Schon die Gestaltung einer Performance-Beratung ist ein großer Schritt. Zusätzlich muss allerdings auch die Personalentwicklung das Agile Lernen in ihre Arbeit aufnehmen.

7.3 Die Rollen der Personalentwicklung agil ergänzen

Wir haben nun sowohl den Grundgedanken der Performance-Beratung als auch das Umfeld mit all seinen Herausforderungen, in dem sich die PE bewegen wird, analysiert und die Ambidextrie der PE diskutiert.

Dabei ändert sich auch die Rolle der Personalentwicklung, die deutlich vielfältiger wird. Grundsätzlich kann man nun von vier Rollen sprechen, die sowohl im klassischen Lernen als auch im Agilen Lernen ausgefüllt werden müssen.

- PE als **Stratege**: Personalentwicklung unterstützt, begleitet und bereitet strategische Unternehmensentscheidungen durch flankierende Maßnahmen vor, so dass

Veränderungen in der strategischen Ausrichtung schnell und wirksam greifen können.

- PE als **Förderer** einer Unternehmens- und Lernkultur, die die Transformations- und Arbeitsprozesse, aber auch die Zufriedenheit der Mitarbeitenden optimal unterstützt – in beiden Welten.
- PE als **individueller Unterstützer** begleitet die Mitarbeitenden bei der Entwicklung von Lernkompetenzen für beide Welten.
- PE als **Broker** vermittelt zur Performance-Beratung passende Instrumente, als Wissensmanager bringt er passende Lernpartner zusammen und entwickelt bedarfsgerecht neue Tools. Auch bei der Implementierung agiler Lernformate und der Agilisierung von PE-Angeboten begleitet er Individuen und Teams.

Abb. 65: Die fünf Rollen der Personalentwicklung (eigene Darstellung)

Bevor wir auf diese vier Rollen im Folgenden ausführlicher eingehen, möchten wir noch ein Blick auf Abb. 65 werfen. Wie Sie sehen, sind die Rollen aus einer Logik heraus entstanden – einer 2×2-Matrix. So geht es zum einen um die Achse Aufgabenorientierung (Sicherung der Aufgabenbearbeitung, Performancesicherung) und Menschenorientierung (Potenzialentfaltung, geeignete Rahmenbedingungen). Geneigte Leserinnen und Leser könnten in dieser Achse ggf. eine Parallele zu den Ansätzen »4.0« und »New« sehen – das lässt sich jedoch diskutieren.

Die andere Achse spiegelt den Spagat der individuellen und organisationalen Perspektive wider – wer steht im Zentrum?

Nur in diesem Vierklang kann Personalentwicklung seine Wirkung (Outcome) komplett entfalten und seine Aufgabe gesamtheitlich erfüllen.

7.3.1 PE als Stratege und Sicherer des Unternehmenserfolgs

Der strategische Teil der Entwicklung wurde häufig der Organisationsentwicklung (OE) zugeschrieben. In diesem Buch unterscheiden wir nicht zwischen der Personalentwicklung und der Organisationsentwicklung, da beides mit Lernen und Entwicklung zu tun hat und auch OE abhängig vom Lernen des Individuums ist. Wir gehen davon aus, dass die Trennung von Personal- und Organisationsentwicklung mittelfristig aussterben wird.

7.3.1.1 Stratege in der blauen Welt

a) Strategie auf Organisationsebene
Die Rolle als Strategieumsetzer und Sicherer in der blauen Welt (vgl. zur Farbgebung Tab. 1 in Kapitel 3) lässt sich noch einmal in zwei Perspektiven unterteilen: Zum einen gibt es die globale Ebene Organisation bzw. Standort oder Region und zum anderen die Ebene des Teams, der Abteilung oder des Fachbereichs.

Die PE übersetzt generell die Unternehmensziele in strategische Entwicklungskonzepte mit organisationalen Lernzielen, heruntergebrochen auf die Abteilungen bis hin zum einzelnen Mitarbeitenden, und ermöglicht das Lernen in Bezug auf diese Ziele. Damit leistet sie einen messbaren Beitrag im Wertschöpfungsprozess und trägt noch stärker als bisher zur Erfüllung der Unternehmensziele bei. Sie unterstützt die Abteilungen darin, die Ziele, die hinter der Strategie stehen, zu erfüllen, und ist somit Sparringspartner des Business.

Ihre Bedeutung erhält Personalentwicklung, wenn sie zur Strategieverwirklichung beiträgt. Dazu muss sie konsequent zielorientiert ausgerichtet sein: weg vom unspezifischen und zu allgemeinen Gießkannen-Prinzip, hin zum wohlüberlegten Einsatz der knappen PE-Ressourcen im Sinne der Unternehmensziele.

Unternehmen, in denen Personal und damit Personalarbeit hauptsächlich als Kostenfaktor betrachtet wird, gehören nicht zu denen, die langfristig erfolgreich bleiben werden. Ein Indiz für eine derartige Betrachtung liefert der Umgang mit Personalentwicklung in schwierigen Zeiten. In den Jahren der letzten Wirtschaftskrise gab es zwei Tendenzen: Entweder haben Unternehmen das Budget für PE radikal zusammengestrichen oder sie haben die Zeit genutzt und die Weiterbildung ausgebaut, um in der folgenden Hochphase gut gerüstet zu sein.

Die Unternehmen, die das Budget radikal zusammenstrichen, sahen Personalentwicklung eher als nette Incentives: Sie sind motivierende Arbeitsanreize oder Belohnung für Schönwetterzeiten. Mit der unmittelbaren Performance des Unternehmens hat dieses Verständnis der Personalentwicklung wenig zu tun. Das ist der Grund, weshalb Personalabteilungen in solchen Unternehmen lediglich als Kostenfaktor angesehen werden.

Anders die Unternehmen, in denen Personalentwicklung als relevanter Erfolgsfaktor verstanden wird: In Krisenzeiten wurde auch hier das Budget meist nicht aufgestockt, aber statt zum Beispiel Mitarbeitende aufgrund von Unterbeschäftigung zu entlassen, haben einige Unternehmen ihren Mitarbeitenden bis zu 20 % ihrer Arbeitszeit für Lernzwecke zur Verfügung gestellt – mit dem Ziel, gestärkt als Unternehmen aus der Krise hervorzugehen. Diese Unternehmen haben verstanden, dass die Leistung und Innovationsfähigkeit der Mitarbeitenden ihr größtes Kapital ist. Denn es sind die Menschen, die über den zukünftigen Erfolg oder Misserfolg entscheiden, da hier das entscheidende Leistungspotenzial eines Unternehmens zu finden ist. Der Personalentwicklung kommt damit auf strategischer Ebene eine fundamentale Bedeutung zu.

PE analysiert Bedarfe, übersetzt die Unternehmens- oder Abteilungsstrategie in Entwicklungskonzepte und ist Sparringspartner des Business.

Prozessschritte einer strategischen Personalentwicklung !

Eine strategische Personalentwicklung beachtet folgende Prozessschritte:

- konkrete Ziele aus der Unternehmensstrategie festlegen
- Zielgruppen identifizieren
- strategische Kompetenzanforderung definieren und Ist-Zustand analysieren
- Maßnahmen: Ziele definieren und Methoden entwickeln, umsetzen und evaluieren
- Institutionalisierung einer permanenten strategischen Personalentwicklung
- Mitarbeiterbindung stärken

Konkrete Ziele aus der Unternehmensstrategie festlegen

Unternehmensstrategien drücken oft langfristige Ziele aus und beschreiben, was erreicht werden soll, aber nicht den Weg – damit ist das Wie gemeint – dorthin. Personalentwicklung kann jedoch nur dann zum Treiber der Strategieverwirklichung werden, wenn dieses Wie eindeutig festgelegt ist. Aus dem Ziel »Wir sind 2020 Marktführer in unserer Branche« lässt sich wenig für die PE ableiten. Erst die Konkretisierung durch Schlagworte wie »innovative Produkte«, »kurze Time to Market«, »hohe Produktqualität« o. Ä. kann zeigen, wo der Ansatzhebel für die PE ist: Innovationsfähigkeit, schnelle Umsetzung, Gewissenhaftigkeit im Produktionsprozess.

Zielgruppen identifizieren

Wenn also die Ziele und die Ansatzhebel geklärt sind, stellt sich die Frage, bei wem man ansetzt. Gibt es Schlüsselpersonen oder -abteilungen? Ist es der Führungskreis? An welchen Gruppen hängt die Strategieverwirklichung in besonderem Maße? Wer ist zu informieren? Wer kann unterstützen?

Nur wer klar die entscheidenden Personengruppen identifiziert, kann als PE schnell und effizient strategisch agieren.

Strategische Kompetenzanforderung definieren und Ist-Zustand analysieren
Für die bestimmten Zielgruppen werden die genauen Anforderungen definiert: Was müssen die Führungskräfte/Mitarbeitenden in Zukunft konkret tun können, um die definierten Unternehmensziele in ihrem Verantwortungsbereich zu verwirklichen? Dies kann nur in Interaktion zwischen Zielgruppe (Projektteam, Abteilung, Fachbereich) und PE gemeinsam analysiert werden.

Bei der Analyse handelt es sich zum einen um den individuellen Ist-Soll-Abgleich bezüglich der Fähigkeiten, die im Rahmen der Strategieänderung notwendig werden. Zum anderen geht es um einen Gesamtüberblick über Bedarfe der Belegschaft. Hierzu gehört es auch, die Führungskräfte und Mitarbeitenden über Änderungen zu informieren und zu involvieren. Gemeinsam können Entwicklungsziele vereinbart und der Unterstützungsbedarf durch die PE konkretisiert werden.

Maßnahmen: Ziele definieren und Methoden entwickeln, umsetzen und evaluieren
Die Aufgabe der PE sollte durch klare Ziele konkretisiert werden, indem die Effekte, die die Maßnahmen haben sollen, genau beschrieben werden (SMART). Damit ist die ressourcenschonende Umsetzung möglich und sind Prioritäten für jeden eindeutig. PE wird so messbar, was vielleicht erst einmal einige Personalentwickler verschreckt. Aber so können Erfolge belegt und kommuniziert und damit die Akzeptanz der PE als wichtige strategische Begleitung gefördert werden.

Die Wahl der richtigen Maßnahmenformen und -methoden verhindert finanziell und strategisch schmerzhafte Fehlinvestitionen. PE sollte hier ein breites Portfolio haben (vgl. Kapitel 4 »Agile Lernformate«), das je nach Ziel und Zielgruppe ausgesucht, angepasst und ausgebaut werden kann.

Jede Maßnahme ist mit einem Evaluationsprozess verbunden, um den Strategieverwirklichungsgrad der oder des Einzelnen und der Mannschaft zu verfolgen sowie Fortschritte und Maßnahmen kontinuierlich zu optimieren. Ein wichtiger Aspekt ist das persönliche Erleben der Fortschritte. Mögliche Instrumente dazu sind: Durchführung interner Wettbewerbe, Feiern von Erfolgen, Installation von Belohnungssystemen im Hinblick auf den Grad der Strategieverwirklichung.

! **Objectives and Key Results (OKR)**

Auch das Thema Zielvereinbarung zeigt, wie sich das Arbeiten in der agilen Welt verändert. Während die meisten »klassischen« Unternehmen mit Zielvereinbarungen arbeiten, die auf Management by Objectives und SMARTen Zielen basieren, setzten sich in agileren Unternehmen die Objectives and Key Results durch. Es handelt sich um eine Management-Methode,

die von Intel-Mitgründer Andy Grove erfunden und 1999 bei Google eingeführt wurde. Heute nutzen beispielsweise Unternehmen wie Oracle, Twitter, Zynga oder LinkedIn OKR, um unternehmensweit Ziele zu definieren, auf Unternehmens-, Team- oder Mitarbeiterebene abzustimmen, den Fortschritt im Auge zu behalten und Ziele messbar zu machen.
Die Grundidee der OKR ist einfach: Jedem Ziel (Objective) werden messbare Schlüsselergebnisse (Key Results) zugeordnet. In regelmäßigen Abständen werden die Ergebnisse gemessen und neue OKR definiert. So kann eine Vision bzw. ein strategisches Ziel konkretisiert werden. OKR werden auf Unternehmensebene festgelegt und für jedes Team und jeden Mitarbeitenden. Unternehmens-OKR liefern das große Ganze, persönliche OKR definieren die Tätigkeiten und Ziele eines einzelnen Mitarbeitenden, Team-OKR legen die Prioritäten für das Team fest und bündeln nicht nur die OKR der Teammitglieder.
Soweit wird die Logik der Zielvereinbarung auch in bestehenden Zielvereinbarungssystemen verstanden. Die Unterschiede werden an folgenden Faktoren sichtbar:

- OKR werden (zumindest bei Google) quartalsweise definiert.
- Die Objectives sind sehr ambitioniert. Eine Zielerreichung von 60 % wird angestrebt. Liegt die Zielerreichung darüber, sind die Ziele nicht ambitioniert genug gewesen, liegt sie darunter, geht es nicht um Fehlersuche oder Leistungsmängel, sondern um eine Gelegenheit zu lernen.
- Alle OKR sind öffentlich, jeder Mitarbeitende kennt also die OKR von jedem anderen und weiß somit, woran gearbeitet wird. So wird maximale Transparenz geschaffen, die zu einem größeren Teamzusammenhalt führt.

An diesen Punkten erkennt man erneut, dass agiles Arbeiten anderen Werten und Haltungen folgt als die üblichen Managementsysteme. Neben der Transparenz fördert das Modell die Sinnstiftung und so die Motivation der Mitarbeitenden.
Weitere Informationen über OKR: https://de.wikipedia.org/wiki/Objectives_and_Key_Results
Google Ventures Startup Lab | GV-Partner Rick Klau über »How Google sets goals«: OKRs https://www.youtube.com/watch?v=mJB83EZtAjc

Institutionalisierung einer kontinuierlichen strategischen Personalentwicklung

Wird ein strategischer Personalentwicklungsprozess einmalig durchgeführt, führt dies im optimalen Fall zur gemeinsamen Verwirklichung eines unternehmerischen Ziels. Um einen langfristigen kontinuierlichen Gleichklang von Unternehmenszielen und persönlichen Zielen der Belegschaft zu erreichen, muss strategische Personalentwicklung im Unternehmen zur gelebten Institution werden. Erst durch die Institutionalisierung einer kontinuierlichen strategischen Personalentwicklung wird das Erarbeiten der unternehmerisch angestrebten Wettbewerbsvorteile zum nachhaltigen Prozess. Dazu müssen alle Personalthemen (Gehalt, Recruiting etc.) sinnvoll mit den Zielen der strategischen Personalentwicklung abgestimmt werden.

Eng damit verbunden ist die Mitarbeiterbindung zur Strategiesicherung. Strategische Personalentwicklung ist nur möglich, wenn sich die Mitarbeitenden mit dem Unternehmen und seinen Zielen identifizieren, und zahlt sich nur dann aus, wenn sich die Fluktuation in einem normalen Rahmen bewegt. Bei kurzer Verweildauer der Mitarbeitenden und Führungskräfte können die strategieverwirklichenden Maßnahmen nicht mit der gebotenen Stringenz greifen und das Unternehmen investiert letztlich in den Wettbewerb. Deshalb gehören zur strategischen Personalentwicklung auch Maßnahmen zur Mitarbeiterbindung, die in keinem unmittelbaren Zusammenhang mit den eigentlichen Strategieverwirklichungsprozessen stehen.

b) Übersetzung der Business Needs

Angenommen, eine Vertriebsmannschaft bittet Sie um Unterstützung, weil Sie die Vorgabe bekommen hat, 15% mehr Umsatz bei gleicher Gewinnmarge zu machen. Dies könnte ein PE-Thema sein. Allerdings macht es keinen Sinn, auf Basis dieser Zielsetzung zum Beispiel ein Training zu konzipieren.

Vielmehr sollte überlegt werden, was sowohl effektiv als auch effizient ist und was die Mitarbeitenden für sinnvoll halten und akzeptieren. Es bietet sich hier meist ein Methodenmix an. Die Maßnahmen hängen aber vom Zeitdruck, der Ursache, bestehenden Angeboten und vielen anderen Faktoren ab. Die Anpassung auf die spezifische Situation ist erfolgskritisch. PE sollte hier als Experte für Didaktik unterstützend tätig sein. Zudem gehört es zu den Aufgaben einer Performance-orientierten PE, den Prozess des Lernens zu begleiten und zu erkennen, wann Adaptionen notwendig sind. Eine Abschlussevaluation des Prozesses und des Ergebnisses mit dem internen Auftraggeber (in unserem Fall die Vertriebsmannschaft) ist notwendig. Zum einen, um die Zufriedenheit und das Ergebnis zu bewerten, aber zum anderen auch, um als Personalentwicklung für die nächsten Projekte zu lernen.

!

Exkurs: Diagnosekompetenz von PE

Als Performance-Beratung muss ein Personaler erst einmal mit dem Business diagnostizieren, wo die Stellhebel für Leistungserhalt bzw. -steigerung sind. Für diesen Schritt bedarf es einer hohen diagnostischen Kompetenz und einer Vielfalt von Diagnosetools, die je nach Bedarf zum Einsatz kommen. Exemplarisch könnten dies sein:

- Kraftfeldanalyse, um treibende und rückhaltende Faktoren in der Situation zu verstehen,
- Ursache-Wirkungs-Diagramm zur Analyse und Darstellung von Kausalitätsbeziehungen (Ishikawa-Diagramm),
- Process Mapping, falls es an den Arbeitsprozessen liegt,
- Mitarbeiterbefragung z. B. zur Zufriedenheit und Kultur, falls man gegeneinander anstatt miteinander arbeitet,
- Kompetenzanalyse, falls individuelle Fähigkeiten etwa zur Kaltakquise fehlen (Selbst- und Fremdbewertung),
- Bedarfsanalysen, falls klar ist, woran es liegt (durch Fragebögen, Interviews, Fokusgruppen, Experimente, Beobachtungen ...).

7.3.1.2 Strategie in der roten Welt

Neben den bereits beschriebenen Aufgaben als strategischer Begleiter der Organisation kommt der Personalentwicklung in der roten Welt eine weitere wirklich wichtige

Aufgabe hinzu: Wie kann die Personalentwicklung die Organisation auf die »rote« Welt vorbereiten?

Wie schaffen wir es, eine gegenüber Veränderungen resiliente Organisation aufzubauen?

> »Organisationale Resilienz ist die Fähigkeit einer Organisation, etwas abzufedern und sich in einer verändernden Umgebung anzupassen, um so ihre Ziele zu erreichen, zu überleben und zu gedeihen. Resilientere Organisationen können Risiken und Chancen – aufgrund von plötzlichen oder allmählichen Veränderungen im internen und externen Kontext – antizipieren und darauf reagieren.«
> (ISO-Norm 22316:2017, Übersetzung Jutta Heller)[21]

Erinnern wir uns: In der roten Welt passieren Veränderungen, deren Kausalitäten und Auswirkungen wir nicht sofort verstehen. Dabei liegt der Schwerpunkt hier vor allem bei den organisatorischen Voraussetzungen die im Unternehmen geschaffen sein müssen, um die Resilienz eines Unternehmens zu erhöhen.

Trotzdem müssen wir auch unter Unsicherheit handlungsfähig bleiben. Hier sind mehrere Aufgaben denkbar:

1. Resilienz durch Metakompetenzen

Um Resilienz trainieren zu können, wäre es wichtig zu wissen, was Resilienz ausmacht bzw. was zu Resilienz führt. Hier ist man sich allerdings noch uneinig und es existiert eine Vielzahl an Modellen. Was fast alle gemein haben, ist, dass Resilienz aufgrund seiner situativen Komponente nicht direkt trainiert werden kann. Vielmehr geht es darum, verschiedene Metakompetenzen zu kombinieren und damit den Individuen und Teams Handwerkszeug an die Hand zu geben, um sich in verschiedenen Situationen als resilient zu empfinden. Dieses Handwerkszeug wird momentan unter den Stichworten Zukunftskompetenzen oder Metaskills diskutiert und stellt quasi das Immunsystem für stressige Situationen dar (vgl. Kapitel 5.3 »Metakompetenzen«).

Deswegen gehört es nicht nur auf individueller Ebene, sondern auch auf strategisch-organisationaler Ebene zu den wichtigsten Aufgaben der PE, flächendeckend den Erwerb von Zukunftskompetenzen zu fördern. Erste Organisationen haben bereits rund um das das Thema strategische Projekte initiiert. Sowie zum Beispiel die Deutsche Bank, die ein Employability-Programm auf Basis der Zukunftsfähigkeit für alle Mitarbeitenden entwickelt hat.

---

21 https://juttaheller.de/resilienz/resilienz-abc/definition-organisationale-resilienz/#:~:text=%E2%80%9EOrganisationale%20Resilienz%20ist%20die%20F%C3%A4higkeit,zu%20%C3%BCberleben%20und%20zu%20gedeihen

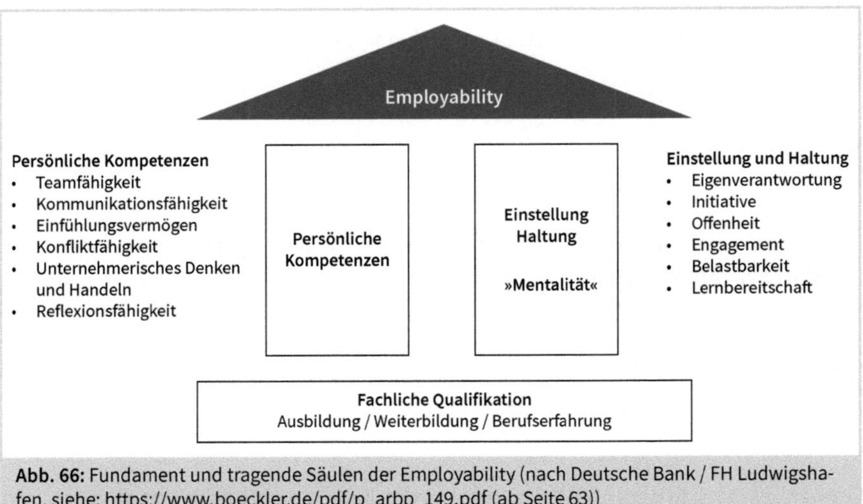

Abb. 66: Fundament und tragende Säulen der Employability (nach Deutsche Bank / FH Ludwigshafen, siehe: https://www.boeckler.de/pdf/p_arbp_149.pdf (ab Seite 63))

2. Resilienz durch passende Arbeitsweisen

Neben den Kompetenzen sind auch Arbeitsweisen und Prozesse zu trainieren, mit denen man in disruptiven Zeiten handlungsfähig bleibt. Hierzu gehören vor allem die agilen Arbeitsweisen wie iterative Vorgehen, Experimentieren und insbesondere die schnellen Analysen von und Reaktionen auf Fehlern, Implementierung von echten und vor allem ernstgemeinten Retrospektiven, Arbeiten mit Frameworks wie Scrum und vieles mehr. Dies kann durchaus auch in nichtdisruptiven Zeiten »geübt« werden.

Da dies kein Buch über agiles Arbeiten werden soll, möchten wir es bei dem Anreißen des Themas belassen und Sie ermutigen, sich als Personalentwickler mit dem Thema agiles Arbeiten anderweitig tiefer zu befassen. Dabei ist es wichtig, neben der operativen Anwendung auch zu verstehen und beurteilen zu können, wann agile Arbeitsweisen sinnvoll sind und wann nicht. Auch dies gilt es zu trainieren – und war auf allen Ebenen der Organisation.

3. Resilienz durch Nordstern

Wir sprachen schon mehrfach über den Nordstern. Dieser ist gerade in disruptiven Zeiten ein guter Orientierungspunkt für die Handlungsfähigkeit und die Priorisierung der Lernfelder.

Was macht die Organisations besonders? Was ist ihr USP? Und wie stabil ist dieser in disruptiven Zeiten? Kennt jeder Mitarbeitende die Vision und kann sie als Orientierungspunkt für sein Handeln nutzen?

Ist der Nordstern in Führungskräfteentwicklungen, Onboardingprozessen immer wieder Thema? Wie sehr richten Sie als Personalentwicklung Ihre Arbeit auf diese Vision hin aus?

Sie sehen, dass alleine die Rolle des strategischen Personalentwicklers bereits hoch komplex, aber auch das Fundament für den erfolgreichen Umgang mit Disruptionen ist.

Um sich weiter mit dem Thema organisationale Resilienz zu befassen, können Sie zum Beispiel diese Checkliste als Orientierung nehmen. Sie bietet bereits Anhaltspunkte in allen vier Rollen der PE: https://www.arbeitswissenschaft.net/fileadmin/Downloads/Angebote_und_Produkte/Checklisten_Handlungshilfen/Checkliste_Resilienz_Formular_AR.pdf

7.3.2 PE als Förderer und Ermöglicher einer unterstützenden Unternehmenskultur

Das Lernen im Unternehmen verändert sich, wie wir in Kapitel 3 »Agile und klassische Personalentwicklung« bereits beschrieben haben. Die Mitarbeitenden tragen mehr Eigenverantwortung hinsichtlich ihrer beruflichen Kompetenzentwicklung und organisieren und steuern ihre Lernprozesse zunehmend selbst. Als notwendige Konsequenz entsteht der Bedarf bzw. die Forderung nach einem neuen Verständnis von Lernen im Unternehmen, nach neuen Rollenverantwortlichkeiten und nach einer neuen Lernkultur, die dieses Verständnis fördert und unterstützt (Schaper, Friebe & Sonntag 2003). Eine in dieser Form verstandene Lernkultur verdeutlicht den Stellenwert von Lernen im Unternehmen, beinhaltet Wertvorstellungen und Erwartungen in Bezug auf Lernen und schafft lernförderliche Rahmenbedingungen. Eine neue, zeitgemäße Lernkultur kann somit als lern- und kompetenzförderlich verstanden werden.

Je nach Größe entstehen im Unternehmen ggf. unterschiedliche Kulturen in Untergruppen. Diese werden geprägt durch gemeinsame Ziele, gemeinsame Interessen und »Feinde« oder Führungsansprüche einzelner Gruppenmitglieder.

Um daraus als Personalentwicklung seine Maßnahmen ableiten zu können, lässt sich das Wesen von Unternehmens- und Lernkultur folgendermaßen beschreiben:

- **sozial:** viele Organisationsmitglieder tragen zu ihrem Entstehen bei,
- **verhaltenssteuernd:** zwischenmenschliche Beziehungen werden von ihr beeinflusst,
- **traditionell:** basiert auf einem historischen Prozess,
- **erlernbar:** erwünschte und unerwünschte Verhaltensweisen werden übermittelt,
- **bewusst und unbewusst:** Werte und Verhaltensweisen sind in den Köpfen und Herzen verankert,
- **nicht direkt fassbar:** Kultur mit all ihren Facetten kann nur »erlebt« werden,
- ein Ergebnis und ein Prozess, der ständigen Veränderungen unterliegt.

Personalentwicklung ist die einzige Abteilung, die die gesamte Lernlandschaft des Unternehmens im Blick hat und sich sowohl für deren Pflege als auch für die Weiterentwicklung einer Lernkultur verantwortlich fühlt oder fühlen sollte. Dies beinhaltet die Mitgestaltung der Rahmenbedingungen für erfolgreiches Lernen, etwa die Ausgestaltung der Rolle von Vorgesetzten als Lernunterstützer, »Empowerment« der Mitarbeitenden für selbstorganisierte Lernaktivitäten, Möglichkeiten zur flexiblen Einteilung des Arbeitstages und die Schaffung von Infrastrukturen für Kommunikation und Austausch. Diese Angebote sollten darüber hinaus mit der Lernkultur kompatibel sein, können aber auch gezielt Impulse zur Weiterentwicklung dieser Lernkultur setzen; Mentoring als Instrument zur Wissensteilung wäre ein solches.

Die »Kulturförderer« konzentrieren sich künftig also auf die Entwicklung, die Implementierung und die Organisation eines förderlichen Lernrahmens und begleiten den Wandel zur selbstlernenden Organisation. Ihnen obliegt es, das Lernen als festen Wert in der Unternehmenskultur zu verankern.

Gerade in einer agilen Welt sind einige Aspekte besonders wichtig und tradierte Perspektiven müssen aufgebrochen werden. Dazu gehören u. a. Silodenken, individuelle Erfolgsorientierungen, Verständnis von und Umgang mit »Fehlern« (wobei das Wort durchaus eine Vergangenheitsorientierung aufweist). Es müssen Rahmenbedingungen, Betriebsvereinbarungen, Spielregeln und Werte geschaffen werden, die in beiden Welten funktionieren.

Eine agiles Lernkultur – im engeren Sinne eine Kultur des Agilen Lernens – basiert auf den Werten (Transparenz, Veränderbarkeit, Offenheit, Mut und Kreativität) und Prinzipen (Kooperation, Experimentieren und Reflexion) des Agilen Lernens und spiegelt den hohen Stellenwert, die aktive Pflege und die Relevanz des Lernens im Sinne einer lernenden Organisation wider.

Lern-Labs (Räumlichkeiten, die sich zum kollaborative Lernen eignen), Medienausstattung, Ergebnisposter früherer Lernsessions, Einladungsflyer zum Beispiel zum nächsten Barcamp können als beobachtbare Artefakte einer agilen Lernkultur gesehen werden: Sie zeigen, dass Lernen im Alltag dazugehört, einen hohen Stellenwert in der Organisation hat und kollaborativ nach Bedarf selbstorganisiert stattfindet.

Neben den Artefakten spiegelt sich eine agile Lernkultur in den Lerntätigkeiten wider, die gestaltender Bestandteil der jeweiligen Kultur sind: Ist Lernen noch durch organisatorische Bürokratie und klassische Weiterbildungsangebote geprägt und das Lernen vom Arbeitsprozess entkoppelt? Oder ist Lernen ein permanenter Prozess, der durch Kundenorientierung, Vernetzung, schnelle und unbürokratische Formate, Flexibilität, schnelle Reaktionszeit und gegenseitige, hierarchie- und abteilungsübergreifende Unterstützung geprägt ist, in dem sich Lernende als Teilgebende für einen gemeinsamen Sinn verstehen?

Diese (agilen) Lerntätigkeiten sind nur möglich wenn auch die dahinterliegenden Mentefakte also Grundannahmen, Ideen, Normen als auch Werte dazu passen. Hier sei auf das agile Lern-Manifest hingewiesen, das u. a. Werte wie Transparenz und Offenheit sowie Prinzipien als elementare Rahmenbedingungen postuliert und damit zu einer kollektiven agilen Lernhaltung der Beteiligten beiträgt (Graf, Roderus, Raab und Latteyer 2021).

Tipps zur Förderung einer Lernkultur !

- Schaffen Sie eine Kultur der Wertschätzung von Lernen. Nicht nur die Lernergebnisse, sondern die Lernanstrengungen selbst sollten wertgeschätzt werden. Lernen ist auch mal langwierig, anstrengend und führt nicht sofort zu greifbaren Ergebnissen. Wertschätzung von Anstrengung kann die Motivation von Mitarbeitenden unterstützen. Dazu gehört es auch, beim Lernen Fehler machen zu dürfen, ohne Konsequenzen befürchten zu müssen. Nur so sind Mitarbeitende motiviert, sich auch schwierigen Aufgaben zu stellen und neue Dinge zu lernen.
- Fördern Sie positive Rahmenbedingungen, damit Lernen besser in die Arbeit integriert werden kann. Erleichtern Sie den Zugang zum Lernen mithilfe von E-Learning-Bibliotheken oder Internetzugang. Aber auch Rahmenbedingungen wie Datenschutz und -sicherheit im Kontext digitaler Lernformate sollten geklärt sein.
- Vereinbaren Sie klare Regelungen zum selbstgesteuerten Lernen. Inwiefern und in welchem Umfang können Onlineangebote wie z. B. Youtube-Videos in der Arbeitszeit genutzt werden?
- Gestalten Sie Kommunikationswege und Partizipationsmöglichkeiten. PE muss als Ermöglicher einer lernförderlichen Lernkultur Wege schaffen, um die Mitarbeiterpartizipation zu gestalten.

Tipps zur Förderung einer agile Lernkultur !

- Schaffen Sie als Erstes die Basis für eine Kultur des selbstgesteuerten Lernens wie oben beschrieben, da dies die Voraussetzung für eine agile Lernkultur ist.
- Schaffen Sie danach einer Kultur des Experimentierens: Implementierung von Design Thinking, Prototyping etc. verbunden mit den notwendigen Werten wie Mut.
- Vorbild sein als Personalentwicklung, in dem Experimente mit neuen Lernformate mit der Organisation ausprobiert und reflektiert werden.
- Fördern einer Kultur des Lernens und des erfolgreichen Scheiterns – z. B. durch Initiierung von Fuckup-Nights (Veranstaltungen, auf denen Führungskräfte oder Mitarbeitende über ihr Scheitern sprechen).

7.3.3 PE als Lerncoach für Mitarbeitende und Führungskräfte

Heute ein neues Computerprogramm lernen, morgen die Strategie weiterentwickeln, übermorgen interkulturelle Fähigkeiten trainieren – das Arbeitsleben stellt Mitarbeitende und Führungskräfte vor viele Herausforderungen, die nicht allein mit formalen

Lernangeboten wie Präsenzveranstaltungen zu festen Terminen zu bewältigen sind. Damit selbstverantwortliches und selbstgesteuertes Lernen funktioniert, muss man die passenden Voraussetzungen schaffen. Selbstgesteuertes Lernen setzt Motivation voraus, gezieltes Lernmanagement und vieles mehr. Selbstreflexion und Neugier oder die gedankliche Vorwegnahme von Resultaten wirken sich ebenfalls positiv auf die Fähigkeit zum selbstgesteuerten Lernen aus. Abträglich dagegen sind eine hohe Störanfälligkeit und viel Druck im Arbeitsalltag. Viele Lernende brauchen daher Unterstützung, um die benötigten Lernkompetenzen als Voraussetzung für selbstgesteuertes Lernen zu entwickeln.

Der Lerncoach schafft positive Bedingungen für die Selbstorganisation der Lernenden und unterstützt sie bei der Weiterentwicklung ihrer Lernkompetenzen. So ermöglicht er selbstorganisierte Lernprozesse der Lernenden in der Zukunft (»Hilfe zur Selbsthilfe«). Er begleitet die Lernenden auf ihrem Weg der Suche, Erprobung und Aneignung.

Pädagogische Aufgabe der Zukunft wird es also sein, entsprechende Lernkompetenzen bei den Mitarbeitenden in der beruflichen Bildung zu fördern. Dies muss jedoch unabdingbar auf individueller Basis passieren, da aufgrund der biografischen Erfahrungen jedes Individuum bereits mehr oder weniger erfolgreich ausgebildete Lernkompetenzen besitzt. Viele erwachsene Lernende sind zudem systematisches Lernen nicht (mehr) gewohnt und können häufig nur sehr eingeschränkt den eigenen Lernprozess gestalten (siehe Studienergebnisse in Kapitel 6 »Mitarbeitende – Lernkompetenzen als Schlüssel zum Erfolg«). Sie benötigen aus diesem Grund professionelle Unterstützung zur Entwicklung ihrer Lernkompetenzen (Arnold, Gomez Tutor, & Kammerer 2002).

Betrachtet man die Führungskräfte, so sollten sie in zweierlei Hinsicht gecoacht werden: Zum einen selbst als Lernende und zum anderen in ihrer neuen Rolle als Lerncoach (vgl. Kapitel 8) ihrer Mitarbeitenden – wie sie ihren Mitarbeitenden das Lernen im Arbeitsalltag erleichtern und ihnen helfen, Probleme selbst zu lösen.

Wer Mitarbeitende motivieren will, selbst für ihre Karriere und Entwicklung Verantwortung zu übernehmen, sollte ihnen dazu die Möglichkeit geben und Werte wie Wertschätzung und Vertrauen sowie eine Atmosphäre, in der es regelmäßig Feedback für die geleistete Arbeit gibt und in der Fragen wie Fehler zugelassen sind, selber vorleben. Die Kernaufgabe als Personalentwickler besteht darin, vielfältige Erprobungs- und Handlungsmöglichkeiten zu schaffen, indem sie herausfordernde Praxisprojekte initiieren oder die Zusammenführung von Lernen und Arbeiten sowie vielfältige Formen des Erfahrungsaustausches und der Kommunikation ermöglichen. Dieser Ansatz der Ermöglichungsdidaktik wird in den Diskussionen, die wir erleben, teilweise infrage gestellt, weil die Menschen mit dieser Konzeption und der damit verbundenen Selbstorganisation überfordert sind (Sauter, Erpenbeck 2016) – trotzdem wird er die Zukunft sein.

Die folgenden Instrumente und Maßnahmen helfen der Personalentwicklung, ihrer Rolle als Lerncoach gerecht zu werden, und den Mitarbeitenden, Kompetenzen für selbstgesteuertes Lernen aufzubauen, sowie beim Lernen selbst (u. a. Kutsch 2016):

- **Anreize, Verbindlichkeiten schaffen und Vereinbarungen treffen**
  Lernziele festhalten, Anstrengungen und Weiterentwicklungen belohnen, z. B. durch Fachkarrieren.
- **Nachweisbarkeit von Lernerfolgen**
  Themen wie Arbeitssicherheit und Compliance erfordern einen Lernnachweis. Soziale und informelle Lernformen allerdings nicht. Lernen erfolgt direkt in der Arbeit für die Arbeit. Der individuelle Nutzen des Lernens wird in Arbeitsprozessen und -ergebnissen deutlich.
- **Lernkompetenzen fördern**
  Selbstgesteuertes Lernen setzt Lernkompetenzen voraus. Grundlegende Voraussetzungen wie Selbstorganisation, Reflexion eigener Fähigkeiten oder strukturierte Planung und Umsetzung von Lernen sind nicht selbstverständlich und müssen gefördert werden.
- **Lernen organisieren**
  Unterstützung bei der Integration des Lernens in den Arbeitsalltag. PE kann aufzeigen, welche Wege genutzt werden können, um Lernen und Arbeiten besser zu verbinden. Neben klaren Regelungen und Rahmenbedingungen seitens der Organisation müssen Mitarbeitende für Möglichkeiten sensibilisiert und motiviert werden, auch im Arbeitsprozess verschiedene Lernwege zu beschreiten.
- **Lernzeiten und -räume schaffen**, in denen Mitarbeitende störungsfrei lernen können. Gegebenenfalls sind damit verbundene Erwartungen von Führungskräften zu klären. Absprachen mit Kolleginnen, Kollegen und Führungskräften (z. B. Telefon umleiten) sind zu treffen, räumliche und digitale Voraussetzungen für individuelles Lernen und sozialen Austausch zu schaffen und kooperatives Lernen zu unterstützen.
- Ein **persönlicher Entwicklungsplan** vermittelt Ziele und zugleich eine Vorstellung davon, wie diese zu erreichen sind.
- Ein **Lerntagebuch** führen
  Der Mitarbeitende sieht seine Lernfortschritte und reflektiert seine Erfahrungen. Das fördert den Lerntransfer.
- **Weitere Coachingangebote zur Verfügung stellen**
  Ein Coach ist als neutraler Begleiter geeignet, die eigenen Erfahrungen zu reflektieren, sich Stärken und Schwächen bewusst zu machen und daraus einen Entwicklungs- oder Lernbedarf abzuleiten.

Zusätzlich zum Lerncoaching kann Personalentwicklung den Transformationsprozess über u. a. folgende Themen fördern:

- **Beratungsangebote schaffen:** Die Beratung von Mitarbeitenden bei der Auswahl eines geeigneten Lernangebotes kann PE unterstützen.

- **Fordern und fördern:** Ist die Tätigkeit als lehrreiche Aufgabe gestaltet, das heißt komplex, divers, mit viel Abwechslung, hoher Eigenverantwortung sowie Konfrontation mit Verschiedenheit gestaltet und entsteht das Gefühl, einen Beitrag zu leisten, entspricht das dem Prinzip des Forderns. Nur wenn die Aufgabe bzw. der Arbeitsplatz fordernd gestaltet ist, wird Entwicklung ermöglicht und damit gefördert. Die weiteren Maßnahmen helfen, Lernen zu erleichtern.
- Ein der Funktion und Tätigkeit entsprechendes **Kompetenzprofil** macht dem Mitarbeitenden deutlich, an welchen Stellen es Entwicklungsbedarf gibt, zeigt ihm zugleich aber auch, wo seine Stärken liegen. Es hilft damit, die eigenen Lernbedürfnisse zu diagnostizieren.
- **Praxisnahe Lernangebote:** Die Integration von Lernen und Arbeiten fällt Mitarbeitenden leichter, wenn sie den unmittelbaren Nutzen des Lernens erkennen und die Verankerung im Arbeitskontext deutlich ist.
- **Planen und gestalten Sie Lernumgebungen** für selbstgesteuertes Lernen. Das können reale Räume sein, die dem Austausch oder dem Lernen dienen (z. B. Lerninseln), oder virtuelle Räume, in denen sich die Mitarbeitenden standortübergreifend austauschen. Ermöglichen Sie allen Mitarbeitenden einen freien Zugang zu digitalen Lernwelten, in denen sie selbst entscheiden, was sie lernen möchten.
- **Kontextorientierte Unterstützung im Arbeitsprozess:** Wenn Mitarbeitende im Prozess der Arbeit lernen sollen, müssen die notwendigen Ressourcen dafür zur Verfügung stehen. Das können zum Beispiel Microlearnings sein, elektronische Performance Support-Programme, frei zugängliche und durchsuchbare E-Learning-Bibliotheken und Communities of Practice, in denen man gemeinsam Probleme löst.
- Bieten Sie einen **Zugang zu Lerninhalten** an, die einen Bezug zum Arbeitsalltag der Mitarbeitenden haben. Nutzen Sie dazu die Vorteile digitaler Lernangebote wie E-Learning-Bibliotheken.
- Gehen Sie mit **gutem Beispiel** voran und definieren Sie klare Lernziele für Lernangebote. Beschreiben Sie Lernergebnisse und nehmen Sie Verbesserungen der Arbeit in den Beschreibungen vorweg, um den Nutzen der Lernangebote aufzuzeigen.
- Ermöglichen Sie einen **intensiven sozialen Austausch.** Dabei hilft die moderne Kommunikationstechnologie. Interne soziale Netzwerke und Communities machen es leicht, Expertenwissen abzufragen, Lernpartnerschaften zu pflegen oder das eigene Wissen zu evaluieren.
- Etablieren Sie eine **Feedbackkultur**, die Fehler zulässt und es Mitarbeitenden ermöglicht, die eigenen Handlungen und ihren Entwicklungsstand kritisch, aber konstruktiv zu hinterfragen.
- **Medienkompetenz ausbauen:** Neue digitale Formate, E-Learnings, Onlinecommunities etc. setzen ein gewisses Maß an Medienkompetenz voraus, andernfalls sind Mitarbeitende schnell überfordert und können die Lernangebote entspre-

chend nicht nutzen. Tandems von jüngeren und älteren Mitarbeitenden können das gegenseitige Lernen fördern.

- **Nicht alles digitalisieren:** Nicht immer macht die Digitalisierung von Lernangeboten Sinn. Mitarbeitende möchten und müssen auch nicht immer computergestützt lernen. Alternative Lernformate und -angebote haben ebenso ihre Berechtigung und können oft auch die bessere Wahl sein. Soziales Lernen kann für verschiedene Themen eine gute Möglichkeit des Lernens sein.
- **Internes Marketing von Lernmöglichkeiten zur Inspiration:** Neue Lernmöglichkeit kommunizieren, Perspektiven durch Innovationen aufzeigen und damit Vorbehalten und Bedenken abbauen.

Ziel aller Maßnahmen und Instrumente sollte es sein, dass Mitarbeitende nach und nach mehr Eigenverantwortung für ihr Lernen übernehmen und weniger Unterstützung brauchen. Idealerweise können sie ihren Lernprozess sukzessive selbst organisieren, strukturieren, überwachen und kontrollieren.

Zudem sollten Sie Ihre Mitarbeitenden auf den bisher genannten Aspekten aufbauend unterstützen, das Lernen in komplexen oder dynamisch-chaotischen Situationen zu lernen. Das können Sie zum Beispiel mit einem agilen Lerncoaching. Es geht darum, bereits agil zu lernen, agil zu lernen. In dem Coaching können so bereits Haltungen als Basis des Agilen Lernens hinterfragt werden, Techniken, Methoden etc. ausprobiert werden und das kontinuierliche Reflektieren geübt werden.

Agile Lerncoaches coachen die Lernenden darin, Lernkompetenzen in unstrukturierten Lernkontexten – gerade auch in Transformationsprozessen und der VUCA-Welt – zu entwickeln. In diesem Sinne stehen Interventionen zu Selbststeuerung (z. B. Motivation und Volition) und Metakognition im Vordergrund – im Gegensatz zu den Kognitionsstrategien klassischer Lerncoaches. Das vorrangige Ziel von agilen Lerncoachings ist die Unterstützung der Lernenden dabei, ihre Lernkompetenzen im Sinne einer hohen Selbststeuerung weiterzuentwickeln. Dabei liegt der Fokus auf der Effektivität, d. h. auf der Wirksamkeit des Lernens (im Gegensatz zur Effizienzorientierung des klassischen Lerncoaching). Es geht also darum, das Lernen aus persönlicher Sicht möglichst effektiv zu gestalten und sich dabei des gesamten Repertoires aus formalem, non-formalem aber hauptsächlich informellem Lernen zu bedienen und den Lernprozess so möglichst outcome-orientiert zu gestalten. Dabei bedient sich das agile Lerncoaching bei den agilen Methoden und Frameworks des agilen Arbeitens: Häufig wird mit Backlogs, User Stories, Sprints sowie Reviews und Retrospektiven gearbeitet. Gerade die Reflexion spielt eine zentrale Rolle. Im agilen Lerncoaching werden zudem die agile Lernhaltung als auch agile Lernprozesse und -formate und damit Agiles Lernen im Sinne von Mindset, Toolset und Skillset thematisiert (vgl. Graf, Roderus, Raab, und Latteyer 2021, Definitionen zum Agilen Lernen).

7.3.4 PE als Broker/Vermittler von Lernpartnern, Inhalten und Formaten

Das Wissensmanagement leistet im Rahmen der Personalentwicklung einen effektiven Beitrag, der sich in zwei Facetten äußern kann:

- Kollaboration und Identifikation von Ansprechpartnern (Expertenvermittlung) und
- verbessertes Auffinden und einfacher Zugriff auf benötigte Informationen (Wissensmanagement).

Die richtigen Lernformate zugänglich zu machen und Vorschläge für die geeignete Vorgehensweise gemeinsam mit der Führungskraft und dem Mitarbeitenden zu erarbeiten, gewinnt immer stärker an Bedeutung. In der zeitnahen und bedarfsgerechten Vermittlung sozialer Lernformate wie Lerntandems, Mentorings und Coachings fungieren Personalentwickler zukünftig als Vermittler (vgl. Kapitel 4 »Agile Lernformate«). Sie eröffnen den Lernenden Zugänge zu Wissensquellen und zu Lernlandschaften.

Der Personalentwickler ist immer auch ein Wissensmanager

Mitarbeitende sind unbestritten *der* zentrale Erfolgsfaktor für Unternehmen. Doch was macht sie so unersetzlich? Es sind vor allem ihr Wissen, ihre Kompetenzen und ihr Erfahrungsschatz. Denn diese sind die Basis für Produktinnovationen sowie für neue kreative Geschäftsideen – und im Gegensatz zu Waren und deren Produktion – nicht kopierbar.

Personalentwicklung sieht sich in der Verantwortung, das Wissensmanagement und den Kompetenzaufbau im Unternehmen voranzutreiben. Die befragten Human-Resources-Mitarbeitende der Haufe-Lexware-Studie »HR als Wissensmanager«[22] etwa geben eine eindeutige Antwort, wer verantwortlich dafür ist: HR selbst (82 %). Danach befragt, was sie derzeit als ihre wichtigste Aufgabe ansehen, nennen auch 85% das Wissensmanagement. Es liegt damit auf Rang vier der HR-Agenda nach Mitarbeiterentwicklung (95 %), Prozesseffizienz (91 %) und Nachfolgeplanung (88 %) bei möglicher Mehrfachnennung. Das oft »gehypte« Employer Branding liegt an fünfter Stelle; es wird nur von 66 % als relevantes Strategiethema in HR genannt.

Aus den Einschätzungen von über 400 Personalern der Haufe-Lexware-Studie (2014) haben wir folgende drei Thesen herausgegriffen:

These 1: HR ist bereits heute Treiber für einen produktiven Umgang mit Wissen

Die überwiegende Mehrheit der Personaler fühlt sich bereits für das Wissensmanagement in ihrem Unternehmen zuständig. Mehr sogar noch: Rund 85 % halten das Thema für eines der strategisch wichtigsten in ihrem Aufgabengebiet.

22 Die Haufe-Lexware-Studie »HR als Wissensmanager: Strategien für den Unternehmenserfolg« wurde im Oktober 2014 als telefonische Befragung unter 400 HR-Mitarbeitenden innerhalb Deutschlands durchgeführt.

Es besteht jedoch noch Optimierungspotenzial für HR, effiziente Prozesse rund um Know-how und die interne Kommunikation im Unternehmen zu implementieren. Denn traditionell liegt der Schwerpunkt ihrer Aktivitäten vor allem bei Weiterbildung, Nachfolgeplanung und interner Kommunikation. Tools wie Datenbanken oder Wissensmanagement-Lösungen, die Informationen nicht nur speichern, vernetzen und einfach zugänglich machen, sondern auch den Austausch unter den Mitarbeitenden fördern, werden nur von einer kleinen Anzahl (4 %) eingesetzt.

These 2: Mangelndes Wissen ist einer der größten Motivationskiller für Mitarbeitende
Die Folgen eines unproduktiven Umgangs mit Wissen sind gravierend, denn fehlendes Wissen demotiviert Mitarbeitende. Diese Überzeugung teilen 81 % der befragten Personaler. Wenn Mitarbeitende lange – und womöglich sogar vergeblich – nach dringend benötigten Informationen recherchieren müssen, ist dies nicht nur ineffizient, sondern schlägt sich auch in Frustration und mangelndem Engagement nieder. Lediglich fehlende Wertschätzung für die eigene Arbeit ist ein noch größerer Motivationskiller als eine ungenügende Wissensbasis.

These 3: PE-Abteilungen verfügen über großes Potenzial, den Umgang mit Wissen in Unternehmen nachhaltig zu verbessern
Schöpfen Personaler alle Möglichkeiten des verantwortungsbewussten Umgangs mit dem Know-how der Mitarbeitenden konsequent aus, tragen sie entscheidend zum Firmenerfolg bei. Bevor es so weit ist, stehen sie aber vor folgenden Aufgaben:

a) Wissen identifizieren
Welche Mitarbeitende verfügen über welches Know-how und welche Erfahrungen? Und welche Kompetenzen benötigt das Unternehmen in den nächsten Jahren? Kann HR Antworten auf diese zentralen Fragen geben – etwa durch Organisationspläne mit hinterlegten Anforderungsprofilen oder durch die Einrichtung von Kompetenzzentren –, ist der erste wichtige Schritt für einen produktiven Umgang mit Wissen geschafft. Strategische Personalentwicklung mit integriertem Weiterbildungscontrolling sorgt dafür, dass auch das zukünftig benötigte Know-how rechtzeitig entwickelt wird.

PE kuratiert Inhalte als Grundlagenangebot !

Je mehr Informationen (Wissen) verfügbar sind, umso entscheidender wird es, sie zu bewerten, einzuordnen, zu organisieren, in Zusammenhänge zu stellen, sie in medial neu aufbereiteten Formen zu präsentieren und zu verbreiten.
Das lateinische Wort »cura« bedeutet »Fürsorge« bzw. »Pflege«. Mit dem Kuratieren geht Verantwortung einher: Informationen bewerten, eine sorgfältige Auswahl treffen, Informationen einordnen, kombinieren und quer verbinden, Perspektiven wechseln …
»Zusätzlich zu eigens produzierten Inhalten sollten Personalentwickler daher auch interessante Quellen aus dem Netz sichten, prüfen und in sortierter Form zusammenstellen. Kuratieren heißt dieses neue Arbeitsprofil für Weiterbildungsverantwortliche: Führungskräften soll so der Zugang zu den besten Inhalten ermöglicht werden, ohne dass sie selbst im Netz suchen müssen:

zu Youtube-Videos, Magazinartikeln, Podcasts, Blogbeiträgen, interaktiven Aufgaben, die bedarfsgerecht zusammengestellt werden. Das Ziel muss es sein, aktuell und potenziell wichtiges Wissen zusammenzustellen, zu prüfen und so aufzubereiten, dass Führungskräfte es leicht finden und mühelos rezipieren können« (Haidar 2016).

b) Wissensaustausch fördern

Wissen muss geteilt werden, wenn es Mehrwert bieten soll. Die Personalentwicklung kann dabei unterstützen und Mitarbeitende mittels Kommunikation von Best Practices und der Gestaltung einer positiven Unternehmenskultur motivieren, ihr Wissen zu teilen.

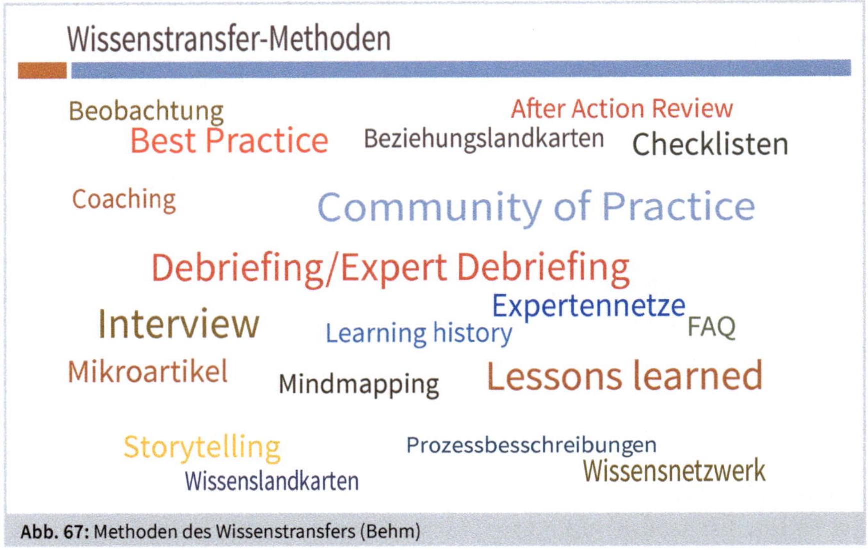

Abb. 67: Methoden des Wissenstransfers (Behm)

c) Wissen vernetzen

Ist der Wissenstransfer in der Unternehmenskultur verankert, benötigen Firmen – und HR – technische Unterstützung, um relevantes Know-how an einem zentralen Speicherplatz zu erfassen, zu vernetzen und einfach zur Verfügung zu stellen. Wichtig bei der Softwareauswahl sind eine hohe Benutzerfreundlichkeit und individuelle Bedienbarkeit.

d) Prozesse optimieren und standardisieren

Effiziente Wissensprozesse – etwa dank verbindlicher und einheitlicher Ablagestrukturen – sorgen dafür, dass Informationen schnell und einfach gefunden werden können. Damit bleibt den Mitarbeitenden mehr Zeit für strategisch relevante Tätigkeiten – und das steigert ihre Motivation.

e) Wissen halten

Zentrale Aufgabe des Personalmanagements ist es, Mitarbeitende und deren Wissen an das Unternehmen zu binden. Dafür muss Talenten ein Umfeld geboten werden, in dem sie bei ihrer Arbeit bestmöglich unterstützt werden. Dies erhält ihre Motivation, senkt die Fluktuation und versetzt sie in die Lage, den größtmöglichen Beitrag zum Unternehmenserfolg zu leisten.

Sind alle diese »Hausaufgaben« erledigt, haben die Personaler erfolgreich an gleich zwei der größten Stellschrauben für wirtschaftlichen Erfolg gedreht: am Wissen und der Motivation ihrer Mitarbeitenden. Finden Mitarbeitende Arbeitsbedingungen vor, die es ihnen ermöglichen, schnell und einfach ihre Aufgaben wahrnehmen zu können, profitiert das Unternehmen gleich zweifach, nämlich durch eine niedrigere Fehlerquote und ein höheres Engagement der Belegschaft.

Exkurs: Die Aufgaben eines Wissensmanagers !

Die Rolle der PE wandelt sich also entscheidend, besonders der Umgang mit Wissen gewinnt an Bedeutung. Sie lässt sich sogar mehr und mehr als die eines Wissensmanagers definieren. Dies sind die Aufgaben eines solchen Managers:

- **Changemanager:** Die Einführung/Erweiterung von Wissensmanagement stellt meist eine weitreichende Veränderung in den Bereichen Vision, Struktur, Kultur und Technologie dar und muss deshalb zwingend durch ein professionelles und konkretes Changemanagement begleitet werden (Beispiel: Schaffung von Bereitschaft zur Wissensteilung durch Partizipation).
- **Wissensbroker:** Ferner muss der Wissensmanager zwischen dem Angebot und der Nachfrage von Wissen vermitteln. Insbesondere muss er zum Wissensnutzungsmanager werden (Begriffsmanager, Findespezialist, Not-invented-here-Syndrom usw.).
- **Lean Manager:** Schlankes Wissensmanagement in Ausbaustufen und Reifegraden ohne Verzettelung ist gefragt. Dazu sind Kosten- und Risikoaspekte einzubeziehen und der Faktor »Zeit« zu beachten.
- **Marketingmanager:** Die interne Werbung für solch ein wesentliches Thema wie Wissensmanagement wird oft unterschätzt. Deshalb müssen neue Kommunikationskonzepte erstellt werden (zielgruppenspezifische Nutzenargumentation, Erfolgsgeschichten usw.).
- **Diversitymanager:** Wie bringt man »Alte Hasen« und »Neue Besen« in altersgemischten Teams zusammen?
- **Talentmanager:** Wie schafft man es, erfolgskritische Wissensträger langfristig an das Unternehmen zu binden?
- **Technology Scout:** Welche neuen technologischen Entwicklungen sind relevant und im Wissensmanagement nutzbar?
- **»Erwartungsmanager«:** Wie vermittelt man dem Topmanagement eine realistische Erfolgserwartung?

Weiterhin sollte sich der Wissensmanager eher als visionärer, partizipativer »Wissensführer« begreifen.

Eine der wichtigsten Aufgaben eines agilen Brokers ist die eines »Facilitators«. Viele neue (agile) Lernformate sind den meisten Mitarbeitenden noch nicht bekannt. Diese neuen Formate nach Bedarf ins Unternehmen zu tragen und bei der (ersten) Durchführung zu unterstützen, ist ein wichtiges PE-Angebot, um zu einer agilen PE zu kommen.

Denn gerade agile Lernformate brauchen prozessuale Strukturen (WOL, Barcamps, Hackathons ...) und damit jemanden, der diese kennt, am besten selbst ausprobiert hat und seine Erfahrungen weitergeben kann. Ein guter Learning-Designer schaut also über den Tellerrand seiner didaktischen Herkunft und experimentiert mit neuen Formaten, um sich in allen Fachbereichen als Expertin oder Experte für Lernsettings zu positionieren und damit die Organisation beim effizienteren Lernen auf individueller und organisationaler Ebene unterstützen zu können.

7.3.5 Fazit zu den vier Rollen der Personalentwicklung

Alleine an der Skizzierung der vier Rollen wird klar, wie umfangreich das neue Profil von Personalentwicklung wird und welche Voraussetzungen Personalentwickler mitbringen müssen. Ob dabei die Rollen in der PE aufgeteilt werden (funktionsorientierte PE) oder ein Personalentwickler alle Rollen für eine bestimmte Zielgruppe übernimmt (objektorientierte PE), ist von der eigenen Organisation und den Kompetenzen der Personalentwickler abhängig. Zusammen bieten die vier beschriebenen Rollen allerdings das Profil, um nachfrageorientierte Personalentwicklung betreiben zu können.

Interessanterweise haben noch nicht alle Personalentwickler diese Transformation (zumindest gedanklich) vorgenommen. Schaut man sich bei einer Selbsteinschätzung der Personalentwickler an, wo der Fokus in den nächsten Jahren liegen wird, so werden Themen zu den Rollen PE als Broker und PE als Stratege fast immer genannt. Die Rollen als Lerncoach und Kulturförderer bleiben dagegen häufig ungenannt, obwohl gerade hier die Stellhebel für den Wertbeitrag der PE liegen.

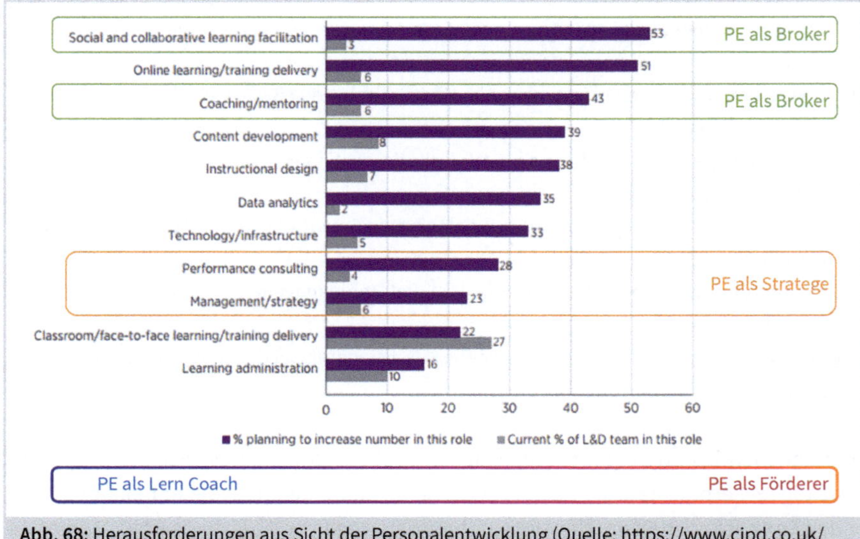

Abb. 68: Herausforderungen aus Sicht der Personalentwicklung (Quelle: https://www.cipd.co.uk/Images/l-d-evolving-roles-enhancing-skills_2015_tcm18-9162.pdf)

So ist es auch nicht verwunderlich, dass in puncto Bedarfsorientierung die Personalentwicklung aus Sicht der Mitarbeitenden noch einen deutlichen Aufholbedarf hat. Mehr als die Hälfte der Befragten (65%) der oben genannten LEKAF-Studie gab an, dass ihre Personalentwicklung weder ein vielfältiges Angebot bietet noch bei der Auswahl berät.

7.4 Der Status quo – Personalentwicklung heute

In der bundesweiten Befragung (LEKAF-Studie)[23] wurden mehr als 10.000 Mitarbeitende verschiedenster Branchen zu ihren individuellen Lernkompetenzen sowie den Rahmenbedingungen im Unternehmen befragt, so auch zur Arbeit der Personalentwicklung.

Die LEKAF-Studie zeigt, dass Personalentwicklung sich aus Sicht der Mitarbeitenden besser aufstellen könnte. In der Befragung geben nur 38% der Befragten an, dass gute Selbstlernangebote im Unternehmen zur Verfügung stehen. Zudem wird die Vielfalt und die Beratung durch die Personalentwicklung bei der Auswahl von Angeboten nur von 17% als gut bewertet. Im Hinblick auf die Wahrnehmung der Vielfalt von Angeboten wird deutlich, dass Jüngere dies im Vergleich zu Älteren eher positiv bewerten. Unter 21-Jährige, die sich noch in der Ausbildung befinden oder erst ins Berufsleben einsteigen, finden aufgrund des noch höheren Ausbildungsbedarfs eher Lernangebote für sich (47%). Mit zunehmendem Alter nimmt dies deutlich ab.

Abb. 69: Wahrnehmung der Personalentwicklung (Vodafone 2016)

23 Forschungsprojekt »Lernkompetenzen von Mitarbeitern analysieren und fördern – LEKAF« der Hochschule für angewandtes Management, Vodafone Stiftung Deutschland und Prof. Heister (BIBB) – Graf, Gramß, Heister 2016.

Spezifische Lernangebote, die sich am tatsächlichen Bedarf der Mitarbeitenden im Rahmen längerer beruflicher Tätigkeiten orientieren, sind oft nur unzureichend. Dies macht deutlich, dass sich entweder die Angebote nur unzureichend am Lernbedarf der Mitarbeitenden orientieren oder sie von den Mitarbeitenden nicht wahrgenommen werden. So ist die Verbesserungen der Kommunikation von Angeboten und damit das Aufzeigen von Lernmöglichkeiten für Mitarbeitende notwendig (Graf et al. 2016).

Zudem zeigt sich die Notwendigkeit, Mitarbeitende bei der Wahl der Lernangebote zu beraten, das Lernen zu begleiten und zu unterstützen. Aktuell bedarf selbstgesteuertes Lernen an sich deshalb Unterstützung, da Erwachsene systematisches Lernen nicht (mehr) gewohnt sind. Die Studie zeigt: Mitarbeitende wollen mehr Verantwortung für ihr Lernen übernehmen, aber können dies oft nicht umsetzen. Sie würden also von der Beratung bei der Auswahl von Lernangeboten profitieren und durch Lerncoaching in der Selbststeuerung des Lernens unterstützt werden. Durch die zunehmende Bedeutung selbstgesteuerten Lernens und damit steigende Eigenverantwortung von Mitarbeitenden für ihre Lernprozesse muss Personalentwicklung individuell begleitend und unterstützend zur Seite stehen. Genau hier zeigt sich die Rolle als Lerncoach von großer Bedeutung, der die PE bisher noch nicht ausreichend gerecht wird.

Die Ergebnisse der LEKAF-Studie stellen noch einmal die Bedeutung der PE als wichtige Rahmenbedingung für das selbstgesteuerte Lernen von Mitarbeitenden heraus.

7.5 Fazit

Attraktiv, aber fordernd – die Personalentwicklung muss sich anders aufstellen

Die in der Studie beschriebene Entwicklung klingt für viele Personalentwickler durchaus attraktiv: Während der Mitarbeitende zukünftig stärker Verantwortung für den eigenen Kompetenzzuwachs übernimmt, gewinnen sie vielversprechende, einflussreiche neue Aufgaben hinzu, indem sie näher an das Business rücken, die Rollenanpassungen im Unternehmen entsprechend vorantreiben sowie die kulturelle Veränderung voranbringen.

!

Exkurs: Personalentwicklung vs. IT – wer treibt wen?

Durch die Digitalisierung – gerade auch in den letzten Jahren – wird die IT-Abteilung zur Konkurrenz für HR. IT kann Transformationsprozesse vorantreiben und digitale Möglichkeiten bereitstellen: interne Arbeitsprozesse, Interaktion mit Kundinnen und Kunden, mobile Kommunikation, soziale Medien etc. Doch wie genau und unter welchen Bedingungen digitale Technologien zur Verbesserung und Anpassung der Unternehmensarbeit beiträgt, kann IT mangels geeigneter ganzheitlicher Konzepte weder messen noch entwickeln. Die Personalentwicklung hingegen kann solche zukunftsfähigen Konzepte entwickeln und diese mit Unterstützung der IT gewinnbringend für das Unternehmen umsetzen. Im Hinblick auf die

Nutzung digitaler Möglichkeiten ist PE deshalb gefordert, die treibende Kraft zu sein. Dazu sind zum einen tragfähige Konzepte notwendig, die dem Mehrwert durch Digitalisierung von Prozessen und Aufgaben im Unternehmen dienen. Zum anderen kann PE die Möglichkeiten der IT-Landschaft für sich nutzen und damit selbst aktiv die Transformation im Unternehmen gestalten.
Grundvoraussetzung dafür ist allerdings die eigene Weiterentwicklung der HR, um entsprechend konzeptuell leistungsfähig zu sein. Die Digitalisierung von HR-Prozessen in Recruiting und Personalentwicklung muss gestaltet werden. Vor allem zielgerichtete Veränderungen in Prozessen und Aufgaben gilt es umzusetzen. HR leitet dabei die IT in der Umsetzung neuartiger Konzepte und Anforderungen an und schafft so eine wesentliche Grundlage für die Weiterentwicklung im Sinne der Digitalisierung in allen Bereichen des Personalwesens und damit des Unternehmens.
Besondere Bedeutung kommt – wie das übernächste Kapitel 9 zeigt – einer veränderten modernen Lernkultur zu. Dazu gilt es, sowohl organisationale Bedingungen zu schaffen als auch Lernformate zu entwickeln, die das effiziente, selbstgesteuerte Lernen von Mitarbeitenden unterstützen und fördern. Neue digitale Lernformate (z. B. Mobile Learning, Micro Learning etc.) und die Möglichkeiten für Vernetzung und Kooperationen (z. B. Learning Communities) bieten dem Mitarbeitenden verschiedene Optionen, eigenverantwortlich zu lernen und das Lernen in den Arbeitsprozess zu integrieren.
Weiterhin kann HR für andere Aufgabenfelder die digitale Transformation für sich nutzen und eigene Prozesse verbessern, modernisieren und damit dem Megatrend wie Fachkräftemangel entgegenwirken. Hier stehen Unternehmen in ständiger Konkurrenz mit anderen Arbeitgebern in Deutschland. HR kann wesentlich dazu beitragen, dass Vorteile eines Unternehmens und damit dessen Attraktivität nach außen sichtbar und kommuniziert werden. Auch beim Recruiting ist Kreativität gefragt. Neben klassischen Verfahren können digitale Netzwerke für das Recruiting genutzt werden. Konzepte wie »Mitarbeiter werben Mitarbeiter« oder Unternehmenszusammenschlüsse zur Vermittlung von Bewerbern sind nur einige Möglichkeiten. Auch in der Gestaltung von Auswahlprozessen können digitale Formate genutzt werden. Online-Assessmentcenter oder Online-Interviews sind gute Möglichkeiten eines effizienten Auswahlprozesses.
HR muss sich also selbst im Rahmen digitaler Transformation modernisieren und den Fokus auf Beziehungen, Zusammenarbeit, Kommunikation und Arbeitskultur legen. In enger Zusammenarbeit können Möglichkeiten der Digitalisierung sinnvoll und effizient genutzt werden. Die Steuerung dieser Transformationsprozesse obliegt der HR, die ohne diese eigene notwendige Weiterentwicklung in der Bedeutungslosigkeit verschwände. Es gilt, mit positivem Beispiel vorauszugehen und die Chancen für Innovationen zu ergreifen und zu gestalten.

Ob agil oder klassisch – die Personalentwicklung wird sich mit ihrer Zukunftsfähigkeit weiter auseinandersetzen müssen. Prof. Nele Graf und Prof. Anja Schmitz haben mit Stefan Scheller eine Studie zur Zukunftsfähigkeit der Personalentwicklung durchgeführt, die zu 10 Teilaspekten einer zukunftsfähigen PE Informationen über sechs Entwicklungsstufen und Maßnahmen zur erreichung der nächsthöheren liefern. Die Studie ist ab Juli 2022 unter https://www.fham.de/hochschule/cill/ erreichbar.

Literatur

Arnold, R et al. (2002): Selbst gesteuertes Lernen als Perspektive der beruflichen Bildung, BIBB BWP 4/2002.

Behm-Steidel, G. (2015): Wissensmanagement & Personalentwicklung, siehe: http://www.know-tech.de/files/documents/F10_25_1145_Behm_HSHannover.pdf

Erpenbeck, J.; Sauter, W. (2016): Alle Macht den Lernern. In: wirtschaft + weiterbildung 04/2016, S. 18-23. siehe: https://www.haufe.de/download/wirtschaft-weiterbildung-ausgabe-42016-wirtschaft-weiterbildung-344606.pdf

Graf, N. (2015): in: Bosbach, G. und Anzengruber, J. (2015): ArbeitsVisionen2025: Perspektiven, Gedanken, Impulse und Fragen zur Zukunft unserer Arbeit.

Graf, N.; Schmitz, A.; Scheller, S. (2022): #nextPE – Zukunftsfähigkeit der Personalentwicklung siehe: https://www.fham.de/hochschule/cill/

Graf, N.; Roderus, S.; Raab, A.; Latteyer, J. (2021): Definitionen zu Agilem Lernen, unveröffentlichte Ergebnisse der Arbeitsgruppe.

Hasanbegovic, J; Seufert, S.; Euler, D. (2007): Lernkultur als Ausgangspunkt für die Implementierung von Bildungsinnovationen. In: Organisationsentwicklung 2/2007, S. 22-30.

Haufe Lexware (2014): HR als Wissensmanager: Strategien für den Unternehmenserfolg, siehe: http://whitepaper.haufe.de/unternehmensfuehrung/HR-als-Wissensmanager-Strategien-fuer-den-Unternehmenserfolg-Studie-2015/,82,524,48

Haidar, Leila (2016): E-Learning für Eilige. In: managerSeminare, Heft 221, August 2016, S. 78-86.

Kutsch, L. (2016): Mit selbstgesteuertem Lernen mehr erreichen, siehe: https://www.haufe-akademie.de/blog/themen/personalentwicklung/mit-selbstgesteuertem-lernen-mehr-erreichen/

Schaper, N.; Friebe, J.; Sonntag, K. (2003): Lernkulturen – eine explorative Studie mit Experten aus der Unternehmenspraxis und der angewandten Forschung. Wirtschaftspsychologie, 3, S. 80-82, siehe: http://www.zfo.de/download/jahresinhaltsverzeichnis/zfo_Inhaltsverzeichnis_2011.pdf

Schermuly, C. et al. (2010): Expertendelphi Personalentwicklung 2020, siehe: https://www.sage.de/~/media/markets/de/anwendungsgebiete-und-branchen/anwendungen/infopakete/mlz4_personalentwicklung_leseprobe.pdf?la=de

Weitere Links

http://de.slideshare.net/MikeKunkle/trainer-vsperformanceconsultanthighleveloverview

https://www.scil-blog.ch/wp-content/uploads/2012/11/Whitepaper_SocBusLearning_2012-11-19.pdf

https://learning.linkedin.com/content/dam/me/learning/en-us/pdfs/lil-workplace-learning-report.pdf

http://www.abwf.de/content/main/publik/materialien/materialien79.pdf

8 Die Rolle der Führungskraft

In den vorherigen Kapiteln wurde bereits an vielen Stellen darauf verwiesen, dass den Führungskräften bei der Weiterentwicklung der Mitarbeitenden und des betrieblichen Lernens eine besondere Rolle zukommt. Jetzt wollen wir dieser Rolle der Führungskräfte selbst etwas mehr Aufmerksamkeit widmen und sie aus verschiedenen Blickwinkeln beleuchten. Zunächst schauen wir uns die Herausforderungen an, denen Führungskräfte in der VUCA-Welt begegnen. Danach gehen wir intensiv darauf ein, wie die Rolle der Führungskraft beim Agilen Lernen aussieht und welche Erkenntnisse die LEKAF-Studie dazu beiträgt. Zum Schluss widmen wir uns der Führungskräfteentwicklung und wie diese aussehen sollte, denn Führungskräfte sind selber Lernende und entwickeln sich stetig weiter.

8.1 Herausforderungen für Führungskräfte in der (agilen) VUCA-Lernwelt

Die Logik von VUCA (vgl. Kapitel 11.3) zu verstehen, ist nicht schwer. Der harte Teil ist, herauszufinden, wie man in einem VUCA-Umfeld als Führungskraft agieren und für diese Welt Lernen gestalten muss. Daher lohnt es sich, ein paar Gedanken in die Herausforderungen zu investieren, die eine Führungskraft in einem VUCA-Umfeld erleben wird und welche Kompetenzen beim Umgang mit VUCA helfen.

Beginnen wir mit einer (wahrscheinlich unvollständigen) Übersicht der Herausforderungen, die sich aus den vier VUCA-Faktoren Volatilität, Unsicherheit, Komplexität und Ambiguität ergeben können:

Volatilität

- Die Geschwindigkeit des Fortschritts ist deutlich schneller als unsere Fähigkeit, darauf zu reagieren.
- Die beschleunigte Veränderung beschleunigt auch die Notwendigkeit, Entscheidungen zu treffen.
- Veränderungen sind umfangreicher, erfolgen plötzlich und erfordern meist eine dringende Reaktion.
- Command- und Control-Strukturen versagen in schnell veränderlichen und disruptiven Umgebungen.

Unsicherheit

- Es ist schwierig, sicher einzuschätzen, was gerade passiert.
- Führungskräfte müssen auf Basis unvollständiger oder unzureichender Informationen handeln.

- Sich darauf zu verlassen, was in der Vergangenheit funktioniert hat, ist gefährlich.
- Ursache und Wirkung sind nur schwierig zu identifizieren (»connecting the dots«).

Komplexität
- Steigende Komplexität macht es schwerer, einen guten Ansatz- und Startpunkt für Veränderung zu finden.
- Es ist schwierig, die notwendigen Veränderungen voranzutreiben, da miteinander verwobene Aspekte, Interessen und Bedenken existieren.
- Es ist verführerisch, sich auf die kurzfristigen und einfacheren Aspekte zu konzentrieren (»low hanging fruits«).
- Es fehlt (scheinbar) an der notwendigen Zeit, die Komplexität zu analysieren, zu durchdenken und zu reflektieren.
- Maßnahmen zur Reduktion der Komplexität setzen an den Symptomen, nicht an den Ursachen an.

Ambiguität
- Fehleinschätzungen hinsichtlich der Relevanz einer Situation können entstehen.
- Fehlinterpretation dessen, was passiert, und entsprechend falsche Reaktionen werden wahrscheinlicher.
- Misstrauen, Zweifel, Zögerlichkeit werden erzeugt und behindern Entscheidungen und Veränderung.
- Führungskräfte müssen auf Basis eines begrenzten Verständnisses der Ereignisse und deren Bedeutung handeln.

Die Relevanz von VUCA für das Thema Führung in Unternehmen liegt also darin, dass sie herkömmliche Vorstellungen von Management, die eher dem Motto »Think – Plan – Act – Learn« folgen, in Frage stellt. Bisherige Managementmethoden beruhen oft auf einer linearen Logik von Ursache und Wirkung und können die vielschichtig vernetzten Elemente einer agilen Wirtschaft nur unzureichend erfassen. Dies zeigt sich unter anderem in den hierarchisch aufgebauten Organisationsstrukturen, die in Organigrammen dargestellt werden. Was in der Industrie 2.0 oder 3.0 noch leidlich funktioniert hat, ist in der agilen vernetzten Welt moderner Wirtschaft nicht mehr geeignet, die Organisation steuerungsfähig zu halten. Heute und in Zukunft wird Management das Management komplexer Netzwerke sein.

Management in einer VUCA-Welt
Das Management in einer VUCA-Welt fokussiert sich daher stark auf die folgenden Aufgaben:
- **Stabilität vermitteln:** In der VUCA-Welt kann Stabilität nicht aus Beständigkeit kommen, sondern muss darauf abzielen, mit vielfältigen Anforderungen umgehen zu können. Dazu kann ein Manager seine Mitarbeitenden befähigen, mehrere Rollen auszufüllen oder selbstständiger (statt nach fixen Stellenbeschreibungen) zu arbei-

ten, und bei Neueinstellungen stärker auf die Passung ins Team und die Arbeitsweise achten als auf den fachlichen Hintergrund (der sich ohnehin bald ändert).

- **Klarheit schaffen:** Gerade bei unsicheren Entwicklungen ist die Herstellung von Klarheit wichtig. Die wiederkehrende Vermittlung der Vision, Strategie und Erwartungen an Ergebnisse werden immer bedeutsamer. Was genau zu tun ist, gehört immer weniger in die Kommunikation der Führungskräfte.
- **Risiken steuern:** In einer volatilen Welt werden Pläne immer öfter nicht umsetzbar sein. Die frühe Vorbereitung auf Abweichungen und Veränderungen erfordert neben einem Plan B deshalb auch einen Plan C. Gleichzeitig ist es Aufgabe der Führungskraft, Risiken stärker als Chancen für Lernprozesse und Weiterentwicklungen zu sehen.
- **Kommunizieren:** Regelmäßige und klare Kommunikation ist ein wesentliches Erfolgselement in der VUCA-Welt. Der Erfolg agiler Methoden beruht unter anderem auf den regelmäßigen Teammeetings und der Retrospektive nach jedem Sprint, die auch oder gerade unter Druck nie ausfallen dürfen. Ein volatiler Kontext erfordert die Gewissheit, informiert zu sein, und das Streben, stetig besser zu werden.
- **Entwickeln von Mitarbeitenden:** Die permanente, aber variable Kooperation der Mitarbeitenden in den agilen Teams bedeutet, dass diese immer weniger eine »soziale Heimat« haben, wie dies etwa in festen Abteilungen der Fall ist. Die Beziehung von Mitarbeitendem und Führungskraft kann und sollte hier den nötigen Ausgleich schaffen. Dies vor allem auch, da die Mitarbeitenden unter der permanenten Notwendigkeit stehen, sich weiterzuentwickeln. Führungskräfte, die sich intensiv um die Qualifizierung und Weiterentwicklung der Mitarbeitenden kümmern, können so einen echten Mehrwert schaffen.

Welche Bedeutung Entwicklungen haben, die unter VUCA zusammengefasst werden, ist stark vom einzelnen Kontext abhängig. Neben der sehr persönlichen Einschätzung sind auch Unternehmen und sogar einzelne Funktionsbereiche darin ganz unterschiedlich betroffen. Dementsprechend wird auch die Vorbereitung auf eine Zunahme von VUCA unterschiedlich ausfallen. Insgesamt erscheint es allerdings ratsam, folgende Fähigkeiten und Verhaltensweisen zu stärken:

1. Vorhersehen, welche Themen und Einflussfaktoren die gegebenen Rahmenbedingungen, den eigenen Kontext beeinflussen.
2. Die Konsequenzen von Entscheidungen und Handlungen einschätzen und aufgrund der Komplexität mehr Entscheidungen partizipativ in einem Expertenteam entscheiden.
3. Die vielfältigen Verknüpfungen zwischen Variablen als Chance sehen und nutzen. Komplexität handhaben statt nach einfachen Rezepten suchen.
4. Alternative Szenarien und vielfältige Optionen entwickeln. Immer über den Tellerrand schauen.
5. Erkennen, was relevant ist und wie damit umzugehen ist.
6. Permanentes Lernen zum Normalzustand machen, organisatorisch und auf der Verhaltensebene!

VUCA kann man dann auch als Handlungsempfehlung formulieren:

- **V**ision – Vision, Strategie und strategische Ziele definieren und kommunizieren
- **U**nderstanding – umfassende Erfahrung in unterschiedlichen Fachbereichen, Industrien …
- **C**larity – Transparenz in der Kommunikation und im Handeln
- **A**gility – schnelle Entscheidungen und konsequentes Handeln

Da Agility in der Auflistung steht, hier noch ein Statement. Von manchen »Agilisten« wird immer wieder die These kolportiert, dass agile Unternehmen ohne Führungskräfte besser funktionieren und agile Teams »vor Führungskräften geschützt werden müssen«. Diese These muss nach unserer Einschätzung erst noch bewiesen werden. Führung ist auch zukünftig ein wichtiger Erfolgsfaktor, muss sich allerdings verändern. Die Frage wird zudem sein, ob man sich mit einer Führungskraft einen »Spezialisten für Führung« gönnt oder die Führung vom Team im Sinne einer verteilten Führung wahrgenommen wird.

8.2 Die Rollen der Führungskraft beim Agilen Lernen

Die Rolle der Führungskraft hat sich in den letzten Jahrzehnten massiv gewandelt und wird sich auch noch weiter wandeln. Machtverhältnisse, Kontrollmechanismen, Steuerungsfunktionen stehen zurzeit in der Diskussion (siehe u. a. Forum Gute Führung). Das hat zum einen mit der VUCA-Welt zu tun und zum anderen mit dem gesteigerten Partizipationsbedarf der Mitarbeitenden. Hierarchische Strukturen werden zumindest in Deutschland selten als positiv wahrgenommen.

Eine der (neuen) Hauptaufgaben von Führungskräften ist die Begleitung ihres Teams in eine VUCA-Welt und damit der Kompetenzaufbau der Mitarbeitenden individuell und als Team im Sinne der Unternehmensziele – also die Förderung der Mitarbeitenden. Dabei sind abteilungsspezifisches Silo- und Besitz-Denken (»mein Talent«, »den habe ich aufgebaut«) völlig kontraproduktiv.

In dem individuellen Kontext kommen der Führungskraft mehrere Aufgaben zu:

- **Die Führungskraft als Vermittler zwischen strategischen und individuellen Erwartungen an Kompetenzen und Entwicklungsmöglichkeiten**
  Lernimpulse können sowohl vom Mitarbeitenden als auch vom Unternehmen ausgehen. Welche Erwartungen das Unternehmen an den Mitarbeitenden, sein Wissen und seine Kompetenzen, hat und was das Unternehmen dem Mitarbeitenden bezüglich seiner eigenen Präferenzen bieten kann, ist ein Austausch- und Verhandlungsprozess, den die Führungskraft stellvertretend für die Organisation mit dem Mitarbeitenden führen muss. Dazu muss sie sowohl die strategischen Er-

wartungen im Allgemeinen, aber auch die der eigenen Abteilung kennen und eine Vorstellung der Beteiligung des Mitarbeitenden zu dieser Erfüllung haben sowie um seine Stärken wissen. Insbesondere kommen ihr in diesem essenziellen Dialog kommunikative Kompetenzen zugute.

- **Die Führungskraft als Lernbegleiter**
  Da Lernen zu den wichtigsten strategischen Themen gehört, sollten Führungskräfte sich auch für die Lernprozesse ihrer Mitarbeitenden interessieren und diese im Bedarfsfall fördern. Es geht also nicht, dass sie die Mitarbeitenden nur zum Seminar anmelden und (hoffentlich) in der Zeit von ihren Arbeitsaufgaben entbinden. Vielmehr sollten im Rahmen des Agilen Lernens Führungskräfte als Sparringspartner ansprechbar sein. Sie sollten Erwartungshaltungen (Lernziele) mit dem Mitarbeitenden definieren und sich für Fortschritte interessieren.

In der deutschlandweiten Befragung zu Lernkompetenzen von Mitarbeitenden wurde auch die Unterstützung durch die Führungskraft erfasst. Mitarbeitende haben eingeschätzt, wie gut und in welcher Art und Weise sie sich von ihrer Führungskraft bei Lernen und Weiterbildung unterstützt fühlen.

Insgesamt schätzt nur ein geringer Teil, nämlich 9 % der Befragten, die Unterstützung durch die Führungskraft als gut ein. Allerdings zeigt sich in der Bewertung der Führungskräfte als Unterstützer beim Lernen ein deutlicher Alterseffekt. Jüngere (unter 21 Jahre) fühlen sich von ihrer Führungskraft wesentlich besser unterstützt als Ältere (vgl. Abb. 70). Dies zeigt, dass Lernen und Weiterentwicklung vor allem bei Mitarbeitenden, die sich noch in bzw. kurz nach der Ausbildungsphase befinden, durch mehr Begleitung seitens der Führungskraft gefördert wird.

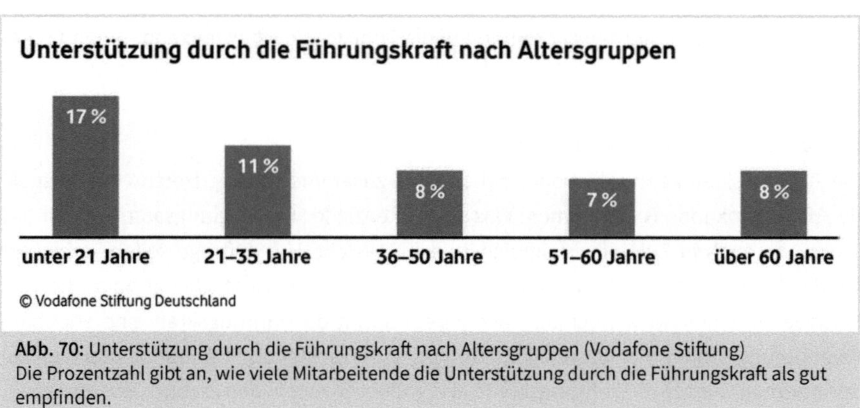

Abb. 70: Unterstützung durch die Führungskraft nach Altersgruppen (Vodafone Stiftung)
Die Prozentzahl gibt an, wie viele Mitarbeitende die Unterstützung durch die Führungskraft als gut empfinden.

Im Detail betrachtet gibt insgesamt knapp ein Drittel (31 %) an, dass ihre Führungskraft ihnen den Rücken freihält, wenn sie lernen. Dies ist gerade im Hinblick auf die zunehmende Integration des Lernens in den Arbeitsprozess, die von der Führungskraft unterstützt werden soll, noch unzureichend. Auch hierfür wird das Engagement der Führungskraft von Jüngeren unter 21 Jahren (43 %) höher eingeschätzt als von Älteren (51 bis 60 Jahre: 29 %).

Als Anreiz für Weiterbildung und Lernen ist es zudem wichtig, der Weiterentwicklung von Mitarbeitenden Rechnung zu tragen. Eine Möglichkeit dafür ist, die Aufgaben der Mitarbeitenden an die neuen Kompetenzen anzupassen. Dies ist jedoch selten die Realität, wie die LEKAF-Studie zeigt. Nur 18 % geben an, dass ihre Aufgaben an die erworbene Kompetenz angepasst werden. Auch hier wird wieder ein Alterseffekt deutlich, da dies häufiger bei jüngeren Mitarbeitenden praktiziert wird (unter 21 Jahre: 29 %) als bei älteren (51 bis 60 Jahre: 15 %).

Die Ergebnisse der Studie machen im Kontext des zunehmenden selbstgesteuerten Lernens von Mitarbeitenden deutlich, dass Führungskräfte noch nicht ihre neue Rolle als Lernbegleiter umsetzen und das Lernen der Mitarbeitenden entsprechend unterstützen. Förderung von Mitarbeitenden kann zum einen bedeuten, diese durch Lob und Anerkennung von Lernleistungen zu würdigen, zum anderen durch das Aufzeigen von Perspektiven für Weiterentwicklungen geschehen. Damit wird die Freude am Lernen gefördert, um so Interesse an neuen Themen anzuregen.

Konkret können Führungskräfte u. a. Folgendes tun:

- In kritischen Momenten im Lernprozess für die Mitarbeitenden ansprechbar sein.
- Feedback geben und Anreize schaffen, die den Mitarbeitenden beim Durchhalten in einem Lernprozess unterstützen.
- Das Lernen im Team fördern und eine offene Kommunikation unterstützen.
- Freiräume schaffen, die die Mitarbeitenden zum Lernen nutzen können.

Im Kontext des Teamlernens kommen auf die Führungskraft ergänzend folgen Aufgaben hinzu:

Die Führungskraft als »Lernkunde«

Die Führungskraft kann selbst oder mit anderen zusammen stellvertretend die Perspektive des »Lernkunden« einnehmen: Was sind potenzielle »Entwicklungsaufträge« für das Team, um auch in Zukunft erfolgreich zu sein? Welche Lernaufträge sollen vereinbart werden? Je klarer die Vorstellung des Lernauftrages ist, desto einfacher gestaltet sich die iterative Vorgehensweise, bei der nach jedem Sprint die Führungskraft eine erlebbare Veränderung »abnimmt«. So verschmelzen Lernen, Transfer und Evaluation. Beim agilen Sprintlernen werden die Führungskräfte als Product Owner in den Lernprozess integriert.

Die Führungskraft als Teamdeveloper

Die meisten Potenziale für Verbesserungen stecken nicht in den Individuen, sondern in den Schnittstellen und den Reibungsverlusten an diesen. Als Führungskraft sollte es also die Aufgabe sein, das Team immer wieder zu Reflexionen zu animieren und das Verständnis eines kontinuierlichen Verbesserungsprozesses zu implementieren. Insbesondere auch die Rolle als Kulturbotschafter für eine Kultur, die auf Teams und nicht auf Individuen ausgerichtet ist, ist elementar.

Die Führungskraft als Gestalter von Lernsituation und Vernetzungsmöglichkeiten

Neben der Begleitung der individuellen und teamorientierten Lernprozesse ist es beim Agilen Lernen noch wichtig, dass die Führungskraft ihr Organisationswissen nutzt, um für und mit dem Mitarbeitenden sinnvolle Lernkontexte zu schaffen. Der wesentliche Teil der Lernkontexte sollte nicht aus Seminaren bestehen, sondern das Lernen in Arbeitssituationen sein. Sei es, die richtigen Lernpartner zu identifizieren und zu vermitteln oder Situationen zu schaffen, die das zielorientierte Lernen fördern. Das können Themen wie Job-Rotation, Hospitation, Projektarbeit etc. in traditionellen Lernsituationen sein oder aber Design Thinking, Lego Serious Play etc. in agilen Lernkontexten. Kapitel 4 »Agile Lernformate« hat gezeigt, dass der Gestaltung von Lernsituationen keine Grenzen gesetzt sind.

Im Rahmen der Gestaltung ist es auch Aufgabe der Führungskraft als Lerncoach, Mitarbeitende bei der Wahl und Nutzung von Lernangeboten zur Seite zu stehen. In der Befragung geben allerdings nur 39 % der Mitarbeitenden an, dass ihre Führungskraft die Angebote der Personalentwicklung kennt. Folglich können Führungskräfte aus Mangel an Kenntnissen Mitarbeitende nicht in dem Maße unterstützen, wie es erforderlich wäre. So kann das Potenzial der unternehmensinternen Lernmöglichkeiten nicht optimal für das Lernen und die Weiterbildung von Mitarbeitenden ausgeschöpft werden.

Die Führungskraft als (agiler) Lerncoach

Das Verständnis der Personalentwicklung verändert sich, und damit geht, wie erläutert, ein Wandel der Rollen und Verantwortlichkeiten im Lernprozess einher. Dieser Wandel betrifft vor allem die Mitarbeitenden. Damit diese allerdings die sich ändernden Anforderungen verstehen und diesen Wandel vollziehen können, bedarf es der Unterstützung der Führungskräfte. Führungskräfte werden in Zeiten des Wandels zu Lerncoaches. Sie regen die Mitarbeitenden zu neuen Denk- und Handlungsmustern an. Sie sollten (z. B. mittels einer Lernkompetenzanalyse) den Mitarbeitenden und seinen aktuellen Bestand verstehen und im Rahmen einer »Hilfe zur Selbsthilfe« in Richtung eines selbstgesteuerten Lernenden begleiten. Dazu gehört auch, individuelle Schwierigkeiten beim Lernen im Blick zu haben und durch spezifisches Feedback und Anreize das Durchhalten beim Lernen zu unterstützen. Gemeinsam mit dem Mitarbeitenden kann das individuelle Lernen reflektiert und dadurch gefördert werden. Eine Führungskraft sollte hierfür Grundlagen des Coachings beherrschen und motivieren.

Die Motivation und Unterstützung durch die Führungskraft wird nur von ca. einem Drittel (36 %) aller Studienteilnehmer als gut bewertet. Der bereits oben beschriebene

Rückgang mit zunehmendem Alter der Mitarbeitenden findet sich auch hier. Während sich bei den unter 21-Jährigen 52 % motiviert und unterstützt fühlen, sind es bei den über 60-Jährigen nur noch 30 %.

Die Ergebnisse der Studie zeigen insbesondere auf, dass das Verständnis von Führungskräften als Lerncoach noch nicht ausgereift ist. Nicht nur junge Mitarbeitende am Anfang ihres Berufslebens brauchen Unterstützung beim Erlernen von Agilem Lernen, auch ältere Mitarbeitende müssen bei ihrer Weiterbildung angemessen begleitet werden. Mit zunehmendem Alter ist Lernen mit Schwierigkeiten und besonderen Herausforderungen verbunden. Hier kann die Führungskraft als Lerncoach Mitarbeitende unterstützen und damit wesentlich zum erfolgreichen Lernen beitragen.

Wie die Studienergebnisse außerdem zeigen, nimmt die Unterstützung und Motivation durch die Führungskraft mit steigendem Bildungsgrad ab (keine Berufsausbildung 44 % vs. Hochschulabschluss 34 %). Lernen und Weiterbildung sind jedoch für alle Mitarbeitenden von Bedeutung.

Das Lerncoaching betrifft aber nicht nur die individuelle Ebene, sondern auch die Teamebene. So kann die Führungskraft über die Einführung von Scrumban-Learning-Boards Erwartungen formulieren und aufgrund der Transparenz frühzeitig in Teamlernprozessen intervenieren und unterstützen. Die Kenntnis über Teamlernformate und Teamdynamiken erweitert das Portfolio der Führungskraft, um bei Herausforderungen inhaltlicher oder sozialer Art zu unterstützen.

Die Führungskraft als Vorbild

Im Rahmen des Wandels ist auch die Führungskraft selbst ein Lernender. Der Umgang mit den eigenen Lernbedarfen und -prozessen wirkt sich auf die Lernkultur und auf die Art des Lernens der Mitarbeitenden aus. Führungskräfte sollten also am besten transparent mit ihrem Lernen umgehen und Mitarbeitende an ihren Einstellungen und Lernprozessen partizipieren lassen.

Auch ist es wichtig zu zeigen, dass es auch als Führungskraft darum geht, Teamplayer zu sein. Wie lernt die Führungskraft im Team? Wann schätzt sie Teamlernen und wann nicht? Wie macht sie es und wie integriert sie sich als Lernende in ein Team – vielleicht sogar in ihr eigenes?

Die Führungskraft als Lernkultur-Botschafter

Für Führungskräfte gibt es viele Möglichkeiten, auch im Sinne einer Lernkultur dazu beizutragen, das Lernen und Weiterbildung gelebte Werte sind. Allgemein können Freiräume zum Lernen, Lernzeiten, Übungsmöglichkeiten, aber auch die Förderung des Austauschs im Team Möglichkeiten sein, die Werte von Lernen erlebbar zu machen und damit selbst einen Beitrag zu einer positiven, lernförderlichen Unternehmenskultur zu leisten (weitere Informationen zur Lernkultur finden Sie im nächsten Kapitel).

Letztlich ist von Führungskräften in ihren (neuen) Rollen in Bezug auf die Transformation zum Agilen Lernen und zum Lernen allgemein Selbstreflexion, Kreativität, Augenmaß und die intensive Kommunikation mit den Mitarbeitenden sowie eine passende Diskussionskultur gefordert.

8.3 Führungskräfteentwicklung (FKE) in der agilen Welt

Während wir zu Beginn des Kapitels die Rolle der Führungskräfte bei der Entwicklung der Mitarbeitenden einzeln und im Team im Fokus hatten, sollten wir nun auch die Entwicklung der Führungskräfte selbst betrachten. In einer schnell veränderlichen Welt steigt der Druck, sich selbst zu entwickeln, deutlich an. Die Zeiten, in denen man auf den oberen Karrierestufen »ausgelernt« hat, sind definitiv vorbei. Wie aber soll eine zeitgemäße Führungskräfteentwicklung aussehen?

Weltweit geben Unternehmen mehrere Milliarden Euro jährlich für Führungskräfteentwicklung (FKE) aus. Das meiste verpufft davon völlig nutzlos. Und warum? Sie stehen im Widerspruch zum Ziel!

Wie kann das sein? Die Masse der Maßnahmen zur Führungskräfteentwicklung basiert auf formalen Lernformaten, mehrtägigen Workshops, Kompetenzmodellen, Karrierestufen, Funktionsprofilen usw. Diese Formen der »Weisungsdidaktik« stehen im direkten Widerspruch zu den eigentlichen Herausforderungen der Führungskräfte, die in schwer vorhersehbaren Situationen die Handlungsfähigkeit (sozial) komplexer Organisationseinheiten gewährleisten sollen. Selten aber dürfen die Führungskräfte mitentscheiden, wie und was gelernt wird. Die individuellen Bedürfnisse sowie Stärken und Schwächen werden nur sehr bedingt beachtet, und spätestens bei der Zeitplanung kollidieren formale Formate und die Möglichkeiten einer Managerin oder eines Managers endgültig. Daher verwundert es nicht, dass sowohl die Beteiligung an den angebotenen Maßnahmen als auch das Angebot selbst mit steigender Hierarchiestufe zurückgeht. Der größte Teil der wirksamen Führungskräfteentwicklung passiert im Alltag oder in Eigeninitiative außerhalb der organisierten Personalentwicklung.

Wir benötigen einen völlig anderen Ansatz der Führungskräfteentwicklung!

Es gilt, auf drei Ebenen anzusetzen und die Logik der Führungskräfteentwicklung zu verändern:

- **Individuelle Ebene:** Mehr Eigenverantwortung und gruppenbasiertes Lernen erlauben der Führungskraft, ihre ganz individuelle Lernreise zu realisieren, von der

Definition der Ziele über die Auswahl der Methoden bis zu Anpassungen an Veränderungen, die sich an vielen Stellen ergeben können.

- **Organisationale Ebene:** Stärkerer Zugriff auf nutzerorientierte Methoden wie Design Thinking, Fokus auf Lernerlebnisse, Experimente und Simulationen, und zwar eingebettet in den Arbeitsalltag oder arbeitsnahe Projekte.
- **Methodenebene:** Eine Verschiebung zur Kuratierung und Moderation statt der Vorgabe von Lerninhalten und Abarbeitung von Curricula. Lernen findet auf einer kollektiven Lernplattform statt (digital und real).

Interessanterweise lassen sich die Bedürfnisse der Managerinnen und Manager bezüglich der eigenen Weiterentwicklung hervorragend mit den agilen Werten und Prinzipien in Einklang bringen. Das Prinzip agiler Führungskräfteentwicklung kann dann lauten:

- Der Lernende entscheidet selbst, was er wann, wie und wo lernen will.
- Die Stärken stehen im Fokus – solange keine echten Schwächen vorhanden sind.
- Soziales Lernen steht im Vordergrund, durch Peer-Consulting, Mentoring usw.
- Der Bezug zum individuellen Kontext/Arbeitsrealität ist gewährleistet.
- Der Start erfolgt analog eines Labs (also doch Workshops), wird aber schnell in praktische Arbeit/Projekte mit erkennbarem Nutzen für das Unternehmen überführt.
- Kreativität, Innovation, generell das Verlassen der gewohnten (Denk)Strukturen wird aktiv unterstützt.

Dieses Verständnis der eigenen Lernprozesse fördert auch die Funktion als (Lern)Vorbild im Wandel zur agilen Lernwelt. Dabei könnten die Grundelemente agilen Arbeitens auf die Führungskräfteentwicklung übersetzt werden:

- **Product Owner** des eigenen Lernprojekts sind die Führungskräfte selbst (Eigenverantwortung, Entwicklung)
- **Backlog** – individueller und priorisierter Entwicklungsplan mit den zugehörigen Maßnahmen
- **Sprint** – sinnvolle Entwicklungszyklen für die Maßnahme
- **Team** – Peer Group, also die gegenseitige Unterstützung im Lernnetzwerk
- **Scrum-Master** – HR/PE/Trainer. Methodenverantwortung, z. B. bei der Auswahl von Lernformaten und Schaffung von Rahmenbedingungen (Mentoring-Programm etc. etablieren). Didaktik der Weiterbildung und Koordination der Lernteams
- **Standup-Meetings** – Abstimmung der Maßnahmen, Vorstellung der Fortschritte, Peer-Consulting
- **Retrospektive** – Peer-Consulting und Simulation. Definition weiterer Entwicklungsschritte, Wissensmanagement

Dieser Shift in der Logik mag vielen Personalverantwortlichen als großes Risiko erscheinen, denn bisher gingen sie immer davon aus, dass die Ziele, Rahmenbedingungen und Maßnahmen vordefiniert sein sollten. Das ist nicht nachvollziehbar, denn wir erwarten von Führungskräften, dass sie Mitarbeitende verantwortlich führen und bei der Entwicklung helfen. Dabei dürfen sie niemals die klaren Geschäftsziele, die unternehmerisches Handeln erfordern, aus den Augen verlieren. Diese Führungskräfte sollen nicht in der Lage sein, das eigene Lernen in die Hand zu nehmen?

Umsetzung der agilen Logik der FKE

Wie könnte der Start in die neue, agile Logik der FKE aussehen? Ein möglicher Weg wäre dieser:

Die Stakeholder, das sind betroffene Lernende/Teilnehmende, ihre Managerinnen und Manager, Human Resources, externe Dienstleister, definieren in einem Vorab-Workshop gemeinsam, welche Ziele (in Abhängigkeit vom Purpose, der Vision des Unternehmens) ein FKE-Programm hat, wie es strukturiert und organisiert ist und welche Methoden zum Einsatz kommen. Wichtig ist hier, die Inhalte und Rahmenbedingungen für die praktischen, d. h. möglichst mit dem operativen Betrieb verknüpften, Lernformate (Praxisprojekte etc.) zu definieren und zu vereinbaren, also die Rollendefinition und Messkriterien festzulegen. Grundidee dabei ist: Die Teilnehmenden wissen zu einem guten Teil selber, was sie benötigen und wo sie Kompetenzen erweitern wollen. Die anderen Stakeholder, HR und Dienstleister, unterstützen methodisch und in der praktischen Einbindung in den Arbeitsalltag (Manager).

Vorteile

- Die Teilnehmenden stehen hinter »ihrem« Programm und werden noch motivierter an der eigenen Kompetenzentwicklung arbeiten.
- Die Managerinnen und Manager der Führungskräfte werden stärker eingebunden, erkennen den eigenen Anteil am Lernerfolg und die eigene Verantwortung, geeignete Rahmenbedingungen zu schaffen.
- Personalentwicklung: Je mehr die Teilnehmenden über ein Programm wissen und es nach ihren Bedürfnissen mitgestalten können, desto mehr nehmen sie daraus mit. Die Wirksamkeit steigt unmittelbar, Verantwortung bei den Teilnehmenden, Evaluation wird von lästiger Pflicht zu selbstverantwortetem Handeln.
- Grundlagen der Motivation (vgl. D. Pink: https://www.youtube.com/watch?v=u6XAPnuFjJc) werden beachtet, selbstverantwortete Gestaltung plus professionelle Beratung ist: Purpose, Mastery, Autonomy.

Die nächste Konsequenz gilt für das operative Lernen. Fach- und Businessthemen werden in kleinen Gruppen erarbeitet und zum Beispiel über selbstproduzierte Lernmedien anderen Teilnehmenden zur Verfügung gestellt oder sogar nach dem Prinzip der internen Trainer vermittelt. Die anderen Teilnehmende und die »Trainer« geben Feedback. Die (externen) Trainer unterstützen beim Aufbau von Methodenkompetenz, Kommunikations- und Publikationskompetenz (»Talk like TED«, Produktion von Webvideos usw.) und liefern passenden Content als Anregung. Sie sind nur noch für Einzelthemen Trainer und agieren primär als Lernbegleiter, Coach, Sparringspartner und Community-Moderatoren.

Ein Beispiel für ein nach dieser Logik konzipiertes Entwicklungsprogramm, »agile Transformation«, haben wir bei den digitalen Extras zum Buch ebenso bereitgestellt wie eine Case Study »Agil agil qualifizieren« einer Executive Education. In Ihrer Haufe-smARt-App finden Sie die Case Study »Agil agil qualifizieren«. Scannen Sie dazu einfach die folgende Abbildung.

Abb. 71: Die Case Study »Agil agil qualifizieren« in der Haufe-smARt-App

Extraordinary Leadership – ein Entwicklungsansatz für die agile Welt
In der Diskussion der gängigen Logik von Führungskräfteentwicklung ist bereits angeklungen, dass wir die standardisierenden Elemente (Kompetenzmodell, Führungsprofile, Entwicklungsprogramme etc.) eher kritisch sehen. Für die agile Welt sind individualisierte, praxisbezogene und flexibel an Veränderungen anpassbare Entwicklungsmöglichkeiten zu präferieren. Diese sollten sich in Eigenregie umsetzen lassen.

Nun stellen diese Anforderungen die Lernenden und die für die Führungskräfteentwicklung Verantwortlichen vor das Dilemma, dass zunächst geklärt werden muss, welche Kompetenzen in den Fokus genommen werden sollen. Weiß die Führungskraft, wo die eigene Weiterentwicklung am sinnvollsten ansetzt?

Darüber hinaus tritt eine Herausforderung auf, die Führungskräfte mit ihren agilen Teams haben: Wie können wir sicherstellen, dass die übergeordneten strategischen Ziele nicht aus dem Auge verloren werden und sich jeder Lernende und die Gesamtgruppe der Führungskräfte so weiterentwickeln, dass diese alle Anforderungen des

Unternehmens erfüllen? Es bedarf also doch einer wie auch immer gearteten Methodik oder eines Zielmodells, das eine gewisse Koordination erlaubt und idealerweise beide Herausforderungen meistert.

Für ein derartiges Modell bietet sich hier der Ansatz des Extraordinary Leadership von Zenger und Folkman an. Die Kompetenzforscher John Zenger und Joseph Folkman haben Anfang der 2000er Jahre die Zusammenhänge der Führungsqualität mit den individuellen Kompetenzen der Führungskräfte untersucht. Sie haben dazu die 360°-Feedbacks von über 20.000 Führungskräften (über 200.000 Datensätze) unterschiedlicher Branchen ausgewertet und eine Reihe von Zusammenhängen gefunden, die für die Entwicklung exzellenter Führung sehr hilfreich sind. Bis heute wurden über 50.000 Führungskräfte weltweit mit über 1.9 Mio. Datensätzen in die Untersuchungen einbezogen, wobei die ursprünglichen Erkenntnisse bestätigt werden konnten (Zenger, Folkman 2009, 2014).

Der früher eher intuitive Zusammenhang von Führungsleistung im Sinne des Modells und Unternehmenserfolg konnte eindeutig gezeigt werden. Alle Erfolgsparameter, von Mitarbeiter- und Kundenzufriedenheit bis Umsatz und Gewinn waren mit der Bewertung der Führungsleistung korreliert. Etwas überraschend war die Erkenntnis, dass der Abstand zwischen schlechten und guten Führungskräften genauso groß ist wie der zwischen den gut bewerteten Führungskräften und den Spitzenleistern. Für eine Organisation gerade in Branchen mit schwierigen, veränderlichen Rahmenbedingungen bedeutet dies, dass es mehr Sinn macht, die vorhandenen guten Führungskräfte weiter zu entwickeln und zu Top-Leistungen zu führen. Dies ist erfahrungsgemäß deutlich einfacher, als die schwächeren Führungskräfte (mit viel Aufwand) zu sehr wahrscheinlich nur mittelmäßigen Leistungen zu bringen.

Abb. 72: Führungseffektivität und Mitarbeiterzufriedenheit/-engagement (Zenger, Folkman 2014)

Die Ergebnisse der Untersuchungen zeigten weiterhin, dass auch die exzellent bewerteten Führungskräfte bei weitem nicht perfekt waren. Sie wiesen in der Regel zwei bis drei herausragende Stärken auf und keine »fatalen Schwächen«. Als fatale Schwächen gelten gering ausgeprägte Kompetenzen, die für den Erfolg in der jeweiligen Funktion wichtig sind. Bei den Stärken waren interessanterweise nur 19 Kompetenzen (ursprünglich wurden 16 Kernkompetenzen identifiziert) relevant, die für den Unterschied zwischen guten und exzellenten Führungskräften entscheidend sind. Liegen besonders stark ausgeprägte Kompetenzen vor, können sie erkennbar geringer ausgeprägte Kompetenzen positiv überlagern. Auch die Top-Führungskräfte sind nicht perfekt, brauchen es aber auch gar nicht sein.

Abb. 73: 19 Kernkompetenzen außergewöhnlicher Führungskräfte (Quelle: modifiziert nach Zenger, Folkman 2020)

Für die Entwicklung von Führungskräften ergeben sich bis hierher bereits hilfreiche Erkenntnisse. Sofern eine Führungskraft über eine solide Grundqualifizierung verfügt, kann eine sehr gezielte Weiterentwicklung der vorhandenen Stärken erfolgen. Mit großer Wahrscheinlichkeit wird es sich um Bereiche handeln, in denen ohnehin ein größeres Interesse besteht, gute Grundlagen vorhanden sind und am Ende auch eine gewisse Leidenschaft. Dies sind beste Voraussetzungen, noch besser zu werden und gezielt an zwei bis drei Kompetenzen zu arbeiten. Das lässt sich auch in einem anspruchsvollen Tagesgeschäft gut realisieren (Hübner, Edelkraut 2015).

Die Entwicklung von Stärken weist in der Praxis allerdings eine Schwierigkeit auf. In den Bereichen, in denen ein Mensch bereits gut ist, hat er längst einige Energie und Zeit in die Erreichung dieses Zustandes investiert. Eine Weiterentwicklung erfordert daher ein deutlich fokussierteres und zielgerichteteres Handeln als bisher. Die Forschung von Zenger und Folkman zeigt, dass auch bei der Kompetenzentwicklung von Führungskräften ein Effekt genutzt werden kann, der im Sport bereits länger üblich ist:

das Cross-Training. Hierunter versteht man die Entwicklung von Fähigkeiten, die mit der zu entwickelnden Kompetenz nur indirekt zu tun haben, aber helfen, die Gesamtleistung zu steigern. So kann ein Golfspieler, der viel an seinem Schwung gearbeitet hat, über ein Mentaltraining seine Leistung im Turnier oder ein Marathonläufer über Ernährungsumstellung die Leistung seines Körpers steigern.

Für die 19 Kernkompetenzen von Zenger und Folkman existieren jeweils fünf bis zwölf Begleitkompetenzen, d.h. Kompetenzen, die im Sinne eines Cross-Trainings gesteigert werden können und gleichzeitig die Leistung in der Kernkompetenz heben.

Für die Führungskräfteentwicklung in der VUCA-Welt sind diese Erkenntnisse deswegen besonders wichtig, weil sie erlauben, für jede einzelne Führungskraft zu entscheiden, welche der vorhandenen Stärken weiter ausgebaut werden sollen, und für diese Stärken dann im Arbeitsalltag verankerte Entwicklungsmaßnahmen zu definieren. Über wiederholtes 360°-Feedback ist die Entwicklung messbar, und bei Veränderungen können auch die einzelnen Zielkompetenzen und zugehörigen Maßnahmen neu definiert werden. So kommt die Führungskräfteentwicklung den Prinzipien und Erfolgstreibern der modernen Wirtschaft – Individualisierung, Agilität, Produktivität – sehr nahe.

Gute Führung = Schnelle Führung?

Digitalisierung und die Nutzung agiler Methoden ziehen einige Konsequenzen für das Organisationsdesign, Lernumgebungen oder Teamrollen nach sich. Eine weitere der vielen Konsequenzen ist die Veränderung der Führungsrolle, über die bereits viel geschrieben wurde. Hier wollen wir einen Aspekt beleuchten, der auf die folgende Frage zurückgeht: Wenn sich in der modernen Wirtschaft alle Prozesse beschleunigen, muss sich dann auch die Geschwindigkeit von Führung erhöhen?

Führung beschleunigen? Wie soll das gehen? Gerade Topmanagerinnen und manager sind von der zunehmenden Arbeitsverdichtung in den letzten Jahren besonders betroffen. Ein Blick in einen typischen Kalender zeigt dies überdeutlich. Somit könnte ein bereits heute kritischer Zustand in der agilen Welt noch kritischer werden. Es ist offensichtlich, dass die Wartezeit auf Termine mit Managerinnen und Managern oder die Dauer von Entscheidungen kürzer werden müssen.

Die daraus häufig abgeleitete Forderung lautet: Führung muss schneller werden!

Jetzt werden die Vertreter der agilen Welt diese Forderung als Beleg dafür nehmen, dass mehr Verantwortung und Handlungsspielraum an die Teams delegiert werden müssen. Dies mag erstrebenswert sein, in der aktuellen Übergangsphase hilft es jedoch nur bedingt weiter. Die gegebenen Rahmenbedingungen, man denke nur an die Gesetzeslage bei Arbeitsrecht und Mitbestimmung sowie die noch nicht ausreichend entwickelten Kompetenzen auf allen Ebenen, lassen dies nur teilweise zu. Die agile Transformation ist noch lange nicht beendet.

Bedenken gegen eine Beschleunigung von Führung sind auch aus einem anderen Blickwinkel zu erwarten. Es gibt viele Menschen, die Geschwindigkeit und Qualität/ Leistung als Gegensatzpaar sehen. Dies ist falsch! Es ist ein Trugschluss anzunehmen, dass schnelle und hochwertige Führung nicht zusammenpassen.

In vielen Funktionen gehören hohe Geschwindigkeit und Qualität untrennbar zusammen. Denken Sie an einen Chirurgen, der fachlich korrekt (zum angestrebten Ergebnis) und schnell (kurze Narkosezeit und geringeres Infektionsrisiko) operieren muss. Auch der Spitzenkoch wird stets hochwertig (exzellenter Geschmack und perfekte Optik) und gleichzeitig schnell (die Teller aller Gäste eines Tisches zur gleichen Zeit und warm) arbeiten. Sehr oft bedeutet Professionalität, exzellent und schnell zugleich zu sein.

Das Gleiche gilt für die Rolle der Führungskraft. Entscheidungen sind fundiert und zeitnah zu treffen, Feedback präzise und umgehend zu geben usw. Schnelle Führung ist bessere Führung. Dies beweist auch die Forschungsarbeit von Jo Folkmann und Jack Zenger, den Organisationsexperten aus den USA.

Bei der Frage, wie die Geschwindigkeit von Führung (Leadership Speed) wahrgenommen wird und die Ergebnisse der Organisation beeinflusst, zeigten sich eindeutige Ergebnisse. Von allen befragten Mitarbeitenden und Führungskräften sagten:

- 83 %: »I feel that I am often expected to move faster and do more.«
- 61 %: »Too often I am frustrated that our organization moves too slow and gets stalled.«
- 70 %: »If this organization were to move faster, it would substantially influence our success.«

Von den als besonders gut bewerteten Führungskräften (360°-Feedbacks) waren 74 % besonders schnell, aber nur 13 % arbeiteten eher langsam.

Die anstehende agile Transformation ist eine exzellente Gelegenheit, den eigenen Führungsstil nicht nur an agiles Arbeiten anzupassen, sondern auch die Geschwindigkeit zu erhöhen. Eine Hürde ist dabei jedoch zu nehmen: Nahezu alle Führungskräfte werden von sich behaupten, bereits schnell zu arbeiten und wenige Chancen zu sehen, noch schnellere Leistung zu erbringen. Es fehlt am Wissen darum, wie die entsprechende Kompetenzentwicklung gestaltet werden kann. Auch hier bietet die Arbeit von Zenger und Folkman einen Ansatzpunkt. Sie haben acht Kompetenzen identifiziert, deren Entwicklung in einem Cross-Training-Ansatz (s. o.) automatisch zu größerer Führungsgeschwindigkeit führt:

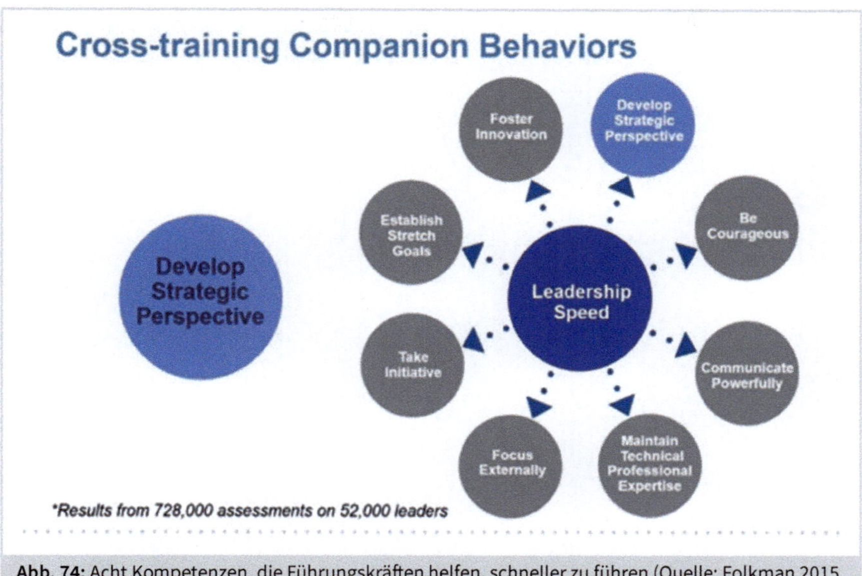

Abb. 74: Acht Kompetenzen, die Führungskräften helfen, schneller zu führen (Quelle: Folkman 2015, 2016)

Zusammengefasst ist die aktuell anlaufende agile Transformation in vielen Unternehmen die ideale Gelegenheit, auch die eigene Führungsleistung zu steigern. Auch und ganz besonders durch mehr Leadership Speed!

Literatur

Deloitte: Global Human Capital Trends 2016, siehe: http://www2.deloitte.com/us/en/pages/human-capital/articles/introduction-human-capital-trends.html

Folkman, Jo (2016): The Key to Organizational Agility – Leadership Speed (August 2016), siehe: http://zengerfolkman.com/webinars/

Folkman, Jo (2015): 8 Ways To Get Work Done Faster, siehe: http://www.forbes.com/sites/joefolkman/2015/03/23/8-ways-to-get-work-done-faster/#39eac21975f9

Hübner, C.; Edelkraut F. (2015): Extraordinary Leadership – Führung im Gesundheitswesen, ZFPG 2016, siehe: http://de.slideshare.net/fredel00/fhrung-im-gesundheitswesen-51101540

PwC (2020): The hidden talent: 10 ways to identify and retain transformational leaders, siehe: http://www.pwc.co.uk/services/human-resource-services/human-resource-consulting/under-your-nose-ten-ways-to-identify-and-retain-transformation-leaders.html

Zenger, J. H.; Folkman, J. R. (2009): The Extraordinary Leader, McGraw Hill, New York.

Zenger, J. H.; Folkman, J. R. (2012): How to be Exceptional, McGraw Hill, New York.

Zenger, J. H.; Folkman, J. R. (2020): The new extraordinary Leader, Webinardokumentation (nicht öffentl. Verfügbar).

9 Unternehmen: individuelles vs. organisationales Lernen

Nicht nur Individuen, auch Organisationen oder Teile davon wie einzelne Teams lernen. Bei genauerem Hinsehen handelt es sich jedoch stets um individuelle Veränderungen und Verhaltensweisen, die in ihrer Gesamtheit und Koordination das organisationale Lernen ausmachen. Bei allen Themen des Organisationslernens entsteht eine komplexe Gemengelage aus den individuellen Lernprozessen und einer notwendigen übergeordneten Konzeption und Steuerung, die durch die Lernkultur positiv beeinflusst werden.

9.1 Verständnis von Arbeit

Bevor wir in die Tiefen der Lernkultur einsteigen, möchten wir noch einmal zur Reflexion anregen. Was ist Ihr persönliches Verständnis vom eigenen Job und wie würden Sie das gängige Job-Verständnis in Ihrer Organisation beschreiben?

Völlig unwissenschaftlich, aber sehr einleuchtend haben wir in Gesprächen drei Verständnisse des eigenen Jobs gefunden, die verschiedene Reifegrade eines Lern-Mindsets zeigen:

Verständnis 1: Job = Arbeit
Traditionell wird davon ausgegangen, dass der eigene Job und damit die Honorierung in Form eines Gehalts nur aus der geleisteten Arbeit besteht. Lernen ist ein Incentive (da man ja von der Arbeit freigestellt wird) und findet nur sporadisch statt. Es ist selten in den Arbeitsprozess integriert und wird als Ausnahme vom »normalen« Arbeitsalltag wahrgenommen.

Verständnis 2: Job = Arbeiten + Lernen
Man hat inzwischen verstanden, dass sich der Job ändert und sich die Mitarbeitenden diesen Änderungen anpassen müssen. Sei es ein neues IT-System oder besseres Kommunikationsverhalten, Lernen hilft, den Job langfristig erfolgreich auszuführen. Häufig kann man allerdings noch zwischen Arbeiten und Lernen unterscheiden. Allerdings werden zum Beispiel in Betriebsvereinbarungen Lernzeiten (gerade auch für E-Learnings) verankert und Lernen bekommt so zumindest einen anteiligen Stellenwert.

Verständnis 3: Job = Arbeiten = Lernen
Aufgrund der Struktur der Jobs lässt sich Arbeiten und Lernen nicht mehr trennen. Lernen im Arbeitskontext hat durch iterative Verfahren und eingeplante Reflexionsphasen (wie Scrum) seinen festen Platz, Experimentieren und Pilotierungen sind

sowohl Arbeits- als auch Lernfelder. Auch das zunehmende Workplace Learning und damit Formate des arbeitsbezogenen Bedarfslernens machen die Unterscheidung schwierig bzw. unnötig.

Ein hoher Reifegrad des Verständnisses von Lernen kombiniert mit einem Growth Mindset bilden das Fundament jeglicher Entwicklung (zum Begriff Growth Mindset siehe: https://www.ted.com/talks/carol_dweck_the_power_of_believing_that_you_can_improve?language=de).

Allerdings kann beides nicht in der gesamten Mitarbeiterschaft vorausgesetzt werden. Und damit sind wir schon bei der Krux: Unterschiedliche Verständnisse bedeuten, dass unterschiedliche Rahmenbedingungen Sinn machen.

Das beste Beispiel ist das Thema Lernzeit.

Beim ersten Reifegrad ist Lernzeit wahrscheinlich eine Einzelfallgenehmigung: Die Führungskraft entscheidet, ob der Mitarbeitende für eine Lerneinheit (was es auch immer sei) freigestellt wird. Das sehen wir häufig in kleineren handwerklichen Unternehmen, wo der Spruch »Zeit ist Geld« noch verankert ist. Doch gerade auch hier ist Lernen für die Zukunft des Betriebes elementar (smart Homes, Kundenkommunikation, digitaler Auftragseingang ...).

Beim zweiten Reifegrad möchte man die eben beschriebene Einzelfallentscheidung aufheben und Lernen einen höheren Stellenwert geben. So gehen viele Unternehmen den Weg, dass sie Lernzeitbudgets einführen. Wir kennen viele Beispiele wie zwei Stunden pro Woche oder 40 Stunden im Jahr, die die Mitarbeitenden zum Lernen nutzen können. Das ist gerade bei der Einführung von E-Learning und sozialen Lernformaten, die eher inoffiziell sind, sinnvoll, um eine Art der Legitimierung herzustellen. Vorwürfe, dass man wohl nicht genug zu tun hat, da man gerade ein E-Learning absolviert, können damit ausgehebelt werden. Und sowohl das Individuum als auch die Organisation erleben Lernen zum ersten Mal als Normalität.

Um allerdings zum dritten Reifegrad zu gelangen, sind Zeitbudgets eher kontraproduktiv. Da sie hier eine künstliche Trennung von Arbeiten und Lernen erzeugen. Jeder Mitarbeitende sollte auf diesem Level lernkompetent genug sein, um sein Lernen zum Gemeinwohl des Unternehmens und zur individuellen Entwicklung zu koordinieren. Es wird Phasen des intensiven Lernens und des weniger intensiven Lernens geben, was aber weder überprüft noch zertifiziert werden kann.

Dieser Reifegradansatz ist gleichzeitig ein weiterer Erklärungsversuch, warum sich viele Mitarbeitende mit informellem, hoch selbstgesteuerten Lernen schwer tun – es passt nicht in ihr Job-Verständnis. Ebenso schwer fällt dies vielen Führungskräften, da sie noch mehr Kontrolle abgeben müssen und an »Macht« verlieren. Und genau diese verschiedenen Verständnisse und ihre dahinterliegenden Motivationen müssen thematisiert werden, um den nächsten Reifegrad zu erlangen.

Wenn Sie unsere Beobachtungen teilen, dann ist also die erste Frage: Wie versteht jeder Mitarbeitende seinen Job? Und was können wir im Rahmen der Lernkultur tun, um den nächsten Reifegrad zu erlangen?

9.2 Lernkultur als Grundlage einer lernenden Organisation

Wie bereits oben erläutert, sind Organisationen wesentlich von den Kompetenzen und dem Wissen der Mitarbeitenden abhängig, die natürlich entsprechend der Veränderungen des Arbeitskontextes und neuer Herausforderungen (Stichworte: Digitalisierung, Technologisierung) stetig weiterentwickelt werden müssen. Dazu bedarf es entsprechender Rahmenbedingungen. Eine förderliche Lernkultur, in der Weiterbildung und Lernen gelebte Werte sind, ist deswegen wichtig für die Anpassungsfähigkeit von Mitarbeitenden und Organisation.

9.2.1 Was ist Lernkultur?

Der Begriff »Lernkultur« meint die Kultur des Lernens und Lehrens in einem Unternehmen. Um die bisher beschriebenen und geforderten Änderungen des Lernens und der Personalentwicklung zu unterstützen und zu begleiten, muss sich auch die Lernkultur wandeln. Sowohl das Topmanagement, die Führungskräfte als auch die Mitarbeitenden und die Trainer bzw. Ausbildungsverantwortlichen nehmen unserer Meinung nach darauf Einfluss und können diese aktiv mitgestalten. Aber wie kann eine agile Lernkultur etabliert und verändert bzw. gestaltet werden und welche Denkmuster müssen wir dafür abwerfen?

In einer Studie, die 2013 gemeinsam von Wissenschaftlerinnen und Wissenschaftlern des Instituts für Performance Management (IPM) der Leuphana Universität Lüneburg und dem Versandhandelsunternehmen OTTO erstellt wurde, findet sich darauf eine treffende Antwort: »Grundlage muss die Verankerung lern- und entwicklungsbezogener Aspekte innerhalb der Unternehmensphilosophie sein, die es zunächst zu formulieren gilt und die von den jeweiligen Führungskräften und nicht zuletzt auch von der Unternehmensführung vorgelebt werden müssen. Entscheidend für den Erfolg einer Lernkultur ist die Bereitschaft zur Veränderung. Sowohl Lernende als auch Lehrende müssen sich in neue Rollen einfinden und neuen Formen des Lernens offen begegnen.« (IPM 2013)

Drei Ebenen sind für die Schaffung einer nachhaltigen Lernkultur relevant:

Ebene	Beschreibung
Normative Ebene	auf das Lernen bezogene Werte, Normen und Einstellungen
Strategische Ebene	organisationale Rahmenbedingungen, die Lernen nachhaltig fördern sollen
Operative Ebene	Umsetzung auf der Ebene des Mitarbeitenden, Teams oder Unternehmens

Tab. 6: Ebenen einer Lernkultur (eigene Darstellung)

Viele Unternehmen scheinen allerdings bisher nicht den Fokus auf eine fördernde Lernkultur gelegt zu haben. Insgesamt schätzten in der LEKAF-Studie nur 8 % der Befragten die Lernkultur in ihrem Unternehmen als gut ein. Konkret bewerten Jüngere (unter 21 Jahre: 27 %) die Lernkultur zwar deutlich positiver als ältere Mitarbeitende (51 bis 60 Jahre: 6,6 %), allerdings besteht auch hier Verbesserungspotenzial. Ob es an der unterschiedlichen Wahrnehmung der Lernkultur oder einem unterschiedlichen Bild einer guten Lernkultur liegt, kann hier nicht geklärt werden. Allerdings sind Herausforderungen des demografischen Wandels im Bereich der Lernkultur offensichtlich.

Die LEKAF-Studie zeigt außerdem, dass lediglich bei einem Drittel der Befragten (29 %) Werte wie Lernen und Weiterbildung im Unternehmen (normative Ebene) tatsächlich gelebt werden.

Gerade die normative Ebene ist beim Agilen Lernen allerdings relevant. Hier unterscheidet sich die Streu vom Weizen. Man spricht von »Doing agile« vs. »Being agile«. Werden also nur die Frameworks und Tools genutzt oder wird auch nach den Werten und Prinzipien gehandelt?

Es geht also auch darum, neben dem oben beschriebenen Mindset relevante Werte zu implementieren, ohne die Agiles Lernen nicht funktionieren kann (normative Ebene).

Dazu gehören vor allem Offenheit und Mut, denn Agiles Lernen heißt, sich in unbekannten Situationen zu bewegen und in diesen zu lernen. Experimentieren, über den eigenen Schatten springen, die Komfortzone zu verlassen und aktiv zu werden – all das erfordert von den Individuen Offenheit und Mut. Und die Organisation muss die Weichen dafür stellen. Wird Mut thematisiert oder gar belohnt? Wie offen für Neues sind Führungskräfte und Mitarbeitervertretungen? Wo würde sich das Unternehmen zwischen Tradition und Innovation verorten?

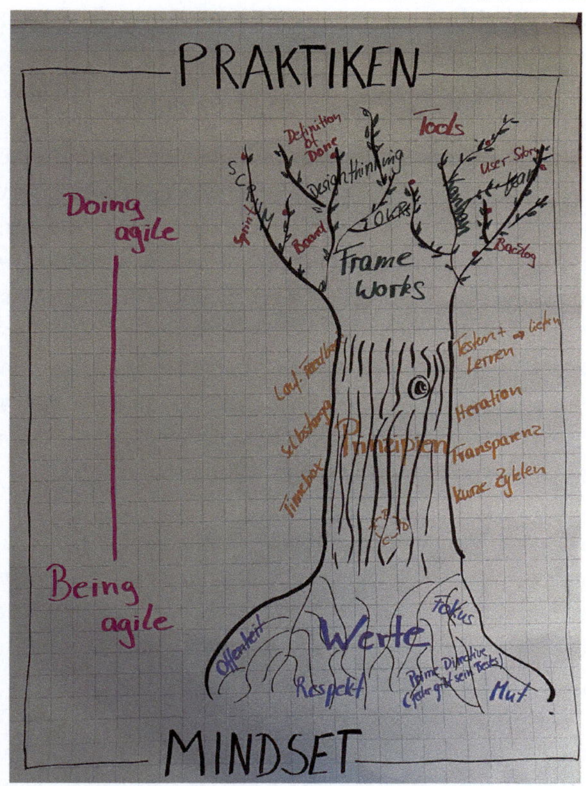

Abb. 75: Der agile Baum

Ein besonderer Wert, der uns in der heutigen Zeit am Herzen liegt, ist Respekt. Und hier insbesondere der Respekt vor Andersartigkeit. Anders ist gut, da es hilft, neue Perspektiven zu entdecken und ggf. neue Lösungswege gemeinsam zu finden. Viel zu schnell tappen wir in Arbeitsdiskussionen in die Harmonisierungsfalle und suchen nach dem kleinsten gemeinsamen Nenner. Das bringt das Team aber im Sinne des Lernens nicht vorwärts. Uns fehlt häufig eine gute »Streitkultur«, die sich durch Wertschätzung auf der persönlichen Ebene und der Nutzung der Differenzen zum Lernen auf der inhaltlichen Ebene auszeichnet. Hier liegt viel Potenzial, das es zu heben gilt.

Auf der strategischen Ebene spielen ganz konkrete Elemente wie die Schaffung von Rahmenbedingungen (strategische Ebene) wie zum Beispiel Internetzugang, Lernzeiten und -orte, Austauschangebote und -förderung durch kollegiale Beratung sowie Hospitationsmöglichkeiten eine wichtige Rolle. Mit diesen Elementen können Sie eine entsprechende Kultur fördern. Gerade für Agiles Lernen muss hier noch nachgebessert werden. Wie offen darf man im Austausch mit Wettbewerbern lernen? Wie bürokratisch wird Lernen in der Organisation noch gehandhabt? Welche Entscheidungen dürfen Lernteams zum Beispiel in Bezug auf Ressourcen treffen? Wie sehr wird der Austausch abteilungsübergreifend bereits gefördert und ggf. belohnt?

Auch die Bedeutung von Lernen und Entwicklung in persönlichen Mitarbeitergesprächen ist ein Grundpfeiler einer wertschätzenden Lernkultur (operative Ebene). Zum Beispiel können im Rahmen solcher Gespräche Perspektiven und Anreize für Weiterbildung und Lernen geschaffen werden. Damit wird dem selbstorganisierten Lernen einzelner Mitarbeitender Rechnung getragen. Mitarbeitende, die durch eigenverantwortliches Lernen neue Kompetenzen erwerben, ihre Arbeitsaufgaben dadurch besser bearbeiten und neue Anforderungen gut handhaben können, erhalten in persönlichen Mitarbeitergesprächen sowohl Anerkennung ihrer Bemühungen als auch ggf. Unterstützung bei Schwierigkeiten. Laut der LEKAF-Studie spielt allerdings nur bei einem Viertel der Befragten (26 %) das Lernen in den Gesprächen überhaupt eine Rolle. Lernen muss hier also im Sinne einer lernförderlichen Kultur noch viel mehr an Bedeutung gewinnen.

Beim Agilen Lernen geht es allerdings auch um die Implementierung neuer Didaktiken (agilisierte Trainings) als auch um das kontinuierliche Lernen als Team. Machen Sie Reviews und Retrospektiven in Ihren Teambesprechungen? Wer moderiert diese? Wie intensiv arbeiten Sie an der kontinuierlichen Verbesserung? Gibt es Transparenz im Team darüber, wer was gerade lernt?

Die Debatte bzw. der Wunsch nach einer neuen und effektiveren Lernkultur hat auch »[…] eine provokative, kreative Funktion: Sie soll ein Nachdenken darüber anregen, ob das Gewohnte tatsächlich noch zeitgemäß ist, ob sich das Selbstverständliche tatsächlich von selber versteht, ob ungewöhnliche Lernorte ohne weiteres auch lernintensiv sind […]« (Siebert 2002).

Um Lernkultur neu zu denken, empfiehlt es sich, mit der Diagnose der vorhandenen Lernkultur zu starten. Dafür gibt es u. a. als Instrument den Lernkulturinventar (LKI) von Sonntag et al. (2003).

Der LKI besteht aus neun Dimensionen:

Dimension	Unterkategorien
1. Lernen als Teil der Unternehmensphilosophie	• lernorientierte Leitlinien • Umsetzung der lernorientierten Leitlinien • Erwartungen an lernende Mitarbeitende
2. Organisationale Rahmenbedingungen des Lernens	• organisationale Strukturen • Entgelt- und Anreizsysteme • Arbeitszeitregelungen • Lernen durch arbeits- und organisationsbezogene Veränderungen

Dimension	Unterkategorien
3. Aspekte der Personalentwicklung im Unternehmen	• Stellenwert der Personalentwicklungsarbeit • strategische Ausrichtung der Personalentwicklung • Reichweite und Nutzung von Personalentwicklungsmaßnahmen • Qualitätssicherung der Personalentwicklungsmaßnahmen
4. Kompetenzentwicklung der Mitarbeitenden	• Kompetenzmessung • Kompetenzentwicklung
5. Lern- und Entwicklungsmöglichkeiten im Unternehmen	• gruppenbezogenes Lernen • informelles Lernen • selbstorganisiertes Lernen • eigenverantwortliches Lernen zur beruflichen Entwicklung • mediengestütztes Lernen • Transfersicherung
6. Lernorientierte Führungsleitlinien und -aufgaben	• lernorientierte Führungsleitlinien • lernorientierte Führungsaufgaben
7. Information und Partizipation im Unternehmen	• Informationswege und möglichkeiten • Partizipationsmöglichkeiten bei der Gestaltung von Lernen und Personalentwicklung • Lernen durch Wissensaustausch
8. Lernkontakte des Unternehmens mit seiner Umwelt	• Ausbau und Pflege von Netzwerken und Kontakten • Benchmarking als Lernprozess
9. Lernatmosphäre und Unterstützung durch Kolleginnen und Kollegen	• Wahrnehmung und Förderung von Atmosphäre und Unterstützung

Tab. 7: Die neun Dimensionen des Lernkulturinventars (LKI) (Quelle: Sonntag et al. 2003)

Tipp: Vertiefung des Lernkulturinventars (LKI) !

Weitere Informationen zum LKI finden Sie unter: Das Lernkulturinventar (LKI) – Ermittlung von Lernkulturen in Wirtschaft und Verwaltung, siehe: https://www.dgfp.de/wissen/personalwissen-direkt/dokument/61597/herunterladen
Autoren: Prof. Dr. Karlheinz Sonntag, Dr. Ralf Stegmaier

Dieses Lernkulturinventar bezieht sich zwar eher auf das traditionelle Lernen, kann aber um Elemente des Agilen Lernens leicht ergänzt werden. Gerade Verantwortung für eigene aber auch teamorientierte oder sogar organisationale Lernprozesse sowie die Kompetenzsichtbarkeit im Sinne der Vernetzung wären sinnvolle Ergänzungen.

Ansonsten können die Elemente wie zum Beispiel Lernatmosphäre, Führungsrolle etc. im Sinne des Agilen Lernens ergänzt werden.

Im Anschluss an die Lernkulturanalyse werden geeignete Interventionen identifiziert, durch die die bestehende Lernkultur der beteiligten Bildungsorganisationen weiterentwickelt und die Potenziale von »Social Business Learning« genutzt werden können.

Kultureller Wandel fängt in den Köpfen der Menschen an! Die Elemente einer Lernkultur im Sinne einer lernenden Organisation müssen von den Lernenden akzeptiert und erfolgreich angewendet werden können. So gesehen identifiziert Sabine Seufert[24] zwei Entwicklungsrichtungen im Rahmen der Lernkultur für die Personalentwicklung:

1. Förderer intensivierter Kommunikation und Zusammenarbeit in der Gesamtorganisation (»Promotor einer Mitmachkultur«) und
2. Gestalter von Lernkultur und Change-Agent im Hinblick auf die Einstellungen zum Lernen – womit wir wieder beim Beginn dieses Kapitels wären.

Mythen über die Lernkultur – Denkmuster, die zu verwerfen sind

Im Laufe der Zeit haben sich einige Mythen über die Lernkultur herausgebildet. Diese stehen deren Weiterentwicklung nun im Wege und müssen erst benannt und verlernt werden, um fortfahren zu können. Arnold entlarvt beispielsweise folgende der »überlieferten und verinnerlichten ›Selbstverständlichkeiten‹ des Umgangs mit Lehren und Lernen« (Arnold 2005, S. 2):

- **Lehren und Lernen werden voneinander getrennt betrachtet** in dem Sinne, dass Lernende nicht lehren und Lehrende nicht lernen. Damit verbindet sich der Trugschluss, dass Lehren notwendige Voraussetzung für Lernen sei, sprich nur gelernt wird, wenn gelehrt wird. Das Leitmotiv pädagogischen Handelns liegt demnach in der Motivation der Lernenden. Diese Annahme übersieht aber, dass das Lernsubjekt sich nur selbst motivieren kann, was ihm dann gelingt, wenn es seine eigenen Lerninteressen verfolgen kann. Beim Agilen Lernen existieren zudem keine Lehrenden im klassischen Sinne. Jeder im Lernprozess ist lehrend und lernend.
- Das Lernen Erwachsener ist in institutionalisierter Form durch eine **Synchronisierung des Lernens** der einzelnen Lernenden zu organisieren. Dieses »Lernen im Gleichschritt« bedingt, dass individuelle Lernprozesse einer Gruppe aus Sicht des Lehrenden einander angeglichen werden und somit nur ein einheitlicher Prozess durchlaufen wird. Dieser Gedanke übersieht die Vielfalt der Differenzierungs- und Distribuierungsformen, die heute vor allem durch elaborierte Formen wie entdeckendes Lernen oder Projektlernen möglich werden.
- Die **Lehrerdominanz** drückt sich auch darin aus, dass die Kenntnis von und die Entscheidung über den Einsatz von Methoden meist auf die Lehrenden beschränkt

24 http://www.zfo.de/download/jahresinhaltsverzeichnis/zfo_Inhaltsverzeichnis_2011.pdf

bleibt. Sie entscheiden, welche Methode wann anzuwenden ist, was Selbstlernkompetenzen der Lernenden weder voraussetzt noch fördert.

- **Lerninhalte und Lerngegenstände sind oftmals überliefert.** Sie werden gewählt, weil ihnen eine generelle oder auch kulturelle Bedeutung zugemessen wird. Allerdings folgt diese Vorstellung einer »intellektualistischen Illusion«, nämlich dem Glauben, Wissen bzw. der Erwerb von Kenntnissen eines bestimmten Fächerkanons sei für die Kompetenzentwicklung maßgebend. Allerdings berücksichtigt dies weder die Veränderung des Wissens in der Wissensgesellschaft noch die hohen Vergessensquoten bei der Wissensvermittlung. Agile Lernformate wenden sich von der klassischen Lehrplanung ab und stellen die Anpassungsfähigkeit an sich ständig verändernde Erwartungen in den Vordergrund. Und in Inkrementen gedacht werden Lerninhalte gleich in den Arbeitsprozess überführt und getestet – »Lernen state of the Art«.
- Das Bildungssystem folgt einer **Gleichheitsillusion**, die sich aber aufgrund der Selektions- und Allokationsfunktion der Bildungsinstitutionen als ein uneinlösbares Versprechen entpuppt. Lehr- und Lernprozesse stellen sich so häufig als Machtbeziehungen dar, in denen sich die vorherrschenden gesellschaftlichen Ungleichheiten reproduzieren und das Lernen in den Kontext von Zwang und Nötigung rückt. Dasselbe sehen wir auch in Organisationen in Bezug auf Agiles Lernen. Teams, die Selbststeuerung und agile Arbeitsweisen gewöhnt sind, tun sich mit Agilem Lernen einfacher. Dabei ist Agiles Lernen gerade für traditionelle Teams so überlebenswichtig, da diese häufig eher mit Unsicherheit und Flexibilität überfordert sind.

(Quelle: http://www.die-bonn.de/doks/2005-lernkultur-01.pdf).

9.2.2 Eine Lernkultur für eine lernende Organisation

»Als lernende Organisation kann ein Unternehmen bezeichnet werden, das in der Lage ist, den sich ständig verändernden Umweltanforderungen durch geeignete Anpassungen im Inneren der Organisation zu begegnen. In einer lernenden Organisation sind die Menschen in der Lage, sich ständig weiterzuentwickeln. Insbesondere sind Formen der Arbeitsorganisation nicht starr und endgültig, sondern so flexibel, dass die angebotenen Produkte oder Dienstleistungen ständig optimiert werden können. Die lernende Organisation ist geprägt durch Informations- und Wissensmanagement.« (Die Akademie 2017)

Peter Senge machte den Begriff der lernenden Organisation durch sein Standardwerk »Die fünfte Disziplin: Kunst und Praxis der lernenden Organisation« bekannt. Senge bestätigt darin unsere bisherigen Grundannahmen: Führungskräfte können nicht alles wissen, in modernen, sogenannten lernenden Organisationen kommt es vielmehr auf starke Teams an.

Hier finden Sie ein (englischsprachiges) Video von Peter Senge zum Begriff der lernenden Organisation: »How do you define a learning organization?« Um das Video abzuspielen, scannen Sie die folgende Abbildung mit Ihrer Haufe-smARt-App.

Abb. 76: Video von Peter Senge in der Haufe-smARt-App

Zahlreiche Beispiele der Vergangenheit haben uns gelehrt, dass strategische und strukturelle Veränderungen oft viel zu spät in Gang gesetzt werden. Der Notwendigkeit einer kompletten Reorganisation kann durch den Aufbau einer lernenden Organisation vorgebeugt werden! Organisationen sollten eine Kultur schaffen, die ständig in Bewegung ist, sich selbst kontinuierlich erneuert und vor allen Dingen vorausschaut! Gerade am Anfang der chaotischen Corona-Zeit hat man gesehen, welche Organisationen aufgrund einer digitalen Reife und erlernten Flexibilität sich mit der Situation schnell erfolgreich arrangieren konnten und bei welchen Organisationen das deutlich herausfordernder war.

Das Modell der lernenden Organisation geht mit einem bestimmten Verständnis von Führung und Zusammenarbeit im Unternehmen einher. Zunehmende Dynamik der Umwelt durch veränderte Marktbedingungen und Kundenbedürfnisse sowie Technologien und Digitalisierung erfordern eine gute Anpassungsfähigkeit von Organisationen. Starre hierarchische, direktive Strukturen können diesen Herausforderungen nicht mehr gerecht werden. Vielmehr werden Veränderungen gemeinsam gestaltet. Schnelle Reaktionen und Selbstveränderungen im Sinne eigener Weiterentwicklung der Organisation bedingen die Angepasstheit an relevante Umweltbedingungen. Unternehmen müssen Potenziale und Ressourcen nutzen, um den Anforderungen gerecht zu werden. Damit steigt die Lernfähigkeit des Unternehmens zum zentralen strategischen Erfolgsfaktor auf. Als Resultat werden umfassende Veränderungen mit hoher Veränderungsgeschwindigkeit das Unternehmen prägen und zu profitablem Wachstum und nachhaltiger Wertschöpfung führen.

Die Vorteile einer lernenden Organisation liegen auf der Hand, wie auch die nachfolgende Abbildung noch einmal deutlich macht:

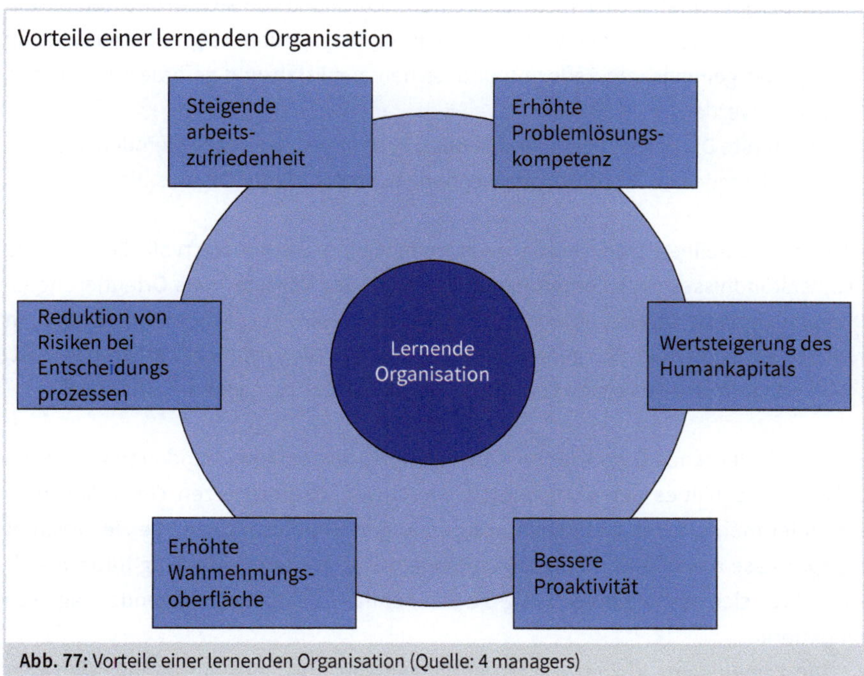

Abb. 77: Vorteile einer lernenden Organisation (Quelle: 4 managers)

Das Buch »Die fünfte Disziplin« von Peter Senge beschreibt lernende Organisationen als Gruppen von Menschen, die einander brauchen und die im Laufe der Zeit kontinuierlich ihre Fähigkeiten ausweiten, um das zu erreichen, was sie kollektiv anstreben. Aus organisationspsychologischer Sicht ist eine lernende Organisation also eine Organisation, die systematisch strategische und zielgerichtete Lernprozesse anstößt und zukunftsorientiertes Lernen mit Erfahrungslernen kombiniert. Um eine lernende Organisation zu werden, sind nach Senge fünf »Disziplinen« erforderlich:

- Die erste Disziplin, Personal Mastery, bedeutet, dass Mitarbeitende (aber auch die Unternehmensführung) bestärkt werden, nach dem Ausbau ihrer individuellen Kompetenzen zu streben.
- In der zweiten Disziplin sollen die verschiedenen mentalen Modelle innerhalb der Organisation analysiert, thematisiert und gemeinsam weiterentwickelt werden. Mentale Modelle sind gedankliche »Bilder« von Zusammenhängen und Abläufen, zum Beispiel wie eine bestimmte Maschine funktioniert oder wie eine Bestellung durchgeführt wird. Dies führt zu einem besseren Verständnis voneinander, beugt

Missverständnissen vor und bietet eine gute Basis zur Erreichung einer gemeinsamen Vision.

- Die dritte Disziplin ist eine gemeinsame Vision der Organisation, sie gibt die Richtung vor, in welche die Entwicklung gehen soll. Damit Individuen sich einbringen, ist es wichtig, dass die Vision der Organisation mit individuellen Werten und Zielen grundsätzlich übereinstimmt.
- Die Disziplin Teamlernen meint die Weiterentwicklung von Wissen und Kompetenzen auf Teamebene, wie wir schon mehrfach angedeutet haben. Voraussetzung ist, dass gemeinsame Reflexion und Lernen aus Erfahrung gefördert und befürwortet werden.
- Die »fünfte Disziplin«, nach der das Buch benannt ist, ist das Systemdenken, d. h. das Erkennen von Systemzusammenhängen innerhalb der Organisation.

All diese Disziplinen sind gerade auch beim Agilen Lernen wertvoll: Erweiterung des Verständnisses, was Lernen ist (2. Disziplin), der Nordstern als Orientierung (3. Disziplin), kollaboratives Lernen (4. Disziplin), erkennen, in welchem System bzw. in welcher Situation man sich gerade befindet und was die geeignete Lernstrategie ist, sowie Erkenntnisse aus agilen Lernprozessen skalierbar zu machen (5. Disziplin).

Fazit für die lernende Organisation: Obwohl die Konzepte der lernenden Organisation bekannt sind, fällt es vielen Organisationen schwer, sie umzusetzen. Oft verliert man eine oder mehrere der Disziplinen aus den Augen. Organisationen, die zielgerichtet Lernprozesse anstoßen und die zukunftsorientierte Weiterentwicklung fördern wollen, sollten sich deshalb regelmäßig die Zeit nehmen, nach Senge folgende Fragen zu reflektieren:

- **Die gemeinsame Vision:** Wie lautet die gemeinsame (Lern-)Vision unserer Organisation? Wie können wir sicherstellen, dass alle Mitarbeitenden die gemeinsame Vision mit tragen?
- **Systemdenken:** Wie hängen einzelne Bereiche unserer Organisation zusammen, die bisher immer getrennt voneinander gesehen wurden (z. B. Buchhaltung und Marketing), und wie können diese voneinander lernen?
- **Mentale Modelle:** Welche unterschiedlichen mentalen Modelle gibt es in unserer Organisation (z. B. von Entwicklung und Vertrieb) und wie können wir sie sichtbar machen? Wie sehen unsere mentalen Modelle zum Thema Lernen aus?
- **Teamlernen:** Welche Möglichkeiten, Maßnahmen, Anlässe etc. gibt es in unserem Unternehmen für das Teamlernen? Wie können wir dieses Angebot weiter verbessern bzw. ausbauen?
- **Personal Mastery:** Auf welche Art und Weise werden in unserer Organisation Mitarbeitende motiviert, nach persönlichen Höchstleistungen zu streben? Wie könnte Lernen insbesondere auf der Ebene der Zukunftskompetenzen aussehen? Was braucht der/die Einzelne dafür?

9.3 Lernen als Erfolgsfaktor in der Unternehmensentwicklung

Mit dem Managementmodell der lernenden Organisation soll die Anpassungsfähigkeit von Unternehmen an ein dynamisches Umfeld sichergestellt werden. Das Lernen wird dabei als zentraler Erfolgsfaktor von Unternehmensentwicklungsprozessen (wieder-) entdeckt. Bei Garvin (1994) heißt es dazu: »Ohne Dazulernen laufen Unternehmen – wie Individuen – in den alten Gleisen, bleiben Veränderungen Kosmetik und stellen sich Verbesserungen entweder zufällig oder als kurzlebig heraus.«

Die lernende Organisation ist also ständig in Bewegung. Ereignisse werden als Anregungen für Entwicklungsprozesse verstanden. Damit ist eine Anpassung an Veränderungen und neue Anforderungen schnell und flexibel möglich. Die Organisation bleibt somit auch bei unvorhergesehenen Situationen handlungsfähig.

Verfolgt die Organisation eine gemeinsame Lernvision, entsteht außerdem ein anregendes, kreativitätsförderndes Klima, das zum einen den verbesserten Umgang mit Problemstellungen unterstützt und zum anderen eine lernfreundliche Umgebung schafft. Darüber hinaus erhalten Mitarbeitende durch die Vernetzung der Kommunikation, die Teilung und Weitergabe von Wissen eine ganzheitliche Sicht auf das Unternehmen und damit ihren Beitrag für den Erfolg. So werden unternehmerische Ziele nachvollziehbar und bilden die Basis für zielgerichtete Lernprozesse in der Organisation. Organisationsmitglieder können ihr Handeln und Lernen danach ausrichten und gestalten.

Dadurch wird nicht nur reaktiv gelernt, um zum Beispiel Risiken durch Veränderungen am Markt zu vermeiden oder Chancen zu nutzen. Vielmehr wird Lernen im Hinblick auf die Ziele der Organisation zweckgerichtet strategisch umgesetzt. Lernen nimmt nun Herausforderungen vorweg und ermöglicht der Organisation, proaktiv auf Veränderungen zu reagieren. Die Organisation kann außerdem den Markt aktiv gestalten und Impulse für Innovationen und Veränderungen anstoßen.

Zu unterscheiden ist demnach zwischen personenbezogenem Lernen und Wissen bzw. organisationalem Wissen, das zum einen auf dem individuellen Wissen der Organisationsmitgliedern gründet, zum anderen aber auch Wissen über Programme, Prozeduren, Routinen und Strategien etc. umfasst. Letztere leiten neben dem individuellen Wissen das Handeln der Organisationsmitglieder. Lernen umfasst also nicht nur die Ansammlung und Aktualisierung von Fachkompetenz und Wissen, sondern auch die Umstrukturierung von Prozessen innerhalb einer Organisation. Lernen findet konkret dann statt, wenn bisherige Prozesse und Routinen unter veränderten Rahmenbedingungen zu Fehlern führen. Diese Fehler gesucht und behoben werden. Dies resultiert letztlich ggf. in der Veränderung der Routine bzw. Prozesse – die Organisation hat gelernt.

Hierbei kann man zwischen »single-loop learning« und »double-loop learning« unterscheiden (vgl. Schuler 2004), wobei »double-loop learning« in der agilen Welt eine größere Rolle spielt:

- **Single-loop learning:** Auftretende Diskrepanzen werden innerhalb der festgelegten Grenzen definierter Regeln und Strukturen der Organisation überwunden. Dabei wird die Prämisse des Handelns grundsätzlich nicht reflektiert oder in Frage gestellt. Es wird »nur« die Beseitigung von Symptomen angestrebt. Dies birgt allerdings die Gefahr, dass bei mangelnder Effizienz die Ursachen in fundamentalen Prinzipien der Organisation nicht erkannt werden. Stellt zum Beispiel ein Unternehmen fest, dass die Produktivität der Mitarbeitenden zu niedrig ist, wäre im Falle des Single-loop learnings als Reaktion der Organisation der Abbau von Belohnungs- und Prämiensystemen bis hin zur Entlassung leistungsschwacher Mitarbeitender denkbar.
- **Double-loop learning:** Hier werden grundsätzlich die Regeln und Theorien, auf denen die Organisation gründet, in Frage gestellt. Daraus ergeben sich Möglichkeiten für weitreichende Veränderungen und Anpassungen der Organisation, zum Beispiel entsprechend der wirtschaftlichen Rahmenbedingungen. Exemplarisch wäre in Folge geringer Produktivität eine Maßnahme der Organisation, die grundsätzlichen Prozesse im Unternehmen zu prüfen (Leitfrage: Welche Faktoren beeinflussen die Produktivität?) und zu verändern. Dazu können u. a. Arbeitsprozesse optimiert oder Entscheidungsverfahren neu strukturiert werden. Gerade im Hinblick auf die zunehmende Dynamik der Technologisierung und Digitalisierung sind häufig fundamentale Veränderungen und eine hohe Anpassungsfähigkeit der Organisation unabdingbar, um sich weiterhin am Markt behaupten zu können.

Kontinuierliche Weiterentwicklung einer Organisation setzt voraus, dass alle Organisationsmitglieder ausreichende Kompetenzen für das Double-loop-Lernen besitzen und diese auch im Sinne der Organisation nutzen.

Anreize und das Aufzeigen von Perspektiven für das Lernen von Mitarbeitenden im Sinne einer lernförderlichen Lernkultur unterstützen zusätzlich. Zentral ist dabei das gemeinsame Handeln in Lern- und Veränderungsprozessen. Ergänzende Reflexion als Kontrolle der Lernaktivitäten ermöglicht die Überprüfung von Lernfortschritten und ggf. -defiziten, die wiederum neue Lernprozesse begründen. Ein transparenter Umgang mit Fehlern erlaubt es den Organisationsmitgliedern, eigene Fehler aufzuzeigen und individuell sowie als Organisation aus ihnen zu lernen. Nach dieser Idee findet Lernen miteinander und vor allem voneinander – und das sowohl aus Erfolgen wie auch aus Misserfolgen – statt. Durch den ständigen Austausch von Wissen und Lernen werden Risiken in Entscheidungsprozessen reduziert. Abstimmung zwischen Führungskräften mit und zwischen den Mitarbeitenden, dass bestimmte Probleme anders als bisher gelöst werden müssen, ist die Grundlage für dauerhafte Veränderungen des Regelsystems und bestehender Strukturen. Konkrete Handlungen der Individuen setzen den Konsens in Verhalten um, für das es die Wirksamkeit zu prüfen gilt.

Im Rahmen einer agilen Lernkultur verliert das Denken in Abteilungen und Hierarchieebenen an Bedeutung und Sinnhaftigkeit. Zum Beispiel werden Entscheidungen nicht mehr nach Hierarchieebene gefällt, sondern auf der Ebene mit der höchsten Kompetenz. Auf Mitarbeiterebene ergeben sich für das Konzept der lernenden Organisation folgende konkrete Effekte:

- Mitarbeitende werden zu Beteiligten und identifizieren sich mit der Organisation und ihren Zielen – die Grundlage einer lernenden Organisation ist eine angemessene lernförderliche Kultur.
- Eine klare Zieldefinition zeigt Mitarbeitenden die Erwartungshaltung und macht Prozesse nachvollziehbar. Organisationsmitglieder werden durch dieses Konzept zu mehr Engagement angeregt und können somit durch innovative Ideen aktiv zum Unternehmenserfolg beitragen.
- Freiräume geben Mitarbeitenden die Möglichkeit, optimale Lösungen zu finden und dabei Selbstvertrauen aufzubauen.
- Offene Kommunikation, Teamwork und Teamlernen unterstützen den gegenseitigen Wissensaustausch sowie das gemeinsame Verfolgen von Zielen der Organisation.
- Lernen umfasst sowohl die vorausgehenden Erfahrungen als auch die Integration und Verarbeitung von Informationen. Daraus werden neues Wissen abgeleitet und neue Handlungsmöglichkeiten eröffnet.
- Die Zusammenarbeit ist geprägt von gegenseitigem Respekt und Wertschätzung auch gerade im Hinblick auf Diversity. Die Vielfalt ihrer Mitglieder ist ein wesentlicher Teil der Kreativität und Anpassungsfähigkeit an neue Anforderungen der Organisation.

9.4 Entwicklung eines Lernrahmens

In der PE-Szene bewegt sich zur Zeit sehr viel, so dass wir hier gerne zwei spannende Ansätze von Kolleginnen und Kollegen und ein paar Denkanstöße aus unseren Erfahrungen in Unternehmen vorstellen möchten.

9.4.1 Spiral Dynamics zur Reifegrad-Klassifizierung der eigenen Lernkultur

Da die Art und das Verständnis der Lernkultur im Unternehmen stark von der Führungs- und Organisationskultur abhängen, bietet das Spiral-Dynamics-Modell von Christopher Cowan und Don Edward Beck einen spannenden Orientierungsrahmen.

Kurz gefasst besagt dieses Modell, dass jede Organisationskultur eine begleitende Lernkultur hat. Den Gedanken finden wir wichtig, da eine Lernkultur niemals alleine stehen kann, sondern in der Unternehmenskultur verankert ist.

Wünschenswert ist dabei die Entwicklung der Organisations- und Lernkultur von blau/orange nach grün/gelb (vgl. Abb. 78). Das heißt: von hierarchischen zu vernetzten Organisationsstrukturen, von angebotsorientierter Weiterbildung zum nachfrageorientierten individuellen Lernen, von der Wissensvermittlung zum Kompetenzausbau. Welche exakte Lernkultur allerdings angestrebt wird, muss jede Organisation für sich beantworten.

Anhand des Modells kann sowohl analysiert werden, welche Lernformate akzeptabel sind, als auch, welche Rolle PE inne hat.

So haben die unteren beiden Stufen sicherlich noch das Verständnis »Job = Arbeiten«. Lernen wird als punktuelle Maßnahme aufgefasst und passiert häufig off the job. Das alte Verständnis, dass die Abteilung Personalentwicklung für Lernen in der Organisation zuständig ist, herrscht vor. Die PE bedient dieses durch Seminarkataloge, Zertifikate, Wissen als Zielgröße. Lernen und Lehren ist noch sehr verschult und die Personalentwicklung wird anhand von In- und Output-Kennzahlen gemessen.

In der grünen Stufe steht die Erkenntnis im Vordergrund, dass Produktivität in Arbeit und Lernen von dem Zusammenspiel der Teammitglieder abhängt. (Eine persönliche Anmerkung: Statt Konsens finden wir Kollaboration besser, da in der Kollaboration verschiedene Meinungen existieren dürfen und sogar als fruchtbar wahrgenommen werden.)

Soziale Lernformate gewinnen an Bedeutung und Hierarchien verlieren an Bedeutung. Neue Kompetenzen wie Netzwerk- und Beziehungsmanagement, Lernkompetenzen, Reflexionsfähigkeit werden wichtig. Die Selbststeuerung des Lernens nimmt zu. PE wird mehr zum Broker und unterstützt eine Lernkultur des Teilens.

Die letzte (gelbe) Stufe ist unserem Verständnis von Agilem Lernen ähnlich. Lernen und Arbeiten passiert immer im individuellen Kontext und häufig mit anderen. Experimentieren, Co-Creation, Workplace Learning deuten auf das Verständnis »Job = Arbeiten = Lernen« hin. Der Personalentwicklung ist unserer Meinung nach Facilitator und schlüpft je nach Bedarf in die vorgestellten fünf Rollen. Agile Formate werden nicht mehr von PE initiiert, sondern von dem Lernenden selbstgesteuert. Informelles Lernen bekommt die gleiche Anerkennung wie formelles Lernen – beides mündet in der Entwicklung benötigter Kompetenzen.

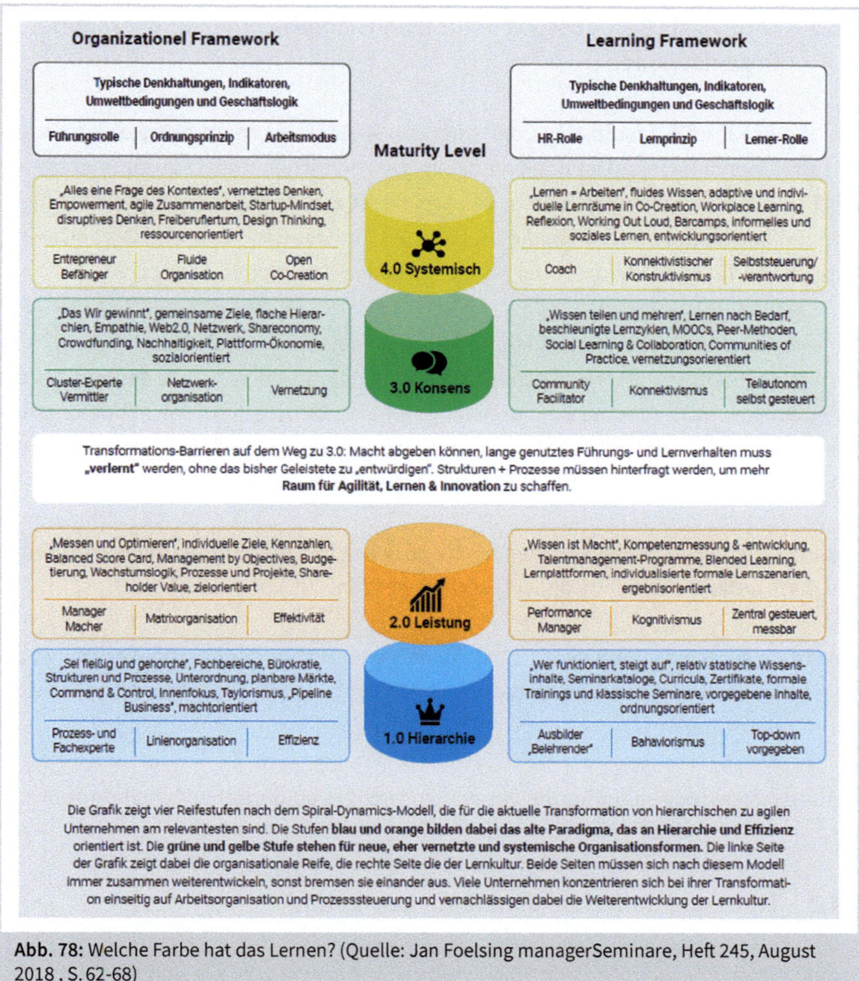

Abb. 78: Welche Farbe hat das Lernen? (Quelle: Jan Foelsing managerSeminare, Heft 245, August 2018 , S. 62-68)

Die Stufen zeigen deutlich, dass verschiedene Reifegrade einer Lernkultur existieren. Der Ansatz von Spiral Dynamics bietet einen guten internen Diskussionsansatz zur Frage, wo man steht und wie man von einer Stufe auf die nächste kommt. Dabei ist der Sprung von Stufe 2 auf 3 am größten und gefühlt derjenige, der bei den meisten Organisationen zurzeit stattfindet. Denn es geht nicht nur um das Erlernen neuer Verhaltensweisen, sondern insbesondere um ein Verlernen tradierter Muster, Aufbrechen organisationaler Strukturen, Infragestellen von betrieblichen Vereinbarungen, Loslassen von Kontrolle und Aufbau von Vertrauen im gleichen Zug mit der Abgabe von Verantwortung an die Lernenden …

Dieser Weg ist der Weg einer klassischen Transformation – mit all ihren Höhen und Tiefen. Aber der Weg lohnt sich, da am Ende das Agile Lernen steht, das sowohl dem Unternehmen als auch dem individuellen Mitarbeitenden nutzt.

9.4.2 LernOS als Betriebssystem für lebenslanges Lernen und lernende Organisationen

Das Projekt lernOS stammt aus der Cogneon Akademie, die ihre Projekterfahrungen zu lernenden Organisationen zu einem ganzheitlichen Ansatz zusammenfassen möchten, damit andere profitieren. Das Projekt ist auf sechs Jahre (2016-2022) angelegt und betrachtet systemisch die drei Ebenen Individuum, Team und Organisation. Dabei stehen alle Inhalte unter der offenen Creative Commons Lizenz CC BY.

Auf individueller Ebene werden Methoden und Tools gesammelt (Canvas, OKR) und Sprints angeboten, die ihrer eigenen Logik folgen und sich von WOL deutlich unterscheiden. In lernOS wird mit dem Dreiklang Mindset, Skillset und Toolset hervorgehoben, dass es auf die richtige Balance von Haltung, Fähigkeiten, Methoden und Tools ankommt, die man durch eine Selbsteinschätzung analysieren kann.

Die anderen beiden Ebenen werden noch erarbeitet und in Leitfäden gefasst und können dann unter www.lernos.org eingesehen werden.

Zusätzlich gibt es die lernOS-Toolbox, die oft genutzte Methoden und Werkzeuge erklären. Mit den Leitfäden können die jeweiligen Tools und Methoden in einem lernOS-Sprint erlernt werden.

Weitere Informationen finden Sie unter: https://cogneon.de/lernos/ und lernos.org.

9.4.3 Tipps und Reflexionspunkte zur Lernkultur

In den letzten Abschnitten finden Sie bereits viele Anregungen, um sich mit Ihrer Lernkultur auseinanderzusetzen. Gerne möchten wir Sie hier noch an unseren Erfahrungen teilhaben lassen. Im Laufe der Zeit haben wir viele Unternehmen gesehen und einige Aspekte wurden übersehen bzw. als unwichtig erachtet.

a) Soziales Lernen ist nicht gratis

Häufig wird argumentiert, dass das Lernen mit- und voneinander budgetfreundlich ist. Das ist nur zum Teil korrekt. Bedenken Sie, dass zum Beispiel beim Mentoring eine Führungskraft viel Zeit investiert. Das soll kein Plädoyer für die Abschaffung von sozialem Lernen sein, sondern vielmehr eine Sensibilisierung für den respektvollen Umgang mit dem Zeitbudget seiner Lernpartner. Beim Agilen Lernen ist ein wichtiger Wert der Fokus. Machen Sie eine Sache zur Zeit (Learn in Progress) und diese richtig. Außerdem ist Platz für Lernen nur, wenn etwas anderes wegfällt. Wenn Sie sich für Lernen entscheiden – wogegen entscheiden Sie sich dann automatisch?

b) Agiles (und soziales) Lernen geht nur mit Vertrauen

Damit sind verschiedene Ausprägungen gemeint. Selbstverständlich ist Vertrauen eine wichtige Basis für Agiles Lernen. Aber Agiles Lernen zeichnet sich auch durch Transparenz aus. So reden wir nicht über einen diffusen Vertrauensvorschuss sondern Vertrauen in konkrete Handlungsweisen. Prime Directive ist da noch ein Wert des agilen Arbeitens und Lernens – jeder gibt sein Bestes und das kann beim Agilen Lernen klar benannt werden.

- Die einfachste ist das Thema **Zugang zu Lernplattformen** wie Youtube. Obwohl es eine der wichtigsten Lernplattformen ist, gibt es immer noch Unternehmen, die diese sperren. Bestrafen Sie bitte nicht die 95 %, die sich an normale Verhaltensregeln halten, weil 5 % das nicht tun.
- Die zweite ist das Thema **Inhalte**: Haben Sie interne Communities, ein Wiki oder Lernpartnerschaften, so können Sie nicht kontrollieren, ob alles exakt nach Ihren Vorstellungen läuft. Das Gleiche gilt z. B. für Social Media, wo Mitarbeitende über ihren privaten Account auch Unternehmensinformationen publizieren. Gehen Sie mit Ihren Mitarbeitenden in den Diskurs und sensibilisieren Sie sie für die Gefahren.
- Das dritte Thema ist **Eigenverantwortung**: Wenn Lernen nicht mehr als Lernen deklariert werden kann und Lern/Arbeitszeiten und -orte sich auflösen, dann ist es schlichtweg unmöglich, zu kontrollieren, wer was wann wie macht. Vereinbaren Sie klare Spielregeln als Rahmen und verabschieden Sie sich von der Utopie, Kontrolle ausüben zu können.

c) Austausch ist wichtig – wenn die Kaffeeküche nicht mehr reicht, muss Social Media unterstützen

Agiles Lernen lebt von Transparenz und Kommunikation, von gemeinsamer Exploration und Innovation. Der Austausch untereinander und gerade auch bereichsübergreifend ist dafür elementar. Da viele Unternehmen so groß sind, dass man nicht mehr jeden kennen kann oder in der Kaffeeküche trifft, müssen neue Wege geschaffen werden, um den Austausch zu fördern. Lebendige interne Communities, Schwarze Bretter u. a. können dabei helfen. Auch können nichtmediale Ansätze wie »Blind Lunch« (die Begleitung zum Mittagessen wird zugelost) oder »Meet the New« (im Rahmen des Onboardingprozesses bekommt der neue Mitarbeitende sechs Personen aus anderen Abteilungen zugeteilt, um sich mit ihnen zu treffen und so relativ schnell das gesamte Unternehmen kennenzulernen) unterstützen.

d) Lernmanagementsysteme sind Steinzeit

Diese Überschrift löst sicherlich große Kontroversen aus. Aber folgt man den bisher beschriebenen Entwicklungen konsequent, so ist ein Lernmanagementsystem neben einem Intranet bzw. Social Network obsolet. Vielmehr bedarf es eines mitdenkenden, logischen Systems, das

- potenzielle Lernpartner identifiziert (eine Art Xing-Profil),
- informell erworbene Kompetenzen sichtbar macht (analog den Endorsements bei LinkedIn),

- eine »chaotische« Ablage mit intelligenter Suchfunktion über alle Inhalte und Formate wie Videos, Dokumente, Podcasts, Community-beiträge etc. hat (analog zu Google),
- die individuellen Präferenzen lernt und daraufhin Vorschläge für die nächsten Lernnuggets macht sowie eine Kuratierung z. B. in Form von User-Empfehlungen anbietet (analog zu Amazon),
- individuelle und teamorientierte Learning Journeys anbietet (analog zu komplexen Computerspielen).

e) Abschaffung des individuellen Bonus

Wenn soziales und kollaboratives Lernen wirklich Bedeutung haben soll, dann sind individuelle Boni kontraproduktiv. Sie zeugen noch von der alten Zeit, in der individuelle Leistungen maßgeblich waren. Mehr Wissen oder Können heißt mehr Gehalt. Und je mehr man andere unterstützt, auf umso mehr Köpfe muss der Bonustopf verteilt werden. In der heutigen Zeit sind Teamleistungen maßgeblich und es gibt erst Ansätze des »New Pay« oder der »agilen Vergütung«, die die normativen Werte der Kollaboration unterstützen.

f) Wissen ist keine Macht

Wenn Wissen dezentralisiert und Kommunikation enthierarchisiert wird, dann bekommt Wissen (bzw. Können) eine neue Bedeutung. War es früher ein Machtsymbol, so ist es in Zeiten der Vernetzung ein Symbol für Wertschätzung und Unterstützung. Hand aufs Herz – wie viele in Ihrem Unternehmen versuchen, sich noch durch Wissen einen Vorsprung zu verschaffen, und sind nicht bereit, ihr Wissen zu teilen? Dabei ist soviel Wissen wie noch nie barrierefrei verfügbar. Die Kunst wird eher sein, die relevanten Informationen von den irrelevanten trennen zu können.

g) Die träge Masse im Fokus

Wenn man von einer Gauß‹schen Normalverteilung ausgeht, dann gibt es einen kleinen Teil der Belegschaft, die Firstmover sind, einen kleinen Teil, die eher als Verweigerer bezeichnet werden können und einen großen Teil namens »träge Masse«. Konzentrieren Sie sich auf die letzten. Setzen Sie Ihre Ressourcen clever ein und stellen Sie nicht die Verweigerer ins Zentrum der Bemühungen. Wie kann die träge Masse an Agiles Lernen herangeführt werden? Was motiviert sie, sich dem Thema zu öffnen? Welche Stärken können sie einbringen?

h) Think big, act small

Bis hierher wurden schon viele Ansatzpunkte, Grundlogiken etc. beschrieben. Wir sind der Überzeugung, dass Veränderungen nur durch »selbst erleben« funktionieren. Überlegen Sie sich also, welche Quick Wins (z. B. Ausprobieren eines neuen Lernformats) Sie mitnehmen können, ohne zu kommunizieren, dass Sie eine Transformation zum Agilen Lernen planen. Beteiligen Sie die Mitarbeitenden, probieren sie gemeinsam aus und reflektieren Sie die Piloten. Viele unserer Kundinnen und Kunden arbeiten dann auch mit Lernbotschaftern, die das Thema Lernkultur in die Organisation tragen.

Wir hoffen, dass Ihnen diese Erfahrungen bei Ihrer Reflexion und weiteren Ausgestaltung einer zukunftsorientierten Personalentwicklung helfen.

9.5 Die lehrende Organisation als logische Weiterführung der lernenden Organisation

Frei nach dem Motto »Wenn wir nur wüssten, was wir wissen« ist nicht nur das Lernen voneinander, sondern auch das Lehren füreinander wichtig. Mitarbeitende müssen ihr Wissen weitergeben und im Rahmen von Workplace Learning und sozialen Lernformaten andere Lernende in ihrem Kompetenz- und Wissensaufbau unterstützen.

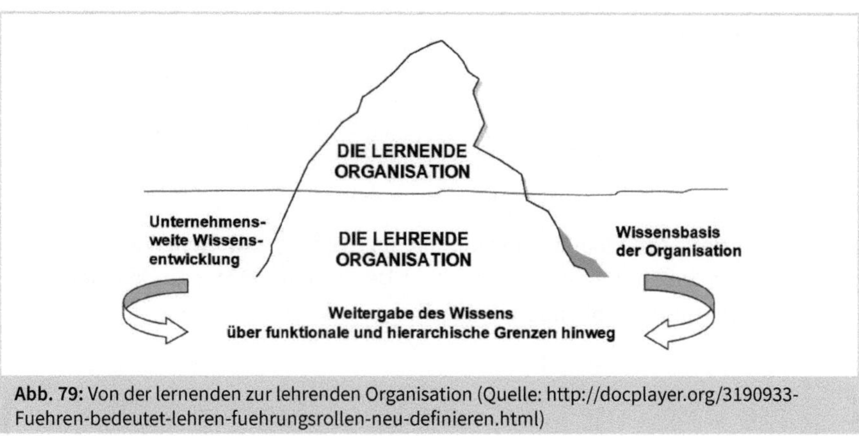

Abb. 79: Von der lernenden zur lehrenden Organisation (Quelle: http://docplayer.org/3190933-Fuehren-bedeutet-lehren-fuehrungsrollen-neu-definieren.html)

Schlüsselqualifikationen sind neben den Lern- also auch die Lehrfähigkeiten von Mitarbeitenden und Führungskräften. Gemeinsames Gestalten von Veränderungen durch Mitarbeitende und Führungskräfte ist ein permanenter Prozess des Lehrens und Lernens. Die Weitergabe mentaler Modelle, Werte, prozeduraler Regeln etc. gehört dazu.

Basis der lernenden Organisation ist somit eine lehrende Organisation, die Wissensentwicklungen organisationsweit nach innen trägt und damit die Wissensbasis der Organisation verändert. In diesem Rahmen wird Wissen über funktionale und hierarchische Grenzen hinweg weitergegeben. Dafür muss das Arbeitsumfeld entsprechend lernförderlich gestaltet sein. Folgende Elemente können dabei hilfreich sein:

Erfolgsfaktoren	Misserfolgsfaktoren
Führung auf allen Ebenen	Führung von oben nach unten
Lehren und Interaktion	Befehl, Gehorsam und Kontrolle
Offene Kommunikation	Defensive Kommunikation

Erfolgsfaktoren	Misserfolgsfaktoren
Teamwork	Passiv-aggressives Verhalten
Entwicklung von Selbstvertrauen	Reduzierung von Selbstvertrauen
Lehrfähigkeit auf allen Ebenen	Top-down Lehrfähigkeit
Kollektives Wissen auf allen Ebenen	Wissensmonopol auf Top-Ebene
Jeder Mitarbeitende zählt	Mitarbeitende sollen arbeiten, nicht denken
Wachstum des Organisationswissens	Organisationswissen wird aufgezehrt
Schaffung positiver emotionaler Energie	Organisation ohne emotionale Energie
Grenzenlosigkeit im Unternehmen	Hierarchien und Abteilungen dominieren
Gegenseitiger Respekt	Furcht vor Vorgesetzten
Wertschätzung von Diversity	Einheitsdenken und Homogenität

Tab. 8: Elemente erfolgreicher lehrender Organisationen (Quelle: http://docplayer.org/3190933-Fuehren-bedeutet-lehren-fuehrungsrollen-neu-definieren.html)

Schauen wir uns noch einmal an, woher die meisten Organisationen kommen (vgl. Abb. 80). Wenn Sie diese Abbildung mit Ihrer Haufe-smARt-App scannen, finden Sie weiterführende Informationen zum Thema.

smARt
HAUFE.

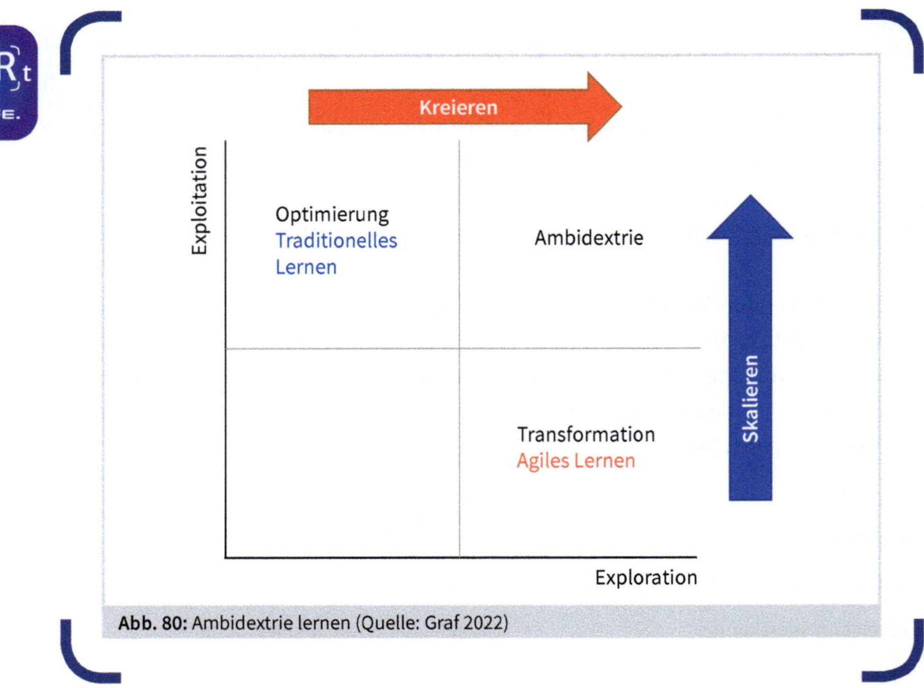

Abb. 80: Ambidextrie lernen (Quelle: Graf 2022)

Wenige Organisationen kommen aus der agilen Arbeitswelt. Diejenigen, die dies allerdings tun, haben selten Herausforderungen mit Agilem Lernen. Vielmehr müssen sie sich die Frage stellen, wie die neuen Lösungen in die gesamte Organisation getragen werden und skalierbar gemacht werden können. Wie können die Lernerfolge aus agilen Lernprozessen standardisiert und übertragbar gemacht werden? Was kann aufgrund der neuen Expertise in traditionelle Lehr-Lernkonzepte übertragen werden und wie?

Die Organisationen, die aus der klassischen Arbeitswelt kommen, müssen dagegen lernen, agil zu lernen. Voraussetzung sind hier auf der individuellen Ebene das Aushalten von Unsicherheit (Resilienz), Selbstwirksamkeitsüberzeugung, hoch ausgeprägte Lernkompetenzen und damit die Übernahme von Verantwortung für Lernprozesse. Auf der organisationalen Ebene muss diese Verantwortung auch übergeben werden (Achtung: Bei der Übergabe kann es zu einem Verantwortungsvakuum kommen, das es auszuhalten und zu minimieren gilt!), Experimentierräume geschaffen werden, neue Lernmethoden und -formate ausprobiert werden und alle weiteren Aspekte der oben genannten drei Ebenen (normativ, strategisch, operativ) umgesetzt werden.

Im Sinne eines ganzheitlichen Ansatzes, muss PE sowohl Mitarbeitende als auch Führungskräfte gleichwohl in derartige Veränderungsprozesse einbinden, um eine Lernkultur zu schaffen, die in beiden Welten ein gutes Fundament bietet.

Literatur

Arnold, Rolf (2005): Veränderungen der Bedingungen des Lehrens und Lernens: Lernkulturwandel. In: Grundlagen der Weiterbildung – Praxishilfen, 59. Ergänz.-Lief., S. 1-17.

Die Akademie (2017): Lernende Organisation, siehe: https://www.die-akademie.de/fuehrungswissen/lexikon/lernende-organisation

Graf, N. (2022): Agiles Lernen –zwischen Buzzwordbingo und notwendiger Entwicklung, Vortrag am 01.02.2022 auf der LearnTec xchange, siehe: https://www.learntec.de/messe-files/downloads/dokumente-2022/praesentationen-xchange/xchange_agiles-lernen.cleaned.pdf

Graf, N. (2022): »Ambidextrie lernen«, Vortrag, LearnTec exchange am 01.02.2022.

Gravin, D. (1994): Das lernende Unternehmen – nicht schöne Worte – Taten zählen; Harvard Business Manager 1994/1.

Institut für Performance Management (2013): Lebenslanges Lernen als Chance begreifen, siehe: https://www.leuphana.de/fileadmin/user_upload/Forschungseinrichtungen/ipm/files/Lebenslanges_Lernen_als_Chance_begreifen.pdf

Schuler, Heinz; Moser, Klaus (Hgg.) (2013): Lehrbuch Organisationspsychologie. Hogrefe, 5. Auflage.

Schüßler, I.; Thurnes, C. (2005): Lernkulturen in der Weiterbildung. Bielefeld: W. Bertelsmann, siehe: https://www.die-bonn.de/doks/2005-lernkultur-01.pdf

Senge, P. (2008): Die fünfte Disziplin: Kunst und Praxis der lernenden Organisation. Stuttgart Klett-Cotta.

Siebert, H. (2002): Neue Lehr-Lernkulturen – theoretische Grundlagen und praktische Beispiele. In: Grundlagen der Weiterbildung – Praxishilfen. 48. Ergänz.-Lief. August 2002, S. 1-19.

Sonntag, K.; Schaper, N.; Friebe, J. (2003): Erfassung und Bewertung unternehmensbezogener Lernkulturen. Endbericht. Bereich Grundlagenforschung »Lernkultur Kompetenzentwicklung«. Berlin: Springer.

10 Fazit

Lernen ist ein facettenreiches Themen, zu dem sich bereits viele Autorinnen und Autoren geäußert haben. Beim Agilen Lernen dagegen sieht es momentan noch anders aus – wobei immer mehr nur teilweise fundiert auf den Zug aufspringen. Einzelaspekte wie Lerntools (Jane Hart) oder Lernmethoden auf Basis von Scrum (EduScrum, Scrum4School, Agiles Sprintlernen ...) werden zurzeit proklamiert, aber eine ganzheitliche Sichtweise fehlt meistens. Dabei ist Agiles Lernen eng mit der agilen Arbeitswelt der Zukunft verbunden – und gleichzeitig eine Voraussetzung für sie. Ohne Agiles Lernen wird die Transformation nicht gelingen!

Vor dem Implementieren des Agilen Lernens steht allerdings immer erst die Frage nach dem »Why«: Warum soll Lernen agil werden?

Lernen wird zum kritischen Erfolgsfaktor für Unternehmen und für die Beschäftigungsfähigkeit der Mitarbeitenden. Dabei lernen wir überspitzt formuliert in zwei Welten – einer bekannten Welt, in der das traditionelle Lehr-Lernverständnis greift, und einer unbekannten Welt, in der es noch keine Expertinnen und Experten gibt. Diese zweite Welt wird immer häufiger relevant. Wenn das Wissen sich in der Zukunft in Tagen verdoppelt bzw. immer häufiger Situationen komplex oder chaotisch werden: Wie sollen wir dann noch mit klassischen Lernangeboten (Expertise aufbauen, in Lernformate gießen, den Lernenden zugänglich machen) hinterherkommen? Wir brauchen also Agiles Lernen *und* traditionelles Lernen. Und wir brauchen die Kompetenz in der jeweiligen Situation, die richtige Wahl zu treffen.

Personalentwicklung wird zum Förderer und Unterstützer der Leistungsfähigkeit von Individuen und Teams und nimmt u. a. die Rolle der internen Performance-Beratung ein – traditionell und agil.

Um Performance zu sichern, wird Lernen zu einem Teil der Arbeit und verschmilzt mit ihr. Dieses Verständnis muss sich in der Lernkultur der Unternehmen widerspiegeln. Dazu gehört auch der Umgang mit Fehlern und Freiheiten für die Selbststeuerung des Lernens. Zur Kultur gehört aber auch die Wertschätzung nicht-formalisierten Lernens. Das heißt, dass sich Bewerbungsgespräche, Karrieren, Entlohnungen etc. deutlich weniger an Abschlüssen, sondern an Kompetenzen orientieren sollten – und Kompetenzen kann man auf vielfältige Weise aufbauen.

Selbstgesteuerte, individualisierte Lernprozesse werden zunehmen; hier kommen dann die vielen interessanten und innovativen Lernformate aus Kapitel 4 zum Tragen. Aber auch das Lernen in Teams wird eine deutliche Steigerung erfahren. Hier werden sicherlich in der näheren Zukunft neue Methoden und Formate auftauchen.

Damit diese greifen, müssen allerdings zunächst Lernkultur und die Rollen der Beteiligten in den Fokus rücken. Vielfach wurde vernachlässigt, dass der Wandel der PE einen Wandel der Anforderungen an die Beteiligten in sich birgt. Insbesondere den Mitarbeitenden wurde und wird viel abverlangt, ohne sie darauf vorbereitet zu haben. Hier liegt einer der wesentlichen Ansatzpunkte: Mitarbeitende lernen, agil und selbstgesteuert zu lernen – mit Unterstützung der Organisation.

Bisher haben weder das Bildungssystem noch die Unternehmen das »Lernen zu lernen« in beiden Welten ausreichend gefördert. Hierin liegen der erste Schritt des Wandels und ein kritischer Erfolgsfaktor: Ohne die Mitarbeitenden wird es nicht gehen. Aber auch ohne die Führungskräfte nicht – beide müssen sich ihrer neuen Aufgaben bewusst werden.

Die Personalentwicklung hat dabei die schwerste Aufgabe: Sie muss gleichzeitig sich selbst und die Organisation ändern und Mitarbeitende bei dem Wandel unterstützen. Das braucht Wille, Neugier, Kompetenz, Energie und viel Mut. All das wünschen wir Ihnen!

11 Anhang

Zum Agilen Lernen gäbe es noch soviel zu berichten. Doch nicht alles ist ein eigenes Kapitel wert. Wir haben uns die Freiheit genommen, das Kapitel 11 als Sammelsurium von spannenden Nebensträngen des Agiles Lernens zu nutzen.

11.1 Basisinformationen zu agilen Methoden

Wenn Sie bisher noch keine Erfahrung mit agilen Methoden haben, dann finden Sie hier grundlegende Informationen: http://de.wikipedia.org/wiki/Agile_Softwareentwicklung

Einen guten Überblick gibt auch: Komus, A.: Studie: Status Quo Agile Verbreitung und Nutzen agiler Methoden (2012, 2014), siehe: http://www.status-quo-agile.de/

Scrum wird in diesem Blog kurz und verständlich dargestellt: http://blog.crisp.se/2016/10/09/miakolmodin/poster-on-agile-in-a-nutshell-with-a-spice-of-lean

11.2 Agile Prinzipien werden zu agilen Lernprinzipien

Zum Ende von Kapitel 2 haben wir kurz reflektiert, wie die Übertragung der agilen Werte aus dem Agilen Manifest auf Lernen und Personalentwicklung aussehen könnte. Diese erste Überlegung hat bereits gezeigt, dass agiles Denken von Lernenden und Personalentwicklung durchaus zu anderen Ergebnissen kommt als die gelebte Realität in vielen Unternehmen. Hier wollen wir die Reflexion nun weiterführen und die agilen Prinzipien aus dem Agilen Manifest in agile Lernprinzipien übertragen.

Agile Prinzipien, zitiert aus dem Agilen Manifest:

- Unsere höchste Priorität ist Kundenzufriedenheit durch frühe und kontinuierliche Lieferung.
- Änderungswünsche sind willkommen, auch in späten Phasen, denn es geht um die Wettbewerbsfähigkeit des Kunden.
- Wir liefern regelmäßig, bevorzugt in kurzen Zyklen.
- Alle Funktionsbereiche arbeiten gemeinsam.
- Organisiere Teams um motivierte Menschen herum.
- Gib Teams die Ressourcen und Unterstützung, die sie brauchen, und vertraue ihnen.
- Die beste Art der Kommunikation ist von Angesicht zu Angesicht.
- Funktionsfähige Produkte sind die Maßeinheit des Fortschritts.
- Alle Stakeholder sollten einen kontinuierlichen Arbeitsfluss aufrechterhalten.

- Kontinuierliches Streben nach technischer Exzellenz und gutem Design verstärkt Agilität.
- Einfachheit, die Kunst, Dinge nicht zu tun, ist essenziell.
- Die besten Ergebnisse kommen aus selbstorganisierten Teams.
- In regelmäßigen Abständen reflektiert das Team Möglichkeiten, noch besser zu werden, und setzt entsprechende Maßnahmen um.

Agile Prinzipien des Lernens sind:

- Unsere höchste Priorität ist der Lernerfolg durch schnelle Bereitstellung individuell nützlicher Angebote.
- Änderungswünsche sind willkommen, auch in laufenden Lernprogrammen, denn es geht um die »Wettbewerbsfähigkeit« des Lernenden.
- Lernen erfolgt kontinuierlich und wird in kurzen Zyklen reflektiert.
- Lernen wird crossfunktional konzipiert und realisiert.
- Organisiere Lernteams um motivierte Lernende herum.
- Lernende erhalten alle sinnvollen Rahmenbedingen, agieren aber selbstbestimmt.
- Die beste Art der Kommunikation ist von Angesicht zu Angesicht (unverändert).
- Lernerfolge im operativen Alltag sind die Maßeinheit des Fortschritts.
- Alle Stakeholder sollten einen kontinuierlichen Lernfluss aufrechterhalten.
- Kontinuierliches Streben nach Exzellenz und hoher Produktivität verstärkt Lernen.
- Einfachheit, die Kunst, Dinge nicht zu tun, ist essenziell (unverändert).
- Die besten Ergebnisse kommen aus selbstorganisierten Lernteams (Vorrang für soziales Lernen).
- In regelmäßigen Abständen reflektiert das Team Möglichkeiten, noch besser zu werden, und setzt entsprechende Maßnahmen um (unverändert).

Wie auch bei der Übertragung der agilen Werte auf Lernen zeigt die Übertragung der agilen Prinzipien, dass manche davon eins zu eins übernommen werden können. Andere sind nur etwas umzuformulieren. Entscheidend ist hierbei, dass in der Formulierung agiler Lernprinzipien Änderungen gegenüber den heute üblichen Standards des Lernens erkennbar sind.

Eigenverantwortung und Selbstorganisation des Lernenden sind wesentliche Elemente bei dieser Änderung. Da Lernen immer an einen Menschen – wir lassen die aktuellen Entwicklungen bei künstlicher Intelligenz, Deep-Learning-Systemen etc. außen vor – gebunden ist, wird der Lernende zum »Kunden« im agilen Lernsystem. Gleichzeitig ist er Entscheider, Organisator und Auditor seines Lernprozesses. Diese Mehrfachrolle zu bewältigen, ist nicht einfach, vor allem, wenn Lernen bisher eher als Konsum vorgefertigter Angebote erfolgte. Deshalb werden viele Lernende eine begleitende Unterstützung durch die Personalentwicklung bzw. die eigene Führungskraft benötigen. Deren Rolle verändert sich somit ebenfalls.

Lernen wird im agilen Kontext vom Ergebnis her gedacht, wodurch die Themen Zieldefinition und Messbarkeit des Lernfortschrittes eine Aufwertung erfahren. Da die Messbarkeit von Lernerfolgen schon lange kontrovers diskutiert wird und bisher (und wohl auf absehbare Zeit) keine überzeugenden und einfach zu handhabenden Messsysteme entwickelt wurden, ist bei der Konzeption von Lernen intensiv darauf zu achten, wie die Ergebnisdefinition und die Messung aussehen können.

Werden die hier dargestellten agilen Lernprinzipien als sinnvoll angestrebt, bedeutet dies für viele existierende Systeme der Personalentwicklung eine signifikante Veränderung, die eine grundlegende Überarbeitung der Personalentwicklung erfordert. Diese wird dann bereits eine »Nagelprobe« für das Verständnis des agilen Mindsets sein. Ein Tipp: Die grundlegende Überarbeitung und Definition einer »neuen PE« ist sehr *Old School* und nicht agil. Agile PE entsteht auch agil, d. h. durch kurze Entwicklungsschritte, die sofort zu funktionsfähigen Prototypen führen, die von kleinen Nutzergruppen (Pilotanwender) ausprobiert und verbessert werden.

Ein praktikabler erster Schritt kann in vielen Organisationen die Stärkung des sozialen Lernens sein. Dieses ist in vielen Unternehmen unterrepräsentiert, spielt in der agilen Welt aber eine deutlich größere Rolle.

11.3 Was agiles Arbeiten im Kern bedeutet

Können Sie »agil« und »Agilität« sofort definieren? Wir haben einen Vorschlag. Agil und Agilität gehören zu den aktuell wichtigsten Themen, degenerieren aber zunehmend zu Buzzwords. Eine Ursache ist, dass sie nicht präzise erläutert werden. In der Folge kursieren unterschiedlichste Vorstellungen darüber, was Agilität eigentlich sei. Aber viele davon gehen am Kern vorbei. Daher hier ein Angebot, die komplexe Materie Agilität möglichst knapp zu erläutern.

Im Duden wird »agil« als »von großer Beweglichkeit zeugend; regsam und wendig« definiert. Die Übertragung auf Unternehmen und Wirtschaft führt dann zur Vorstellung, dass eine hohe Anpassungsfähigkeit an Marktveränderungen, technologische und soziale Neuerungen etc. besteht. Hier geht es somit um Agilität im Markt (Business Agility). Diese Definition von Agilität ist korrekt, beschreibt aber das Symptom, nicht die Ursache.

Wenn über Agilität gesprochen wird, geht es meist um die wichtigste Grundlage der gerade beschriebenen Business Agility: agile Arbeitsorganisation und abläufe. Oft wird die Nutzung agiler Methoden hiermit gleichgesetzt oder aber Agilität mit einem diffus oder gar nicht definierten Mindset umschrieben. Beides ist für sich alleine genommen unzureichend und irreführend.

Agiles Arbeiten als Kern der Agilität ist eine Form der Arbeitsorganisation, die für die Bearbeitung komplexer Themenstellungen geeignet ist. Ausgangspunkt ist der realisierte Kundennutzen (Outcome), den es zu optimieren bzw. zu maximieren gilt. Hier deutet sich bereits an, dass Agilität im Kern auf Lean Management zurückgeht und dessen Wirkprinzipien auf Kopfarbeit und Kreativarbeit überträgt.

Die Wirksamkeit agilen Arbeitens entsteht durch folgende Kernprinzipien:

- klare Priorisierung durch Fokus auf Wertschöpfung und Reduktion von nicht wertschöpfenden Tätigkeiten und Aufwendungen
- Durchsatzoptimierung durch Reduzierung von Komplexität in der Kommunikation, im Prozess und in den organisatorischen Strukturen
- Anpassung der Menge an Arbeit im System an die tatsächlich vorhandene Kapazität (Work-in-process-Limitierung, Pull- statt Push-Prinzip)
- kontinuierlicher Verbesserungsprozess, der Engpässe und Blockaden abbaut und Lernen auf allen Ebenen der Organisation betreibt

Die folgende Abbildung zeigt die Kernelemente von agilem Arbeiten (also von Agilität). Die Zahlen in Klammern verweisen auf kurze Erläuterungen unten in diesem Beitrag.

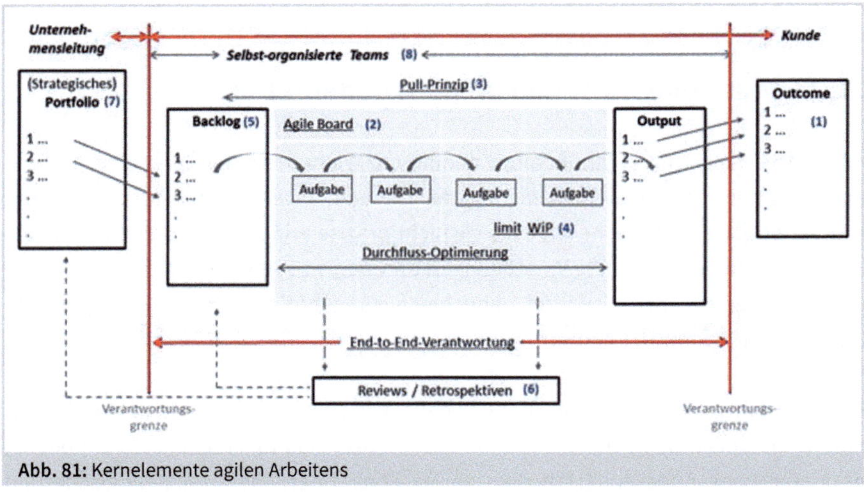

Abb. 81: Kernelemente agilen Arbeitens

Neben den genannten Kernfaktoren gibt es noch eine Reihe weiterer Elemente agilen Arbeitens, die wichtig sind. Diese unterstützen die Kernelemente (z. B. User Story, Burndown-Chart usw.) oder sind eine Folge des agilen Arbeitens (z. B. agiler Mindset). Hier würde deren Diskussion den Rahmen des Buchs sprengen.

Agilität ist ein komplexes Thema und erfordert eine professionelle Handhabung sowie viel Übung. Da einige Elemente agilen Arbeitens kontra-intuitiv zu den gewohnten Arbeitsstrukturen sind, ist es wichtig, alle relevanten Faktoren zu beachten und sich nicht nur auf Methoden wie Scrum oder dem agilen Mindset zu fokussieren. Ein sinnvolles Organisationsdesign, kompetente Mitarbeitende und eine klare Vorstellung zum Nutzen gehören ebenfalls dazu.

Unter dem Strich werden nur sehr wenige Unternehmen ganz ohne Agilität auskommen. Der Weg in die agile Zukunft ist vielleicht nicht einfach und erfordert einiges an Know-how und Durchhaltevermögen aber es lohnt. Go for it!

Erläuterungen zu den Nummern in der Abbildung 81

(1) Ausgangspunkt agilen Denkens und Handelns ist der Kundennutzen, den es zu realisieren gilt. Übrigens unter direkter Einbindung der Kundinnen und Kunden. Dieser Outcome (realisierter Nutzen) unterscheidet sich vom Output, dem abzunehmenden Liefergegenstand.

(2) Das Agile Board sorgt für Transparenz über die gerade bearbeiteten Aufgaben bzw. die Hindernisse (Impediments), die aufgetreten sind (in Form von Aufgaben im Status »wait«). Das Board dient der Visualisierung, um nicht-materielle Arbeit überhaupt kommunizierbar und damit steuerbar zu machen. Impediments sind nur ein kleiner Teil auf dem Board, im Wesentlichen wird darüber der gesamte Workflow gesteuert, nicht nur Impediments.

(3) Auf dem Board wandern die Aufgaben selbst von links nach rechts, aber (!) die verantwortlichen Teammitglieder ziehen (»pull«) die Arbeit, wenn sie freie Kapazitäten haben. Daher geht der Impuls für Arbeit von rechts nach links! Die Menge der Arbeit auf dem Board entspricht der tatsächlichen Kapazität in der Organisation.

(4) Limited Work in Progress (WiP) sorgt dafür, dass nur so viele Aufgaben an einer Station bearbeitet werden, wie tatsächliche Kapazität vorhanden ist. Das Limit macht Engpässe überhaupt erst erkennbar! Es führt jedoch auch dazu, dass viele Teammitglieder auf Arbeit warten, weil ein Engpass limitierend wirkt. Die Mitarbeitenden in Unterlast organisieren sich idealerweise so, dass sie am Engpass unterstützen oder den Engpass von Arbeiten entlasten, die nicht direkt zur Wertschöpfung beitragen. Alternativ kann der Engpass aufgeweitet werden.

(5) Backlogs enthalten die Arbeit, ausreichend spezifiziert und nach Priorität sortiert, die in den nächsten Arbeitszyklen bearbeitet werden soll. Dies wird vom Team selbst spezifiziert (in Zusammenarbeit mit dem Kunden oder Auftraggeber in der Organisation), eingeschätzt und organisiert. Regelmäßig wird das Backlog (Backlog Replenishment/Refinement) überarbeitet und nachgefüllt, basierend auf den Erfahrungen der vorangegangenen Arbeitszyklen.

(6) Zentrales Element agilen Arbeitens ist das kontinuierliche Lernen und Verbessern. Dazu werden Reviews (zum letzten Sprint) und Retrospektiven (zur Zusammenarbeit

generell) durchgeführt. Die Erkenntnisse fließen in nächste Produktmanagemententscheidungen und in das Backlog Refinement ein.

(7) Das Portfolio ist eine priorisierte Liste der strategisch relevanten Arbeiten. Diese werden von der Unternehmensleitung bzw. dem Management entschieden und bilden die Quelle der Arbeiten, die in die Sprint-Backlogs einfließen. Zwischen den beiden Backlogs liegt die Verantwortungsgrenze zwischen der Unternehmensleitung und den selbstorganisierten Teams. Diese Grenze spielt eine zentrale Rolle, da deren Nichtbeachtung mit größter Wahrscheinlichkeit von einer Pull- zu einer Push-Logik führt. Das lässt agiles Arbeiten kollabieren.

(8) Das Team ist mit allen Befugnissen bzw. Kompetenzen für eine End-to-end-Bearbeitung des Themas/Projektes ausgestattet und bleibt über den gesamten Erstellungsprozess stabil.

Tipp: Zur Abgrenzung von Komplexität, Kompliziertheit etc. vgl. das Cynefin-Framework, siehe zum Beispiel: https://www.youtube.com/watch?v=N7oz366X0-8.

11.4 Agile Methoden, agiles Arbeiten und Personalmanagement

Agiles Arbeiten beruht auf Prinzipien, die viele Bereiche des Personalmanagements direkt oder indirekt betreffen. Die Aufbau- und Ablauforganisation (Organisationsdesign), Arbeitsplatzgestaltung, Lohn und Gehalt oder die Leistungsbeurteilung sind nur einige Beispiele. Für eine gelungene Transformation in eine agilere Zukunft ist die intensive Mitarbeit der Personalabteilung daher erfolgskritisch. Nicht zuletzt, weil die Mehrheit der relevanten Veränderungen der Mitbestimmung durch den Betriebsrat, eventuell vorhandenen Tarifverträgen oder gesetzlichen Bestimmungen des Arbeitsrechtes unterliegen.

Für die große Mehrheit der Unternehmen ergibt sich somit der Bedarf, die eigene Situation zu analysieren und Entscheidungen zu treffen, wie mit angestrebten Veränderungen umzugehen ist. Zu diesen Entscheidungen gehört auch die Frage, wie die zukünftige Rolle der Personalabteilung aussehen soll.

Im Rahmen des vorliegenden Buches haben wir an vielen Stellen diskutiert, wie sich die zunehmende Agilisierung der Wirtschaft auf das Lernen in der Organisation auswirkt und was dies für die einzelnen Protagonisten bedeutet. In Kapitel 2 wollten wir die Frage nach einer agilen HR nicht diskutieren, da sie schnell komplex und umfangreich wird. Daher dieser Anhang, in dem wir den Spieß einmal umdrehen und diskutieren, was die zunehmende Nutzung agiler Methoden für das Personalmanagement allgemein bedeutet. Sie werden erleben, dass hier vielfältige Auswirkungen anstehen und die Lernkultur, die Personalentwicklung etc. nur Teilaspekte darstellen. In diesem Kapitel wollen wir vor allem die Komplexität aufzeigen, die sich ergibt. Nach der bisherigen Lektüre dürfte eindeutig sein, dass unser Personalmanagement eine große Rolle für das Gelingen agiler Transformationen spielt. Wie bereits beschrieben, ist eine agile Transformation vor allem ein Lernprozess, aber nicht nur. Also schauen wir einmal nach den anderen Aspekten.

Zur Erinnerung: Agile Methoden werden noch oft mit der Softwareentwicklung und der IT generell in Verbindung gebracht. Sobald agiles Arbeiten allerdings die »Blase« einzelner IT-Projekte verlässt, wird es automatisch ein Thema für die Personalabteilung, denn aus Sicht des Personalmanagements ist »agil« deutlich mehr als einzelne Methoden wie Scrum oder ein Experiment mit Arbeitsformen und berührt nahezu alle Kernaufgaben der Personalabteilung.

Für Personaler macht es zunächst Sinn, das größere Bild und die generellen Veränderungen der Wirtschaftswelt, die strategischen Veränderungsprozesse und die methodischen Verschiebungen holistisch zu betrachten. Dann zeigt sich, dass »agil« nur eines von mehreren Themen ist, die ähnlichen Mustern folgen, vergleichbare Konsequenzen haben und geeignete Strategien für die zukunftsfähige Organisation des Unternehmens erfordern. Die alleinige Betrachtung einzelner agiler Methoden und deren Konsequenzen auf die Organisation wäre deutlich zu kurz gesprungen und würde wesentliche Aspekte außer Acht lassen.

Die moderne Wirtschaftswelt ist durch Globalisierung, Digitalisierung, agile Methoden, Industrie 4.0 und ähnliche Trends gekennzeichnet, die fast alle in eine Richtung wirken und oft mit dem Akronym VUCA bezeichnet wurde. VUCA steht für Volatile, Uncertain, Complex, Ambigious, d. h. eine Wirtschaft, in der schnelle Veränderungen, die immer schlechter vorhersehbar sind, zu einer steigenden Komplexität in nahezu allen Bereichen führen. Somit steigen auch die Widersprüchlichkeiten, die solide Managemententscheidungen erschweren, bei gleichzeitiger Notwendigkeit, deutlich schneller zu entscheiden und zu handeln.

Gemeinsamkeiten der Treiber dieser VUCA-Welt sind technische Fortschritte (Innovationen oder disruptive Geschäftsmodelle), zunehmende Vernetzung und Individualisierung. So ist ein zentrales Element der Industrie 4.0 die »Losgröße 1«, d. h. die Produktion von individualisierten statt vordefinierten Produkten. Ein Vorreiter ist die Automobilindustrie, die so viele Varianten an Fahrzeugen und Ausstattungen anbietet, dass in vielen Werken in einem Jahr keine zwei identischen Autos gebaut werden.

Für das Personalmanagement der Unternehmen ergeben sich daraus einige Konsequenzen. So wird das Personalmanagement internationaler, digitaler und zunehmend durch individuelle Lösungen für einzelne Mitarbeitende (»Losgröße 1«) geprägt sein.

Für einen Funktionsbereich, der bis heute vielfach mit kollektiven Systemen und verpflichtenden Standards (einer Command- und Control-Kultur und dem Wunsch nach Konformität) arbeitet, stellen einige Logiken der VUCA-Welt und des agilen Arbeitens somit eine große Herausforderung dar.

Bei der Diskussion agiler Methoden und agilen Arbeitens werden bisher, neben den Methoden selbst, vor allem die Konsequenzen auf die Führung der Teams und des Unternehmens als Ganzes betrachtet. Seltener wird der nächste Schritt diskutiert: die Veränderungen der Aufbau- und Ablauforganisation. In diesem Anhang soll am Beispiel des Personalmanagements aufgezeigt werden, welche Konsequenzen agile Arbeit haben und wie mit den notwendigen Veränderungen umgegangen werden kann.

Vorab ist festzustellen, dass inzwischen einige Beispiele für die konkrete Bearbeitung der Fragen existieren, die durch agile Methoden im Personalmanagement aufgeworfen werden. Die ersten Beispiele eint, dass sie meist aus kleineren, relativ jungen IT-Unternehmen mit hochqualifizierten, relativ homogenen Belegschaften stammen. Diese Unternehmen sind ziemlich weit in ihrer »organisatorischen Agilisierung«, da sie als erste konsequent auf agile Methoden gesetzt haben und eine vergleichbar geringe organisatorische Komplexität aufweisen. So unterscheiden sie sich von der Mehrheit der Unternehmen unter anderem dadurch, dass sie nicht der Mitbestimmung ihrer Angestellten unterliegen, d. h. keinen Betriebsrat haben. Die Betrachtung der Konsequenzen agilen Arbeitens auf das Personalmanagement darf sich jedoch nicht nur auf diese Vorreiter konzentrieren, sondern muss umgekehrt von der Mehrheit der Unternehmen ausgehen.

Auch Großunternehmen und Mittelständler in klassischen Branchen nutzen agile Methoden zunehmend, nicht nur in der IT-Abteilung. Hier stellen sich die Konsequenzen agilen Arbeitens ganz anders dar, da HR-Systeme betroffen sind, die in den agilen Vorreiterunternehmen nicht vorhanden oder nicht relevant sind. Es lohnt sich, solche Beispiele zu recherchieren, denn aus ihnen kann für eine eigene agile Transformation viel gelernt werden. Hier verzichten wir auf konkrete Beispiele, denn zum einen ist dafür kein Platz, zum anderen zeigen die bekannten Cases, dass eine agile Transformation in jedem Unternehmen anders gestaltet ist.

Im weiteren Verlauf dieses Kapitels soll die fiktive Firma Meier GmbH als Muster dienen, um aufzuzeigen, wie eine erste Auseinandersetzung mit den notwendigen Anpassungen des Personalmanagements an die Herausforderungen der agilen Welt aussehen kann.

Die Meier GmbH sei ein mittelständischer Maschinenbauer im ländlichen Raum. Rund 1.000 Mitarbeitende produzieren hochpräzise Maschinenkomponenten für die Investitionsgüterindustrie. In den letzten Jahren ist neben der Produktion auch das Systemgeschäft immer wichtiger geworden. Auf mittlere Sicht erwartet die Geschäftsführung, dass rund 50 % des Umsatzes mit der Produktion von Standardprodukten und 50 % mit komplexen Systemprojekten erwirtschaftet wird. Die Projekte werden meist als Verbundprojekte mit anderen Unternehmen durchgeführt, und zunehmend sind gemischte Projektteams in agilen »Task Forces« im Einsatz. Nicht nur die Programmierung von Steuerungssoftware und anderen IT-Applikationen, auch die Projektsteuerung selbst erfolgt nach agiler Logik, da die Projekte durch variable Kundenanforderungen und einen globalen Markt immer individueller, zeitkritischer und innovativer werden.

Mit der Nutzung agiler Methoden auch in anderen Bereichen als der IT kam es bei der Meier GmbH zu deutlichen Produktivitätssprüngen und höherer Kundenzufriedenheit, aber gleichzeitig sind vermehrt Konflikte und Reibungsverluste in der Organisation zu beobachten. Gerade die Mitarbeitenden, die gerne und oft in agilen Teams eingesetzt sind, beschweren sich immer öfter über »unsinnige« Prozesse, und die Führungskräfte in diesen Bereichen sind verunsichert, weil die bisherige Logik von Führung offensichtlich nicht mehr passt. Inzwischen hat auch der Betriebsrat Verstöße gegen bestehende Betriebsvereinbarungen moniert, etwa solche gegen die bestehenden Arbeitszeitregelungen oder der Einsatz von externen Freiberuflern im Crowd-Working, die vom Betriebsrat negativ bewertet wurden.

Für die Geschäftsleitung ist klar, dass dieser schleichende Prozess früher oder später massive Probleme verursachen wird. Nun soll geklärt werden, welche Konsequenzen agiles Arbeiten konkret hat und wie darauf am besten zu reagieren ist. Die »strategischen Leitplanken« für die Zukunft des Unternehmens gehen davon aus, dass agile und »klassische« Unternehmensteile parallel existieren werden (hybride Organisation). Die Produktion wird weiterhin auf höchste Qualität und Effizienz ausgerichtet sein und das vorhandene Schichtsystem nutzen. Die Projektorganisation wird sich flexibel an die Veränderungen im Markt anpassen und soll auch für innovative Ideen und Produktion, d. h. die Weiterentwicklung des Geschäfts, genutzt werden. Hier wird allerdings nicht auf agile Methoden fokussiert, sondern eine kontinuierliche Weiterentwicklung des eigenen Projektmanagements angestrebt. Agile Methoden sind nur ein Teilaspekt, das CCPM spielt ebenso eine Rolle wie die Lean Production und Kanban. Insgesamt ist die Situation durch große Verunsicherung bei den Führungskräften aller Ebenen gekennzeichnet, da schlicht niemand genau sagen kann, wie die Zukunft aussehen wird und wie der Weg dorthin professionell gestaltet werden kann.

Der Personalleiter, ein erfahrener Haudegen alter Schule, hat früh erkannt, dass die bestehenden HR-Systeme einen Teil der offengelegten Probleme verursacht haben und die Personalabteilung dringend analysieren muss, was zu tun ist. Er bittet einen seiner Mitarbeitenden, der die Projektbereiche als HR Business Partner betreut, mit ihm ein Tandem zu bilden und ein Konzept für das zukünftige Personalmanagement zu erarbeiten. Da der junge Kollege die agilen Methoden aus eigener Anschauung kennt und auch sonst moderne Instrumentarien nutzt, können beide die gesamte Bandbreite der relevanten Themen abdecken.

Da die Einführung der agilen Methoden in den Bereichen IT und Entwicklung quasi unter dem Radar erfolgte, d.h. von den Fachabteilungen ohne weitere Rücksprache mit dem Management etabliert wurden, sind sich die beiden Personaler zunächst nicht sicher, welche Aspekte des agilen Arbeitens welche Konsequenzen zeigten. Daher wird zunächst eine Analyse vorgenommen. Hierzu werden die beiden Abteilungsleiter der IT und der Entwicklung gebeten, ihre Erfahrungen in einen sogenannten HR Agility Check einzubringen. Dieser orientiert sich an den Gestaltungsfeldern des Personalmanagements, wie es von der DGfP (Deutsche Gesellschaft für Personalführung) erarbeitet wurde. Dieses Referenzmodell war bereits Grundlage bei der Entwicklung der jetzt vorhandenen HR-Systeme und repräsentiert in gewisser Weise den Ist-Zustand im Personalmanagement der Meier GmbH.

DGFP Referenzmodell: Übergeordnete Gestaltungsfelder

Gestaltungsfeld	Inhalte
Unternehmens- und Personalstrategie	• Integration PM in Unternehmensstrategie • Ableitung und Umsetzung Personalstrategie
Unternehmenskultur und Veränderung	• Gestaltung Unternehmenskultur • Begleitung Veränderungsprozesse
Wertschöpfungs-management	• Wertbeitragsorientierte Steuerung PM-Aktivitäten • Kennzahlengestütztes Personalcontrolling
Arbeitsrecht und Sozialpartnerschaft	• Management von Arbeitsbeziehungen • Rechtskonforme Personalentscheidungen
Beziehungen und Netzwerke	• Beziehungsmanagement zu relevanten Stakeholdern • Intern und extern
Internationales Personalmanagement	• Entsendungen • Internationale Personalprozesse • Dezentrale Personalprozesse

Abb. 82: Referenzmodell (Quelle: DGfP 2010)

Gestaltungsfeld	Inhalte
Personalmarketing und Personalauswahl	• Employer Branding • externe und interne Personalsuche • Treffen von methodengestützten Auswahlentscheidungen
Personalbetreuung und Mitarbeiterbindung	• Personaladministration • personenbezogene Betreuungsaktivitäten • Mitarbeiterbindung
Leistungsmanagement und Vergütung	• Gestaltung und Anwendung von Zielvereinbarungssystemen • Gestaltung und Umsetzung von Vergütungssystemen • Konzeption und Führen von Mitarbeitergesprächen

Personalentwicklung und Managemententwicklung	• Kompetenzidentifikation und Entwicklung • Karriereprogramme • Organisationsentwicklung
Personalfreisetzung	• Gestaltung von individuellen Trennungsprozessen • Gestaltung kollektiven Trennungsprozessen
Führungs- und Selbstkompetenz	• Führungskompetenzen • Personale und soziale Kompetenzen

Tab. 9: Referenzmodell und Unterpunkte für die lebenszyklusorientierten Gestaltungsfelder (Quelle: DGfP 2010)

Der HR Agility Check wiederum ist eine simple Excel-Tabelle (vgl. Tab. 10), in der die einzelnen Gestaltungsfelder (Abb. 40) mit ihren zugehörigen Unterpunkten (Abb. 82) aufgeführt sind, sofern diese als HR-System bei der Meier GmbH existieren. Zu diesen HR-Systemen wird nun gefragt, inwieweit die Nutzung agiler Methoden zu Handlungsbedarfen führt. Dabei wird im Gespräch mit den betroffenen Fachbereichen diskutiert, wie relevant ein Thema für die agil arbeitenden Fachbereiche ist, wie dringend eine Veränderung herbeigeführt werden muss und welche Optionen für die Zukunft existieren. Aus diesen ersten Überlegungen soll dann ein Modell für die Zukunft abgeleitet werden, dass die wesentlichen Entscheidungsfaktoren berücksichtigt.

Thema	Relevanz (Handlungsnotwendigkeit)	Dringlichkeit	Verantwortung	Entscheidungsparameter	Optionen zur Handlung (Stakeholder, Recht, ...)	Aufwand	neues Modell – Zielrichtung
Personalbetreuung und Mitarbeiterbindung							
Personaladministration							
Personenbezogene Betreuungsaktivitäten							
Mitarbeiterbindung							
Leistungsmanagement und Vergütung							
Gestaltung und Anwendung von Zielvereinbarungssystemen							

Thema	Relevanz (Handlungsnotwendigkeit)	Dringlichkeit	Verantwortung	Entscheidungsparameter	Optionen zur Handlung (Stakeholder, Recht, ...)	Aufwand	neues Modell – Zielrichtung
Gestaltung und Umsetzung von Vergütungssystemen							
Konzeption und Führung von Mitarbeitergesprächen							
Personal-Managemententwicklung							
Kompetenzidentifikation und Entwicklung							
Karriereprogramme							
Organisationsentwicklung							

Tab. 10: HR-Agility-Check. Zu den einzelnen Gestaltungsfeldern des Personalmanagements wird gefragt, in welcher Form die Nutzung agiler Methoden relevant wird und welche Handlungsbedarfe sich daraus ergeben.

In der Diskussion mit den beiden Fachbereichen erkennen alle Beteiligten schnell, dass sich der HR Agility Check ohne eine weitere Voranalyse nicht sinnvoll bearbeiten lässt. So hat der in einer klassischen Effizienzkultur eines Produktionsunternehmens erfahrene Personalleiter zunächst Schwierigkeiten, die Denkweise und die Werte agilen Arbeitens zu verstehen. Die Kolleginnen und Kollegen aus den Fachabteilungen wiederum erkennen, dass ihre Kenntnisse im Arbeits- und Mitbestimmungsrecht im operativen Alltag ziemlich unter die Räder gekommen sind. Weiterhin fällt es ihnen schwer, die Konsequenzen agilen Arbeitens präzise zu beschreiben, denn Probleme, die sie als Folge agilen Arbeitens sehen, könnten auch die Konsequenz von »üblichen« Kommunikations- oder Führungsdefiziten sein. Daher wird beschlossen, die beiden Abteilungen genauer zu analysieren und herauszufinden, welche Probleme dort auftreten und wo die Ursachen zu suchen sind. Auf diese Weise soll zwischen den Konsequenzen agilen Arbeitens und den auch sonst auftretenden »Reibungsverlusten« unterschieden werden können.

Beide Abteilungsleiter führen in den nächsten vier Wochen eine tägliche Liste, in der sie alle am Tage aufgetretenen Auffälligkeiten notieren und bewerten. Grundlage ist die in der Luftfahrt verbreitete VZU-Matrix. VZU steht für:

- **V**orfall: kleinere Abweichung ohne Sicherheitsrisiko, z. B. Ausfall eines redundanten Systems,
- **Z**wischenfall: Abweichung, die bereits sicherheitsrelevant sein kann, z. B. ein anderes Flugzeug auf Kollisionskurs, aber ohne direkte Gefährdung,
- **U**nfall: Ereignis mit Schadensfolge, z. B. Reifen platzt bei Landung oder ein Passagier gefährdet andere Passagiere.

Täglich tragen die beiden Abteilungsleiter nun ihre Beobachtungen in eine VZU-Tabelle ein und sortieren die Vorfälle nach Häufigkeit und Schwere. Aus den Listen der zwei Wochen – die übrigens auch positive Abweichungen aufführen – werden in der nächsten Sitzung Cluster herausgearbeitet, die über die Häufigkeit von Ereignissen bzw. deren Wirkung priorisiert werden.

Nach der ersten Erfahrung ist es für die Beteiligten keine Überraschung, dass mehr als 90 % der identifizierten Themen mit agilem Arbeiten gar nichts oder nur indirekt zu tun haben. Die meisten Aspekte, die bisher als Folge agilen Arbeitens betrachtet wurden, sind auch in anderen Bereichen des Unternehmens verbreitet und eine Folge von individuellem Fehlverhalten, Prozessabweichungen und mangelnder Kommunikation. Diese Themen werden als Teil eines »kontinuierlichen Verbesserungsprozesses« ausgeklammert, um die aktuelle Diskussion nicht zu überfrachten.

Am Ende der Diskussion sind mehrere Cluster und Themen identifiziert, für die ein Handlungsbedarf der Personalabteilung aus der Nutzung der agilen Methoden resultieren und die im Weiteren bearbeitet werden sollen. Diese sind:

- Kultur und Werte
- Aufbau- und Ablauforganisation
- Führungsrolle(n) und die Rolle der Stabsstellen
- Personal- und Führungskräfteentwicklung, Karrieremodelle
- Arbeitszeiten und -orte
- Definition, Messung und Beurteilung von Leistung

Es wird vereinbart, dass sich der Personalleiter zunächst mit der Frage befasst, was genau zu diesen Clustern gehört, wie sich andere Unternehmen mit ähnlichen Fragestellungen befasst haben, und einen Vorschlag für das weitere Vorgehen erarbeitet. Als der IT-Leiter anmerkt, dass dies wirklich kein agiles Vorgehen sei, müssen alle lachen, denn in dieser Vereinbarung spiegelt sich das klassische expertise- und positionsbezogene Denken. Auf der anderen Seite sind sich alle einig, dass agiles Vorgehen bei einer komplexen Fragestellung wie modernem Personalmanagement vielversprechend wäre, aber zwingend eine ausreichende Anzahl von Kolleginnen und Kollegen verschiedener Abteilungen erfordern würde, die sich mit dem bestehenden und den Grundlagen agilen Personalmanagements so gut auskennen, dass sie sinnvoll an den

Themen arbeiten könnten. Dies ist nach eigener Einschätzung nicht der Fall, so dass erst ganz »klassisch« eine Arbeitsgrundlage geschaffen wird. Agiles Denken und Arbeiten soll dann später genutzt werden, um neue Systeme und Instrumente zu entwickeln und zu erproben.

Als der Personalleiter und sein HR Business Partner das Meeting mit den Abteilungsleitern nachbereiten, um sich die weitere Arbeit aufzuteilen, wird ihnen die Komplexität der Thematik erst richtig bewusst. Es sind nicht nur die Mehrheit der Felder im Referenzmodell des Personalmanagements betroffen, sondern auch ein breiter Kanon von konkreten Aspekten bis hin zu eher schwer steuerbaren Faktoren wie der Unternehmenskultur. Der Personalleiter gibt offen zu, dass er aktuell keine Vorstellung davon hat, worauf sie sich gerade einlassen. Dies liegt auch daran, dass Erfahrung und Vergleiche fehlen und es so gar nicht möglich ist, ein (geistiges) Bild der Zukunft zu zeichnen. Wohin soll die Reise gehen und wie soll sie aussehen?

Zunächst wird also eine Struktur benötigt, die es erlaubt, die Arbeit systematisch zu gestalten und Orientierung zu bieten. Schnell einigen sich die beiden darauf, die Dilts-Pyramide (nach Robert Dilts, einem Mitbegründer des NLP) zu nutzen, um die Abstraktionsebenen zu erfassen.

Der HR Business Partner bietet sich an, anhand der Dilts-Pyramide nach Beispielen zu suchen, wie Unternehmen die jeweiligen Ebenen im agilen Kontext gestaltet haben. Nach einer Woche findet das Folgetreffen statt und der HR Business Partner stellt seine Ergebnisse vor. In einer Literatur- und Peer-Recherche (Gespräche mit anderen Personalern) hat er in 37 Unternehmen, die bekanntermaßen mit agilen Methoden arbeiten, recherchiert, welche Konsequenzen die jeweiligen Personalabteilungen gezogen haben. Dabei stellt er fest, dass nur eine Minderheit der Personaler begonnen hat, Lösungen für die Herausforderungen zu entwickeln. Diese Minderheit ist allerdings schnell zu zwei Erkenntnissen gekommen.

Zum einen ist die Komplexität einer agilen Transformation sehr hoch, da in den meisten Unternehmen agile und klassische Elemente nebeneinander bestehen werden und viele Einflussfaktoren, wie die Erwartungshaltung und Kompetenzen bei Mitarbeitenden oder die Arbeitsgesetzgebung, in direktem Widerspruch zueinanderstehen.

Zum anderen ist die Nutzung agiler Methoden wahrscheinlich der beste Weg, die Probleme zu bearbeiten, die durch den Einsatz agiler Methoden entstehen. Insbesondere ein iteratives Vorgehen (Konzept, Simulation, Prototyp/en, Skalierung) unter aktiver Beteiligung der Betroffenen wird als erfolgversprechend angesehen.

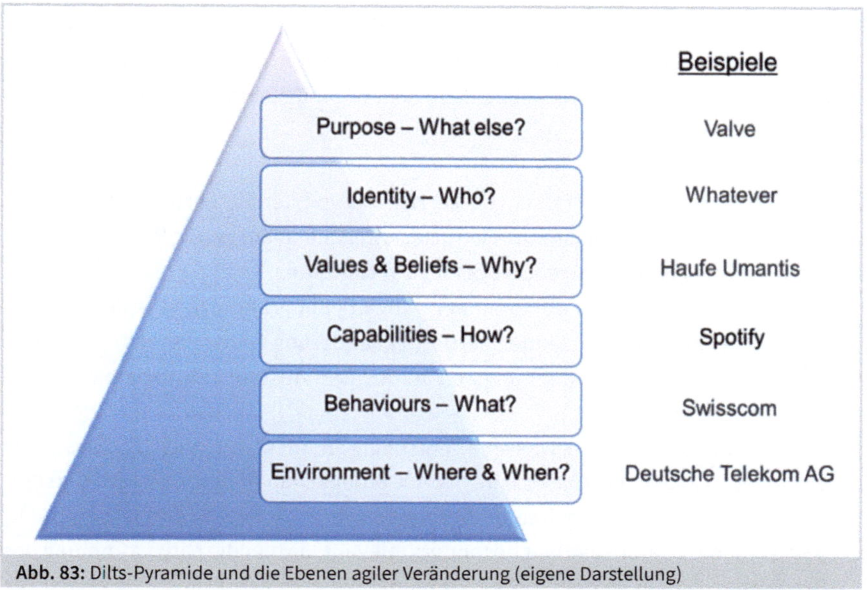

Abb. 83: Dilts-Pyramide und die Ebenen agiler Veränderung (eigene Darstellung)

Agile Methoden und das Betriebsverfassungsgesetz

Bei der Diskussion der einzelnen Beispiele beginnen die beiden Personaler auf der unteren Ebene. Die Frage nach dem »Where & What« in der Dilts-Pyramide ist die Frage nach den Rahmenbedingungen, in denen sich ein Unternehmen bewegt und die im Unternehmen gelten. Hierzu gehören beispielsweise die Branche mit ihren jeweiligen Eigenheiten, der Standort und dessen soziopolitisches Umfeld, aber auch Gesetze und Regulierungen, denen die Tätigkeit des Unternehmens unterliegt. Aus Sicht einer Personalabteilung wird vor allem das Arbeitsrecht mit seinen angrenzenden Themenfeldern interessant sein. Rahmenbedingungen gelten aber auch innerhalb des Unternehmens, wenn etwa nach den Methodenkenntnissen, Kompetenzen der Beteiligten, Prozessen usw. geschaut wird.

Die Einführung und Nutzung agiler Methoden ist in vielerlei Hinsicht vom Arbeitsrecht betroffen. Dies beginnt beim Arbeitszeitgesetz und hört bei den Bestimmungen zur Sozialversicherung, zum Beispiel der Frage nach der (Schein)Selbstständigkeit freiberuflicher Mitarbeitender, noch lange nicht auf. Wenn in einem Unternehmen ein Betriebsrat besteht, muss sich die Unternehmensführung, meist vertreten durch die Personalabteilung, mit dem Betriebsrat einigen, wie mit den agilen Methoden umzugehen ist.

Wichtigste Grundlage für diese Zusammenarbeit ist das Betriebsverfassungsgesetz (BetrVG), das dem Betriebsrat zu wesentlichen Themen ein Unterrichtungs-, Beteiligungs- oder Mitbestimmungsrecht einräumt. Gerade bei den mitzubestimmenden Themen werden Unternehmensleitung und Betriebsrat in der Regel Betriebsvereinbarungen abschließen, d. h. eine klare Regelung, wie mit einem Thema im operativen Alltag umzugehen ist.

Welche Teile des Betriebsverfassungsgesetzes sind von der Einführung agiler Methoden betroffen? Für eine umfassende Betrachtung ist hier nicht genug Raum, aber eine erste Vorstellung kann die folgende Übersicht vermitteln:

- § 111 BetrVG regelt unter anderem den Umgang mit grundlegend neuen Arbeitsmethoden, die unter Umständen als Betriebsänderung gelten können.
- § 96 ff. regeln die Mitbestimmungsrechte des Betriebsrates im Rahmen von Bildungsmaßnahmen.
- § 95 regelt unter anderem, was eine Versetzung ist. Dies kann auch die Zuweisung eines neuen Arbeitsbereiches sein, der mit erheblichen Änderungen der Umstände der Arbeit eines Mitarbeitenden verbunden ist.
- § 87 ist für die operative Arbeit besonders relevant, da hier die Mitbestimmung des Betriebsrates zu allen personellen Einzelmaßnahmen geregelt ist. Dazu gehören unter anderem die betriebliche Lohngestaltung und leistungsbezogenen Entgelte, die betriebsübliche Arbeitszeit oder die Einführung technischer Einrichtungen, die geeignet sind, die Leistung und das Verhalten der Arbeitnehmer zu überwachen.

Einen Betriebsrat werden wahrscheinlich zuerst die neue Arbeitsorganisation, die mit agilem Arbeiten verbundenen Rollen und die Konsequenzen für den einzelnen Mitarbeitenden hinsichtlich der Ziele, Leistungsbeurteilung und Vergütung interessieren. Ist hier ein Einvernehmen erzielt, wird eine Vielzahl weiterer Themen folgen, so dass mit langwierigen Verhandlungen zu rechnen ist.

Welche Herausforderungen ergeben sich somit für die Führungskräfte in den agil arbeitenden Bereichen und die verhandlungsführende Personalabteilung? Oder anders formuliert: Wie wollen wir agiles Arbeiten regeln?

Während die zu klärenden Themen durch das BetrVG vorgegeben sind, sind die Verhandlungspartner in der Gestaltung ihrer Regelungen, d. h. die Definition, wie sie das Thema XYZ handhaben wollen, relativ frei. Da agiles Arbeiten noch am Anfang steht, wird für viele Unternehmen nicht klar sein, wie die Regelungen aussehen können. Da sowohl der Betriebsrat als auch die Personalabteilung meist wenig Erfahrung mit agilem Arbeiten haben, werden die Fachabteilungen, in denen agil gearbeitet wird, unbedingt in die Verhandlungen einbezogen werden müssen. Leider wird es hier auch deutlich schwerer, von anderen Unternehmen zu lernen, da agiles Arbeiten deutlich individueller gestaltet ist als klassische Organisationsformen und unterschiedliche Aspekte unterschiedlich relevant sind. Zu Beginn werden die Verhandlungspartner vielfach Pilotphasen mit temporären Regelungen vereinbaren. Früher oder später wird es jedoch nötig, nachhaltige Regelungen zu treffen, die auch den Mitarbeitenden Klarheit vermitteln. Diese Verhandlungen werden erfahrungsgemäß einige Zeit in Anspruch nehmen, was in direktem Konflikt mit der Logik agilen Arbeitens steht. Weiterhin werden Betriebsräte tendenziell auf allgemeinverbindliche und genaue Regelungen drängen, was wiederum im Widerspruch zur typischen Vorgehensweise agilen Arbeitens, d. h. dem schnellen Arbeiten mit parallelen Prototypen und der permanenten Verbesserung nach Lernschleifen, steht.

Die Grundlogik des BetrVG geht davon aus, dass ein Betriebsrat ein Kollektivvertretungsorgan zum Schutz der Mitarbeiter(-rechte) ist. Diese Logik und die von Betriebsräten daraus abgeleiteten Ansprüche passen eher nicht zu den Prinzipien agilen Arbeitens und den Interessen der Mitarbeitenden. Selbst wenn ein Betriebsrat agilem Arbeiten positiv gegenübersteht, unterliegt er Anforderungen des BetrVG, die seinen Handlungsrahmen beschränken. Ein Beispiel hierfür ist die Erhebung und Auswertung von Daten von Mitarbeitenden, die von Betriebsräten meist sehr negativ gesehen wird. Aus Sicht derjenigen Mitarbeitenden, die agiles Arbeiten als Chance wahrnehmen, werden die Kollektivregelungen, die ein Betriebsrat erwirkt, häufig nicht mit den individuellen Interessen übereinstimmen. Gleichzeitig sind diese Mitarbeitenden aber an die Regelungen, die in ihrem Namen getroffen werden, gebunden.

Ein weiteres Prinzip der Betriebsratsarbeit ist die Gleichbehandlung von Mitarbeitenden, die bereits in klassisch organisierten Unternehmen mit eindeutigen Funktionsbeschreibungen immer wieder zu Konflikten führt. In einem agilen Umfeld, in dem Mitarbeitende häufig neue, undefinierte Rollen übernehmen und ggf. in unterschiedlichen Organisationseinheiten mit unterschiedlichen Rollen tätig sind, wird eine Gleichbehandlung nicht möglich und vor allem nicht sinnvoll sein. Dies wird für viele Unternehmen noch spannende Diskussionen nach sich ziehen, insbesondere dann, wenn unterschiedliche Organisationsformen parallel existieren.

Neue Arbeitsformen sind in dem inzwischen völlig überalterten Arbeitsrecht nicht vorgesehen, und entsprechend fehlen Regelungen. So ist die Einbindung freiberuflicher Mitarbeitender zwar meldepflichtig, sie wird aber in den meisten Unternehmen keiner spezifischen Betriebsvereinbarung unterliegen. Zukünftig ist mit mehr Freiberuflern und einer tiefergehenden Einbindung in die Betriebsorganisation zu rechnen. Damit wird es sinnvoll sein zu prüfen, wie die Freiberufler und die »klassisch« Beschäftigten zu behandeln sind. Dies auch im Lichte der aktuellen Aktivitäten des Arbeitsministeriums, das die Regelungen für »Scheinselbstständigkeit« verschärft und freiberufliche Tätigkeit massiv erschwert.

In agilen Umgebungen wird auch die Frage zu stellen sein, was denn ein Betrieb ist. Auf dem Betriebsbegriff fußen das Betriebsverfassungsgesetz und die Mitbestimmung, gleichzeitig weichen die Grenzen von Betrieben durch digitale, globale und flexible

Arbeitsgestaltung immer weiter auf. Somit wird die ohnehin schon schwierige, weil nicht eindeutig definierte Situation zukünftig noch unklarer und von individuellen Gerichtsurteilen abhängig.

!

Was ist ein Betrieb?

Das BetrVG definiert den Begriff des Betriebes nicht. In der Wissenschaft ist er umstritten. In der Praxis ist die Rechtsprechung des Bundesarbeitsgerichts (BAG) maßgeblich: »Nach ständiger Rechtsprechung des BAG ist ein Betrieb i. S. des § 1 Satz 1 BetrVG eine organisatorische Einheit, innerhalb derer der Arbeitgeber zusammen mit den von ihm beschäftigten Arbeitnehmern bestimmte arbeitstechnische Zwecke fortgesetzt verfolgt.« Nicht eine *räumliche Einheit* oder Nähe ist maßgeblich, sondern das Vorhandensein eines *einheitlichen Leitungsapparats* ist die wesentliche Voraussetzung dafür, dass ein selbstständiger Betrieb vorliegt. Die *einheitliche Leitung* muss sich insbesondere auf die wesentlichen Funktionen des Arbeitgebers in sozialen und personellen Angelegenheiten beziehen (siehe: https://de.wikipedia.org/wiki/Betrieb_(Betriebsverfassungsrecht))

Als Beispiel für Personalabteilungen, die sich mit den Konsequenzen agilen Arbeitens auf die Mitbestimmungsrechte des Betriebsrates befasst haben, kann die Deutsche Telekom AG genannt werden. Hier wurde bereits früh eine Betriebsvereinbarung getroffen, in der wesentliche Elemente agilen Arbeitens geregelt wurden. Konkret ging es um folgende Aspekte (Klumpp und Guillium 2012):

- Einsatz in agilen Teams
- Führungskräfte
- Arbeitszeiten
- Vertretungs- und Urlaubsfälle
- Retrospektive
- Leistungs- und Verhaltenskontrolle
- Qualifizierung
- Anlagen zu Scrum und Kanban

Da die Zusammenarbeit an der Betriebsvereinbarung bereits 2011 begann, lagen auf beiden Seiten noch keine tiefergehenden Erfahrungen vor, so dass die Regelungen eher vage formuliert sind. Trotzdem ist dieses Beispiel ein gutes Vorgehensmuster für andere Unternehmen, da hier die Logik agilen Arbeitens angewandt wurde. Auf Basis gemeinsamer Informationen wurde mit den betroffenen Teams an Lösungen gearbeitet, die man iterativ weiterentwickelte.

Auch wenn die Beschreibung der Regelungen in der Betriebsvereinbarung den beiden Personalern der Meier GmbH nicht konkret weiterhilft, zeigt sie doch, dass der Personalabteilung hier eine besonders wichtige Rolle zukommt. Obwohl die Verantwortung für die Zusammenarbeit mit dem Betriebsrat per Gesetz bei der Geschäftsführung liegt und viele Themen, die in der operativen Zusammenarbeit mit dem Betriebsrat auftreten, durch einzelne Führungskräfte zu verantworten sind, ist es meist die Personalabteilung, an die dieses Themenfeld delegiert wird. Hier liegt in der Regel auch die Kernkompetenz für das rechtlich sehr komplizierte Arbeitsrecht.

Es ist somit davon auszugehen, dass auch die anstehenden Gespräche zu den Veränderungen aufgrund der Nutzung agiler Methoden hier angesiedelt sein werden. Die Rolle der Personalabteilung wird sich dabei kaum verändern, lediglich die Inhalte andere sein. Allerdings sind sich beide Personaler einig, dass es sich um sehr anstrengende Gespräche handeln wird, da nahezu alle Felder des Personalmanagements und der Betriebsverfassung von agilem Arbeiten betroffen sind. Hinzu kommt, dass grundlegende Aspekte des agilen Arbeitens zu der Grundlogik des Betriebsverfassungsgesetzes und dem Selbstverständnis des Betriebsrates in direktem Widerspruch stehen und zu guter Letzt unterschiedliche Regelungen für agile und klassisch organisierte Betriebsteile gefunden werden müssen. Auch die entsprechend lange Verhandlungsdauer wird den agil arbeitenden Kolleginnen und Kollegen einige Schwierigkeiten bereiten. Die Gespräche mit dem Betriebsrat sollten somit möglichst bald beginnen.

Individuen und Organisationen verändern – Erfahrungsräume schaffen
Das vom HR Business Partner für die Stufe »Behaviours – What« in der Dilts-Pyramide gewählte Beispiel passt sehr gut zu den Überlegungen, wie agiles Arbeiten eingeführt werden kann und sich schnell etabliert.

Die Swisscom hat sich bereits vor einiger Zeit auf die Veränderungen im Telekommunikationsmarkt und seiner Rahmenbedingungen eingestellt. Die gesamte Branche ist durch massive Veränderungen und einen hohen Konkurrenzdruck gekennzeichnet. Dies hat die Notwendigkeit aufgezeigt, sich flexibler und agiler aufzustellen. Eine der Konsequenzen, die die Swisscom für sich gezogen hat, ist die Nutzung der Prinzipien des Design Thinking auf dem Weg zu einer Experience Driven Company (Haas 2015). Es geht darum, Innovationen zu fördern und für die Weiterentwicklung des Unternehmens zu nutzen.

Unter anderem wurde hierzu am Stammsitz in Bern ein Design-Thinking-Labor eingerichtet, um neue Produkte, Prozesse usw. nach dem Prinzip des User Centric Design zu entwickeln. Dieses Design-Thinking-Labor ist gleichzeitig ein Ausbildungszentrum, in dem alle Mitarbeitenden und Führungskräfte in agilem Arbeiten geschult werden und das sie nutzen können, eigene (agile) Produkte zu entwickeln, neue Ideen zu erproben usw. Der »geschützte« Raum des Labors nutzt somit die Grundprinzipien agilen Arbeitens, qualifiziert die Mitarbeitenden und bietet ihnen die Möglichkeit, praktische Erfahrungen zu sammeln. Auf diese Weise wird der letzte Schritt, die Anwendung agiler Prinzipien und Methoden im eigenen Arbeitskontext, stark erleichtert. Die Erfolgswahrscheinlichkeit der Aktivitäten und die Motivation der Mitarbeitenden sind deutlich höher als in anderen Formaten des Kompetenzerwerbs.

Für die Personalabteilung der Meier GmbH ergeben sich aus den Überlegungen zur zukünftigen Personalentwicklung erhebliche Veränderungen. Die gesamte Logik des aktuellen Systems basiert auf Elementen des traditionellen Managements (Zielvereinbarung, Leistungsbeurteilung, Karrieremodell usw.), die primär auf der Weiterentwicklung des einzelnen Mitarbeitenden anhand standardisierter Inhalte und zentral ausgewählter Frontalformate (Seminare etc.) fußt. Die wesentliche Veränderung der Personal- und Führungskräfteentwicklung besteht nun im Paradigmenwandel vom hierarchischen Vorratslernen zum adaptiven Individuallernen. Es geht darum, aus jedem das Beste herauszuholen und sich an operativen Fragestellungen zu orientieren: »Ich habe hier eine Herausforderung, zu der möchte ich alles Notwendige lernen!«

Die Mitarbeitenden müssen also befähigt werden, eigenverantwortlich und im Austausch mit den Kolleginnen und Kollegen zu entscheiden, welche Weiterentwicklung sie nehmen wollen und wie diese erfolgen soll. Weiterhin sind Formate zu finden, die arbeitsplatznäher und in sich agiler konzipiert sind. Schlussendlich muss die Lücke zwischen der Theorie, dem Ausprobieren neuer Kenntnisse und Erfahrungen sowie der Überführung in den Arbeitsalltag verkleinert werden.

Hier erwarten beide Personaler, dass viel der bisher in der Personalabteilung liegenden Verantwortung an die Führungskräfte delegiert wird, die deutlich näher an den Mitarbeitenden und deren Arbeitsplatz sind und besser beurteilen können, wie der Übergang des Lernens in tagtägliches Arbeitsverhalten realisiert werden kann. Dies vor allem auch, weil ein selbstbestimmtes Lernen der Mitarbeitenden zu sehr viel mehr individuellen Maßnahmen führt, die eine Personalabteilung alleine wegen des Volumens nicht bewältigen kann. Die Kernkompetenz der Personalentwicklung, wirksame Methoden, Instrumente und Konzepte zu entwickeln und adäquate Dienstleister auszuwählen, sehen die Meier-Personaler aber auch zukünftig bei sich.

Die Rollen der Personalabteilung, Führungskräfte und Trainer in einer individuellen, adaptiven Lernumgebung beschreiben die beiden am Ende wie folgt:

- **Personalentwicklung:** Mit ihr ist die Organisationseinheit gemeint, die dafür sorgt, dass relevante Lernformate und eine fördernde Lernumgebung vorhanden sind.
- **Trainer:** Der Trainer ist primär ein Community-Manager, der Lernprozesse professionell begleitet.
- **Führungskräfte:** Wenn Lernen individuell und arbeitsplatzorientiert erfolgt, muss die jeweilige Führungskraft ein Teil des Lernprozesses sein. Die Rolle besteht primär darin, die Lernziele mit dem Lernenden zu reflektieren und zu vereinbaren, wie das Lernen im gegebenen Kontext erfolgen kann.

Zunehmend wichtig ist die Bereitstellung von »Laboren« im Arbeitskontext und die Frage, wie das Gelernte anderen Kolleginnen und Kollegen verfügbar gemacht werden kann (Simulation etc.). In einer agilen Welt wird deutlich mehr Wissen und Handlungskompetenz selbst und parallel zur Arbeit entwickelt und schneller an die betroffenen Kolleginnen und Kollegen (Skalierung) vermittelt. Hier bedarf es geschützter Umgebungen, in denen Lernen und Weiterentwicklung möglich sind, ohne den eigentlichen, wertschöpfenden Prozess zu stören. Gleichzeitig dienen solche Labore oder »Transformation Hubs« der Qualifizierung von Mitarbeitenden, zum Beispiel in Train-the-Trainer-Ansätzen.

Organisationsdesign agiler Organisationen – Organisationsregeln und -verhalten
Die Stufe »Capabilities – How« in der Dilts-Pyramide fragt nach Fähigkeiten. Für ein Individuum sind hier vor allem die Kompetenzen (s. vorheriger Abschnitt) relevant, bei einer Organisation geht es um die Details der Ablauforganisation, wenn die »Fähigkeiten« des Unternehmens betrachtet werden. Da die Ablauforganisation ganz wesentlich von der Aufbauorganisation abhängig ist, macht es aus Sicht einer Personalabteilung immer Sinn, beide Bereiche gemeinsam zu betrachten. Die beiden Personaler bei Meier entscheiden deshalb, beide Bereiche unter dem Begriff Organisationsdesign zusammenzufassen.

Ziel eines Organisationsdesigns ist, eine Organisation aufzubauen, in der
- die Strategie des Unternehmens unterstützt wird,
- alle Einheiten und Ressourcen effizient und überlappungsfrei zusammenarbeiten sowie
- alle relevanten Informationen leicht verfügbar sind und fließen.

In klassisch aufgebauten Unternehmen beruht die Aufbauorganisation, die im Organigramm dargestellt ist, auf funktionalen, d. h. fachlichen, Abgrenzungen. In der agilen Denkweise steht jedoch die kontinuierliche Lieferung nutzerorientierter Produkte im Fokus. Dies ist effizienter zu erreichen, wenn der Produktionsprozess und die hierzu nötigen Kompetenzen die Grundlage der Organisation bilden.

Als Beispiel für eine solche Organisation hat der HR Business Partner den Musikstreaming-Dienst Spotify ausgewählt, dessen Organisation in mehreren Publikationen im Internet diskutiert wird (u. a. Kniberg & Ivarsson 2012). Bei Spotify ist die Aufbauorganisation ganz auf die Zusammenarbeit in Scrum-Teams ausgerichtet und orientiert sich an Sozialstrukturen. Am Ende entsteht wieder eine Art Matrixorganisation, die allerdings die Bedürfnisse der einzelnen Mitarbeitenden hinsichtlich Zusammenarbeit, Lernen und Weiterentwicklung in den Vordergrund stellt. So wird ein hohes Innovations- und Motivationspotenzial geschaffen und agiles Arbeiten erleichtert.

Aufgebaut ist Spotify, wie die nachstehende Abbildung zeigt, aus »Squads« – den Begriff kennen wir bereits –, »Tribes« und »Chapters & Guilds«.

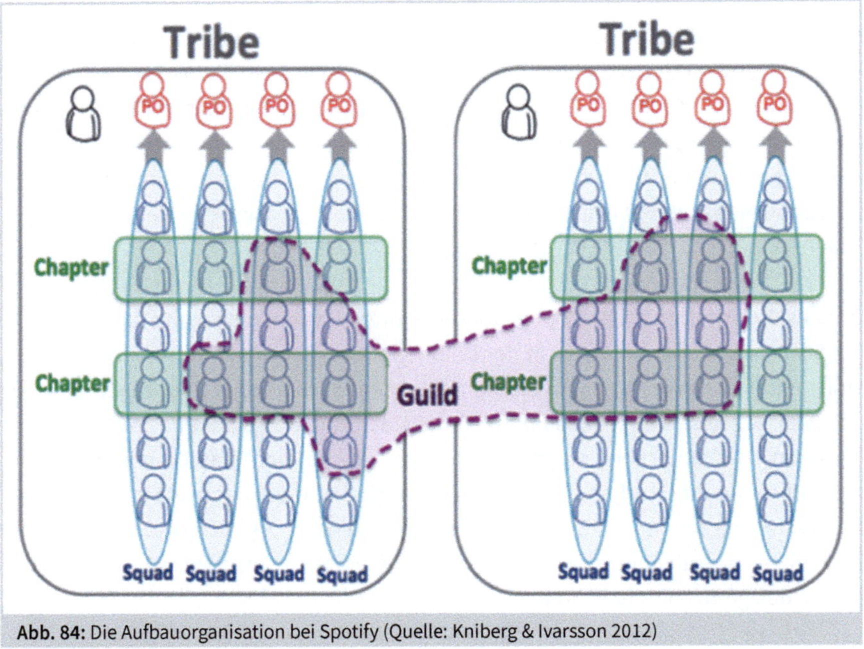

Abb. 84: Die Aufbauorganisation bei Spotify (Quelle: Kniberg & Ivarsson 2012)

Squad

Die zentrale Organisationseinheit und das Rückgrat der Organisation ist das Team (Squad), das wie ein Mini-Start-up agieren soll. Das Team ist mit allen Kompetenzen ausgestattet, die zur Erledigung der Aufgaben nötig sind, und sitzt räumlich zusammen. Die Squad kümmert sich um genau eine Aufgabe, die bis zur Fertigstellung bearbeitet wird. Alle Teams sind aufgefordert, rund 10% ihrer Arbeitszeit für aktives Lernen einzusetzen. Was gelernt wird, ist den einzelnen Teammitgliedern und der Absprache im Team überlassen.

Tribe

Ein Tribe (Stamm) ist eine Gruppe von Squads, die an ähnlichen oder miteinander verbundenen Aufgaben arbeiten. Der Stamm wird als eine Art Mini-Inkubator für die Mini-Start-ups gesehen. Tribes werden von einem Tribe Leader geführt, der den Squads möglichst optimale Rahmenbedingungen für ihre Arbeit verschaffen soll.

Chapter and Guilds

Chapter und Gilden sind die Antwort von Spotify auf einen zentralen Nachteil der Organisation in selbstorganisierten Teams: der Verlust der Vorteile, die sich aus Skalierung ergeben. So kann es gut sein, dass unterschiedliche Teams sehr ähnliche Themen bearbeiten oder Erfahrungen nutzen, die andere Teams gemacht haben. Hierzu bedarf es eines übergeordneten Austausches. In den Chaptern sind die Mitarbeitenden innerhalb einer Tribe zusammengefasst, die ähnliche Fähigkeiten besitzen und in prinzipiell gleichen Kompetenzbereichen arbeiten. Die Chapter treffen sich regelmäßig zum Erfahrungsaustausch und der gemeinsamen Bearbeitung von Themen. Während die Chapter innerhalb einer Tribe agieren, organisieren sich Gilden über die gesamte Organisation, und zwar im Sinne einer »Community of Interest«. Jede Gilde besitzt einen »Guild Coordinator«, der sich um die Koordination der Arbeit und Themen kümmert.

Es ist interessant zu wissen, dass es neben den genannten Organisationseinheiten noch Product Owner (Spotify arbeitet primär mit Scrum) und Coaches gibt. Außerdem wird die Organisation auf Basis der Erfahrungen kontinuierlich weiterentwickelt. So stellte sich heraus, dass ein Product Owner alleine nicht in der Lage ist, die relevanten Bereiche Design, Führung und Technik zu steuern. Daher wurde mit zunehmender Organisationsgröße immer öfter auf Trios und Alliances gesetzt. Ein Trio besteht aus drei Personen (statt eines Product Owners), die sich je auf eines der genannten Felder konzentrieren. Eine Alliance verbindet die Trios aus mehreren Tribes (Kendis 2018). So kann die Organisation skaliert werden. Gleichzeitig zeigt das Beispiel, dass agile Organisationen entwicklungsfähig sein sollten und dass der Koordinations- und Kommunikationsaufwand in agilen Organisationen nicht unterschätzt werden sollte.

Zusammengefasst ist bei Spotify also keine funktionale Aufbauorganisation (wie in den meisten Matrixorganisationen) vorhanden, sondern als eine »Delivery-oriented«-Organisation angelegt. Die gemeinsame Arbeit an einer Aufgabe, einem Projekt steht im Vordergrund.

Als sich die beiden Personaler der Meier GmbH anhand dieses Beispiels überlegen, wie eine Übertragung des Modells auf das eigene Unternehmen aussehen könnte und welche Konsequenzen sich für die Personalabteilung ergeben, fällt es beiden schwer, sich ein solches Modell vorzustellen. Das liegt zum einen an fehlender persönlicher Erfahrung mit agilem Arbeiten und der bisher fehlenden Auseinandersetzung mit alternativen Organisationsdesigns. Zum anderen wird schnell klar, dass die Produkt- und noch viel stärker die Teamorientierung (Squad) dieser Aufbauorganisation sehr viele Fragen nach sich ziehen. Wenn die Mitarbeitenden nicht mehr definierten Prozessen folgen, sondern selber in wechselnden Kontexten jeweils angepasste Prozesse definieren, ist eine zentrale Steuerung nicht mehr möglich. Es müssten komplett neue Grundlagen der Organisation in allen Bereichen des Personalmanagements geschaffen werden, womit die beiden wieder am Anfang ihrer Überlegungen angekommen sind: Die vielfachen Abhängigkeiten erzeugen eine zu hohe Komplexität für einfache Antworten oder Organisationsprinzipien. Eine Umstellung würde nahezu alle Abteilungen und Mitarbeitenden betreffen. Während dies für eine projektorientiert arbeitende Serviceorganisation noch relativ einfach machbar erscheint, ist die Umstellung einer Produktion deutlich schwieriger zu bewerkstelligen. Dies auch vor dem Hintergrund, dass die Vorteile einer Umstellung dort nicht offensichtlich sind.

Aus Sicht der Personalabteilung müsste zunächst die Modellierung einer »agilen Produktion« erfolgen, die dann in einem abgesonderten Bereich erprobt wird, um die vielfältigen Abhängigkeiten und Konsequenzen sichtbar zu machen. Wahrscheinlich würde außerdem der Anstoß für eine veränderte Produktionslogik eher aus dem Versuch entstehen, die Vorteile der Digitalisierung zu nutzen.

Werte und Grundhaltungen einer Organisation – Basis der Zusammenarbeit
Die Diskussion über eine »agile Produktion« zeigte beiden Personalern, dass unterschiedliche Organisationseinheiten eines Unternehmens sehr unterschiedlich von den Veränderungen durch agiles Arbeiten und andere aktuelle Trends betroffen sein können und dementsprechend mit unterschiedlichen Konsequenzen zu rechnen ist.

Dies bringt beide zu dem Beispiel, dass der HR Business Partner zur Illustration der Ebene »Values & beliefs – Why« in der Dilts-Pyramide ausgewählt hat. Die Haufe Umantis wurde 2013 schlagartig bekannt, als der damalige CEO Hermann Arnold von seinem Posten zurücktrat und seinen Nachfolger von den Mitarbeitenden wählen ließ. Ab diesem Zeitpunkt wurden die Managerinnen und Manager im Unternehmen per demokratischer Wahl bestimmt und somit sehr konsequent das Prinzip der Demokratie gelebt. Die Logik dahinter beschreibt der CEO Marc Stoffel wie folgt: »Mitarbeiter wählen ihren Chef ohnehin jeden Tag. Wenn ich als Chef Dinge tue, die niemand versteht, dann werden meine Mitarbeiter Anweisungen nicht befolgen und im extremsten Fall mit den Füßen abstimmen und uns verlassen« (Haufe Umantis 2015).

Bei Haufe wurde auch der »Haufe-Quadrant« entwickelt, den beide Personaler vor sich liegen haben. Er soll aufzeigen, inwieweit das Organisationsdesign und das Selbstverständnis von Mitarbeitenden zusammenpassen. Schließlich kann eine Organisation nur dann funktionieren, wenn beide Aspekte stimmig sind. Beim Organisationsdesign unterscheidet der Quadrant zwischen »gesteuert« und »selbstorganisierend« und bei der Rolle der Mitarbeitenden zwischen »Umsetzer« und »Gestalter«.

Somit entstehen vier Felder, die für unterschiedliche Formen des Zusammenspiels aus Organisationsdesign und Selbstverständnis der Mitarbeitenden stehen: »Weisung & Kontrolle«, »Agiles Netzwerk«, »Schattenorganisation« und »Überlastete Organisation«.

Feld 1: Weisung & Kontrolle
Hier treffen Umsetzer auf ein gesteuertes Design, was der klassische und noch immer sehr weit verbreitete Organisationsrahmen ist. Die Mitarbeitenden erwarten klare An-

weisungen, die in einer geregelten Prozesslandschaft abgearbeitet werden. Der Fokus liegt meist auf Effizienz.

Feld 2: Agiles Netzwerk
Das ist der Gegenentwurf zum klassischen Organisationsaufbau. Ein flexibles Organisationsdesign trifft auf Mitarbeitende, die selbstorganisiert und verantwortlich arbeiten. Das agile Netzwerk basiert auf Vertrauen und schnellem Agieren in flexiblen Märkten. Agile Netzwerke sind in der Lage, komplexe Sachverhalte zu erschließen, und können schnell auf Anforderungen reagieren.

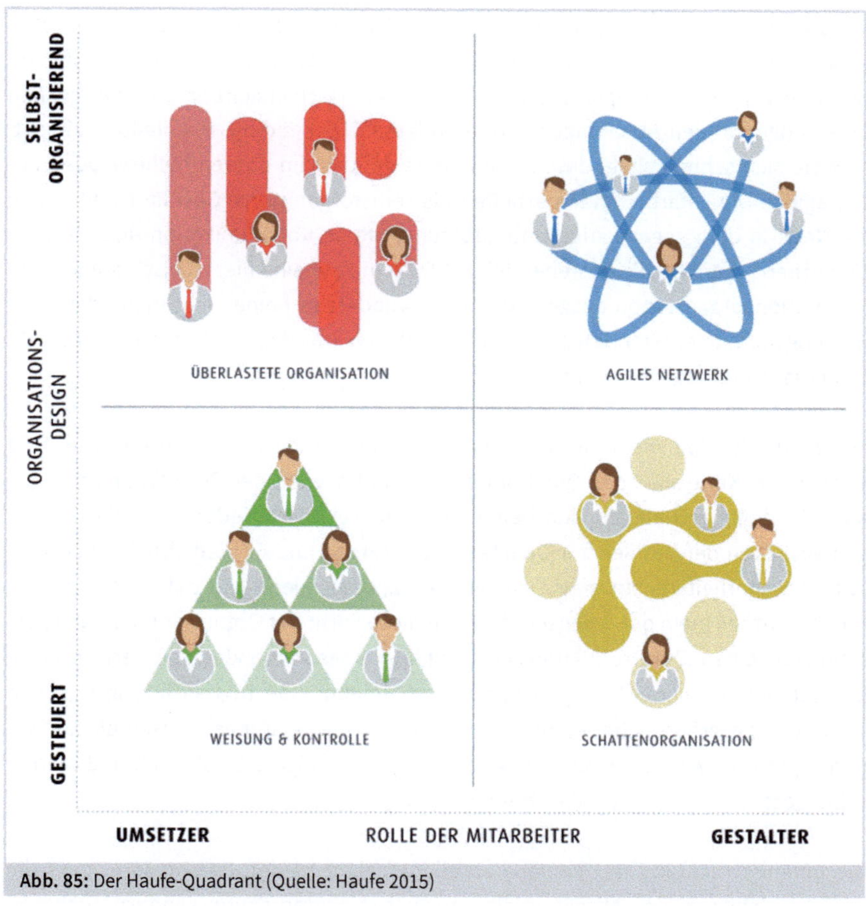

Abb. 85: Der Haufe-Quadrant (Quelle: Haufe 2015)

Feld 3: Schattenorganisation
Mitarbeitende, die sich aktiv einbringen wollen, sind mit einem geregelten, häufig starren Organisationsdesign konfrontiert. In der Folge kommt es zu bewussten Verstößen gegen Regeln und Umgehungen von Prozessen, um zu vernünftigeren oder schnelleren (als im Prozess vorgesehen) Lösungen zu gelangen.

Feld 4: Überlastete Organisation

Hier treffen Umsetzer auf ein offenes Organisationsdesign. Die Mitarbeitenden fühlen sich vielfach alleine gelassen und überfordert, da sie mit dem offenen Ansatz nicht umgehen können.

Der Haufe-Quadrant ist gut geeignet, die aktuelle Situation in Teams oder Organisationseinheiten zu betrachten und in einer Art Inventur zu sehen, wie gut oder schlecht Mitarbeitererwartungen und -kompetenzen mit den Anforderungen des bestehenden Organisationsdesigns übereinstimmen.

Für die verschiedenen Abteilungen der Meier GmbH fragen sich unsere beiden Personaler in einer ersten groben Betrachtung, wo die einzelnen Abteilungen wohl stehen und was die bisherigen Diskussionen in der Geschäftsleitung und die eigenen Erfahrungen in den Abteilungen vermuten lassen. Was die die IT-Abteilung angeht, sind sie sich schnell einig, dass diese bereits deutlich im oberen rechten Quadranten agiert. Die Mitarbeitenden arbeiten als selbstorganisierte Gestalter und bilden ein Netz, in dem gegenseitige Unterstützung, offene Kommunikation und Flexibilität vorherrschen. Da die bestehenden HR-Systeme auf eine hierarchisch aufgebaute Produktionsorganisation ausgerichtet sind, wundert es beide nicht mehr, dass hier Reibungspunkte entstanden sind und die agile Realität der IT mit der aktuellen HR-Systematik nicht zusammenpasst.

Für die Produktion wiederum kommen sie zu dem Schluss, dass diese klar im Feld »Weisung & Kontrolle« des Quadranten liegt und sowohl der Produktionsleiter als auch die dort beschäftigen Mitarbeitenden damit relativ zufrieden sind. Die vielfältigen Vorgaben der Kunden zur Qualität, enge Margen und Effizienzdruck, aber auch strikte Sicherheitsregeln sowie ein vergleichsweise niedriges, dafür heterogenes Kompetenzniveau in der Belegschaft lassen diese Form der Organisation aktuell passend erscheinen. Der Produktionsleiter hat allerdings schon klar geäußert, dass die bevorstehenden Veränderungen durch eine zunehmende Digitalisierung und den Trend zur »Losgröße 1« (Industrie 4.0) die Grenzen der Leistungsfähigkeit dieses Systems sprengen werden. Auch hier sind anpassungsfähigere Strukturen und stärker selbstgesteuert arbeitende Mitarbeitende nötig.

Die Innenbetrachtung der Personalabteilung zeigte beiden Personalern, dass die Analyse nicht nur eine Abteilung als Ganzes betrachten sollte, sondern auch einzelne Teile davon oder einzelne Prozesse. So hatten die Überlegungen bereits gezeigt, dass die Grundlogik des Personalmanagements weitgehend der klassischen Organisation folgt und viele Systeme beinhaltet, die in die Kategorie »Weisung & Kontrolle« gehören. Zielvereinbarung und Leistungskontrolle hatten beide schon diskutiert, auch die Personalentwicklung basierte auf dieser Grundlage und war als zentralisiertes Angebot organisiert (siehe hierzu auch weiter unten). Die Arbeit der

HR Business Partner, die jeweils einzelnen Organisationsbereichen des Unternehmens zugeordnet sind, ist dagegen durch ein hohes Maß an Flexibilität und eigenverantwortlicher Entscheidung und Umsetzung gekennzeichnet. Hier war oft eine Art Schattenorganisation zu beobachten, wenn spezifische Bedürfnisse der Fachabteilungen durch innovative und damit nicht abgestimmte Lösungen unterstützt oder gar bestehende Prozesse und Regeln umgangen wurden, um zu einer adäquaten Lösung zu kommen. Die Lohn- und Gehaltsabrechnung dagegen war sehr klassisch und regelkonform aufgestellt, ein Projekt zur Unterstützung der Integration eines zugekauften Unternehmens wiederum fast agil. Hier gab es somit eine große Bandbreite. Die Überlegung, welche HR-Kolleginnen und -Kollegen welche Erwartungshaltungen mitbringen, ergab sogar, dass die gesamte Bandbreite vorhanden war. Eine Umorganisation der Personalabteilung, die bei einer konsequenten Einführung agilen Arbeitens unumgänglich wäre, würde also innerhalb des Personalbereiches nicht nur fachlich einige Unruhe auslösen.

Identität und Leitbild in einer agilen Wirtschaft – Zweck und Ausrichtung einer Organisation

Die Diskussion um die Werte und Grundhaltungen in einer immer stärker agil arbeitenden Organisation zeigt unseren Personalern, dass die Frage nach einem Leitbild (Vision) für ein Unternehmen in der agilen Welt tendenziell wichtiger wird. Die meisten Unternehmen verfügen über ein Leitbild, in dem die grundlegende Ausrichtung und die Grundprinzipien der eigenen Arbeit beschrieben sind. In einer Wirtschaft, die zunehmend VUCA wird, gehen Orientierung und Sicherheit immer weiter verloren oder sind nur noch kurzfristig angelegt. Viele der bestehenden Leitbilder können ihren Zweck kaum noch erfüllen. Unternehmensleitung und Personalabteilung sollten sich somit fragen, ob nicht hinsichtlich der Leitbilder und der Unternehmenskultur Handlungsbedarf besteht.

Exkurs: Unternehmensleitbild !

»Ein Leitbild ist die schriftliche Erklärung einer Organisation über ihr Selbstverständnis und ihre Grundprinzipien. Es formuliert einen Zielzustand, ein realistisches Idealbild. Nach innen soll ein Leitbild Orientierung geben, um handlungsleitend und motivierend auf die Organisation als Ganzes sowie auf die einzelnen Mitglieder zu wirken. Nach außen, gegenüber der Öffentlichkeit und den Kunden, soll es deutlich machen, wofür eine Organisation steht. Es ist die Basis für die Corporate Identity einer Organisation. Ein Leitbild beschreibt die Mission und Vision einer Organisation sowie die angestrebte Organisationskultur. Es ist Teil des normativen Managements und bildet den Rahmen für Strategien, Ziele und operatives Handeln.«
(Quelle: https://de.wikipedia.org/wiki/Unternehmensleitbild)

Bereits die Diskussion um die Werte und Grundhaltungen in einer agilen Organisation hatte den Personalern der Meier GmbH gezeigt, dass Organisationsdesign und übergeordnete Ausrichtung des Unternehmens einige Aufmerksamkeit erfordern. Dies vor allem deswegen, weil wesentliche Entscheidungen zum Organisationsdesign durch die zugrunde liegenden Werte, aber auch von einem gemeinsamen Verständnis von Identität und Zweck der Organisation mitbestimmt werden. Es macht wenig Sinn, eine Organisation zu definieren, die nicht mit dem realen Verhalten der Mitarbeitenden und den Bedürfnissen agilen Arbeitens zusammenpasst.

Der HR Business Partner hat bei seiner Recherche noch zwei Beispiele gefunden, wie die Themen Identität und Leitbild in agil arbeitenden Organisationen Wirkung entfalten. Auf einer Konferenz sprach er mit der Personalleiterin der Whatever mobile GmbH (Cortinovis 2015). Sie berichtete davon, wie sich das Unternehmen in den letzten Jahren verändert und welche Rolle die Personalabteilung dabei gespielt hat.

Auslöser der Veränderung bei der Whatever mobile GmbH war die IT-Abteilung, in der Software effizienter programmiert werden sollte. Die Einführung agiler Methoden wirkte sich schnell auf alle anderen Bereiche aus und führte unter anderem dazu, dass die Teams nicht mehr nach Funktionen organisiert wurden, sondern entlang der Wertschöpfungskette (Marketing, Sales, Projektmanagement, Entwicklung, Operations). In der Folge wurden die Führungskräfte (im Sinne von Positionen) durch Führungsrollen ersetzt. So hatte ein scheinbar einfaches Methodenthema (agiles Programmieren) weitreichende Konsequenzen, die bis in das Selbstverständnis der Organisation wirkte. Es zeigte sich, dass Prozesse, Struktur und Kultur nicht voneinander getrennt werden können.

Dieser Erkenntnis folgend, basiert die Arbeit bei der Whatever mobile (WM) heute auf einem gemeinsamen Verständnis von der Arbeitsweise (WM 3.0 Principles) und des Verhaltens (WM Style: Respect, Fun at Work, Apeak up and speak out, Openness, Excellence).

Die Prinzipien der Arbeit bei der Whatever mobile sind:
- In team we trust
- Fever to deliver
- Freedom to act, duty to correct
- Thinking value
- Sharing leads to caring

Bei kritischer Betrachtung dieser Prinzipien wird schnell klar, dass diese hohe Anforderungen an alle Beteiligten stellen. Die Mitarbeitende müssen eigenverantwortlich und selbstkritisch agieren, Führungskräfte den Mitarbeitenden gegenüber großes Vertrauen haben und zeigen sowie insgesamt muss ein starkes Teamgefühl und eine gemeinsame Zielorientierung vorhanden sein. In der Übergangszeit bei der Whatever mobile waren nicht alle Beteiligten gewillt oder in der Lage, die Veränderung hin zur neuen Kultur und Grundhaltung mitzugehen.

Für die Personalabteilung hatte die Veränderung hin zu einer agilen Organisation ebenfalls Konsequenzen. Der Fokus und damit die Grundhaltung liegen heute auf der transformatorischen und strategischen Gestaltung des Prozesses. Administrative Tätigkeiten gingen deutlich zurück. Die Arbeit in der Personalabteilung orientiert sich stark an den agilen Prinzipien und agilen Instrumenten und folgt ebenfalls den oben beschriebenen Prinzipien.

Nach den eigenen Erfahrungen befragt, nennt die Personalleiterin folgende Punkte als Erkenntnis aus der agilen Transformation der Whatever mobile:

- Der Kommunikationsbedarf steigt enorm,
- Themen werden komplexer,
- das Personalmanagement hat automatisch einen Fokus auf Organisationsentwicklung und kulturelle Themen
  und außerdem
- muss ein »Safe Harbour« geschaffen werden, d. h. eine Grundhaltung, dass Fehler gemacht werden (sollen) und Dinge ausprobiert werden müssen.

Der Personalleiter der Meier GmbH sieht sofort die Vor- und Nachteile eines solchen Prozesses: Wenn eine agile Transformation zu so einem Ergebnis führt, ist es einerseits ein langer Weg, bietet andererseits aber einige Chancen, deutlich produktiver und innovativer zu arbeiten. Die Frage, die sich ihm nun stellt, lautet allerdings, ob die Meier GmbH ein guter Kandidat dafür ist, ob ein produzierendes Unternehmen nicht zu komplex aufgestellt ist für eine solch radikale Umstellung. Allein das Abtreten von Aufgaben und Verantwortung der Personalabteilung an Teams und Führungskräfte dürfte schon Schwierigkeiten bereiten. Sein HR Business Partner sieht sogar noch weiter und merkt an, dass ein solcher Prozess am Ende bis zur Abschaffung der Personalabteilung führen kann. Als Beispiel nennt er die Firma Valve.

Valve ist ein Spieleproduzent in Washington, der vollständig auf Führungskräfte verzichtet. Das 1996 gegründete Unternehmen ist finanziell unabhängig und will für »Greatness« stehen. Dazu haben die Mitarbeitenden alle Freiheiten. Im Kleinen, wenn jeder seinen Schreibtisch überall hinstellen kann, in der Festlegung, woran und in welchem Team gearbeitet wird, im Großen wie beim Umgang mit Fehlern, denen bei Valve eine große Rolle als Lernpotenzial zukommt, oder bei Entscheidungen zu Produkt-Rollouts.

Die Logik hinter der Art, wie bei Valve gearbeitet wird, ist in einem Handbuch (s. u.) beschrieben, in dem der neue Mitarbeitende alles erfährt, was nötig ist. Ebenso wenig wie Vorgesetzte gibt es bei Valve eine Personalabteilung. Alles Notwendige wird von den Mitarbeitenden selbst erledigt.

!

Welcome to Flatland

Hierarchy is great for maintaining predictability and repeatability. It simplifies planning and makes it easier to control a large group of people from the top down, which is why military organizations rely on it so heavily. But when you're an entertainment company that's spent the last decade going out of its way to recruit the most intelligent, innovative, talented people on Earth, telling them to sit at a desk and do what they're told obliterates 99 percent of their value. We want innovators, and that means maintaining an environment where they'll flourish. That's why Valve is flat. It's our shorthand way of saying that we don't have any management, and nobody »reports to« anybody else. We do have a founder/president, but even he isn't your manager. This company is yours to steer—toward opportunities and away from risks. You have the power to green-light projects. You have the power to ship products. Auszug aus dem Valve Handbook for New Employees: http://www.valvesoftware.com/company/Valve_Handbook_LowRes.pdf

Method to working without a boss

step 1. Come up with a bright idea

step 2. Tell a coworker about it

step 3. Work on it together

step 4. Ship it!

Abb. 86: Das »Valve Handbook« zur Frage, wie ein Mitarbeitender ohne Vorgesetzten arbeiten kann (Quelle: http://www.valvesoftware.com/company/Valve_Handbook_LowRes.pdf)

Beide Personaler der Meier GmbH sind sich schnell einig, dass dieses Modell spannend ist und einige Hinweise darauf gibt, mit wie wenig Organisation ein Unternehmen auskommen kann. Sie meinen aber auch, dass dies für das eigene Unternehmen aktuell nicht vorstellbar ist. In jedem Fall zeigen die Beispiele Whatever mobile und Valve, dass ein hohes Maß an Eigenverantwortung und Initiative zu einer agilen Organisation gehört.

Ein modernes Personalmanagement für agil arbeitende Unternehmen

Ein Nutzen der agilen Methoden kann für die Unternehmen darin liegen, den individuellen Status im eigenen Steuerungssystem zu erfassen, quasi eine »Inventur« zu machen. Boni, Zielvereinbarungen, Kostenstellen, Budgets usw. sind in vielen Unternehmen jahrelang nicht hinterfragt worden, entwickeln ein gewisses Eigenleben und werden unter Umständen zum Selbstzweck. Abschaffen oder Verschlanken bestehender Systeme kann der Organisation mehr Luft zum Atmen geben und eine günstigere Ausgangsbasis für agil motivierte Veränderungen schaffen.

Beispiele für modernes Personalmanagement !

Beispiel 1: Die Logiken von Effizienz und daraus folgend für Auslastung besagen, dass in der tayloristischen Welt eine vollständige Auslastung aller Ressourcen ein Vorteil ist. Bereits das »klassische« Projektmanagement und nun die Agilität zeigen, dass dies falsch ist. Ressourcen müssen in Unterlast gefahren werden, um nachhaltig produktiv zu sein und auf Unvorhergesehenes reagieren zu können.
Beispiel 2: Der Sprint in der Entwicklung macht nur Sinn, wenn auch zügig umgesetzt wird und schnell brauchbare Ergebnisse verprobbar sind. Langatmige Verwaltungsprozesse (Einkauf, Lieferverträge etc.) hemmen dagegen. Der Fokus muss darauf liegen, Flüsse zu gestalten.

Die beiden Personaler der Meier GmbH fragen sich, welche Instrumente im Personalmanagement angegangen werden müssen. Sie listen auf, was sie in den Gesprächen mit den bereits agil arbeitenden Kolleginnen und Kollegen erfahren haben, und kommen gleich im ersten Anlauf zu einer beeindruckenden Liste:

- **Zielvereinbarungsgespräch:** Die übliche Jahresbasis für Mitarbeitergespräche macht in der agilen Welt keinen Sinn mehr. Weiterhin fehlt dem disziplinarisch Vorgesetzten zunehmend die Beurteilungsmöglichkeit.
- **Bonuszahlung individuell:** Die Grundlogik des individuellen Bonus widerspricht dem Ziel der Kooperation und der gegenseitigen Unterstützung.
- **Personalentwicklung** muss stärker individualisiert werden.
- **Wissensmanagement:** Die Grundfrage »Wie lernen wir im Unternehmen?« wird zunehmend relevant, weil die Teams in der agilen Arbeitsweise viel neues Wissen generieren, das zunächst aber nur auf diese Teams beschränkt bleibt. Die Erkenntnisse in den Teams müssen dokumentiert, ausgewertet und weiterentwickelt werden, damit das neue Wissen auch genutzt werden kann.

- **Aufbauorganisation:** Es ist zu prüfen, ob die Einordnung von Mitarbeitenden in Abteilungen auch zukünftig sinnvoll ist. Je agiler gearbeitet wird, desto nützlicher sind fachliche und rollenorientierte Pools (Beispiel: Spotify).
- **Einbindung von Freiberuflern:** Bisher wurden Freiberufler und Gig-Worker vor allem durch die Fachabteilungen beauftragt. Wegen der Regularien (Scheinselbstständigkeit etc.) und auch der absehbar nötigen Einbindung der Freiberufler in Personalentwicklungsprozesse wird eine Verlagerung der Verantwortung in die Personalabteilung sinnvoller.
- **IT für die HR-Arbeit:** Die aktuelle IT ist darauf ausgelegt, den Führungskräften die Führungsrolle leichter zu machen. Die Zusammenarbeit der Mitarbeitenden untereinander ist meist nicht vorgesehen, das Selbstpflege-Modell nur bedingt.
- **Leistungsbeurteilung wird auf ein Peer-Review-Modell umgestellt:** Insgesamt wird eine 360°-Feedbackkultur angestrebt, d. h. jeder kann zu jeder Zeit ein Feedback abfordern.
- **Karrieremodelle:** Was bedeutet Karriere in einem agilen Umfeld überhaupt? Woran machen wir Karriere fest?

Den beiden Personalern wird sofort klar, dass hier ein erheblicher Aufwand auf sie zukommt und einiges Konfliktpotenzial besteht. Daher wenden sie sich zunächst nur zwei Themen zu, die besonders relevant erscheinen.

Personalthema 1: Zielvereinbarung und Leistungsbeurteilung
Mitarbeitergespräche zu Zielvereinbarung und Leistungsbeurteilung sind in vielen Unternehmen üblich und formal organisiert. Meist ist mit der Leistungsbeurteilung wiederum ein individueller Bonus verbunden. In einer Welt, die sicherstellen möchte, dass jeder Mitarbeitende seinen Beitrag zum Funktionieren des durchorganisierten Gesamtsystems leistet, funktioniert die dahinterstehende Logik halbwegs vernünftig. In einer agilen Arbeitsumgebung bestehen jedoch offene Widersprüche zu Logik und Praktikabilität.

Der Personalleiter der Meier GmbH fragt, wie sich die beiden agil arbeitenden Kollegen aus IT und Projektgeschäft die ideale Regelung für die agile Zukunft vorstellen. Alle sind sich einig, dass folgende Änderungen für eine agile Organisation sinnvoll sind:

- Als Erstes steht die Abschaffung der individuellen Boni, da in agilen Teams die gegenseitige Unterstützung eine große Rolle spielt. Ein individueller Bonus steht dem im Wege, denn ein Mitarbeitender, der andere fördert, sinkt selber durch die Unterstützung (Zeitaufwand, Vergleich der Leistungen) in der Individualleistung.
- Jahreszielvereinbarungen sollen ebenfalls abgeschafft werden. Die kurzen Zyklen in der agilen Arbeit und die Flexibilität in der Projektarbeit lassen sinnvolle Planungen und Steuerung auf Jahresbasis nicht zu.
- Die Leistungsbeurteilung soll viel stärker durch die anderen Teammitglieder und andere Stakeholder erfolgen, nicht mehr nur durch die Abteilungsleiter. Hierzu soll ein 360°-Feedback etabliert werden, in dem jeder jederzeit jeden um Feedback bitten kann.

Im Recruiting erwarten die Beteiligten relativ wenige Veränderungen, da hier schon immer eine große Flexibilität nötig war. Allerdings werden zukünftig die individuellen Fähigkeiten in der Zusammenarbeit und Anpassungsfähigkeit eines Bewerbers eine große Rolle spielen, fachliche Anforderungen dagegen weniger relevant sein. Entsprechend soll die Grundlage des Recruitings nicht mehr ein Stellenprofil bilden, sondern eine projektspezifisch definierte Anforderung, die methodische Erfahrung und die Passung ins Team an erste Stelle rücken. Hierzu werden die jeweiligen Teams, in denen ein potenzieller Mitarbeitender arbeiten wird, früher in die Auswahl eingebunden und erhalten ein Mitbestimmungsrecht. Personalleiter und Abteilungsleiter sollen sich zurücknehmen.

Personal- und Führungskräfteentwicklung werden dahingehend genannt, dass die bestehende Systematik nicht passt. Eine Idealvorstellung ist jedoch nicht vorhanden. Daher wird dieser Punkt auf ein späteres Treffen vertagt.

Bezüglich der angedachten Abschaffung des Jahreszielvereinbarungssystems sehen sich die Beteiligten in guter Gesellschaft. Inzwischen hat selbst General Electric, also das Unternehmen, in dem die jährliche Leistungsbeurteilung besonders hoch priorisiert wurde, dieses System abgeschafft (Quartz 2016). Zum einen passt der Jahreszyklus nicht mehr zum Rhythmus des modernen Geschäfts, zum anderen hat der enorme Druck auf die Angestellten zwar die individuelle Leistung gefördert, aber gleichzeitig jede Individualität und Kreativität verhindert. Auch Teamarbeit wird deutlich schwieriger, wenn alle Teammitglieder unter dem hohen Druck einer individuellen Leistungsbeurteilung stehen.

Personalthema 2: Personalentwicklung agiler gestalten

Während der Diskussion um die anstehenden Gespräche und Verhandlungen mit dem Betriebsrat muss der Personalleiter an seinen letzten Besuch in der IT-Abteilung denken. Dort hat er sich ein eigenes Bild davon machen wollen, was agiles Arbeiten konkret bedeutet. Dabei spielte auch das Thema Aus- und Weiterbildung eine Rolle, einer der Bereiche, die im Betriebsverfassungsgesetz geregelt sind und der Mitbestimmung unterliegen.

Es begann alles damit, dass der Abteilungsleiter berichtete, in letzter Zeit kein einziges der üblichen Weiterbildungsformate genutzt zu haben, obwohl der Lernbedarf in der aktuellen Umbruchsituation besonders hoch sei. Die vorhandenen Angebote seien aus seiner Sicht immer weniger geeignet, die Bedürfnisse der Mitarbeitenden zu befriedigen. Die Geschwindigkeit der Veränderungen und der Praxisbezug von Seminaren und ähnlichen Veranstaltungen sind in einer agilen Umgebung zunehmend unzureichend. Lernen in der traditionellen Form orientiert sich an fachlicher Autorität und Standards, und alle Mitarbeitenden werden in den standardisierten Formaten qualifiziert.

In der neuen Welt verändern sich der Kontext des Arbeitens und die zu lernenden Inhalte und Methoden permanent. Hier sind Mitarbeitende und Führungskräfte gefordert, neue Lernbedarfe selbst zu identifizieren, die Lernumgebung (möglichst arbeitsplatznah) eigeninitiativ zu definieren und mit anderen Kolleginnen und Kollegen gemeinsam zu lernen.

Als der Personalleiter die entsprechenden Äußerungen hörte, musste er ein wenig schlucken, denn für die Personalabteilung als Hauptverantwortliche der Personalentwicklung würde eine entsprechende Umstellung der Lernlogik einiges abverlangen. Insbesondere müssten die Kolleginnen und Kollegen in der Personalentwicklung die bisher streng gepflegte Hoheit über Inhalte und Formate abgeben, sie müssten ihre Kernkompetenz »loslassen« und den Mitarbeitenden vertrauen, selber über die eigene Weiterentwicklung entscheiden zu können.

In der Konsequenz würden sich wesentliche Aspekte der Personalentwicklung verändern:

- **Lernbedarfsanalysen:** Bisher wurde der Lernbedarf eines Mitarbeitenden durch die jeweilige Führungskraft auf Basis von Zielvereinbarungen und Leistungskontrollen ermittelt. In einer agilen Teamkultur und schnell veränderlichen Bedarfen würden beide Instrumente nicht mehr taugen. Außerdem müssten die Mitarbeitenden in der Lage sein, den eigenen Lernbedarf selbstverantwortlich zu bestimmen und in Lernprozesse umzusetzen.
- **Lernformate:** Das Rückgrat der aktuellen Personalentwicklung sind Seminare/Seminarkataloge zertifizierter Anbieter und fest definierte Inhalte. In Zukunft würden diese bereits heute nicht wirklich gut funktionierenden Formate völlig untauglich. Stattdessen müssten Strukturen geschaffen werden, in denen Kollegiale Beratung, Collective Learning, Experimente, Simulationen und andere individuell gestaltbare und arbeitsnahe Formate zum Einsatz kommen.
- **Lerninhalte:** Bisher wurden Inhalte von Lernformaten von Lernexperten vorgegeben und in der Logik der klassischen »Frontalbeschallung« als formales Wissen weitergegeben. Die Zukunft der Lerninhalte liegt aber ganz offensichtlich in der kontextbezogenen Eigenkreation und Verbreitung in Netzwerken (Communities).

Dass die Entwicklung unaufhaltsam in diese Richtung geht, wurde endgültig offensichtlich, als der Personalleiter vor Ort erlebte, wie neues Lernen aussehen kann. Die Mitarbeitenden zeigten im Arbeitskontext einige dahingehende Verhaltensänderungen. Wie vielfach schon im Privaten zu beobachten, wurden während der Arbeit Social Media genutzt und so über dieses eigene Netzwerk definiert, was relevant ist und was man lernen muss. Gleichzeitig wird immer häufiger eigener Content erzeugt, wenn etwa kleine Videos zu speziellen Themen direkt am Rechner hergestellt und dann in einem eigenen Sharepoint allen Kolleginnen und Kollegen verfügbar gemacht werden. Mitarbeitende berichteten, dass mit steigender Qualität dieses Contents auch die individuelle Reputation und das Feedback aus dem Netzwerk ansteigen. Die Lernführerschaft entkoppelt sich deutlich von der Funktion und formalen Bildung.

Trotz dieser Entwicklung werden auch zukünftig externe Lernformate und inhalte benötigt, da Innovation und Fortschritt kaum in den Grenzen der eigenen Erfahrung erfolgen können. Auch hier zeigte die gelebte Realität der Mitarbeitenden, was zukunftsfähig ist. Mehrere Formate wurden immer wieder genannt auf die Frage, wo externe Inhalte herkommen: Youtube, TED Talks, Khan Academy (Flipped Classroom) und vereinzelt MOOCs als Campus für Lerngruppen, die die gebotenen Inhalte in den eigenen Kontext übertragen.

Diese Beobachtung zeigte dem Personalleiter, was ihm auch schon durch die eigene Erfahrung mit TED Talks (www.ted.com) aufgefallen war: Mit zunehmender Nutzung von Onlinemedien verändern sich die Lerngewohnheiten der Menschen ebenso wie ihre Erwartungen an Kommunikation und Lehrformate. In einer digitalen Welt, in der nahezu jede Information verfügbar ist und auf ansprechende Formate wie TED Talks, Blogs oder Wikipedia jederzeit zugegriffen werden kann, besteht keine Notwendigkeit für Medien und Menschen, die ihre Nachrichten nicht in ansprechender Weise präsentieren. Dozieren ex cathedra muss heute nicht mehr akzeptiert werden. Daher wird es Zeit, darüber nachzudenken, wie die Unternehmenskommunikation, die Personalentwicklung sowie die Führungskultur und -arbeit von den digitalen Medien betroffen sind und wie das enorme Potenzial der digitalen Formate in der Personal- und Organisationsentwicklung genutzt werden kann.

Dies ist auch die eine Botschaft, die Simon Sinek in seinem TED Talk »How great leaders inspire action« erläutert (vgl. Kapitel 4.2.2). Er zeigt auf, wie wichtig die Geschichte hinter der Geschichte ist, um Menschen zu inspirieren. Sie wollen verstehen, welchen Sinn eine Organisation oder ein Produkt stiften, und dieses Verständnis treibt Handlungen an. Die Sinnstiftung macht große Führer oder Marken aus.

Aus Sicht der Personalabteilung und der Personalentwicklung bieten TED Talks und die dahinterstehenden Kommunikationsprinzipien eine hervorragende Chance, die Führungskultur und -fähigkeiten im Unternehmen positiv zu entwickeln. Sowohl die kommunikative Kompetenz als auch die digitale Kompetenz der Führungskräfte lassen sich positiv beeinflussen und tragen dazu bei, die Führungsleistung zu verbessern.

Das Beispiel von Simon Sinek und andere Beispiele zeigen, dass die Nutzung von TED Talks nicht nur die jeweiligen Kommunikationssituationen verändert, sondern darüber hinaus mit Effekten auf die Kommunikations- und Führungskultur zu rechnen ist. Wenn die Fokussierung auf ein Thema, das präzise und ansprechend dargeboten wird, Schule macht, wie werden sich wohl Meetings verändern? Es ist davon auszugehen, dass sie deutlich effizienter werden, da niemand mehr langwierige

PowerPoint-Schlachten und politisches Blabla akzeptiert. Oder Zielvereinbarungen, Leistungs-Feedbacks, Projektaufträge. Überall wo intensiv kommuniziert wird, können die Regeln für TED Talks und die Fertigkeiten, die dazu gehören, positiv genutzt werden. Last but not least werden Videos als Format der Kommunikation, Schulung und Dokumentation häufiger eingesetzt und sind durch einfache Zusatzinstrumente wie eine Kommentierung oder Like-Buttons problemlos in Kollaborationsplattformen integrierbar. Was in der Internetwelt gut funktioniert, kann auch innerhalb der Unternehmen positiv wirken.

Während einzelne Webformate hervorragend geeignet sind, Inspiration und Anstöße zu liefern, würde selbst die Produktion eigener Formate sicher nicht ausreichen, die notwendige Veränderung im betrieblichen Lernen zu bewältigen. Schließlich fehlt auch hier der Schritt, der die traditionellen Lernformate zunehmend ungeeignet erscheinen lässt, nämlich der Schritt vom Wissen zum praktischen Handeln: der Kompetenzerwerb.

Zusammenfassung und Ausblick

Alle bisherigen Diskussionen über die Nutzung agiler Methoden in der Meier GmbH und deren Konsequenzen haben gezeigt, dass massiver Klärungsbedarf besteht, denn ein Fazit der Beteiligten ist: Agil und agil sind nicht dasselbe. Es gab anfangs ein unterschiedliches Verständnis davon, was Agilität meint. Die Fachbereiche bezogen sich auf agile Methoden in der Abarbeitung der Aufgaben, die Personaler verstanden – genau wie die Geschäftsführung – darunter zunächst die Fähigkeit des Unternehmens, Risiken und Chancen in der Unternehmensumgebung schnell zu erkennen und darauf flexibel und zügig zu reagieren. Zunächst sind also ein gemeinsames Verständnis und ein gemeinsames Zielbild zu definieren.

Logik und Wirkung agilen Arbeitens betrifft drei Ebenen: Individuum – Team – Organisation. Es hat sich gezeigt, dass viele Themen im Personalmanagement miteinander verwoben sind und jede Veränderung Implikationen an mehreren Stellen nach sich zieht. Erschwerend kommt hinzu, dass agiles Arbeiten unter anderem auf Geschwindigkeit ausgerichtet ist und die Personalabteilung sich hier einem großen Spagat gegenüber sieht. Auf der einen Seite kann die Anwendung agiler Prinzipien auch die Erarbeitung neuer Personalsysteme und -instrumente deutlich beschleunigen, auf der anderen Seite stehen jedoch Prozesse, die sehr langwierig sind und die agile Transformation aufhalten werden. Hierzu gehören vor allem die Themen, die der Mitbestimmung und gesetzlichen Rahmenbedingungen unterliegen. An dieser Stelle tut sich für das Personalmanagement eine Schere auf, die es zu schließen gilt.

Für das eigene Personalmanagement stellen die beiden Personaler der Meier GmbH mehrere Arbeitsthesen auf, an denen sich die weitere Arbeit an der agilen Transformation orientieren soll:

- Ausgangspunkt einer agilen Transformation ist eine »Inventur« dessen, was das Personalmanagement aktuell umfasst. Die verschiedenen HR-Systeme und -prozesse sind ebenso zu erfassen wie die gelebte Realität (HR Agility Check, VZU-Matrix usw.). Erst dann kann abgeleitet werden, welche Themen in welcher Form und Reihenfolge anzugehen sind.
- Grundlage der agilen Transformation des Personalmanagements ist die Anwendung agiler Prinzipien. Experiment und Simulation sind wesentliche (in HR bisher wenig gebräuchliche) Vorgehensweisen, um neue Wege zu finden, zu testen und weiterzuentwickeln.

Der erste Schritt auf dem Weg zu einer agilen Organisation ist die Erkenntnis, dass es vor allem um eine Sicht- und Denkweise geht. Im Zentrum stehen Kultur und Werte, die in einer Organisation vorherrschen. Methoden, Prozesse und Instrumente sind erst nachgelagert relevant.

Komplexe Systeme können nicht gesteuert werden, der einzige Regelungshebel ist Feedback! Diskurs im System kann zu Verhaltensänderungen führen. Schnelle Systeme lassen sich ebenfalls sehr viel schwieriger steuern. Iteratives und experimentelles Vorgehen sind daher erfolgsentscheidend, wenn Lösungen für komplexe Fragestellungen gefunden werden sollen.

Der Erfolg einer agilen Transformation hängt von mehreren Faktoren ab:

- **Analysefähigkeit:** Kontext und Möglichkeiten
- **Loslassen:** Macht, Prozesse ... weglassen oder verändern, was nicht mehr passt
- **Toleranz:** Verschiedene Ansätze und Wege zulassen, ggf. auch parallel
- **Durchhalten:** Es werden mehr scheinbare Probleme und Fehler auftauchen, etwa in der Mitbestimmung
- **Ausprobieren:** Weg vom vollständigen Plan, hin zu Prototypen und Experimenten
- Lernen, lernen, lernen!

Für die Personalabteilung heißt das, die zukünftige Rolle neu zu definieren. Je nachdem, wohin sich das Unternehmen entwickeln will, und abhängig vom gegebenen Kontext besteht ein großer Spielraum zwischen einer Personalabteilung, die administrative Arbeiten erledigt oder sich als Treiber der agilen Transformation etabliert oder ganz abgeschafft wird. Die Zukunft wird es zeigen, und zwar agil.

Literatur

Cortinovis S. (2015): Veränderung als Normalzustand – Agile Praxis aus Personalmanagement-Sicht, Vortrag auf der Zukunft Personal 2015.

Deutsche Gesellschaft für Personalführung DGfP (2010): DGfP Langzeitstudie Professionelles Personalmanagement, siehe: http://static.dgfp.de/assets/

publikationen/2011/03/dgfp-langzeitstudie-professionelles-personalmanagement-pix-2010-1342/dgfplangzeitstudiepix2010.pdf

Edelkraut F. (2014): Der Letzte räumt die Erde auf! Wie sich »agil« auf die Personalabteilung auswirkt. Vortrag auf der Manage Agile 2014, siehe: http://de.slideshare.net/fredel00/hr-in-agilen-umgebungen

Edelkraut F. (2016): Personalmanagement in der agilen Organisation; Management Innovation Camp 2016 (1/2016), siehe: http://managementinnovation.camp/

Edelkraut, F.; Eickmann, M. (2015): Agiles Management – jetzt wird es ernst! Wirtschaftsinformatik & Management (1/2015).

Edelkraut, F.; Mosig, H. (2019): Schnelleinstieg Agiles Personalmanagement, Haufe.

Haas, A. (2015): Führung in einer Experience Driven Company, Beitrag auf dem DGfP-Lab 2015. Interview und Hintergründe: Wilkat, B.; Haas, A.: Human Centred Design bei der Swisscom, siehe: http://www.the-new-worker.com/human-centred-design-swisscom/

Haufe (2015): Whitepaper: Agile Unternehmen – Das Betriebssystem für die Arbeitswelt der Zukunft, siehe: http://www.haufe.de/personal/download-agile-unternehmen-whitepaper_48_319054.html

Haufe Umantis (2015): http://presse.haufe.de/pressemitteilungen/detail/article/ceo-marc-stoffel-erneut-demokratisch-gewaehlt/

Kendis (2018): Exploring Key Elements of Spotify's Agile Scaling Model, siehe: https://medium.com/scaled-agile-framework/exploring-key-elements-of-spotifys-agile-scaling-model-471d2a23d7ea

Klumpp, B.; Guillium, L. (2012): Betriebsverfassungsgesetz und SCRUM – Wie passt das zusammen? Vortrag auf der Deutsche SCRUM 2012, siehe: http://deutscheSCRUM.de/sites/deutscheSCRUM.de/files/article/Deutsche%20SCRUM%202012_Betriebsverfassungsgesetz%20und%20SCRUM.pdf

Kniberg, I.; Ivarsson, A. (2012): Scaling Agile @ Spotify with Tribes, Squads, Chapters & Guilds, siehe: http://de.slideshare.net/xiaofengshuwu/scalingagilespotify (Anm.: Bei Slidshare.net finden sich einige weitere Dokumente zu der Art, in der Spotify sich organisiert).

Komus et al. (2014): Status Quo Agile – Zweite Studie zu Verbreitung und Nutzen agiler Methoden http://www.status-quo-agile.de/

PMI (2015): Capturing the value of project management through organizational agility, siehe: http://www.pmi.org/~/media/PDF/learning/translations/2015/capture-value-organizational-agility.ashx

Quartz (2016): http://qz.com/428813/ge-performance-review-strategy-shift/

Stoffel M.; Grabmeier S. (2015): Mitarbeiterzentriertes Betriebssystem, Keynote auf dem Talent Management Gipfel, siehe: https://www.haufe.com/vision/mitarbeiterzentriertes-betriebssystem/

11.5 Die LEKAF-Studie – Lernkompetenzen von Mitarbeitenden analysieren und fördern

Die Studie wurde in Zusammenarbeit der Hochschule für angewandtes Management, der Vodafone Stiftung Deutschland und Prof. Michael Heister vom Bundesinstitut für Berufsbildung durchgeführt.

Im Zeitraum von Februar bis Juni 2016 wurden deutschlandweit insgesamt 10.171 Mitarbeitende mit einem Onlinefragebogen zu ihren Lernkompetenzen befragt. Der Fragebogen zur Selbsteinschätzung enthielt 91 geschlossene Fragen mit einer 6-stufigen Antwortskala (Likertskala). Mittels Faktorenanalyse wurde ein Modell mit 13 Skalen abgeleitet, die sich auf drei Dimensionen zusammenfassen lassen.

Im Folgenden sind die Details zur Stichprobe der Studie im Vergleich zur Gesamtheit der Erwerbstätigen in Deutschland aufgeführt.

Die Anzahl der befragten Frauen und Männer war gleich verteilt. Im Vergleich zur Gesamtheit der Erwerbstätigen waren die 36- bis 50-Jährigen in der LEKAF-Studie überrepräsentiert, Mitarbeitende ab 51 Jahren dagegen unterrepräsentiert. Der überwiegende Teil der Studienteilnehmer hatte einen höheren schulischen Bildungsgrad, Personen mit Hauptschulabschluss waren weniger vertreten. Auch im beruflichen Bildungsgrad sind, verglichen mit der Gesamtheit der Erwerbstätigen, Personen mit höherer Qualifikation häufiger vertreten, Personen ohne Berufsausbildung weniger.

Der Großteil der Befragten stammt aus dem Dienstleistungssektor (63 %). Dabei handelt es sich zu 62 % um Mitarbeitende großer Unternehmen mit mehr als 10.000 Mitarbeitenden.

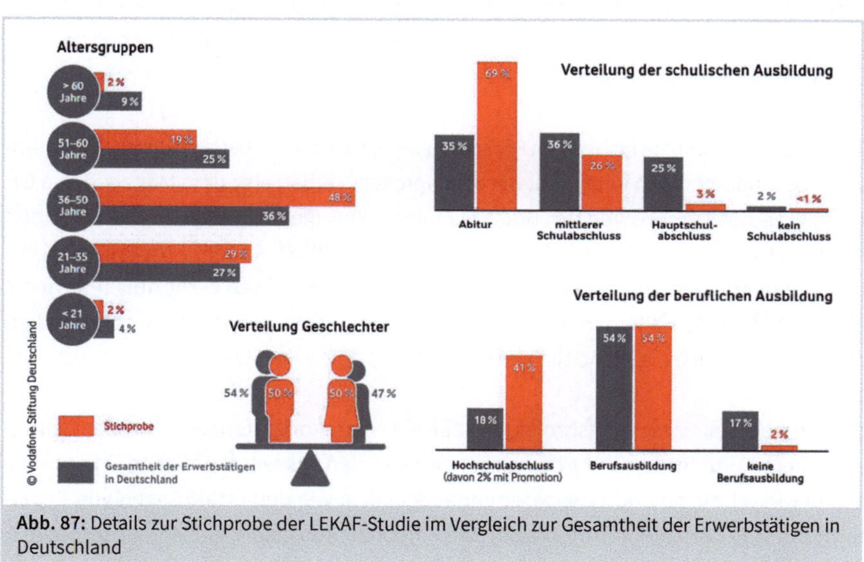

Abb. 87: Details zur Stichprobe der LEKAF-Studie im Vergleich zur Gesamtheit der Erwerbstätigen in Deutschland

11.6 Wissenschaftlicher Exkurs zum Forschungsprojekt LEKAF

Die kontinuierliche Veränderung in der Arbeitswelt erfordert vor allem von Mitarbeitenden die Fähigkeit zum lebenslangen Lernen. Mitarbeitende müssen dabei zunehmend mehr Verantwortung übernehmen und ihr Lernen selbst steuern. Lernen ist als ein aktiv-konstruktiver, selbstgesteuerter, situierter und interaktiver Prozess (Mandl & Krause 2001) zu sehen. Lernkompetenzen sind in diesem Fall Fähigkeiten, die es einem Menschen ermöglichen, in komplexen dynamischen Situationen im Kontext beruflicher Weiterbildung selbst organisiert zu handeln (Erpenbeck & Sauter 2013).

Selbstreguliertes Lernen umfasst metakognitive Strategien, die sowohl das Wissen über eigene Lern- und Denkprozesse als auch die Planung, Steuerung und Kontrolle dieser Prozesse beinhalten (Kaiser & Kaiser 2000). Pintrich und de Groot (1990) verweisen außerdem auf die Wichtigkeit der Motivation und Selbstwirksamkeit, die erst die Nutzung kognitiver und metakognitiver Strategien intendieren und den damit verbundenen Aufwand regulieren. Somit basiert selbstreguliertes Lernen zum einen auf den kognitiven und metakognitiven Fähigkeiten (»skill«) der Person, zum anderen sind motivationale, affektive und selbstbezogene Fähigkeiten (»will«) zur Bildung der Lernintention essenziell (McCombs & Marzano 1990). Verbunden mit neuen Lernformaten wie Coaching, Mentoring und Blended-Learning-Konzepten sind neben der Selbststeuerungskompetenz auch die Kooperationskompetenz und die Medienkompetenz wichtige Fähigkeiten für das erfolgreiche Lernen (Mandl & Krause 2001).

Durch die zunehmende Integration von Lern- und Arbeitsprozessen determinieren sowohl Bedingungen des Arbeitskontextes wie die Lerngelegenheiten, Lernzeit und Lernkultur in der Arbeit als auch die individuellen Ressourcen der Mitarbeitenden wie Motivation, Selbstwirksamkeit und affektiv-soziale Faktoren den Erfolg des betrieblichen Lernens (Ellström 2001).

Generell kann man die bisherigen Forschungsansätze in zwei Lager aufteilen. Viele Ansätze beschäftigen sich häufig mit dem Lernprozess selbst, also dem Managen und Organisieren des Lernens von der Bedarfsanalyse über die Zielbildung und Realisation bis hin zu Transfer und Evaluation (Wirth & Leutner 2008). Andere Ansätze verfolgen den Einfluss der individuellen Merkmale des Lernenden auf den Lernerfolg (Pintrich & de Groot 1990). Vor allem im Kontext der Arbeitstätigkeit und des betrieblichen Lernens fehlt jedoch ein ganzheitliches Konzept, das beide Ansätze miteinander vereint.

Im Rahmen des Forschungsprojektes »LEKAF-- Lernkompetenzen von Mitarbeitern analysieren und fördern« wurde, ausgehend von den wissenschaftlichen Erkenntnissen der Psychologie und Erwachsenenpädagogik sowie den Erfahrungen von Expertinnen und Experten (Führungskräfte und Personalentwickler), ein Modell entwickelt, das sowohl den Prozess des Lernens als auch die individuellen Lernpräferenzen der Mitarbeitenden im beruflichen Kontext beschreibt und als Grundlage für die gezielte Analyse und Förderung des betrieblichen Lernens von Mitarbeitenden dienen soll.

Für die Studie wurden bereits existierende Messinstrumente aus der Literatur genutzt. Unter anderen wird die Relevanz von Merkmalen wie Need for Cognition (Bless, Wänke, Bohner, Fellhauer & Schwarz 1994; Cacioppo & Petty 1982), Selbstwirksamkeit (Abele, Stief & Andrä 2000; Bandura 1991), Lernmotivation (Krapp & Ryan 2002; Noe & Wilk 1993), Help seeking (Holman, Epitropaki & Fernie 2001), Computernutzung (Richter & Naumann 2010), Leistungsmotiv (Engeser 2005) sowie Lernkultur und Lernumgebung (Schaper, Friebe, Wilmsmeier & Hochholdinger 2006) im Hinblick auf die Lernkompetenzen von Mitarbeitenden im erfolgreichen betrieblichen Lernen untersucht.

11.7 Leseanregungen

Abgrenzung von agilem Lernen, 4.0, New Learning Personalmagazin (09/2019), siehe: https://mentus.de/agiles-lernen-new-learning-lernen-4-0/

Endrissat, N. (2020): Hacking the Crisis: Hackathons als neue Art der Lösungsfindung und Zusammenarbeit. In: Zeitschrift für Führung und Organisation, Ausgabe 6, S. 393-396.

Erpenbeck, J.; Sauter, W. (2021): Future Learning und New Work. Das Praxisbuch für gezieltes Werte- und Kompetenzmanagement. Freiburg: Haufe Group.

Foelsing, J.; Schmitz, A. (2021): New Work braucht New Learning. Eine Perspektive durch die Transformation unserer Organisations- und Lernwelten. Wiesbaden: Springer Gabler Verlag.

Informationen und Vorlagen zum PE-Controlling (Input, Output, Outcome) finden Sie hier: https://www.uni-oldenburg.de/fileadmin/user_upload/wire/fachgebiete/orgpers/download/Diskussionspapier01-03.PDF

Neueste Erkenntnisse zum Agiles Lernen finden Sie im Themenschwerpunkt »Agiles Lernen« in Heft 3/22 Managerseminare, siehe: https://www.managerseminare.de/ms_Artikel/Agiles-Lernen-Weiterbildung-in-Bewegung,282431

Schmitz, A.P.; Beer, A.; Foelsing, J. (2020): Barcamps – als Seisomgraphen für emergente Veränderungen. In: Zeitschrift für Organisationsentwicklung. Heft 1, S. 85-93.

Stepper, J. (2015): Working Out Loud: For ab better career and life. Alberta: Ikigai Press.

Studie zu Zukunftskompetenzen von Mitarbeitenden, siehe: https://mentus.de/studie-metakompetenzen-fuer-die-neue-arbeitswelt/

Vertiefende Informationen zum Lernkulturinventar finden Sie unter: https://kw1.uni-paderborn.de/fileadmin/psychologie/download/publikationen/Schaper_et_al._-_Ein_Instrument_zur_Erfassung_unternehmensbezogener_Lernkulturen.pdf

Whitepaper Agiles Lernen: https://mentus.de/whitepaper-agiles-lernen/

Podcasts

Podcast »Lernen lernen« von Alexander R. Petsch, Episode 19 mit Prof. Dr. Nele Graf. Siehe https://www.hrm.de/podcast/lernen-lernen-mit-prof-dr-nele-graf-episode-19/

eLearning Summit Podcast: Frank Siepmann im Gespräch mit Prof. Dr. Nele Graf über »Agiles Lernen«. Siehe: https://www.youtube.com/watch?v=NJCz9J7of4E

Podcast Klartext HR mit Stefan Scheller, Episode 2: »Agiles Lernen, Talk mit Prof. Dr. Nele Graf«. https://persoblogger.de/2020/04/06/agiles-lernen-wichtige-begriffe-definitionen-und-einsatzszenarien/

Abbildungsverzeichnis

Tabellenverzeichnis

Stichwortverzeichnis

PI1 371 946 1
9789592